Schatzkammer für Technik und Wissenschaft

Das Archiv des Deutschen Museums

Wilhelm Füßl

Schatzkammer für Technik und Wissenschaft

Das Archiv des Deutschen Museums

Deutsches Museum

Inhalt

Geleitwort

Vor wenigen Jahren konnte ich im Vorwort für das grandiose Überblickswerk von Helmut Hilz zur Bibliothek des Deutschen Museums schreiben: »Schon die Gründungssatzung von 1903 verankerte deshalb das Sammeln von Objekten zu Naturwissenschaft und Technik wie von Archivalien und Fachliteratur gleichermaßen als zentrale Aufgabe des Deutschen Museums«. Bereits in seinen Anfangsjahren positionierte sich also das Deutsche Museum als ein Haus, dem die Ausstellung von Objekten ebenso wichtig war wie eine Forschungsbibliothek und ein Spezialarchiv. Daran hat sich bis heute nichts geändert. Die Säulen »Archiv«, »Bibliothek« und »Ausstellungen« müssen dabei noch um die Bereiche »Forschung« und »Bildung« ergänzt werden; auch sie sind in der ersten Satzung genannt. Eine derartig breit aufgestellte Museumskonzeption war in Europa zu dieser Zeit einmalig.

Heute gehört das Deutsche Museum zu den bedeutendsten Technikmuseen der Welt. Es ist eines von nur acht Forschungsmuseen der Leibniz-Gemeinschaft in Deutschland. Als solches bietet es Orientierungs- und Handlungswissen für die Öffentlichkeit – vom Klimawandel, von globalen Ungleichgewichten bis hin zu Migrationsbewegungen. Gleichzeitig ist das Deutsche Museum durch vielfältige Projekte mit Hunderten anderer Forschungseinrichtungen aus zahlreichen Ländern vernetzt. Im Frühjahr 2022 konnten wir nach langem Umbau 19 Dauerausstellungen in völlig neuem Gewande wiedereröffnen. Es tut sich was im Museum!

Zu einem führenden Forschungsmuseum gehört eine gut ausgestattete und funktionierende Forschungsinfrastruktur. Gemeinsam mit der Bibliothek und dem »Deutschen Museum Digital« ist hier in besonderer Weise das Archiv zu nennen. Nicht nur Forscherinnen und Forscher wissen es: Das Archiv des Deutschen Museums zählt zu den herausragenden Spezialarchiven für die Geschichte von Naturwissenschaft und Technik. Bei einem Umfang von 4,7 Regalkilometern – einer zwei Meter hohen Regalwand, die von der Museumsinsel bis zum Münchner Tierpark reichen würde – mit Millionen von Originaldokumenten, Fotografien, Plänen, technischen Zeichnungen, Firmenschriften, Grafiken, Porträts, Karten, Buntpapieren, Plakaten, Filmen, Tonbändern und wissenschaftlichen Berichten verwahrt das Archiv Schätze aus neun Jahrhunderten Wissenschafts- und Technikgeschichte. Eine exzellente Ressource für die Forschung also.

Das Archiv ist aber mehr als ein Ort der Forschung. Als »sammelndes Archiv« trägt es seit rund 120 Jahren bedeutende Quellen zusammen, umfangreiche Nachlässe ebenso wie relevante Einzelstücke. Wer wie ich Wunderwerke der Technik sammelt – meine Leidenschaft gilt unter anderem historischen Musikboxen! –, weiß, wie wichtig es für ein Museum ist, technische Objekte und Schriftgut zu bewahren. Durch eine kontinuierliche und immer stärker fokussierte Sammlungspolitik haben die Leiter des Archivs in Jahrzehnten einen zentralen, national herausragenden Fundus technisch-wissenschaftlicher Kultur zusammengetragen.

Im Gegensatz zu den meist robusten dreidimensionalen Objekten der Technik- und Wissenschaftsgeschichte können historische Dokumente aus konservatorischen Gründen im Original zeitlich nur äußerst eingeschränkt im Museum ausgestellt werden. Das Archiv hat daher in den vergangenen Jahren der Öffentlichkeit bei unterschiedlichen Gelegenheiten immer wieder eindrucksvolle Einzelstücke präsentiert – beim regelmäßigen »Tag der Archive«, in Sonderausstellungen, öffentlichen Führungen und Blogbeiträgen.

Keine Mitarbeiterin oder kein Mitarbeiter des Archivs dürfte jemals jedes einzelne Archivale gesehen haben. Die meisten Stücke sind aber wohl über den Tisch des ehemaligen Leiters unseres Archivs, Dr. Wilhelm Füßl, gegangen. Er hat fast dreißig Jahre lang die Schätze des Archivs gehütet, neue Bestände eingeworben, sie erforscht und in zahllosen Führungen vielen Interessierten gezeigt. Schülerinnen und Schüler durften die – übrigens gut lesbare – Handschrift des Nobelpreisträgers Albert Einstein entziffern und sich daran erfreuen, einmal einen seiner Originalbriefe in Händen gehalten zu haben. Ein bleibender Eindruck! In regelmäßigen Universitätskursen haben sich Studentinnen und Studenten an den krausen Ideen des Physikers und NS-Ideologen Philipp Lenard, eines Fachkollegen und prominenten Gegenspielers Einsteins, gerieben. Forscherinnen und Forscher wiederum bestaunten die Entwürfe eines Herman Sörgel und seiner Mitstreiter für einen, auch geografisch vereinten Superkontinent aus Europa und Afrika, der als »Atlantropa« in die Geschichte technischer Visionen eingegangen ist. Wer sonst als Dr. Füßl mit seinem breiten Wissen wäre berufener gewesen, die Geschichte des Archivs des Deutschen Museums und seiner Bestände zu schreiben?

Im vorliegenden Buch hat Wilhelm Füßl aus der Schatzkammer des Archivs repräsentative Einzelstücke herausgegriffen, hinter denen sich auch herrliche Geschichten verbergen. Als begnadeter Geschichtenerzähler hat er in einem riesigen Fundus spektakuläre Archivalien entdeckt, sie in teilweise langjährigen Forschungen eingeordnet und ihnen spannende Stories entlockt. Wer diese gelesen hat, wird nie wieder ein Archiv für »langweilig« oder »staubtrocken« halten!

In seinem Buch geht es Wilhelm Füßl aber auch darum, die Arbeit der Archivarinnen und Archivare in ausgewählten Exkursen zu veranschaulichen. Wie funktioniert das Sammeln im Archiv? Wie werden die wertvollen Stücke konservatorisch und restauratorisch behandelt? Wie funktionieren die Erschließung der Bestände und eine moderne Digitalisierung? Und wie geht das Deutsche Museum mit dem Problem von NS-Raubgut um? Auch diesen Fragen stellt sich der Autor und vermittelt so ein eindrucksvolles Bild von einer wichtigen Säule unseres Hauses – dem Archiv des Deutschen Museums.

Prof. Dr. Wolfgang M. Heckl
Generaldirektor des Deutschen Museums

Einführung

1 Blick in einen Magazinraum des Archivs mit den typischen Rollregalen. Foto: Hans-Joachim Becker

Archive sind das kulturelle und administrative Gedächtnis von Staaten, Ländern, Kommunen, Körperschaften, Religionsgemeinschaften, Parteien und Firmen. Durch die dort verwahrten Urkunden, Akten, Einzelschriftstücke, audiovisuellen Medien, Digitaldaten, Karten, Pläne und Fotografien bilden die Archive in ganz unterschiedlichen Facetten die Geschichte der jeweiligen Institution ab, der sie zugeordnet sind. Sie sind also Wissensspeicher, in denen Informationen aus vielen Jahrhunderten überliefert sind. Gemeinsam mit Bibliotheken, Museen und anderen Gedächtnisinstitutionen dokumentieren sie mosaikartig die Geschichte und Kultur eines Volks.

Einen Teil dieses Mosaiks bildet das Archiv des Deutschen Museums. Es gehört zu den bedeutendsten Spezialarchiven für die Geschichte von Naturwissenschaft und Technik weltweit. Über seine Funktion als Hausarchiv des Museums hinaus zählt es zu den »sammelnden Archiven«, d.h. der Hauptteil seiner Bestände basiert auf einem jahrzehntelangen Sammeln zentraler technisch-wissenschaftlicher Dokumente vorwiegend aus dem deutschsprachigen Raum. Überlegungen zur Sammlungspolitik spielen daher eine besonders wichtige Rolle.

Das Archiv ist ein elementarer Baustein im Museumskonstrukt des Deutschen Museums. Schon die Gründungsväter stellten ihr Konzept auf mehrere Säulen: Ausstellung – Objektsammlung – Archiv – Bibliothek – Forschung – Vortragswesen. Das Museum sollte mehr sein als eine Ausstellungshalle. Ziel war es, in München ein Zentrum technisch-wissenschaftlicher Kultur zu schaffen – ein Anspruch, an dem noch heute festgehalten wird.

Archivarinnen und Archivare berechnen ihre Bestände nach Regalmetern oder auch laufenden Metern (lfm.) – einen Meter breit, 30 Zentimeter hoch und 30 Zentimeter tief. Im Archiv des Deutschen Museums stapeln sich Tausende von Schachteln mit ungezählten Millionen an Dokumenten auf einer Gesamtlänge von 4,7 Regalkilometern. **| Abb. 1 |** Diese Länge entspricht in etwa der Fahrstrecke von der Münchner Museumsinsel bis zum Tierpark Hellabrunn – den beiden bedeutendsten Besuchermagneten der bayerischen Landeshauptstadt. Zeitlich erstrecken sich die Bestände ebenfalls über einen sehr langen Zeitraum: von einem Albertus-Magnus-Codex aus dem 13. Jahrhundert bis in das 21. Jahrhundert, beispielsweise repräsentiert durch den wissenschaftlichen Nachlass des 2011 verstorbenen Nobelpreisträgers

2 Forschen im Lesesaal des Archivs. Foto: Hans-Joachim Becker

Rudolf Mößbauer. Auch die Vielfalt des Archivguts ist höchst beeindruckend: Museumsakten, Nachlässe, Handschriften und Urkunden, Firmenarchive und Firmenschriften, Fotografien, Porträts, Plakate, Grafiken, Pläne und technische Zeichnungen, Karten, Dokumentationen zu Luft- und Raumfahrt, papierhistorische Sammlungen, Medaillen, Filme, Tonbänder und Schallplatten, Brief- und Werbemarken, wissenschaftliche Berichte, graue Literatur und vieles mehr. Natürlich sind inzwischen zusätzlich Millionen von Digitaldaten archiviert.

Wenn vom Archiv des Deutschen Museums von einer »Schatzkammer« gesprochen wird, hat dies – abgesehen vom herausragenden kulturellen Wert – auch einen materiellen Hintergrund. Die allermeisten Unterlagen sind Unikate, d. h. sie sind nur hier in München vorhanden. Sie besitzen oft einen hohen Schätz- und Versicherungswert und sind darüber hinaus letztlich unersetzlich. Zu den Beständen zählen die ersten deutschen Fotografien, die frühesten Zeichnungen des Flugpioniers Otto Lilienthal, die Nobelurkunde des Physikers Ferdinand Braun mit der dazugehörigen Medaille, das Laborbuch von Otto Hahn mit der Entdeckung der Kernspaltung – um nur einige wenige Beispiele für herausragende Stücke des Archivs zu nennen. Jeder Magazinraum, jedes Regal, jede Schachtel und jede Mappe bietet neue Entdeckungen. Jedes Objekt hat seine Geschichte, und oft verbergen sich dahinter noch weitere Geschichten, die ans Licht gebracht und erzählt sein wollen.

Den Beständen des Archivs und den darin entdeckten Dokumenten widmet sich dieses Buch. Es soll kein Archivführer sein, der anhand nackter Fakten das Archivgut aufzählt und beschreibt. Vielmehr sollen die einzelnen Bestände des Archivs anschaulich und anhand beispielhafter Geschichten erkundet werden, um so auch einen tieferen Einblick in das Wesen und in die spezifische Bedeutung des Archivs des Deutschen Museums zu bieten. Was hat es mit dem Wurmpapier auf sich? Was haben die vielen Stempel auf einem Bericht zur geheimen Atomforschung zu bedeuten? Wer war die erste Fotografin der Weltgeschichte? Was kann uns die Mitgliedskarte Albert Einsteins erzählen? Ist Raubgut in den Archiven des Hauses versteckt? Warum schreibt ein Museumsmitarbeiter ellenlange Briefe an Oskar von Miller? Und warum sind Läuse im Archiv willkommen? Manche der Fragen werden in diesem Buch beantwortet, andere Rätsel bleiben vorläufig ungelöst.

Nicht vergessen werden sollen die Archivmitarbeiterinnen und -mitarbeiter. Sie sorgen durch ihre Arbeit und ihr Engagement erst dafür, dass die Bestände anwachsen können, konservatorisch optimal behandelt werden und durch moderne Verzeichnungsmethoden für Interessenten aufbereitet sind. Ihr Aufgabenspektrum wird in mehreren Exkursen beleuchtet.

Das Archiv des Deutschen Museums ist ein öffentliches Archiv. Jahr für Jahr kommen hunderte Interessierte in seinen Lesesaal, von renommierten Wissenschafts- und TechnikhistorikerInnen bis hin zu Laien, die sich über ein bestimmtes Thema informieren wollen. | **Abb. 2** | Es ist eine einmalige Forschungsressource, insbesondere zum 19. und 20. Jahrhundert. Das Archiv hat in den vergangenen Jahren der Öffentlichkeit immer wieder die Möglichkeit geboten, herausragende Quellen hautnah zu erleben, so bei dem regelmäßigen »Tag der Archive«, anlässlich eigens produzierter Sonderausstellungen oder während der Vorträge in der Reihe »Faszination Original«. Spezialgruppen, wie z. B. Mitglieder des Freundes- und Förderkreises Deutsches Museum, Familien von Stifterinnen und Stiftern oder die GewinnerInnen des Osterrätsels der Süddeutschen Zeitung, durften zudem einen Blick hinter die Kulissen, d. h. in die Magazine, werfen. Das regelmäßig gedruckt wie online erscheinende Informationsblatt »ARCHIV-info« berichtet über Neuzugänge, über Projekte und Forschungsanträge und stellt so zeitnah wichtige Informationen für die Öffentlichkeit zur Verfügung.

Allerdings bedingen der hohe Stellenwert und der konservatorische Zustand vieler Archivalien einen vorsichtigen Umgang mit ihnen. Sie sollen auch kommenden Generationen präsentiert werden und ihnen die geschichtliche Bedeutung von Technik und Wissenschaft in Deutschland vermitteln. Daher: Weiße Handschuhe beim Anfassen, möglichst optimale Verpackung in säurefreien Mappen, in Spezialregalen und -schränken – und tunlichst keine Gefährdungen durch überlange Ausstellungszeiten. Schätze müssen nicht nur gehoben, sondern ebenso sorgfältig bewahrt werden.

Ein Blick in die Archivgeschichte

3 Frühe Darstellung der geplanten Bebauung der Museumsinsel auf einer Prachturkunde der Stadt München: Kongress-Saal (vorne), Archiv- und Bibliotheksgebäude (Mitte) und Ausstellungsbau (hinten), 1907. Der Entwurf wurde so nicht verwirklicht.
Foto: Hans-Joachim Becker

Es gehört zu den großen Besonderheiten in der europäischen Museumslandschaft, dass eine Institution fachlich so breit aufgestellt ist wie das Deutsche Museum in München.[1] Schon bei seiner Gründung war es nicht allein als Ort für Ausstellungen geplant. Vielmehr verbarg sich dahinter eine Museumskonzeption, die zu Beginn des zwanzigsten Jahrhunderts singulär war. Ausstellungen und Objektsammlungen sollten durch eine umfassende Bibliothek und ein zentrales Archiv zur Geschichte der Naturwissenschaft und der Technik ergänzt werden. Damit nicht genug: Schon die erste Satzung vom Dezember 1903 hielt fest, dass das Museum auch Forschung betreiben und Interessierten öffentliche Vorträge anbieten sollte. Vergleichbare Technikmuseen wie das Conservatoire Nationale des Arts et Métiers in Paris, das South Kensington Museum in London oder die Urania in Berlin besaßen ein derartig umfassendes Museumskonzept nicht. **| Abb. 4 |**

Die Anfänge

Es war ein enormer Anspruch, dem die Gründungsväter gerecht werden wollten. Sie planten, mit dem Museum einen integrierten Wissenschaftsstandort mit Ausstellungen, Archiv, Bibliothek, Forschung und Bildung zu errichten, und strebten auf der heutigen Museumsinsel nichts weniger als eine Zentralstelle technisch-wissenschaftlicher Kultur in Deutschland an. Schon mit den ersten Aufrufen zur Museumsgründung dachte man an ein eigenes Gebäude für Bibliothek und Archiv. Augenfällig wird diese Idee in einem sehr frühen Entwurf des beauftragten Architekten Gabriel von Seidl für die Bebauung der Insel. **| Abb. 3 |** Er findet sich auf einer Prachturkunde der Stadt München aus dem Jahr 1907, in der diese die Stiftung eines Denkmals für den Museumsprotektor

1 Vgl. Füßl/Hilz/Trischler, Forschung, 2003.

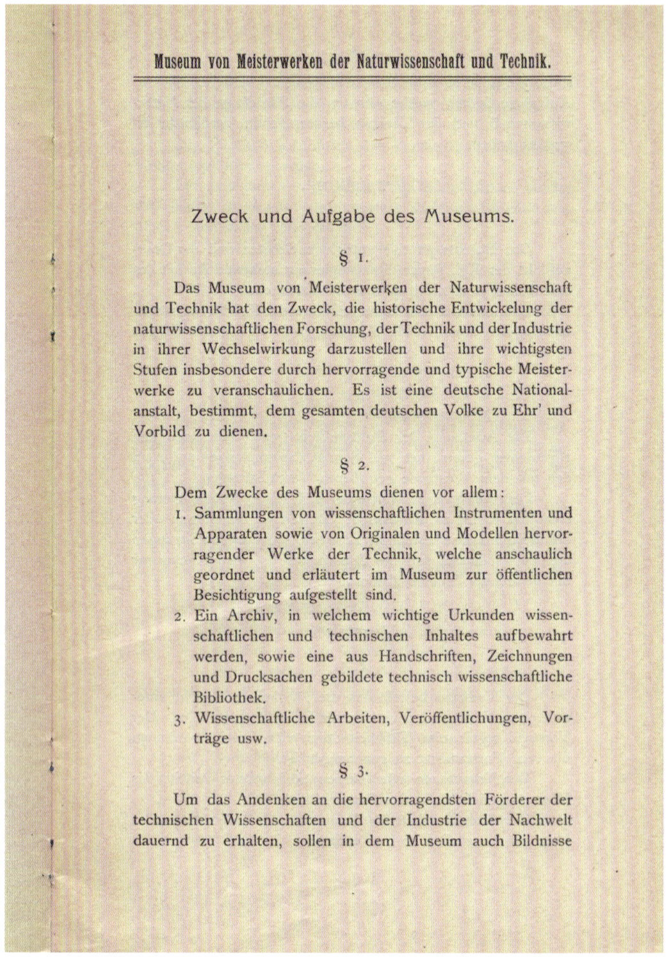

Museum von Meisterwerken der Naturwissenschaft und Technik.

Zweck und Aufgabe des Museums.

§ 1.

Das Museum von Meisterwerken der Naturwissenschaft und Technik hat den Zweck, die historische Entwickelung der naturwissenschaftlichen Forschung, der Technik und der Industrie in ihrer Wechselwirkung darzustellen und ihre wichtigsten Stufen insbesondere durch hervorragende und typische Meisterwerke zu veranschaulichen. Es ist eine deutsche Nationalanstalt, bestimmt, dem gesamten deutschen Volke zu Ehr' und Vorbild zu dienen.

§ 2.

Dem Zwecke des Museums dienen vor allem:

1. Sammlungen von wissenschaftlichen Instrumenten und Apparaten sowie von Originalen und Modellen hervorragender Werke der Technik, welche anschaulich geordnet und erläutert im Museum zur öffentlichen Besichtigung aufgestellt sind.
2. Ein Archiv, in welchem wichtige Urkunden wissenschaftlichen und technischen Inhaltes aufbewahrt werden, sowie eine aus Handschriften, Zeichnungen und Drucksachen gebildete technisch wissenschaftliche Bibliothek.
3. Wissenschaftliche Arbeiten, Veröffentlichungen, Vorträge usw.

§ 3.

Um das Andenken an die hervorragendsten Förderer der technischen Wissenschaften und der Industrie der Nachwelt dauernd zu erhalten, sollen in dem Museum auch Bildnisse

4 Die erste Satzung des Deutschen Museums, 1903.

Prinz Ludwig von Bayern, den späteren König Ludwig III., zusagte.[2] Seidls architektonisches Konzept sah drei fast gleich große Bauteile vor, für öffentliche Veranstaltungen einerseits, für Archiv, Bibliothek und Forschung andererseits sowie für den Ausstellungsbereich des Museums. Für die Bibliothek, den damals »Plansammlung« genannten Archivbereich und die notwendigen Magazine plante Seidl Räumlichkeiten, deren Volumen auf »insgesamt 9000 Kubikmeter« geschätzt wurde.[3]

Wenngleich der Entwurf in dieser Form nicht realisiert wurde, hielten die Museumsgründer im Grundsatz daran fest. Nach der Eröffnung des Ausstellungsbaus 1925, der Eröffnung des Archiv- und Bibliotheksgebäudes im Jahr 1932 und des sogenannten Saalbaus drei Jahre später war das Gesamtkonzept Deutsches Museum architektonisch verwirklicht.

Dabei waren die Voraussetzungen für eine solch umfassende Idee 1903 ungünstig. Bei seiner Gründung besaß das Museum keine Gebäude, kein Personal, kein Geld und keine Objekte, Archivalien oder Bücher. Insofern ist die Aufbauleistung umso beachtlicher. Heute ist das Deutsche Museum eines der größten Technikmuseen weltweit.

Die Einrichtung eines eigenen Archivs geht direkt in die Gründungszeit zurück. Bereits die ersten Aufrufe formulierten im Mai 1903 die Notwendigkeit eines Archivs.[4] Die Satzung vom 28. Dezember des gleichen Jahres fixierte diese Absichtserklärung formal. Die mehrfache Betonung eines Archivs in den frühen Erklärungen verdeutlicht dessen wichtige Rolle im Gesamtkonzept des Hauses. Technik und Naturwissenschaft als zentrale Faktoren menschlicher Kultur sollten sich nicht allein in Ausstellungen, sondern auch im Archiv in wichtigen Originaldokumenten widerspiegeln.

Da die in Deutschland bestehenden Landes-, Staats- und Hofbibliotheken oder auch die Bibliotheken der Hochschulen kaum Originaldokumente aus Naturwissenschaft und Technik sammelten, gab es für das Archiv des Museums ein weites Betätigungsfeld. Allerdings waren die Intentionen der Museumsgründer in den Aufbaujahren relativ unscharf und durchaus Perspektivwechseln unterworfen. Insgesamt lassen sich in der Gründungsphase von 1903 bis etwa 1913 vier markante Zielrichtungen bei der Sammlung von Archivgut erkennen:

- Funktionalisierung von Originaldokumenten für museale Ausstellungen;
- Verknüpfung der archivischen Sammlungstätigkeit mit einem historistisch bestimmten Geschichtsbild von »Männer machen Geschichte«;
- Aufbau eines Fundus für die historische Forschung;
- Sammlung von Dokumenten für die praktische Anwendung.

Unschwer ist zu erkennen, dass die Museumsgründer anfangs einen engen Bezug der archivischen Sammlungen zu den Ausstellungen sahen. Gemäß dem Anspruch, die Entwicklung von Naturwissenschaft und Technik anhand von herausragenden Meisterwerken und exponierten Persönlichkeiten darzustellen, umriss der Museumsgründer Oskar von Miller den Nutzen des Archivs im Jahr 1904 so:

> Im Anschluß an die Bibliothek und Plansammlung sollen alte Originalzeichnungen, Urkunden und Autogramme ausgestellt werden, die Zeugnis von dem Schaffen und Wirken großer Männer in vergangenen Zeiten geben. Damit aber das Andenken an die bahnbrechenden Forscher und Techniker im Volke dauernd erhalten bleibe, ist auch die Aufstellung von Büsten und Porträts der hervorragendsten Männer der Naturwissenschaft und Technik in Aussicht genommen ...[5]

Walther von Dyck, Schulfreund Millers und damals Rektor der Technischen Hochschule München, beschrieb im gleichen Jahr die Aufgaben der Plansammlung. Sie sollte historisch interessante Skizzen von Naturforschern und Technikern, Originalpläne von alten Maschinen, Anlagen und Apparaten, dann Holzschnitte

2 Vgl. Deutsches Museum, Archiv (DMA), HS 04996.

3 DMA, VA 3979, Sitzung vom 2.10.1905.

4 Vgl. Rundschreiben vom 17.6.1903; DMA, VA 3969.

5 DMA, VA-Dru, Vorl. Nr. 0118/2, S. 26.

und Stiche als Belege für die Entwicklung von Naturwissenschaft und Technik sowie Schemazeichnungen, Diagramme und Fotografien zur Erläuterung komplizierter Maschinen und wichtiger Bauwerke zusammentragen und den Museumsmitgliedern zugänglich machen.[6] Bemerkenswert ist, dass hier von »Museumsmitgliedern« und nicht von der allgemeinen Öffentlichkeit gesprochen wird; vielleicht wollte man durch diesen exklusiven Zugang interessierte Personen zum Beitritt bewegen.

Aufgrund der ihm zugemessenen Bedeutung erfolgte der Aufbau des Archivs. Die Zeitgenossen sprachen damals von »Plansammlung«, »Urkundensammlung«, »Handschriftensammlung«, »Bilder und Porträts« oder später von »Sondersammlungen«. Diese historischen Bezeichnungen werden im Folgenden durch den gebräuchlichen Begriff »Archiv« als Gegenstück zur »Bibliothek« ersetzt. Heute sind alle Dokumente-, Bild-, Ton- und Filmsammlungen im Archiv des Deutschen Museums vereint.

Für die Museumsleitung war entscheidend, die Highlights der Technik- und Wissenschaftsentwicklung anhand von Originaldokumenten zu sammeln und diese dem Publikum zu zeigen. Priorität hatte dabei in den Anfangsjahren die Illustration der Museumsausstellungen mit attraktiven Originalhandschriften, Fotografien und Plänen. Dahinter trat die Funktion der Bewahrung zentraler Archivalien aus der Technik- und Wissenschaftsgeschichte in Deutschland deutlich zurück. Konservatorische Bedenken hinsichtlich einer Schädigung der Originale durch vieljährige Präsentationen spielten, aus der Unkenntnis der Zeit heraus, keine Rolle. Heute verwundert es, wie wenig Rücksicht die Ausstellungsmacher damals auf wichtige Urkunden und Fotografien nahmen.

Schon bei der Gründung war für die provisorischen Ausstellungen im Alten Nationalmuseum in der Münchner Maximilianstraße (in dem Gebäude befindet sich heute das Museum Fünf Kontinente) direkt neben dem Lese- und Zeichensaal im zweiten Stock ein »Ausstellungssaal für Urkunden« vorgesehen, der mit herausragenden Einzelarchivalien bestückt werden sollte. Dieser spezielle Raum wurde letztlich nicht verwirklicht, da sich die Museumsleitung von der Präsentation herausragender Urkunden in Vitrinen direkt im Ehrensaal des Deutschen Museums eine höhere Publikumsresonanz versprach.

Organisatorisch war das Archiv in den Anfangsjahren an die Museumsleitung angebunden. Ob dies sinnbildlich für die angestrebte Bedeutung des Archivs interpretiert werden muss oder doch eher der zentral steuernden Regie Oskar von Millers zuzuschreiben ist, mag dahingestellt bleiben. Für Miller scheint der Aufbau des Archivs durchaus eine Herzensangelegenheit gewesen zu sein, da er von seinen zahlreichen Geschäftsreisen im In- und Ausland immer wieder Dokumente für die Archivsammlung mitbrachte – so beispielsweise einen Stahlstich von Neapel, eine Fotografie der pharmazeutischen Sammlung eines Apothekers in Wiesbaden oder auch Grafiken aus St. Petersburg.

Im Jahr 1921 erfolgte eine größere Verwaltungsumorganisation am Deutschen Museum. Hintergrund war, dass Miller mit dem von ihm und seinem Ingenieurbüro geplanten Bau des Walchenseekraftwerks und des Bayernwerks (seit 1919) extrem eingespannt war und Aufgaben im Museum abtreten musste. Schon Anfang September 1919 hatte man Karl Rumpf, einen promovierten Chemiker und Mineralogen, als Generalsekretär eingestellt, eine Aufgabe, die er sich mit dem Generalmajor a. D. Julius Fehl teilen sollte. Offensichtlich war Miller mit diesem Zusammenspiel nicht zufrieden, da Rumpf schon gut eineinhalb Jahre später von dieser Funktion entbunden wurde und gemeinsam mit Friedrich Dannemann, dem gerade pensionierten Direktor des Gymnasiums in Barmen, als Leiter von Bibliothek und Archiv fungieren sollte. In einem Schreiben des Museums an ihn heißt es:

> Wir haben uns entschlossen, der Bibliothek und den Sammlungen von Urkunden, Plänen, Porträts, Medaillen, Luftbilder [sic! gemeint: Lichtbildern], Tonbildern eine größere wissenschaftliche Bedeutung zu geben, als dies bisher der Fall war, um die reichen Schätze, die wir in diesen Sammlungen besitzen, würdig auszunützen.[7]

Die Aussage, man wolle Bibliothek und Archiv künftig eine größere Bedeutung zumessen, ist ein Hinweis darauf, dass Miller die bisherige Entwicklung als unbefriedigend empfand.

Aber auch die Lösung mit Dannemann funktionierte nicht. Obwohl sich der in Barmen geborene Großindustrielle Carl Duisberg vehement für den dortigen Schuldirektor einsetzte, wurde ihm schon 1923 wieder gekündigt, da sich Dannemann mehr seinen schriftstellerischen Neigungen als den Aufgaben im Haus widmete.[8] Die beiden Ingenieure Adolf Wißner und Paul Gehm, die 1933 bzw. 1934 ins Museum eintraten und sich um die Plansammlung bzw. die Bildersammlung kümmerten, konnten ebenso keine Akzente setzen.[9] Von Gehm weiß man, dass er als 60-Jähriger ins Museum kam und bis Kriegsende Pläne, technische Zeichnungen, Karten und Bilder ordnete. Als politisch Belasteter wurde er 1945 auf Geheiß der amerikanischen Militärregierung entlassen. Dennoch arbeitete er als Ehrenamtlicher noch bis Mitte 1955 für die Plansammlung. Wißner wiederum trat 1933 im Zuge eines NS-Beschäftigungsprogramms für arbeitslose Ingenieure ins Museum ein, um einige Mappen der Serie »Technik im Bild« anzufertigen (vgl. Seite 89ff.). Sein Vertrag als Wissenschaftlicher Mitarbeiter wurde anschließend verlängert; sein Tätigkeitsfeld er-

6 Vgl. ebd., S. 32.

7 DMA, VA, PA 1781.

8 Vgl. DMA, VA, PA 0298.

9 Vgl. deren Personalakten: DMA, VA, PA 0586 bzw. PA 2376.

5 »Grundstein« für das Bibliotheksgebäude, 1928. Alle Beteiligten der Grundsteinlegung bekamen diesen Ziegel, gefüllt mit einer kleinen Pralinenschachtel als Gastgeschenk. Foto: Hans-Joachim Becker

streckte sich auf die Sondersammlungen und die Bibliothek. Nach Kriegsdienst und Gefangenschaft und einer Promotion über »Die Entwicklung der zeichnerischen Darstellung von Maschinen« (1948) leitete er die Abteilung »Textiltechnik«, ab 1958 auch die »Fotografie« sowie die Lichtbildstelle und arbeitete zudem in der Depotverwaltung mit. Er baute am Deutschen Museum eine Bildserie »Technische Kulturdenkmale« auf und publizierte eine Reihe technikhistorischer Artikel.

Die kurzen Erläuterungen zum leitenden Personal von Archiv und Bibliothek verdeutlichen strukturelle Probleme beider Bereiche in den ersten Jahrzehnten der Museumsgeschichte. Es fehlten ausgewiesene Fachleute, die zeitgemäße Standards kannten und konzeptionell in der Lage gewesen wären, Entwicklungslinien in einem nationalstaatlichen Kontext vorzugeben. Zudem lag der Fokus bei einer Einstellung primär auf dem Aspekt der Betreuung von Einzelabteilungen des Museums, sodass den jeweiligen Leitern zu wenig Zeit für das Archiv zur Verfügung stand. Und schließlich wird offensichtlich, dass Archiv und Bibliothek in den Köpfen der Museumsleitung als Einheit gesehen wurden, ohne auf deren spezifische fachliche Anforderungen einzugehen.

Zur Personalfrage kam das Problem der räumlichen Unterbringung von Archiv und Bibliothek. Es muss in diesem Zusammenhang nicht genauer auf dieses Thema eingegangen werden, da Helmut Hilz in seinem Buch zur Museumsbibliothek die Baugeschichte ausführlich geschildert hat.[10] Deshalb an dieser Stelle nur kurz die wesentlichen Grundzüge. Nachdem die Museumsleitung schon 1912 nach einer Reise in die Vereinigten Staaten das grundsätzliche Konzept festgelegt und noch während des Ersten Weltkriegs einen eigenen Bau gefordert hatte, wurden Archiv und Bibliothek 1925 in die Schwere-Reiter-Kaserne gegenüber der Museumsinsel verlagert. Dort richtete man übergangsweise den Hauptlesesaal mit dem Archiv ein.[11] Oskar von Miller war sich dieses Provisoriums durchaus bewusst. Im Verwaltungsbericht für das Geschäftsjahr 1925/26 sprach er dies deutlich an. Besonders betonte er dabei die Rolle der Plansammlung, die der »wichtigste Teil unseres ganzen Museums« werden müsse.[12] Die Funktion der Plansammlung formulierte er wie bei früheren Gelegenheiten dahingehend:

> Weiterhin ist die Einrichtung einer Plansammlung in Aussicht genommen, die ein ganz neues Forschungsmittel für den Ingenieur darstellt. Dort sollen Pläne verschiedener Bauten, z.B von Bahnhöfen, Brücken, Elektrizitätswerken, Wasserwerken, aber auch von Maschinen, Schiffen usw. nach Gruppen geordnet aufbewahrt werden. Wenn nun ein Ingenieur beispielsweise ein Projekt für einen Bahnhof zu entwerfen hat, so wird es eine große Erleichterung für ihn sein, in der Plansammlung Pläne bereits ausgeführter Anlagen einsehen, bzw. sie kopieren zu können.[13]

Erst der Bau des Bibliotheksgebäudes in den Jahren 1928 bis 1932 löste das Platzproblem und führte auf der Museumsinsel Archiv

10 Vgl. Hilz, Bibliothek, 2017, S. 10–71.

11 Vgl. DMA, VA-Dru, Vorl. Nr. 0135, S. 9.

12 Ebd., S. 18.

13 DMA, VA-Dru, Vorl. Nr. 0141, S. 29f.

und Bibliothek – wie in den ersten Planungen vorgesehen – mit den Ausstellungen räumlich zusammen. **| Abb. 5 |**

Zwar hatten sich mit der Eröffnung des Bibliotheksgebäudes 1932 die Grundbedingungen entscheidend gebessert, die Leitungsfunktion für Bibliothek und Archiv blieb aber weiterhin in der Schwebe. Erst 1931 konnte sich Miller – nachdem er mehrere dafür vorgesehene Personen erst ein-, dann bald wieder ausgestellt hatte – dazu entschließen, mit dem ausgebildeten Ingenieur und Bibliothekar Hans Krüger-Kulm einen Bibliotheksdirektor einzustellen. Allerdings verstarb dieser schon nach wenigen Jahren an den Folgen einer Tuberkuloseerkrankung. Der etwa ein Jahr später für die Bibliothek ausgewählte Friedrich Klemm erwies sich insofern als Glücksfall, als er naturwissenschaftliche Fächer für das Lehramt am Gymnasium studiert und eine Bibliotheksausbildung abgeschlossen hatte und sich zudem in der Folge als einer der führenden deutschen Technikhistoriker etablierte. Nach dem Tod von Krüger-Kulm übernahm er 1937 die Leitung der Bibliothek und der (seit 1931 so bezeichneten) »Sondersammlung« von Handschriften, Urkunden, Porträts, Plänen und technischen Zeichnungen. Bis zu seinem Ruhestand 1969 hatte Klemm diese Funktion inne.

Über die Nutzung von Handschriften, Fotografien, technischen Zeichnungen und Grafiken durch die Öffentlichkeit ist praktisch nichts bekannt. In den Gründungsjahren wurden Handschriften und Nachlässe für frühe Forschungsarbeiten des Museums herangezogen, so für den ersten »Forschungsband« über Georg von Reichenbach, der aus der Feder des Vorstandsmitglieds Walther von Dyck stammt.[14] **| Abb. 6 |**

Dyck selbst nutzte damit das Archiv im Sinne seines 1904 formulierten Anspruchs einer »Sammlung der wichtigsten Originalwerke zur Naturwissenschaft und Technik aus alter Zeit … zum Zwecke historischer Studien«.[15] In seiner Publikation spiegelt sich die angesprochene hohe Bedeutung von Lebensläufen berühmter Wissenschaftler und Techniker für das Geschichtsbild des Deutschen Museums exemplarisch wider.

Dem Verständnis des Museums als umfassender Bildungseinrichtung entsprechend, wurde schon in den ersten Jahren auch der Aufbau einer eigenen »Plansammlung« als Teil des Archivs begonnen. Während des wenig später beginnenden Ersten Weltkriegs war das Sammeln von Plänen aber verständlicherweise sehr erschwert. Außerdem zeigte sich eine grundsätzliche Problematik des Konzepts der Plansammlung: An historischen Zeichnungen konnten sich Interessierte bei aktuellen Planungen nur bedingt orientieren; moderne Konstruktionspläne wiederum hielten die Firmen zum Schutz vor Kopien ihrer Produkte sicherlich bewusst zurück.

Deutlich effektiver war in den ersten zwei Jahrzehnten der Museumsgründung die Einwerbung historischer Nachlässe, Urkunden und Handschriften. Hier funktionierte das breit angelegte Netzwerk des Museums. Durch die Einbeziehung bedeutender Naturwissenschaftler und Ingenieure – Frauen waren bis 1920 nicht in Museumsgremien vertreten – in die Ausgestaltung der Ausstellungen konnte man deren Kontakte in die wissenschaftliche Welt hinein nutzen. Schon bis zum Ende des Ersten Weltkriegs 1918 kamen so bedeutende Nachlässe wie die von Georg von Reichenbach, Rudolf Diesel, Heinrich Caro, Heinrich Gerber, William Heerlein Lindley, Heinrich Hertz, Hermann von Helmholtz und Rudolf Clausius ins Archiv. Erstaunlich ist, dass manche dieser Bestände schon kurz nach dem Tod der Person eingeworben werden konnten.

Bei der Durchsicht des Zugangsbuchs »Handschriften« wird deutlich, dass bei der Einwerbung das Prinzip der Stiftung dominierte. Von den ersten 4000 Zugangsnummern wurden für Ankäufe lediglich 767 Mark ausgegeben, die restlichen Zugänge waren Schenkungen. Auch heute sind die meisten Neuzugänge Stiftungen.

Nach dem Tod Oskar von Millers im April 1934 finden sich nur wenige Äußerungen der Museumsleitung zum Archiv. Die Jahresberichte des folgenden Jahrzehnts listen in dürren Zahlen den aktuellen Bestand der Sondersammlungen auf, ohne inhaltlich programmatische Akzente zu setzen. Dies mag damit zusammenhängen, dass Jonathan Zenneck, der nach Miller die Geschäftsführung des Museums innehatte, ganz offensichtlich den Schwerpunkt auf die Organisation von Vorträgen im 1935 eröffneten Kongress-Saal legte.

NS-Zeit und Zweiter Weltkrieg

Von 1933 bis 1945 geriet das Deutsche Museum zunehmend unter den Einfluss der nationalsozialistischen Machthaber.[16] So musste es zustimmen, dass in den freien Räumen des Bibliotheksgebäudes die NS-Propaganda-Ausstellungen »Der Bolschewismus« (1936), »Der ewige Jude« (1937), »Großdeutschland zur See« (1940), »Deutsche Größe« (1940) und »Leistungsschau der Deutschen Bautechnik« (1941) gezeigt wurden. Zusammen mit mehreren Parteiveranstaltungen im Kongress-Saal und dem politisch motivierten Anbau der Kraftfahrhalle im Süden der Insel im Jahr 1937 bildete sich in der Öffentlichkeit der Eindruck, das Museum sei eine staatlich gelenkte, NS-nahe Organisation.

Der Zweite Weltkrieg brachte für Archiv und Bibliothek zunehmend größere Beschränkungen. Die Zahl der Mitarbeiter sank, da viele zum Militärdienst eingezogen wurden. Auch Stif-

14 Vgl. Dyck, Reichenbach, 1912.

15 Dyck: Bericht über die Bibliothek und Plansammlung; DMA, VA-Dru, Vorl. Nr. 0118/2, S. 31–32, hier S. 31.

16 Zum Deutschen Museum in der NS-Zeit vgl. Vaupel/Wolff, Museum, 2010.

6 Walther von Dyck: Georg von Reichenbach, 1912. Foto: Hans-Joachim Becker

tungen zugunsten des Archivs gingen zurück. Die Zugangsbücher vermelden zwischen 1939 und 1945 kaum nennenswerte Erwerbungen. Von einschneidender Bedeutung war, dass die »Organisation Todt«, die unter anderem zuständig war für den Bau des Westwalls, der Abschussrampen für die V2-Raketen und die Untertageverlagerung von Rüstungsbetrieben, 1944 in das Bibliotheksgebäude einzog. Unversehens wurde die Museumsinsel dadurch zu einem militärischen Zielobjekt der Alliierten. Vermutlich war sich die Museumsleitung dieser Tatsache durchaus bewusst. Die zunehmenden Angriffe alliierter Flugzeuge auf deutsche Städte bewogen sie dazu, die wichtigsten und wertvollsten Teile des Archivs und der Bibliothek auszulagern, während die Hauptbestände in den Kellern des Museums – geschützt von stabilen Zwischendecken – untergebracht wurden. Der Jahresbericht für 1943/44 führt an, dass Urkunden und Handschriften sowie wertvolle Büsten und Gemälde »nach auswärts« verlegt worden seien, ohne verständlicherweise die Orte zu nennen.[17] Zenneck hatte schon im November 1943 dem Bayerischen Kultusministerium gemeldet, dass neben verschiedenen Katalogen und dem Rara-Bestand der Bibliothek auch die Handschriften-, Urkunden-, Porträt-, Münzen- und Medaillensammlung verlagert worden seien.[18] Der gesamte Urkunden- und Handschriftenbestand befand sich in Benediktbeuern,[19] während im Bischofssaal des heute nicht mehr bestehenden Kapuziner-Klosters (»Gerbel-Kloster«) in Wasserburg Büsten und Gemälde deponiert waren.

Nach dem Krieg wurden die ausgelagerten Bestände sukzessive zurückgeführt. Wie es scheint, hatten sie dort keinen ungewollten Schwund durch Diebstähle zu verzeichnen – zumindest schweigen die Akten darüber. Größere Vernichtungen durch Bombenangriffe konnten also vermieden werden. Allein die Plansamm-

17 DMA, VA-Dru, Vorl. Nr. 0153, S. 6f.

18 Vgl. DMA, VA 6158.

19 Vgl. DMA, VA 0878.

7 Verwüstungen in der Plansammlung, 1945. Foto: Georg Schedele

lung erlitt merkliche Verluste (ca. zehn Prozent des Gesamtbestands), die allerdings hauptsächlich durch Plünderungen in der direkten Nachkriegszeit verursacht wurden. **| Abb. 7 |**

Der Ministerialrat im Bayerischen Kultusministerium und von 1951 bis 1964 im Vorstand des Museums aktive Robert Poeverlein machte dafür bei der Jahresversammlung 1964 in seinem »Bericht zum Wiederaufbau« die im Bibliotheksbau von den Amerikanern einquartierte UNRRA, die United Nations Relief and Rehabilitation Administration, verantwortlich. Die UNRRA betrieb hier seit August 1945 ein Durchgangslager für Displaced Persons und von Februar 1946 bis Mai 1947 eine Universität. Öffentlich erklärte Poeverlein, die UNRRA sei eine »ganz furchtbare Organisation«; er benutzte die Bezeichnungen »disziplinloser Haufen eben aus KZ und Gefängnissen gekommener Menschen« und »Diebsgesellschaft«.[20] Diese verbalen Entgleisungen Poeverleins erregten so großes Aufsehen, dass sich dafür die Museumsleitung ein Jahr später in einer Ausschusssitzung entschuldigen musste.[21] Poeverlein trat gleichzeitig von seinem Museumsamt zurück.

Stück für Stück wurden die Archivbestände wieder für die Benutzung freigegeben. Den Anfang machten die Porträtsammlung und Teile der Plansammlung, die schon 1948 wieder zugänglich waren, wenngleich dafür eine Reihe von Einschränkungen in Kauf genommen werden musste. Dabei war gerade die Unterbringung der Pläne über ein Jahrzehnt nach dem Ende des Kriegs noch immer höchst provisorisch. Im Verwaltungsbericht 1956/57 musste die Museumsleitung eingestehen, dass diese »in den Resten zerbombter Schränke und Regale untergebracht« seien.[22]

Die Nachkriegsentwicklung des Archivs wurde beeinflusst von zwei Tendenzen. So differenzierte sich zum einen die bundesdeutsche Archivlandschaft immer stärker, was die Einwerbung von zentralen Dokumenten zur Geschichte der Naturwissenschaft und Technik für das Deutsche Museum zunehmend erschwerte. Besonders in den Jahren des »Wirtschaftswunders« bildeten sich in der Bundesrepublik zahlreiche Firmenarchive und später überregionale Wirtschaftsarchive, die sich um die Archivierung von Unterlagen aus Unternehmen kümmerten. Gleichzeitig wurden Nachlässe bedeutender Ingenieure, Erfinder oder Wissenschaftler jetzt auch in Universitäts-, Staats- oder Landesbibliotheken gesammelt. Wichtige Beispiele sind dafür die Staatsbibliothek zu Berlin oder die Staats- und Universitätsbibliothek in Göttingen. Zum anderen wurde für den Münchner Raum die Entstehung einer starken Luft- und Raumfahrtindustrie prägend, die ihre Interessen in die Museumspolitik einbrachte. Für das Archiv bedeutete dieses Engagement einerseits die Erwerbung zahlreicher Bestände aus der Luft- und Raumfahrt, vorwiegend Unterlagen bedeutender Pioniere oder Ingenieure bzw. Teilarchive von Firmen, die in diesem Bereich tätig waren (Junkers, Messerschmitt etc.).

20 DMA, VA-Dru, Vorl. Nr. 0172, S. 31.

21 Vgl. DMA, VA-Dru, Vorl. Nr. 0173, S. 26f.

22 DMA, VA-Dru, Vorl. Nr. 0163, S. 19.

Andererseits entstand mit dem Bestreben, am Deutschen Museum ein »Nationales Zentrum für die Geschichte der Luft- und Raumfahrt« zu errichten, eine archivuntypische Luft- und Raumfahrtdokumentation. Anstatt das Archivgut nach »Provenienzen«, also nach ihrer jeweiligen Herkunft, abzulegen, wurde versucht, eine Sortierung nach Sachgebieten, in der Archivsprache »Pertinenzen« genannt, vorzunehmen. Die Auswirkungen dieses Vorgehens sind bis heute nicht beseitigt.

In jedem Fall brachte die starke Ausrichtung auf die Luft- und Raumfahrt eine erhebliche Ausweitung des Archivs. Schätzungen gehen dahin, dass sich der Gesamtbestand in den Jahren zwischen 1970 und 1990 nahezu verdoppelt hat. Dies hatte Rückwirkungen auf die Erschließung der Archivunterlagen insgesamt, da die Flut der Neueingänge nicht mehr zügig abgearbeitet werden konnte. Vor allem die Magazinsituation verschärfte sich. Die »Sondersammlungen«, bisher im Erdgeschoss untergebracht, zogen 1973 in das dritte und vierte Obergeschoss des Bibliotheksgebäudes um und teilten sich dort freie Magazinflächen mit der Bibliothek. Ein Umbau bisher anders genutzter Räumlichkeiten im Jahr 1986 erweiterte die Magazinfläche um rund 2,2 Regalkilometer erheblich. Damals konnte endlich die vorherrschende und vom Archivpersonal viel beklagte Vermischung von Büro-, Magazin- und öffentlich zugänglichem Lesesaalbereich entkoppelt werden. Der neu hinzugewonnene Platz war Anfang der 1990er-Jahre durch die Übernahme großer Luftfahrtbestände und der neu geregelten Zuständigkeit des Archivs für Büsten, Gemälde sowie für die Wasserzeichen- und Buntpapiersammlung bereits wieder voll belegt. Allein im Jahr 1989 kamen Bestände in einem Umfang von 200 Regalmetern hinzu. Erst zwei größere Erweiterungen (2003 und 2016) brachten eine vorläufige Entspannung der räumlichen Situation, da durch Umwidmungen von Stellflächen und den Einbau von Rollregalen, welche eine optimale Nutzung der Grundfläche ermöglichten, rund drei Regalkilometer hinzugewonnen wurden.

Ein dritter Aspekt bestimmte die Jahrzehnte zwischen 1960 und 1990 im Archiv. Die großen Zugänge aus den Münchner Luftfahrtfirmen bedeuteten nicht nur ein Raum-, sondern auch ein Personalproblem. Vermehrt finden sich in den Verwaltungsberichten Klagen darüber, dass die Neuerwerbungen aufgrund fehlender personeller Ressourcen teilweise nicht einmal mehr ausgepackt, geschweige denn verzeichnet werden konnten. Zudem banden neue Zielvorgaben der Museumsleitung – Stichwort »Einwerbung von Industriefilmen« (vgl. Seite 182) – und problematische neue Sammlungsschwerpunkte der Sondersammlung – gemeint ist hier der Aufbau einer aufwendigen Sammlung von Werkszeitschriften – das Stammpersonal. Wichtige Altbestände und die umfangreichen Neuzugänge von mehreren Regalkilometern konnten nicht mehr fachgerecht erschlossen werden. Scheinbare Hilfe kam erneut von der Luftfahrtindustrie, die zeitweise mehrere Personalstellen zur Verfügung stellte. Sie sollten sich hauptsächlich dem Aufbau einer Luft- und Raumfahrtdokumentation widmen (vgl. Seiten 159–164).

Das Archiv wird digital

Im Jahr 1988 brach für das Archiv das digitale Zeitalter an, als dank einer Stiftung ein erstes Netzwerk mit vier Personalcomputern eingerichtet werden konnte.[23] Sukzessive konnten alle MitarbeiterInnen an das Netzwerk angeschlossen werden. Die Erstausstattung war dabei noch problematisch. Zu dem holländischen Erfassungssystem gab es nur ein schwer verständliches englisches Handbuch; das System war bald durch die vielen Eingaben überlastet und musste im Jahr 1994 durch ein archivgerechtes und kostengünstiges Programm (»FAUST«) abgelöst werden.

Einen weiteren technischen Wandel leitete eine hausinterne Mitteilung des damaligen Kurators für Raumfahrt, Matthias Knopp, am 5. Mai 1993 ein: »Seit kurzem gibt es die Möglichkeit, über das Leibniz-Rechenzentrum (LRZ) per Computer Briefe, Bilder, Computerprogramme u. ä. zu verschicken und zu empfangen (kurz: electronic mail genannt).«[24] Das Archiv hat sich wenig später ein Modem an ein Telefon anschließen lassen und konnte so von einem (!) Arbeitsplatz aus mit der Welt elektronisch kommunizieren. Es musste intern genau abgesprochen werden, wann und wer diesen Internetzugang nutzte. Soweit zum Einstieg des Archivs in das elektronische Zeitalter. Heute kann man darüber nur schmunzeln, wenn man an die vielfältigen Möglichkeiten der Online-Recherche, Datenbankverzeichnung und Digitalisierung denkt.

Zwei Jahre später, am 13. August 1995, startete das Deutsche Museum erstmals mit eigenen Webseiten. Rund 170 Bildschirmseiten standen im Netz. Bereits zum Start war das Archiv des Museums im Rahmen von »Deutsches Museum On Line« vertreten. Auf zwei Seiten war für Interessenten eine knappe Übersicht der Bestände abrufbar. Zwei hübsche Abbildungen, eine Angabe zu den Öffnungszeiten und ein Literaturhinweis komplettierten den Webauftritt von 1995. | **Abb. 8** | Immerhin war er schon damals zweisprachig angelegt. Ganz offensichtlich wurden die Seiten wahrgenommen. Wenige Tage nach dem Start bekam das Archiv eine E-Mail: »Gratulation, Sie sind das zweite deutsche Archiv im Internet!«

Bis 1992 blieben die Sondersammlungen organisatorisch Teil der Bibliothek. Mit einer in diesem Jahr erfolgten Umstrukturierung wurden sie aus der Bibliothek ausgeklammert und mit dem Forschungsinstitut zur »Hauptabteilung Forschung« zusammen-

23 Vgl. DMA, VA-Dru, Vorl. Nr. 0200, S. 37.

24 Zitiert bei Füßl, Jahre, 2015, S. 7.

Deutsches Museum On Line **Archiv**

Das Archiv des Deutschen Museums zählt zu den bedeutendsten Spezialarchiven zur Geschichte der Naturwissenschaf bilden Verkehrswesen, Luft- und Raumfahrt sowie Physik- und Chemiegeschichte.

Bote mit Schwimmreifen
Anonym, Feuerwerksbuch. Bilderhandschrift, ca 1480
aus: ASD, HS 1949-258

Bestände

- Handschriften und Urkunden (22.000 Handschriften vom 13. bis 20. Jahrhundert)
- Nachlässe (200 Nachlässe bedeutender Naturwissenschaftler, Techniker, Ingenieure, Erfinder)
- Archive von Firmen und Institutionen (530 Meter)

8 Die erste Homepage des Archivs, 1995 (Screenshot).

gelegt. Gleichzeitig bekam die Abteilung eine zweite Stelle des Höheren Diensts zugeteilt. Und drittens wurde sie erstmals ein Archiv im klassischen Sinn, da sie nun die Zuständigkeit für die bis dahin noch in der Registratur verwahrten Verwaltungsakten des Museums übernahm. Der kombinierte Begriff »Archive, Sondersammlungen und Dokumentationen«, der für mehrere Jahre zur Anwendung kam, sollte verdeutlichen, dass hier neben den Sammlungsbeständen jetzt zudem verschiedene geschlossene Archivbestände wie das Museumsarchiv, die Firmenarchive verschiedener Luftfahrtunternehmen und die Bestände mehrerer Institutionen, darunter die Unterlagen der Gesellschaft Deutscher Naturforscher und Ärzte, betreut wurden. Im Jahr 2004 erfolgte die Umbenennung in das schlichte »Archiv« und die interne Aufwertung zur Hauptabteilung.

Auch die Sammlungsperspektiven und Archivierungsmethoden verschoben sich seit den 1990er-Jahren. Die Übernahme von Sachdokumentationen wurde vollständig eingestellt; erworben werden heute nur Originaldokumente aus Naturwissenschaft und Technik. Gleichzeitig werden die Neuerwerbungen in ihrem Entstehungszusammenhang belassen und nicht – wie bis dahin praktiziert – nach sachlichen Gesichtspunkten geordnet. Vielmehr sollen historische Provenienzen wieder zusammengeführt werden – ein bisweilen mühsamer Weg, da solche aufwendig in den verschiedenen Bestandsgruppen lokalisiert und die entsprechenden Bestände rückgeführt werden müssen.

Aufgegeben wurde der Ankauf von geschlossenen Beständen. Gerade in den 1970er- und 1980er-Jahren waren Unterlagen – vorwiegend aus dem Bereich der Luftfahrt und der Physik – zu fünf- und sechsstelligen DM-Beträgen angekauft worden.[25] Diese Ankäufe banden die finanziellen Ressourcen des Archivs oft über mehrere Jahre. Heute wird das Prinzip der Stiftung, wie es in den ersten sechs Jahrzehnten der Museumsgeschichte praktiziert wurde, wieder hochgehalten.

Mit der personellen Verstärkung des Archivs 1992/93 wurde die Basis für eine Neuorientierung gelegt. Im Vordergrund stand der Gedanke einer besonders an Forschungsinteressen und Forschungsservice orientierten Arbeit bei einer gleichzeitigen Neupositionierung des Archivs im Archivsystem der Bundesrepublik. Dazu war es notwendig, für die Bestände Findmittel zu schaffen, die es den Forschenden ermöglichten, unabhängig vom Archivpersonal zu recherchieren. Anfangs lagen nur Kartenkataloge für die Firmenschriften, Handschriften, Porträts und in Teilen für die Fotosammlung vor; noch 1992 waren lediglich etwa zwei Prozent der vorhandenen Archivalien im Computer nachgewiesen. Dementsprechend war das erste Ziel, für möglichst alle Bestände provisorische Findlisten zu erstellen, die den Benutzenden vorgelegt werden konnten (vgl. Exkurs: Erschließung, Seite 111–113). Verstärkt wurde die interne Erschließung in den nächsten Jahrzehnten durch zahlreiche Drittmittelprojekte, die vom Arbeitsamt (Arbeitsbeschaffungsmaßnahmen), der Deutsche Lufthansa Berlin-Stiftung, der Deutschen Forschungsgemeinschaft, der Fritz Thyssen Stiftung, der Leibniz-Gemeinschaft, der Kulturstiftung des Bundes, der Kulturstiftung der Länder, der Tschira-Stiftung, der Ernst von Siemens Kunststiftung, dem Freundes- und Förderkreis Deutsches Museum und durch die Zukunftsinitiative Deutsches Museum, aber auch durch Spenden von Unternehmen und vielen Privatpersonen finanziell gefördert wurden. Durch die Fülle der erfolgreichen Projekte entwickelte sich das Archiv des Deutschen Museums zu einem gefragten Ansprechpartner in der deutschen Archivlandschaft.

25 Vgl. Heinrich, Sondersammlungen, 1988, S. 49.

Exkurs Die Sammlungspolitik des Archivs

Mit der Neuorganisation Anfang der 1990er-Jahre wurde auch die Erwerbungsstrategie neu ausgerichtet. Da das Archiv des Deutschen Museums im Gegensatz zu klassischen Archiven den Hauptteil seiner Unterlagen nicht aus einer zugeordneten Verwaltung übernimmt, sondern sich aktiv um neue Bestände bemühen muss, steht es für den Typus der »sammelnden Archive«, der für Museumsarchive kennzeichnend ist.[26] Sammeln kann aber ausufern, sofern nicht klare Überlegungen über Sinn, Ziel und Umfang vorhanden sind. Das Ergebnis eines längeren Strategieprozesses war ein ausführliches schriftliches Sammlungskonzept als Basis für die künftige Arbeit des Archivs.

Für die Sammlungspolitik des Archivs lassen sich einige Grundtendenzen festhalten. Vor dem Hintergrund der Archivgeschichte am Deutschen Museum ist die Sammlungstätigkeit bestimmt von einer historischen, aber auch der aktuellen Zielsetzung; dies entspricht der allgemeinen Vorgabe durch die Museumssatzung. Ziel ist dabei, die Entwicklung von Technik und Naturwissenschaft anhand von Schlüsselbeständen nachvollziehbar zu machen und zu erläutern, andererseits die Wechselwirkung von Wissenschaft und Technik in historischen und aktuellen Zeiträumen zu veranschaulichen.

Wichtige Kriterien der Sammlungspolitik des Archivs sind:

- Sammlung zentraler Originaldokumente, die für die Entwicklung der Technik und Naturwissenschaft von hoher Relevanz sind;
- Erwerbung von Unterlagen mit überregionaler bzw. internationaler Bedeutung;
- Übernahme von Archivgut mit Bedeutung für die künftige Forschung;
- Sammlung geschlossener archivischer Einheiten (Nachlässe, Archive von Firmen und Institutionen und zusammenhängender Konvolute) bei gleichzeitiger Reduzierung der Übernahme von Einzelarchivalien;
- Konzentration auf technisch und wissenschaftlich innovative Fachdisziplinen;
- Ausbau gut gesammelter Teilbestände (Firmenschriften, Nachlässe);
- Pflege traditioneller Sammlungsschwerpunkte (Physik, Chemie, Maschinenbau, Verkehrswesen etc.) und Formulierung moderner Schwerpunkte.

Die Konzentration auf zentrale Dokumente und bestimmte Technikbereiche hat zur Konsequenz, dass andere nicht gesammelt werden können. Bestimmte Sparten (z. B. Haustechnik, Landtechnik) müssen zugunsten von Disziplinen mit höherer Priorität (z. B. Verkehrswesen, Maschinenbau) zurückstehen. Die Betonung des Originals wiederum schließt ein, dass keine neuen sachthematisch geordneten Dokumentationen aufgebaut werden, da wegen knapper Ressourcen eine Doppelarchivierung von Sekundärmaterial (Zeitungsausschnitte, Sonderdrucke, Fotos etc.), das schon in anderen Archiven und Bibliotheken nachgewiesen ist, vermieden werden muss.

Wie das Beispiel »Haustechnik« zeigt, reagiert das Archiv auf Entwicklungen in den Ausstellungen und Objektsammlungen. Die »Haustechnik« bildete bis 1945 einen großen Ausstellungsbereich; nach dem Krieg wurde die Abteilung jedoch nicht wiederaufgebaut. Moderne Objekte aus diesem Fachgebiet wurden ebenfalls kaum erworben, sodass die heute vorhandenen Objekte historische Zeugnisse ohne Bezug zu den inzwischen eingetretenen tiefgreifenden Veränderungen sind. Für das Archiv bedeutet dies, dass es zwischen der eigenen Sammlungskonzeption und den Aktivitäten des Gesamthauses einen engen Zusammenhang geben muss. Die Schwierigkeit liegt allerdings darin, dass zentrale historische Originaldokumente nur in einem kontinuierlichen Prozess eingeworben werden können, d. h. es macht wenig Sinn, auf kurzfristige Ausstellungs- oder zeitlich befristete Forschungsvorhaben mit der Errichtung eines neuen Sammlungsschwerpunkts reagieren zu wollen. Der Erfolg einer archivischen Sammlungstätigkeit liegt letztlich in der Langfristigkeit und Beharrlichkeit des Sammelns.

Bei der Neukonzeption der Sammlungspolitik spielten zudem Überlegungen eine Rolle, welche Technik- und Wissenschaftsbereiche zwar hochaktuell sind, sich aber bisher kaum in den Archivbeständen abbildeten. Daher wurden in den 1990er-Jahren neue Sammlungsschwerpunkte aufgebaut, so zu alternativen Energien wie Wind- und Sonnenkraft und zur Informatik (vgl. Seite 26).

Aktives Sammeln schließt ein, vorhandene Bestände kritisch auf ihre Bedeutung für die aktuelle Sammlungspolitik zu überprüfen und sich eventuell von Beständen zu trennen. Das Archiv des Deutschen Museums ist in den letzten Jahren auch diesen schwierigen Weg gegangen. Relativ problemlos war die Abgabe der Zuständigkeit für Büsten und Gemälde, die als dreidimensionale Artefakte hausintern an die Objektsammlung abgegeben wurden. Ursprünglich in der Firmenschriftensammlung eingereihte Festschriften von Unternehmen konnten als Druckwerke ebenso schnell der Bibliothek des Hauses übergeben werden. Aufgelöst wurde die Sammlung von Werkzeitschriften, die als laufende Periodika nicht Archiv-, sondern Bibliotheksgut sind. Diese Sammlung umfasste zum Zeitpunkt ihrer Abgabe mehr als 1240 Titel und erforderte einen enormen Personaleinsatz für die Bearbeitung.

26 Vgl. u. a. Füßl, Sammeln, 2011; ders., Sammeln, 2013.

Sofern sie technisch-wissenschaftlich interessant und nicht bereits vorhanden waren, wurden sie der Bibliothek des Deutschen Museums eingegliedert. Den überwiegenden Teil übernahm die Deutsche Nationalbibliothek.

Das Beispiel der Werkzeitschriften zeigt, dass Sammeln heute am besten im Verbund mit kompetenten Partnern erfolgt. Ein einzelnes Archiv ist immer Teil einer größeren Archiv-, Bibliotheks- und Museumslandschaft mit sehr ausdifferenzierten Sammlungsschwerpunkten. Für jedes »sammelnde Archiv« ist ein eigenes klares Profil unabdingbar, um in dieser Landschaft von der Kollegenschaft – aber auch von Unternehmen und Einzelpersonen – als Spezialarchiv wahrgenommen zu werden. Umgekehrt erfordern begrenzte Personal- und Raumkapazitäten, sich mit anderen Einrichtungen abzustimmen. Aus diesem Grund hat das Archiv des Deutschen Museums um die Jahrtausendwende eine Initiative angestoßen, die unter dem Begriff des »Sammelns im Verbund« betrieben wird. Dabei liegt der Schwerpunkt auf »archivischem Sammlungsgut«. Im Gegensatz zum amtlichen Schriftgut, das einem Archiv von einer oder mehreren Behörden zuständigkeitshalber und nach einem geregelten Abgabeverfahren übergeben wird, gibt es für Sammlungsgut keine klaren Zuständigkeiten. Es bleibt Stifterinnen oder Stiftern überlassen, wem sie ihre Unterlagen schenken wollen, und umgekehrt einem Archiv, ob es sich für diese interessiert oder nicht. Ein ausgeprägtes und in der Öffentlichkeit nachvollziehbares Sammlungsprofil ist in den Verhandlungen mit Stiftenden oft ein sehr überzeugendes Argument.

Unter der übergeordneten Bezeichnung »archivisches Sammlungsgut« verbergen sich Nachlässe, Fotografien, Handschriften und Autografen, historische Karten und Pläne, technische Zeichnungen, Porträts, Grafiken, Film- und Tondokumente, Papierproben, Plakate, Zeitungsausschnitte, Flugblätter, Graue Literatur und Softwareprogramme. Nicht selten übernehmen Archive zudem Sammlungen Dritter und Dokumentationen zu thematisch, regional, historisch oder zeitlich eingeschränkten Fragestellungen. In diesen finden sich häufig dreidimensionale Objekte wie besondere Ehrungen und Auszeichnungen. Zum archivischen Sammlungsgut zählen auch Objekte wie Siegel, Plaketten, Medaillen, teilweise (Architektur-)Modelle und – in neuerer Zeit – die immer beliebter werdenden Merchandising-Artikel und Werbemittel. Gerade in den Archiven politischer Parteien und in den Archiven von Hochschulen und Universitäten nimmt die Zahl an 3D-Objekten rasch zu.

Der Anteil des archivischen Sammlungsguts liegt im Archiv des Deutschen Museums beispielsweise bei 85 Prozent des Gesamtbestands oder bei rund vier Regalkilometern; den prozentual deutlich kleineren Rest bilden die Verwaltungsakten des Museums. Allein dieses Verhältnis von Sammlungsgut zu Verwaltungsakten wirft ein bezeichnendes Licht auf die große Bedeutung einer ausgeprägten Sammlungsstrategie für das Archiv des Museums.

Die kurze Rückschau auf über 100 Jahre Archivgeschichte am Deutschen Museum verdeutlicht auch die Veränderungen in der Ausrichtung des Gesamthauses. Archiv und Bibliothek sind Beispiele für die Ausdifferenzierung der ursprünglich von den Museumsgründern angestrebten Ziele. Das Archiv hat sich von einem »Hilfsinstrument« der musealen Ausstellungen und von einer volksbildenden Einrichtung hin zu einem »center of excellence« für die historische Forschung im Bereich von Naturwissenschaft und Technik entwickelt.[27]

Heute zählt das Archiv des Deutschen Museums zu den national wie international anerkannten Spezialarchiven für die Geschichte der Naturwissenschaft und der Technik. Die verschiedenen Evaluationen der vergangenen Jahrzehnte haben diese besondere Stellung mehrfach betont. Ein Grund liegt sicherlich darin, dass sich das Archiv inzwischen zur führenden Einrichtung für die Archivierung herausragender Nachlässe und national bedeutender Unternehmensarchive etabliert hat. Die Archivleitung ist in zahlreichen nationalen Fachgremien vertreten und hat unterschiedliche, vielbeachtete Drittmittelprojekte mit wichtigen Partnern eingeworben und erfolgreich realisiert. Aus fachlicher Sicht ist die im Archiv des Museums praktizierte vertiefte Erschließung der Archivalien und die Anwendung von Normdateien von Bedeutung, ermöglicht Letzteres doch eine automatisierte Anbindung an nationale und internationale Rechercheportale wie »Kalliope«, die »Deutsche Digitale Bibliothek« und »Europeana«.

Überblick über die Bestände
1. Verwaltungsarchiv
2. Sammlungen
Nachlässe Handschriften und Urkunden Archive von Firmen, Institutionen und Vereinen Firmenschriften Bildarchiv Porträtsammlung Grafiksammlung Plakatsammlung Pläne und technische Zeichnungen Kartensammlung Luft- und Raumfahrtdokumentation Papierhistorische Sammlungen Kleine Erwerbungen Medaillen, Gedenkmünzen, Plaketten, Abzeichen

27 Fehlhammer, Editorial, 2000.

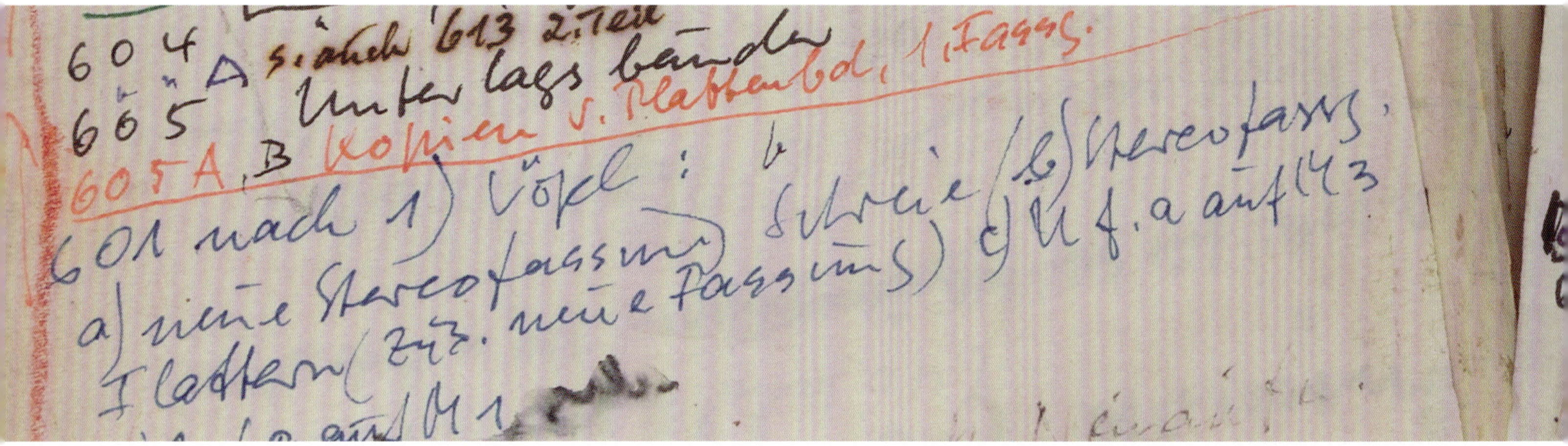

Was bleibt

Nachlässe

9/10 Traditionelles Archivgut aus dem Nachlass des Chemie-Nobelpreisträgers Eduard Buchner und modernes Archivgut (USB-Sticks, Festplatten, CD-ROMs). Fotos: Hans-Joachim Becker

Ein ganz besonderes Interesse verdient die umfangreiche Nachlassabteilung des Archivs. Sie hat in den letzten drei Jahrzehnten einen starken quantitativen und insbesondere einen qualitativen Zuwachs erfahren. So kamen in diesem Zeitraum mehr als 150 Bestände ins Haus. Zurzeit sind rund 380 Nachlässe oder Teilnachlässe prominenter ErfinderInnen, TechnikerInnen, IngenieurInnen oder NaturwissenschaftlerInnen archiviert. Unterlagen von Frauen sind allerdings nur rudimentär vorhanden.

Unter einem Nachlass versteht man im archivischen Sinn die von einer natürlichen Person hinterlassenen Dokumente, audiovisuellen Unterlagen und elektronischen Dateien. Hinter dieser trockenen Definition verbirgt sich jedoch eine ausgesprochen spannende Quellenüberlieferung. Nachlässe beinhalten in der Regel sehr unterschiedliches Material zu einer Person: Korrespondenzen mit Fachkollegen, eigene Publikationen, handschriftliche oder getippte wissenschaftliche Aufzeichnungen, Notiz- und Laborbücher, Sammlungen von Unterlagen zu verschiedenen Themen, Fotografien, Filme bzw. Videos, Tonbänder, oft auch Ehrungen, Auszeichnungen und biografische Dokumente. Moderne Bestände spiegeln inzwischen die rasante Entwicklung im EDV-Sektor insofern wider, als heute verschiedene Datenträger von den ersten 5¼-Zoll-Disketten und CD-ROMs bis zu Festplatten mit mannigfaltigen Text- und Dateitypen übergeben werden. Hier beginnt eine für Archive lange Zeit unbekannte und herausfordernde Dimension der Archivierung. **| Abb. 9/10 |**

Nachlässe von NaturwissenschaftlerInnen, TechnikerInnen und IngenieurInnen, wie sie im Archiv des Deutschen Museums verwahrt werden, bieten eine spezielle Sicht auf Ereignisse, Personen oder auf die Entstehung von Wissen. Generell allerdings gilt, dass Nachlässe als Sammlung privater Unterlagen die behördliche Überlieferung an einer ganz entscheidenden Stelle ergänzen und eine individuelle Sicht auf historische Vorgänge ermöglichen. Sie müssen von FachwissenschaftlerInnen auf dem Hintergrund dieser spezifischen Perspektive bewertet und verwendet werden.

»Erfolgreich« versus »gescheitert«

Um das Erbe großer Persönlichkeiten zu bewahren, haben Generationen von MuseumsmitarbeiterInnen seit der Museumsgründung 1903 deren Nachlässe gesammelt. Das entsprechende Zugangsbuch verzeichnet als allererste Nummer eine Handschrift des Physikers Georg Simon Ohm, der dann mit insgesamt 180 Nummern dessen gesamter wissenschaftlicher Nachlass folgt. Darunter befindet sich auch das Notizbuch mit der Herleitung des berühmten Ohm'schen Gesetzes, das heute in allen weiterbildenden Schulen seinen Platz im Physikunterricht gefunden hat. Schon im ersten Drittel des 20. Jahrhunderts wurden im Museum gezielt die Unterlagen bedeutender Forscher gesammelt – wobei sich im damaligen Bestand deutlich widerspiegelte, dass Frauen in

Forschung, Lehre und Unternehmen keine oder eine nur geringe Rolle spielten. Es waren ausschließlich Männer vertreten. Auch heute ist der Anteil von Frauen noch extrem gering. Von den in der Nachlassdatenbank erfassten Personen sind gerade einmal 3,8 Prozent weiblich. Bemerkenswert ist, dass sich unter den Beständen von Frauen mehrere Nachlässe aus den Anfängen der Luftfahrt befinden, so die der Pilotinnen Feodora Netz, Marga von Etzdorf und Hanna Reitsch, denen es trotz großer Widerstände ihrer männlichen Kollegen gelungen war, in der Frühzeit des Fliegens in diesen nicht ungefährlichen Beruf einzudringen und hier international erfolgreich und bekannt zu werden. Erst in jüngster Zeit konnte das Archiv Nachlässe von drei Wissenschaftshistorikerinnen – Karin Figala, Uta Lindgren und Charlotte Schönbeck – übernehmen, deren Karrieren für die beginnende Durchdringung des Fachs mit Frauen stehen. Zwei von ihnen, Figala und Lindgren, wurden spät, 1980 bzw. 1987, auf einen Lehrstuhl berufen. Insofern spiegelt der weibliche Anteil am Nachlassbestand die historische Bedeutung von Frauen in Naturwissenschaft und Technik in geradezu typischer, aber auch grotesker Weise wider. In anderen Fällen sind im Archiv des Deutschen Museums Nachlässe von Frauen nur vorhanden, wenn sie in einer besonderen Beziehung zu einem männlichen Vertreter eines Fachs standen, so ein Konvolut aus dem Besitz der Bibliotheksangestellten an der Technischen Hochschule Braunschweig Frieda Bieringer, in dem sich rund 170 Briefe des berühmten Professors für Maschinenbau und Kinematik Franz Reuleaux aus den Jahren zwischen 1897 und 1905 befinden.

Die Intensität, mit der Nachlässe von NaturwissenschaftlerInnen, TechnikerInnen und IngenieurInnen gesammelt wurden, war in den vergangenen 100 Jahren Museumsgeschichte unterschiedlich, ebenso der Ansatz, welche Personen überhaupt in Frage kamen. Im Gegensatz zum Museum, das nahezu alle Bereiche von Naturwissenschaft und Technik sammelt und ausstellt, konnte das Archiv dieses umfassende Konzept aus praktischen Gründen nur teilweise verfolgen. Die heutige Sammlungspolitik im Nachlassbereich orientiert sich an zwei Aspekten: Fokussierung auf herausragende, ja hochkarätige Nachlässe und Beschränkung auf technik- und wissenschaftshistorisch besonders wichtige Sparten. Inhaltlich konzentriert sich die Einwerbung einerseits auf traditionelle Sammlungsgebiete wie Luft- und Raumfahrt, Physik- und Chemiegeschichte sowie Maschinenbau, andererseits auf die seit den 1990er-Jahren neu formulierten technik- und wissenschaftshistorisch relevanten Bereiche, so »Alternative Energien« und »Informatik«. Gerade für die Sammlung im Bereich der Rechentechnik und Informatik wurden gezielt Listen mit Namen herausragender Pioniere des Fachs erstellt und über Jahre hinweg deren Vor- und Nachlässe eingeworben. Nachdem das Deutsche Museum in seiner frühesten Fachgebietseinteilung schon 1905 eine Abteilung »Mathematik« eingerichtet und viele mathematische Instrumente zusammengetragen hatte, erwarb das Haus in den folgenden Jahrzehnten zahlreiche Buchungs-, Addier- und Saldiermaschinen sowie Chiffriergeräte. Parallel zum Aufbau der Ausstellungen zu »Mathematik« und »Informatik« wurden im Archiv für die Firmenschriftensammlung Preislisten, Kataloge, Bedienungshandbücher und Ersatzteillisten zu mathematischen Instrumenten und Rechengeräten aller Art zusammengetragen – geschlossene Nachlässe fehlten allerdings. Erst in den 1990er-Jahren konnte im Zusammenspiel zwischen dem Archiv und dem Verantwortlichen der Ausstellungsabteilung »Informatik« ein Sammelschwerpunkt zur Geschichte der Informatik strategisch geplant werden, der die traditionellen Prioritäten im Archiv ergänzen sollte. Hier zeigt sich eine der besonderen Stärken des Deutschen Museums, nämlich der Vierklang von Objektsammlungen, Archiv, Bibliothek und Forschungsinstitut. Sofern diese bei Sammlung, Forschung und Ausstellung eng zusammenarbeiten, ergeben sich immer interessante und neue Perspektiven.

Das Augenmerk richtete sich dabei besonders auf die Einwerbung von Nachlässen bedeutender deutschsprachiger Informatiker. Heute gibt es eine beeindruckende Liste an Pionieren der Rechentechnik und der Informatik, deren Nachlässe im Archiv vertreten sind: Alwin Walther (1898–1967), Gustav Schenk (1898–1985), Heinrich Seifers (1908–1983), Konrad Zuse (1910–1995), Wilfried de Beauclair (1912–2020), Heinz Billing (1914–2017), Gerhard Dirks (1910–1990), Klaus Samelson (1918–1980), Nikolaus Joachim Lehmann (1921–1998), Friedrich Ludwig Bauer (1924–2015), Wilhelm Hopmann (1924–2002) und Carl Adam Petri (1926–2010). Einige dieser Nachlässe sind ausgesprochen umfangreich, so der Bestand Billings, des Konstrukteurs der Göttinger Rechenmaschinen G 1 bis G 3, mit 59 Archivschachteln, der Nachlass des DDR-Pioniers Lehmann mit über 130 Schachteln und der im Jahr 2010 eingeworbene Nachlass von Konrad Zuse mit über 200 Schachteln sowie einem Planschrank mit technischen Zeichnungen.

Im Nachlassbereich finden sich aber nicht nur Bestände von besonders erfolgreichen Persönlichkeiten, welche die Naturwissenschaft und die Technik geprägt haben. Der Grat zwischen den Prädikaten »erfolgreich« und »berühmt« bzw. »erfolglos« und »gescheitert« ist schmal. Niemand würde Otto Lilienthal, der mit seinen verschiedenen Gleitern als Pionier des Menschenflugs gilt, als »gescheitert« bezeichnen, obwohl er 1896 nach einem Absturz verstarb. Ebenso möchte man den Raketenpionier Max Valier schwerlich dieser Kategorie zuordnen. Auch er verunglückte 1930 nach einem Raketentest tödlich, bei dem er von einem Metallteil getroffen und an der Bauchschlagader verletzt wurde. Im Nachlass des Wissenschaftsjournalisten Wolfgang Löhde hat sich das Notizbuch Valiers erhalten, das bei dem gescheiterten Versuch in seiner Jacke steckte. Die zahlreichen ominösen Flecken an verschiedenen Heftseiten erklären sich aus dem dramatischen Eintrag seiner Witwe Hedwig auf dem ersten Blatt: »Dieses Tagebuch

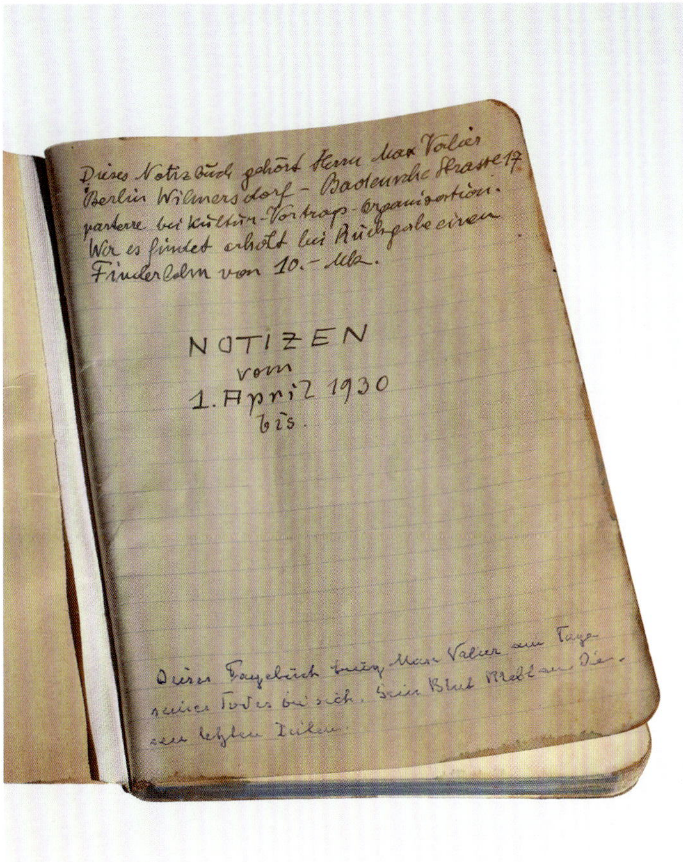

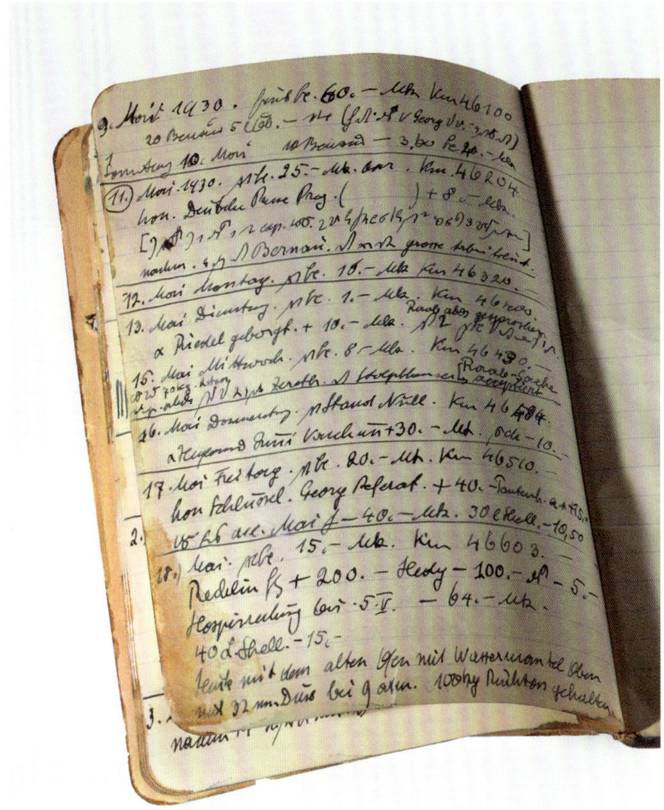

11/12 Notizbuch Max Valiers mit seinen letzten Aufzeichnungen vom 17.5.1930 und Spuren von seinem getrockneten Blut. Fotos: Hans-Joachim Becker

trug Max Valier am Tage seines Todes bei sich. Sein Blut klebt an diesen letzten Zeilen.«[28] **| Abb. 11/12 |**

Heute kaum bekannt ist Oskar-Erich Peter (1898–1989). Aufgrund seiner über 200 Patente ist er aber in der Erfindergalerie des Deutschen Patent- und Markenamts mit einem Porträtgemälde gewürdigt. Seinen Nachlass konnte das Archiv des Deutschen Museums schon vor Jahren von den Erben übernehmen. Bereits als Jugendlicher konstruierte Peter ein funktionstüchtiges Flugzeug, später verschiedene Motorräder mit Seitenwagen. Mit seinen Erfindungen im Spannelementebereich revolutionierte er seit 1948 die spielfreie Übertragung höherer Drehmomente zwischen einer Welle und Nabe. Manche seiner Spannsätze waren so erfolgreich, dass sie bis heute unverändert produziert werden. In die breite Öffentlichkeit und in renommierte biografische Nachschlagewerke hat es sein Name bislang nicht geschafft; selbst in Wikipedia findet sich nur ein Vierzeiler über ihn. Und seit sich sein Nachlass im Deutschen Museum befindet, hat sich noch kein Forscher bzw. keine Forscherin mit diesem Pionier beschäftigt. Immerhin ist sein Lebenswerk mit zahlreichen Konstruktionszeichnungen archivisch gesichert.

Die allermeisten der angebotenen Nachlässe fallen durch das Erwerbungsraster des Archivs. Dabei ist die Entscheidung für eine Übernahme nicht immer einfach, da bei der Beurteilung teilweise berücksichtigt werden muss, dass Erfindungen nicht praktikabel oder mit den technischen Möglichkeiten ihrer Entstehungszeit nicht realisierbar waren. Ein Beispiel dafür ist der Nachlass von Rolf Schaffranke, der dem Archiv des Deutschen Museums nach dessen Tod im Jahr 1994 angeboten wurde. Schaffranke, der unter dem Pseudonym »Rho Sigma« mit »Forschung in Fesseln« ein durchaus faszinierendes Buch publiziert hat (auch wenn man dem Verfasser bei seinen Schlussfolgerungen nicht immer folgen mag), hatte lange Jahre bei dem berühmten Raketenpionier Wernher von Braun an der Entwicklung von Weltraumraketen gearbeitet. Er selbst konstruierte einen »Gravitationsmotor«, der einen extrem schnellen Antrieb im Weltraum ermöglichen sollte. Als der Nachlass dem Archiv angeboten wurde, stellte sich die Frage, was eigentlich ein »Gravitationsmotor« sein sollte und ob diese »Erfindung« vielleicht nur Humbug sei. Letztlich – nach einer Besichtigung durch einen beauftragten Wissenschaftler vor Ort und nach verschiedenen Gesprächen mit Fachkollegen und Historikern – wurde auf die Übernahme verzichtet. Die Vermutung sprach dafür, dass es sich bei seinem Gravitationsmotor um keine reelle technische Entwicklung handelt. Schaffrankes Nachlass scheint heute verloren gegangen zu sein. Sinnvolle Ablehnung oder kapitaler Fehler eines Archivleiters?

28 DMA, NL 185/017.

13 Mongolengräber. Aufnahme von Wulf-Diether Graf zu Castell aus einer Höhe von 50 Metern, 1935.

Nachlässe als Quelle sind nicht unproblematisch. In der Regel kommen sie nach dem Tod der Person in das Archiv. In den Jahren zwischen der Entstehung der einzelnen Nachlassteile und der Übergabe an ein Archiv sind solche Bestände unterschiedlichen Beeinträchtigungen unterworfen. Eingriffe erfolgen durch verschiedene Personen und Personengruppen: durch die Familie, Nachfolger auf einem Lehrstuhl, in einer (Wissenschafts-)Organisation oder in einem Amt, durch Archivare, Behörden (wie in einem prominenten Fall durch das Bundeskriminalamt) oder eben durch die Person des Nachlassers selbst. Natürlich spielen Naturkatastrophen und Kriegseinwirkungen eine Rolle, ebenso Umzüge und – im Zeitalter des Computers – ungewollte Datenverluste oder Inkompatibilität von Software.

Daraus wird deutlich, dass es einen »vollständigen« Nachlass schlichtweg nicht gibt. In der Regel fehlen wichtige Quellen zur Biografie, seien es Personaldokumente und Details zu Ausbildung oder Familie, meist sämtliche private Erinnerungen und Briefe (mit Ausnahme von Fotografien), aber auch Material zu ganzen Lebensabschnitten. Selbst scheinbar ausgesprochen umfangreiche Nachlässe wie der des Physikers und Wissenschaftsorganisators Heinz Maier-Leibnitz mit einem Umfang von rund 65 Regalmetern offenbaren bei näherem Hinsehen Lücken. So fehlen im Fall von Maier-Leibnitz Informationen zu seiner Schwester Magdalene, die im Rahmen des nationalsozialistischen Tötungsprogramms »Aktion T4« wegen der von NS-Ärzten behaupteten Diagnose »Schizophrenie« 1941 in der Landesheil- und Pflegeanstalt Sonnenstein ermordet wurde, zu seiner beruflichen Tätigkeit am Kaiser-Wilhelm-Institut für medizinische Forschung in Heidelberg bis 1945 sowie aus seiner Zeit am deutsch-französischen Gemeinschaftsunternehmen »Institut Laue-Langevin«, das er als erster Direktor von 1967 bis 1972 aufgebaut hat. Mit diesen Lücken müssen sich Archivpersonal wie Forschende bewusst auseinandersetzen.

Dementsprechend sind im Archiv des Deutschen Museums die Umfänge der einzelnen Nachlässe unterschiedlich. Es gibt solche, die nur wenige Mappen enthalten, während andere bis zu 83 Regalmeter einschließen. Dabei haben kleinere wie große Bestände ihren eigenen Reiz. So umfasst der Nachlass von Wulf-Diether Graf zu Castell, Pilot und von 1949 bis 1972 Direktor des Flughafens München-Riem, nur eine einzige Schachtel. In dieser finden sich aber rund 100 Fotografien von seinen Flügen über China, die er 1935 als Flugzeugführer der Deutschen Lufthansa aufgenommen hat. Dabei hat er eindrucksvolle Landschaften festgehalten, aber auch inzwischen verschwundene, archäologisch wichtige Orte dokumentiert – Aufnahmen, die schon viele chinesische BesucherInnen verzückt haben. | **Abb. 13** |

Ebenfalls nur eine Schachtel birgt den Nachlass von Heinrich Dechamps, einem heute nahezu unbekannten Maschinenbauingenieur, der allerdings über eine Reihe von Jahren Mitarbeiter von Rudolf Diesel war und entscheidend an der Entwicklung eines kleinen Diesel-Versuchsmotors von fünf PS beteiligt war. Durch die im Bestand überlieferten biografischen Dokumente – Schulzeugnisse, Prüfungsergebnisse der Hochschule, Arbeitsbescheinigungen – wird eine Person sichtbar, über deren Lebenslauf wenig bekannt ist.

Manchmal ermöglichen Nachlässe einen ungewollten Einblick in die privaten Vorstellungen, Denkweisen und Umgangsformen einer Person. Ein Beispiel dafür ist der Nachlass des Pioniers der Elektrizitätsversorgung und Gründers des Deutschen Museums, Oskar von Miller. Sein Nachlass wurde – ebenso wie seine gesamten Firmenunterlagen – durch Bombentreffer auf sein Münchner Wohn- und Geschäftshaus im Zweiten Weltkrieg fast vollständig zerstört. Erhalten sind nur wenige Schachteln aus seinem umfangreichen Wirken im In- und Ausland. Dabei handelt es sich bei den Unterlagen Millers um einen angereicherten Nachlass, d. h. neben eigenen Unterlagen, wie seinen Publikationen, Korrespondenzen, den Originalzeichnungen für die von ihm konzipierte Reichselektrizitätsversorgung von 1930 etc., sind auch Dokumente enthalten, die prinzipiell dem Nachlass seiner Frau Marie zuzuordnen sind, nämlich einige ihrer Tagebücher und Hunderte von Briefen ihres Verlobten und Mannes Oskar. Da sie Marie von Miller besonders wichtig waren, hatte sie diese in das Haus der Familie am Starnberger See gebracht, wo sie den Bombenangriffen auf München entgingen. In den Schreiben des Bräutigams aus der Verlobungszeit finden sich dabei einerseits sehr schwärmerische Anreden: »Mein Käferl! Mein Mauserl! Mein Mitzerl! Mein Spatz! Mein Mirlerl! Mein Alles! Mein Herzerl! Mein Schatz!«,[29] während an anderen Stellen im Nachlass erkennbar ist, dass Miller in späteren Jahren nicht nur das Tagebuch seiner Frau gelesen, sondern darin auch Sätze durchgestrichen hat, um eigenhändig seine Version hinzuzufügen!

Wegbereiter Einsteins: Ernst Mach

Es war einem glücklichen Umstand zu verdanken, dass sich Ende 1998 das Fraunhofer-Institut für Kurzzeitdynamik, Ernst-Mach-Institut, Freiburg unter seinem früh verstorbenen Direktor Klaus Thoma entschlossen hatte, den bis dahin in seinem Institut aufbewahrten Nachlass des Physikers Ernst Mach (1838–1916) dem Archiv des Deutschen Museums zu übergeben. Dieses Ereignis fand ein beachtliches Medienecho: Rundfunk, Fernsehen und Zeitungen haben national wie international darüber berichtet. Heute ist er unter der Signatur »NL 174« archiviert. Intern wird diese Übergabe als »Freiburger Bestand« bezeichnet.

14 Porträt Ernst Machs, angefertigt von seinem Sohn Felix, ca. 1915.

Die zahlreichen Reaktionen auf die Überführung des Bestands nach München verdeutlichen den herausragenden Stellenwert dieses Wissenschaftlers weltweit. Der Name Ernst Mach ist mit vielen Assoziationen verbunden: »Wegbereiter Einsteins«, »Begründer des Empiriokritizismus«, »Vorläufer des Neopositivismus«. Physikern sind die »Mach'schen Wellen« oder der »Mach'sche Kegel« geläufig, der Laie verbindet mit dem Namen die Mach-Zahl oder die Mach-Geschwindigkeit, wenngleich diese Messeinheiten nur zu Ehren Machs benannt sind und nichts mit seiner wissenschaftlichen Leistung zu tun haben. Immerhin, die vielfältigen Attribute sind Ausdruck der Wertschätzung des breiten Schaffens dieses bedeutenden Physikers.

Der in Mähren geborene Ernst Mach lehrte und arbeitete überwiegend in Graz, Prag und Wien. Die Folgen eines Schlaganfalls zwangen ihn im Jahr 1901 zur Aufgabe seiner Professur. 1913 siedelte er zu seinem Sohn Ludwig Mach nach Vaterstetten bei München über. Dort verstarb er drei Jahre später, einen Tag nach seinem 78. Geburtstag.

Machs Forschungsinteresse war breit gestreut und umfasste die experimentelle und theoretische Physik, Sinnesphysiologie, Psychologie und Philosophie bis hin zur Wissenschaftsgeschichte.

29 DMA, NL 114/110 (Brief Millers, o. D.).

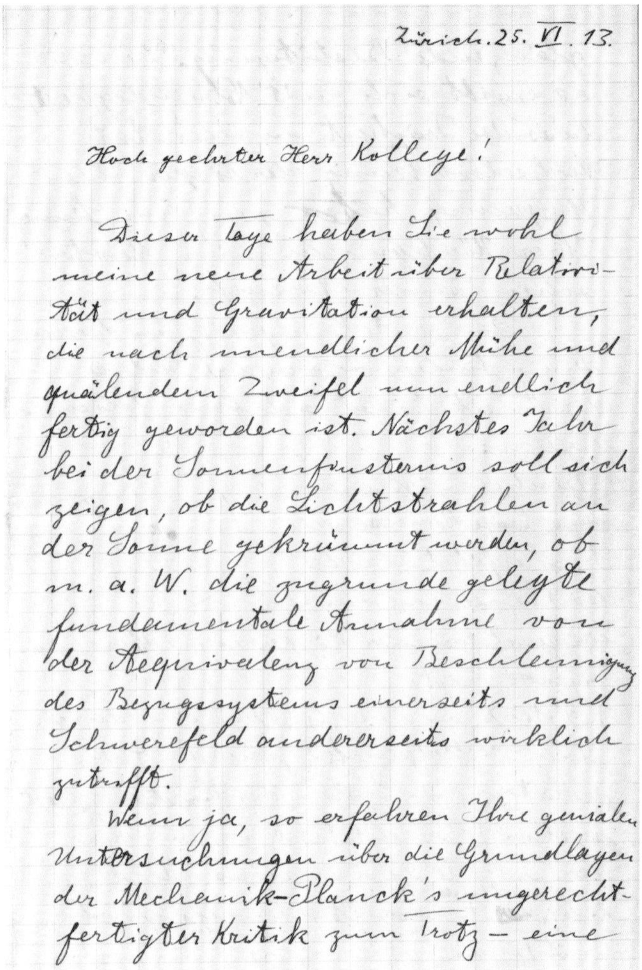

Zürich. 25. VI. 13.

Hoch geehrter Herr Kollege!

Dieser Tage haben Sie wohl meine neue Arbeit über Relativität und Gravitation erhalten, die nach unendlicher Mühe und quälendem Zweifel nun endlich fertig geworden ist. Nächstes Jahr bei der Sonnenfinsternis soll sich zeigen, ob die Lichtstrahlen an der Sonne gekrümmt werden, ob m. a. W. die zugrunde gelegte fundamentale Annahme von der Aequivalenz von Beschleunigung des Bezugssystems einerseits und Schwerefeld andererseits wirklich zutrifft.

Wenn ja, so erfahren Ihre genialen Untersuchungen über die Grundlagen der Mechanik – Planck's ungerechtfertigter Kritik zum Trotz – eine

15 Brief Einsteins an Ernst Mach, 25.6.1913.

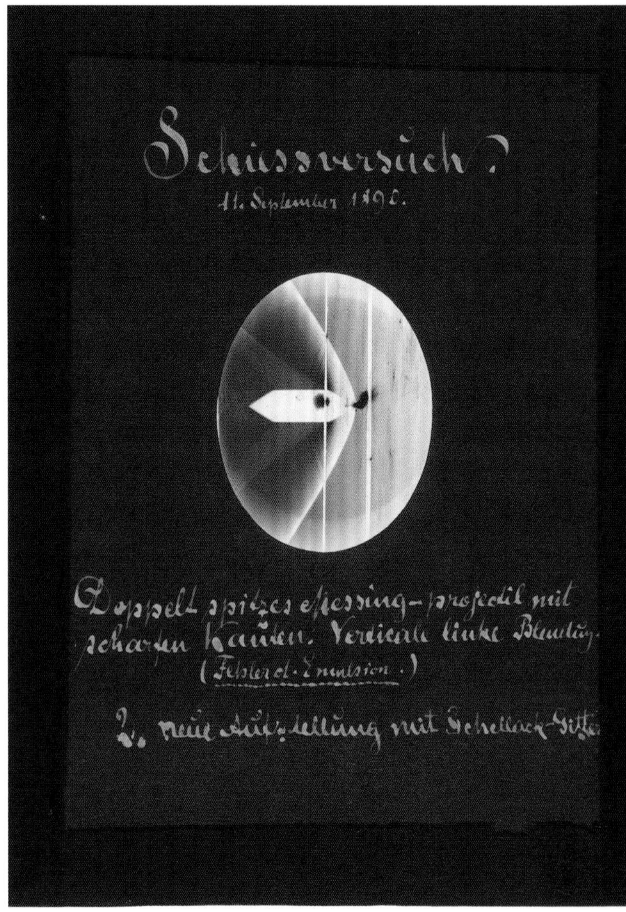

16 Mach'sche Geschossaufnahme eines doppelt spitzen Messingprojektils mit scharfen Kanten, 11.9.1890.
Foto: Hans-Joachim Becker

In seinem grundlegenden Werk »Die Mechanik in ihrer Entwickelung« von 1883 unterzog er die Newton'sche Mechanik einer grundsätzlichen Kritik. Damit durchbrach er das bis dahin starre physikalische Weltbild und öffnete neuen Denkansätzen den Weg. Wohl nicht zuletzt deshalb sah sich Albert Einstein in der Tradition des Denkens von Ernst Mach. In seinem häufig zitierten Brief an Mach vom 25. Juni 1913 rekurriert Einstein anlässlich der Übersendung seiner neuesten Arbeit über Relativität und Gravitation auf die Vorarbeiten Machs: Die Sonnenfinsternis im Jahr 1914 werde zeigen, ob Lichtstrahlen an der Sonne gekrümmt werden. »Wenn ja, so erfahren Ihre genialen Untersuchungen über die Grundlagen der Mechanik – Planck's ungerechtfertigter Kritik zum Trotz – eine glänzende Bestätigung.«[30] **| Abb. 15 |**

Als Bestand ist der Nachlass Ernst Machs von herausragender Bedeutung. Überliefert sind rund 2700 Briefe von Fachkollegen aus aller Welt, eine Serie seiner Publikationen, rund 70 Manuskripte zu Veröffentlichungen und Vorlesungen, einige Dokumente zur Biografie (Würdigungen, Ehrungen, Nachrufe) und vor allem aber seine wissenschaftlichen Notizbücher im Zeitraum von 1871 bis 1910, in denen Mach seine Forschungen und Überlegungen – oft sehr kryptisch – festgehalten hat.[31] Zudem wurde 1998 der gesamte Glasplattenbestand Machs übergeben. Mit fast 1000 Aufnahmen aus jahrzehntelanger Forschung ist es der wohl umfangreichste Fotobestand eines Naturwissenschaftlers aus der Zeit des »Langen 19. Jahrhunderts«, wie in der Geschichtswissenschaft die Periode zwischen der Französischen Revolution 1789 und dem Beginn des Ersten Weltkriegs 1914 bezeichnet wird. Sie zeigen u. a. die berühmten Aufnahmen schnellfliegender Geschosse und die dabei entdeckten Mach'schen Wellen. **| Abb. 16 |**

Mit dem Nachlass von Ernst Mach kam auch ein Teilnachlass seines Sohnes Ludwig Mach (1868–1951) nach München. Dieser hatte in Prag Medizin studiert und war in dem Fach promoviert worden. Außer einer kurzen Episode in Wien hat er allerdings nie praktiziert. Vielmehr arbeitete er schon als Student am Physikalischen Institut seines Vaters in Prag, wo er an den ersten Schießversuchen beteiligt war. In den folgenden Jahrzehnten betätigte er sich als mehr oder minder erfolgreicher Erfinder, bevor er nahezu mittellos 1951 verstarb.

Damit wäre üblicherweise die Erwerbungsgeschichte eines Nachlassbestands abgeschlossen. Mit Blick auf die Person von

30 DMA, NL 174/1094.

31 Vgl. Füßl/Prussat, Nachlass, 2001.

Ernst Mach ergab sich jedoch fast 20 Jahre nach der Einwerbung der Freiburger Unterlagen eine neue und ausgesprochen erfreuliche Perspektive.

Im Zuge einer projektierten Ausstellung zu Ernst Mach kam das Archiv des Deutschen Museums im Jahr 2015 mit dem Konstanzer Wissenschaftshistoriker Gereon Wolters ins Gespräch. Wolters hatte im Rahmen seiner Habilitation »Mach I, Mach II. Einstein und die Relativitätstheorie. Eine Fälschung und ihre Folgen« (1987) aus verschiedenen Familien Dokumente und Fotografien von Ernst Mach und seinem Sohn Ludwig erhalten und diese später in das »Philosophische Archiv« der Universität Konstanz eingereiht. Dieser Bestand, heute im Deutschen Museum hausintern als »Konstanzer Abgabe« (rund drei Regalmeter) bezeichnet, konnte infolge des Dialogs mit Wolters letztlich nach München überführt und mit den Freiburger Unterlagen vereint werden.

Zeitgleich kam das Archiv mit zwei Brüdern in Kontakt, die nach dem Tod von Ludwig Mach in dessen Haus in Vaterstetten gewohnt hatten. Bei ihnen fand sich eine Postkarte von Albert Einstein an Mach aus dem Jahr 1909, die zwar aus der Literatur bekannt war, aber als verschollen galt. Anlässlich der Eröffnung der Sonderausstellung im Deutschen Museum »Licht und Schatten. Ernst Mach | Ludwig Mach« (2016)[32] wurde sie dann dem Archiv übergeben. Und ebenfalls in Zusammenhang mit dem 100. Todestag Machs erfuhr die Archivleitung von Dokumenten, die Machs Schwiegertochter Anna Karma Mach nach dem Tod ihres Mannes Ludwig verschenkt hatte. Es handelt sich um rund 300 maschinenschriftliche Blätter, die zu den letzten Aufzeichnungen Machs vor seinem Tod gehören. Diese hatte sie dem damaligen amerikanischen Studenten und späteren Professor Theodore Kneupper überlassen. Dankenswerterweise schenkte Kneupper die Aufzeichnungen im Jahr 2015 dem Archiv. Auch ein Porträtgemälde von Ernst Mach, angefertigt von seinem Sohn Felix Johann, konnte aus den USA nach München überführt werden. **| Abb. 14 |**

So erfreulich die Übernahme der Konstanzer Unterlagen war – bildeten sie doch eine ideale Ergänzung des Freiburger Bestands –, so zeigte sich umgekehrt schon nach einer ersten Durchsicht, dass sie eine Reihe von Problemen und neue Forschungsfragen aufwarfen. Die »Konstanzer Abgabe« umfasst verschiedene Provenienzen, die stark durchmischt sind. Einige Unterlagen lassen sich Ernst Mach selbst, seiner Schwester Marie, die schon in Wien in seinem Haushalt lebte, und seinen Kindern Ludwig (bzw. dessen Frau Anna Karma), Felix und Viktor zuschreiben. Bei anderen Dokumenten sind die Provenienzen Ernst bzw. Ludwig Mach kaum zu trennen. Im Wesentlichen konzentriert sich die Vermischung der Dokumente von Vater und Sohn auf die gemeinsame Zeit in Prag und auf die Jahre 1913 und 1916, als beide in Vaterstetten lebten. Für die Prager Zeit ist die genaue Zuordnung immer dann schwierig, wenn bei Briefen der Adressat nicht genannt ist, sondern lediglich das Physikalische Institut der Universität Prag.

Die »Konstanzer Abgabe« erforderte auch eine Neubewertung des »Freiburger Bestands«. Aus der Überlieferung war bekannt, dass Ludwig Mach seinem Vater bei dessen Schießversuchen im Prager Institut und auf verschiedenen Truppenübungsplätzen behilflich gewesen war. Dies drückt sich darin aus, dass zahlreiche Glasplatten in Ludwig Machs kleiner, sehr sauberer Handschrift mit den jeweiligen Versuchsbedingungen beschriftet sind. In einem Notizbuch der »Konstanzer Abgabe«[33] fanden sich nach der Übernahme lange, teilweise mit genauem Datum versehene Auflistungen mit Zahlen, die sich schnell als Nummern identifizieren ließen, wie sie auf dem bereits vorhandenen Glasplattenbestand aus Freiburg vermerkt sind. Diese Aufzeichnungen konnten zudem dabei helfen, teilweise undatierte Glasplatten zeitlich einzuordnen. Umgekehrt zeigte sich, dass durch die Beschreibungen in der Kladde des Sohnes viele Fotografien, die noch im Findbuch fälschlicherweise dem Nachlass von Ernst Mach zugeordnet worden waren, eindeutig dem Sohn zugeschrieben werden müssen. Die »Konstanzer Abgabe« lenkte den Blick plötzlich auf den Sohn Ludwig und dessen Arbeit, wobei noch nicht entschieden ist, welchen Einfluss der Vater auf diese Forschungen hatte. Dies betrifft vor allem die Aufnahmen zu »Stromlinien«. Ludwig Mach hatte 1896 eine kleine Publikation »Ueber die Sichtbarmachung von Luftstromlinien« veröffentlicht. Die Zusammenschau der Freiburger und Konstanzer Teilnachlässe erklärt, warum die Glasplatten teilweise identische Nummern tragen. Zwar war schon bei der Erschließung des Bestands von Ernst Mach klar geworden, dass die eine Serie Geschossaufnahmen abbildet, während die andere »Stromlinien« zeigt. Sie entstanden zum Teil zeitgleich. Dass aber Vater und Sohn an unterschiedlichen Projekten und deren Visualisierung gearbeitet haben, erklärt vieles.

Die jahrelange aktive Sammlungspolitik und Forschungen zu Ernst Mach führten also zu einer Zusammenführung zweier Teilbestände und damit zu einer verbesserten Quellenbasis für die wissenschaftshistorische Forschung. Dank dieser intensiven Bemühungen und Forschungen seitens des Archivs des Deutschen Museums veränderte sich mit der neuen Quellenlage auch der Blick auf Ernst Mach, auf die Zusammenarbeit mit seinem Sohn und auf dessen eigene Arbeiten.

Mach ist nur ein Beispiel für die Zusammenführung von Beständen im Archiv des Deutschen Museums. Ein anderes wäre der Nachlass des Physikers und Nobelpreisträgers Philipp Lenard (1862–1947), der ebenfalls über viele Jahre hinweg von unterschiedlichen Erben eingeworben und in München archiviert wer-

32 Katalog zur Ausstellung: Füßl/Hagmann, Licht, 2017.

33 Vgl. DMA, NL 174, Konstanzer Abgabe, Nr. 44.

17 Oskar Sala und das Trautonium, 1995.
Foto: Hans-Joachim Becker

den konnte. Die Minimierung der lückenhaften Quellenüberlieferung zu einer Person ist eine grundlegende Aufgabe für Archivarinnen und Archivare. Die Suche nach zusätzlichem Quellenmaterial mag bisweilen erfolglos sein. Andererseits ist es für öffentliche Archive von Vorteil, dass sie über Jahre hinweg im engen Kontakt mit NachlassverwalterInnen Vertrauen aufbauen und dadurch komplizierte Übernahmen realisieren können. Für Archive ist es wichtig, nicht nur neue Bestände einzuwerben, sondern auch offensichtliche Lücken zu schließen. Diese Verpflichtung ist Teil einer aktiven Sammlungspolitik, wie sie das Archiv des Deutschen Museums verfolgt. Dieser Zielsetzung dienen eigene Forschungen der Archivleitung und von ihr angestoßene Qualifizierungsarbeiten im Forschungsinstitut des Hauses und im damit verbundenen Münchner Zentrum für Wissenschafts- und Technikgeschichte.

Der Herr der elektrischen Töne: Oskar Sala

Lässt man bei Archivführungen den Namen »Oskar Sala« fallen, blickt man in der Regel in desinteressierte Gesichter. Fragt man hingegen, ob jemand den Film »Die Vögel« von Alfred Hitchcock kenne, sieht man eifriges Nicken. Fügt man dann hinzu, dass das Geschrei der Vögel nicht echt ist, sondern auf einem Musikinstrument, dem Trautonium, künstlich erzeugt wurde und dass es Oskar Sala war, der dem Trautonium diese markdurchdringenden Geräusche entlockt hat, stößt man sofort auf die Begeisterung der Zuhörer. **| Abb. 17 |**

Sala (1910–2002) nannte sich selbst gerne einen »elektrischen Komponisten«. Er entwickelte das von Friedrich Trautwein im Jahr 1930 erstmals vorgestellte Trautonium in Jahrzehnten weiter und war bis zu seinem Tod der Einzige, der dieses Instrument spielen konnte. Sala gilt als Pionier der elektronischen Musik, der viele Musikgruppen und Komponisten begeistert und anregt hat. Im Laufe seiner langen Karriere komponierte er zahlreiche Stücke, schuf nach dem Zweiten Weltkrieg Klangkulissen für Hörspiele und Theaterstücke und vertonte in seinem eigenen Studio hunderte von Industrie-, Spiel- und Werbefilmen, die teilweise mehrfach ausgezeichnet wurden. So lieferte Sala z. B. Klänge für »Stahl – Thema mit Variationen« (1960, Regie: Hugo Niebeling), »A fleur d'eau« (1962, Regie: Alexander J. Seiler und Rob Gnant) oder »Der Fächer« (1962, Regie: Frank Leberecht), aber auch für Spielfilme wie die Edgar-Wallace-Verfilmungen »Der Fluch der gelben Schlange« (1962, Regie: Franz Josef Gottlieb) und »Der Würger von Schloss Blackmoor« (1963, Regie: Harald Reinl) und eben für Hitchcocks »The Birds« (1963).

Den Kontakt zum Archiv des Deutschen Museums fädelte Peter Frieß ein, der für den Aufbau des Deutschen Museums Bonn das »Mixturtrautonium nach Oskar Sala« eingeworben hatte und auf das Schrift- und Tonarchiv des Berliner Künstlers hinwies. Kurz vor seinem 90. Geburtstag fixierte Sala die Stiftung seines Nachlasses testamentarisch. Zu Lebzeiten behielt er diesen noch bei sich; erst nach seinem Tod wurde der Bestand nach München überführt. Er umfasst die komplette Ausstattung seines Studios und den archivischen Nachlass. Mit den ebenfalls vererbten Bar- und Sachwerten konnte im Sinne von Salas Testament die Oskar Sala-Stiftung am Deutschen Museum ins Leben gerufen werden. Alle Teile seines Studios und der archivische Nachlass wurden bei der Übernahme komplett verpackt. Selbst mehrere Plastiksäcke mit Steuerunterlagen – die sich später als hervorragende Quelle für die Datierung von Kompositionen erweisen sollten – und Umzugskisten mit Tonbandmaterial, von dem nicht klar war, ob Sala es ausgesondert hatte oder ob ihm die Bänder einfach von dem Wickelkern, dem Bobby, gefallen waren, wurden nach München transportiert. **| Abb. 18 |** Neben den Veröffentlichungen Salas, den Manuskripten zu eigenen Publikationen, Notizen zu

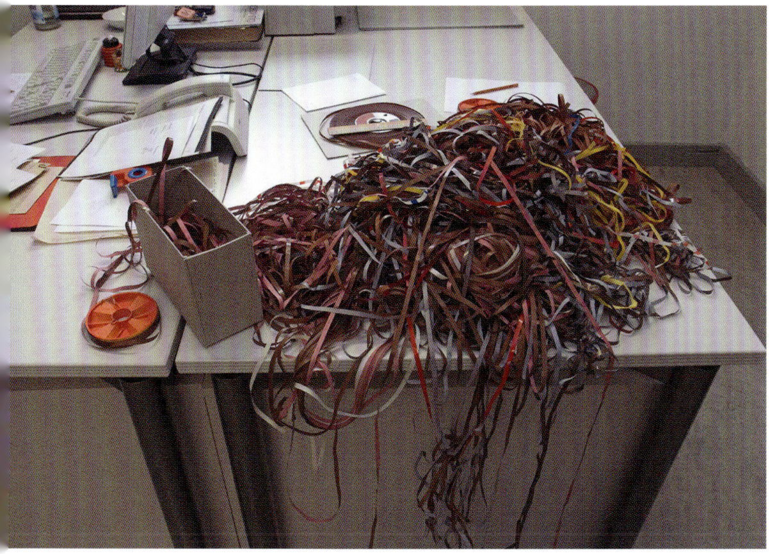

18 Bandsalat aus dem Studio Oskar Salas, 2007.
Foto: Hans-Joachim Becker

Tonbändern und deren Aufbau, »den Storyboards« zu verschiedenen Produktionen, Korrespondenzen, Fotografien, Schaltplänen, Noten und einer sorgfältig geführten Sammlung von Zeitungsausschnitten zu Leben und Werk Salas bildet der fast 2000 Tonträger zählende Bestand mit dem weitgehend vollständigen Œuvre Salas den Hauptteil des Nachlasses.

Exkurs Digitalisieren ist nicht gleich Digitalisieren

Um sinnvoll mit den Tonbändern von Oskar Sala arbeiten zu können, war rasch klar, dass diese zuerst digitalisiert werden mussten. Digitalisieren ist heute eine wichtige Aufgabe der Archive und eine verständliche Forderung der Öffentlichkeit. Anhand der Tonbänder von Sala sollen der Aspekt der Digitalisierung analoger Bestände kurz dargestellt und die damit verbundenen Problematiken verdeutlicht werden.

Das Archiv des Deutschen Museums hat sich bereits früh mit der Digitalisierung beschäftigt. Am 13. August 1995 startete es seine erste Internet-Präsenz mit rund 170 Unterseiten, auf denen noch keine Digitalisate, sondern lediglich mit ausgewählten Bildern versehene Texte abrufbar waren. Seitdem hat sich viel getan. In zahlreichen Vorhaben wurden umfangreiche Bestände datentechnisch erschlossen, große Teile gescannt und online gestellt. Beispiele dafür sind die Projekte zu den Geheimen Atomdokumenten, zum Nachlass von Konrad Zuse, zum Zeichnungsbestand der A4-Rakete (»V2«) und zum Porträtbestand des Archivs.[34]

Während im landläufigen Sinn das Wort »Digitalisierung« nur als das Scannen von Dokumenten verstanden wird, ist seine Bedeutung im Archiv deutlich weiter gefasst. Für Nutzerinnen und Nutzer bringt das reine Scannen von Unterlagen wenig, sofern diese nicht vorher fachlich erschlossen wurden und die Verzeichnungsdatensätze mit den Scan-Dateien verbunden sind. Ein weiterer wichtiger Schritt ist die Bereitstellung der Daten im Internet. Datenbankbasierte Erschließung, Scannen und deren gemeinsame elektronische Publikation gehören begrifflich als Prozess der »Digitalisierung« untrennbar zusammen. Für alle drei Schritte wurden im Archiv Workflows erarbeitet, um die optimale Qualität der Verzeichnung, der Scans und der Online-Präsentation zu garantieren. Während anfangs die Projekte ausschließlich durch zeitlich eng befristete Drittmittel realisiert wurden, hat Generaldirektor Wolfgang M. Heckl im Zuge der sogenannten »Zukunftsinitiative Deutsches Museum«, die eine Komplettsanierung und Erneuerung des Ausstellungsgebäudes, aber auch die verstärkte Digitalisierung von Bibliotheksgut, Objektbeständen und von Archivmaterialien zum Inhalt hat, dafür umfassende finanzielle Mittel zu Verfügung gestellt. Auf dieser Basis hat die Archivleitung ein Digitalisierungskonzept erstellt, das kontinuierlich umgesetzt wird.

Nicht selten erreicht die Mitarbeiterinnen und Mitarbeiter des Archivs die Frage, warum nicht alle Unterlagen online gestellt werden. Die simple Antwort darauf lautet, dass jedes Digitalisat zuerst eine fachliche Erschließung benötigt, was eine langwierige Arbeit bedeutet. Hinzu kommt ein zweiter Aspekt, der in der Öffentlichkeit allerdings selten gesehen wird: die Auswirkungen von Persönlichkeits- und Urheberrechten auf die Veröffentlichung von digitalisiertem Archivgut. Dazu zwei Beispiele: In einem Brief eines bedeutenden Forschers an einen Fachkollegen wird neben einer wissenschaftlichen Kontroverse auch die Behinderung eines – heute noch lebenden – Kindes erwähnt. Selbstverständlich kann dieses Dokument aus Gründen des Persönlichkeitsschutzes nicht online gestellt werden. Der zweite Fall hat mit dem Urheberrecht zu tun. Erfüllt ein Dokument bestimmte Voraussetzungen des Urheberrechts, so z. B eine eigene und persönliche Idee, wird zum Schutz dieses »Werkes« das Urheberrecht angewandt. Das wissenschaftliche Typoskript »Durchgang von Gammastrahlung durch Materie« des späteren Nobelpreisträgers Rudolf Mößbauer von 1953/54, dessen umfangreicher Nachlass im Archiv des Deutschen Museums verwahrt ist, erfüllt selbstverständlich diesen Anspruch. Nach dem Urheberrecht ist dieses Werk nach dem Tod des Autors – im Falle Mößbauers das Jahr 2011 – noch 70 Jahre geschützt, also bis 2081. Ab diesem Zeitpunkt ist das Werk »gemeinfrei«. Um den Vorgaben des Urheberrechts gerecht zu

34 Vgl. die Webseiten: https://digital.deutsches-museum.de/de/digital-catalogue/archive-unit/FA%2520002/ (Atomdokumente), https://kalliope-verbund.info/de/ead?ead.id=DE-210A_NL_207 (Zuse), http://www.digipeer.de (A4-Rakete), www.digiporta.net (Porträtsammlung) (22.5.2022).

19 Schadensaufnahme der übernommenen Bänder von Oskar Sala: Korrosion der Metallboxen und massive Rostablagerungen an den Perfos, 2009. Foto: Hans-Joachim Becker

20 Salas kryptische Aufzeichnungen über seine Tonbänder. Foto: Hans-Joachim Becker

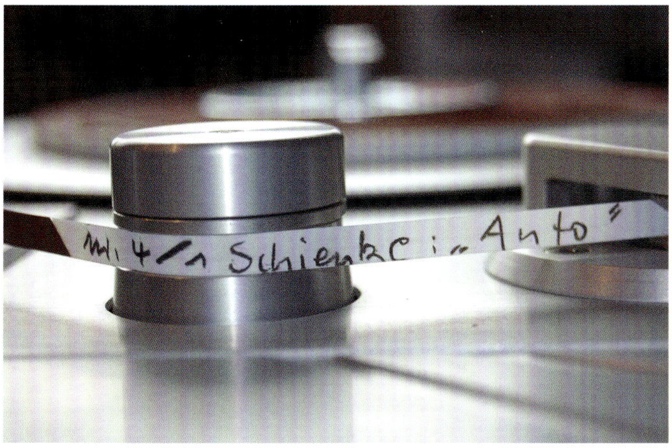

21 Beschriftung auf einem Tonband aus dem Nachlass Oskar Salas mit verschiedenen Tonaufnahmen, unter anderem für Ernst J. Schienke, »Gebrauchtwagen«, 1965. Foto: Nadja Wallaszkovits

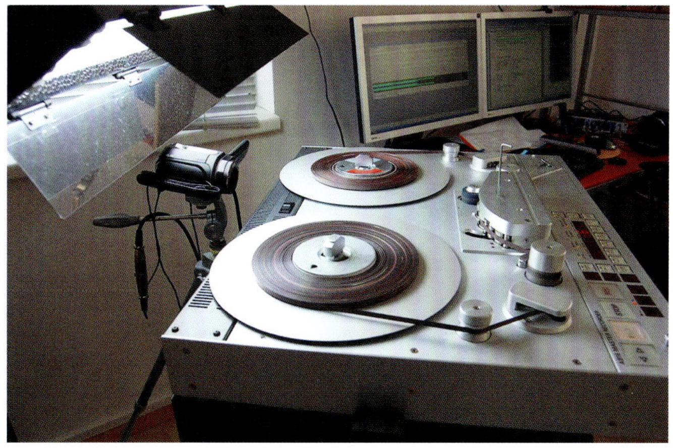

22 Aufbau des Digitalisierungsprozesses mit Kamera, 2009. Foto: Nadja Wallaszkovits

werden, müsste das Archivpersonal das Todesdatum jeder Urheberin und jedes Urhebers bzw. deren ErbInnen ermitteln – eine Aufgabe, die in den wenigsten Fällen zu leisten ist. Solche Digitalisate müssen lange für die Internet-Nutzung gesperrt bleiben. Im Falle von Rudolf Mößbauer konnte das Archiv des Deutschen Museums von der Erbin vertragliche Nutzungsrechte erwerben; das genannte Typoskript darf also online gestellt werden.

Bei der Digitalisierung von Tonbändern des »elektrischen Musikers« Oskar Sala ergab sich ein anders gelagertes Problem. Der Projektleitung war früh klar, dass der Zustand der Tonbänder dringend eine dauerhafte Sicherung erforderte. Schien es anfänglich aber, als sei dies eine Routinearbeit für einen externen Dienstleister und schnell mit relativ geringen Kosten zu realisieren, so zeigte sich bei den ersten Untersuchungen rasch, dass hier neue Wege beschritten werden mussten, da eine passgenaue Digitalisierung der Bänder nicht mit üblichen Digitalisierungsmethoden bewältigt werden konnte.

Der Bestand entwickelte sich zunehmend zu einer archivarischen Herausforderung. In vielen Fällen waren die Tonbandschachteln korrodiert, die Bänder vom Bobby gefallen und Schnittreste nicht zuzuordnen. **| Abb. 19 |**

Zudem zeigten erste Untersuchungen, dass das Bandmaterial selbst aufgrund einer jahrzehntelangen konservatorisch bedenklichen Lagerung in Salas Berliner Studio hochgradig gefährdet war. Wärme und Luftfeuchtigkeit hatten diese unterschiedlich angegriffen. Es handelt sich dabei um Magnettonbänder, deren Trägerfolien aus Cellulose-Acetat, später Polyvinylchlorid (PVC), bestehen, sowie um Bänder auf der Basis von Polyethylenterephthalat (PET). Für das Werk Salas sind die Bänder von herausragender Bedeutung, da er nur in wenigen Fällen Noten für seine Produktionen aufgezeichnet hat. Die erhaltenen Tonträger bilden also den einzigen Zugang zu seinem breit gestreuten künstlerischen Werk. Es zu sichern, erforderte große Geldsummen. Die notwendigen Drittmittel konnten im Rahmen des von den Kulturstiftungen des Bundes und der Länder gemeinsam aufgelegten Programms KUR »Konservierung und Restaurierung von mobilem Kulturgut« eingeworben werden. Dadurch wurden die Sicherung, Erschließung und Digitalisierung des Tonbandbestands möglich.

Allerdings waren dabei zahlreiche Probleme zu überwinden. Den einzigen Zugang zu dem Tonbandmaterial bot ein kleines Heftchen, in dem die wichtigsten Produktionen Salas mit der entsprechenden Tonbandnummer eingetragen waren. **| Abb. 20 |** Allerdings waren darin rund 550 Bänder überhaupt nicht erwähnt. Solange Salas Frau Käthe lebte, war dieses Register einigermaßen gut geführt, später nicht mehr. Daher blieben nur die Bänder als Quelle. Auf den sogenannten »Senkeln«, d. h. den reinen Audiobändern, hielt Sala seine am Trautonium erzeugten Klänge, Geräusche und Laute fest. Die Tonbänder bilden also nicht nur das Ergebnis seiner Arbeit, sondern sie dokumentieren auch seine vielfältigen musikalischen Experimente, waren also gleichsam Salas »Werkverzeichnis«. Das aufgenommene Audiomaterial hat Sala im Studio weiterbearbeitet, geschnitten, neu zusammengesetzt, die Soundeffekte neu gemischt und Kompositionen wie Effekte verfremdet. Dementsprechend gibt es viele Bänder mit Hunderten von Schnitten und Klebestellen. Oft ist ein innerer Zusammenhang der einzelnen »Stücke« nicht erkennbar. Auf eine durchgehende Dokumentation seiner Arbeit legte Sala keinen großen Wert. Für größere Filmproduktionen überspielte Sala die Senkel auf Perfobänder, d. h. mit Lochung versehene Magnetfilme für die Tonaufzeichnung, die er synchron zum Bild anlegen konnte. Dafür und auch zur Bildvorführung bei der Vertonung standen ihm Bild- und Ton-Schneidetische der Firma Steenbeck zur Verfügung, auf denen er mehrere Perfobänder gleichzeitig anlegen und das fertige Mischband produzieren konnte.

Da Sala seine Tonbandaufzeichnungen häufig direkt auf dem Trägermaterial beschriftet und dieses auch mit unterschiedlichen technischen Tricks bearbeitet hatte, musste ein neuartiges Verfahren entwickelt werden, das über die reine Digitalisierung hinausging und direkt mit einer parallel geschalteten hochaufgelösten Videoaufzeichnung korrelierte. **| Abb. 21/22 |** Die geforderten Parameter und Vorgehensweisen wurden gemeinsam mit Nadja

Wallaszkovits, der ehemaligen Cheftontechnikerin beim Phonogrammarchiv der Österreichischen Akademie der Wissenschaften in Wien und heutigen Professorin an der Staatlichen Akademie der Bildenden Künste Stuttgart, entwickelt. In einem ersten Schritt wurden die »Senkel«, also die reinen Audiobänder, digitalisiert. Über eine Digitalkamera wurden alle Schnitte, Beschriftungen und Tricks (wie z. B die kurzzeitige Veränderung des Audiosignals) aufgenommen und parallel dazu als Buchstabenkürzel in eine wav-Datei als Marker eingetragen. Ergebnis war die Erstellung eines Archivmasters entsprechend der internationalen Richtlinie IASA TC03/04 (linearer Transfer, hochaufgelöst, 24 Bit / 96 kHz, unkomprimiert). Problematische Bänder wurden zusätzlich mit 192 kHz digitalisiert. Für die künftige Benutzung erstellte die beauftragte Firma komprimierte Dateien im MP3-Format und eine Videodatei im MPEG4-Format. In diesem Zusammenhang lernten wir Begriffe wie »Justierung des Azimuts« und »Hochfrequenzvormagnetisierung« kennen und die Bedeutung von exakten Metadaten schätzen. Im Laufe der Digitalisierung entstanden insgesamt rund 20 700 Dateien mit einem Datenvolumen von etwa 4 Terabyte.

Im Laufe dieses anspruchsvollen Erschließungs- und Digitalisierungsprojekts lieferten scheinbar irrelevante Details wie die unzähligen Schnitte und Zeitmarken in Form von kleinen, oft beschrifteten Papierschnipseln, Abziehstreifen von Heftpflastern, manchmal sogar Briefmarken, die Sala auf und in den Bändern angebracht hatte, im Gesamtzusammenhang des Nachlasses wichtige Zusatzinformationen. | **Abb. 23** |

Nach der Digitalisierung musste das originale Bandmaterial optimal archiviert werden. So wurden die alten Metallbobbies durch Plastikwickel ersetzt. Da ein Markt für Tonbänder um das Jahr 2008 praktisch nicht mehr existierte, mussten die Bobbies teilweise speziell für das Sala-Projekt neu produziert werden. Für sehr kurze Tonbandstreifen wurden im IT-Labor des Deutschen Museums mehrere hundert Bobbies mit einem 3D-Drucker angefertigt. Vor allem die verrosteten und säurehaltigen Tonbandboxen mussten dringend durch hochwertige Materialien ersetzt werden. Waren die Projektbeteiligten anfangs noch der Meinung, gerade dieser Schritt sei schnell und ohne größeren Aufwand zu erledigen, zeigte sich rasch, dass die auf dem Markt verfügbaren Tonbandschachteln modernen archivischen Anforderungen nicht im Mindesten entsprachen. Dies führte zu einer Neuentwicklung und Neukonstruktion, die an anderer Stelle vorgestellt wird (vgl. Seite 148).

Das Beispiel der Tonbänder von Oskar Sala zeigt, dass eine moderne, sachgerechte Digitalisierung auf einer genauen Analyse des jeweiligen Bestands und der angestrebten Ziele beruhen muss. Digitalisieren ist eben nicht gleich Digitalisieren!

23 Zeitmarken im Wickel der Bänder, hier zu NL 214/AV-T 0405: Geräusche und Effekte zu Hitchcocks »Die Vögel«, 2009. Foto: Nadja Wallaszkovits

Ein so facettenreicher und spannender Nachlass wie der von Oskar Sala verdient es, in die Öffentlichkeit gebracht zu werden. Im Zuge seines 100. Geburtstags im Jahr 2010 entstand in Zusammenarbeit zwischen dem Deutschen Museum und dem Münchner Schriftsteller und Hörspielmacher Andreas Ammer das Hörspiel »Die Vögel – nach Oskar Sala«, das im Westdeutschen Rundfunk gesendet und als Hörspiel des Monats Juli ausgezeichnet wurde. Für das Sala-Wochenende vom 16. bis 18. Juli 2010 produzierte Ammer mit dem Musiker Martin Gretschmann und dessen Band »Console« das gleichnamige Theaterspektakel, das an diesen drei Tagen im Deutschen Museum aufgeführt wurde. Ton- und Filmdokumente der Digitalisierung flossen direkt in dieses Stück mit ein. Eine Aufzeichnung der Aufführung ist als CD/DVD bei Code Records erschienen (Code09, 2012).

In Zusammenhang mit der Übernahme des Nachlasses von Oskar Sala entstand eine Webseite, die hauptsächlich von der Musikkuratorin des Deutschen Museums, Silke Berdux, gestaltet und inhaltlich gefüllt wurde (www.oskar-sala.de). Sie stellt die Person und die verschiedenen Formen des Trautoniums ausführlich vor, bringt Klangbeispiele, beschreibt den Gerätebestand im Deutschen Museum und den Nachlass und dokumentiert die bisher zu ihm realisierten Projekte einschließlich des Themenwochenendes zu Sala im Jahr 2010.

Nachlässe	
Anzahl	ca. 380 Einzelbestände
Umfang	ca. 1200 lfm.
Schwerpunkte	Physik- und Chemiegeschichte, Luft- und Raumfahrt, Rechentechnik, Maschinen- und Motorenbau
Nobelpreisträger	Hermann Staudinger (1881–1965), Eduard Buchner (1860–1917), beide Chemie; Ferdinand Braun (1850–1918), Walther Bothe (1891–1957), Wilhelm Wien (1864–1928), Philipp Lenard (1862–1947), Rudolf Mößbauer (1929–2011), Wolfgang Paul (1913–1993), alle Physik.
Weitere bedeutende Nachlässe	Rudolf Diesel (1889–1970) Hermann von Helmholtz (1821–1894) Heinrich Hertz (1857–1894) Hugo Junkers (1859–1935) August Kekulé von Stradonitz (1829–1896) Otto Lilienthal (1848–1896) Ernst Mach (1838–1916) Heinz Maier-Leibnitz (1911–2000) Hanna Reitsch (1912–1979) Eugen Sänger (1905–1964) Oskar Sala (1910–2002) Arnold Sommerfeld (1868–1951) Carl August von Steinheil (1801–1870) Alfred Wegener (1880–1930) Konrad Zuse (1910–1995)
Tipps zum Weiterlesen / Weiterhören	Webseite: www.oskar-sala.de Füßl, Wilhelm: Gesichert. Das KUR-Projekt zu den Tonbändern von Oskar Sala. In: Aufgedreht: Trautonium, elektronische Musik und Vogelschreie. 100 Jahre Oskar Sala. Redaktion: Silke Berdux und Christiane Pfau. München 2010, S. 36–39. Berdux, Silke; Füßl, Wilhelm; Wallaszkovits, Nadja: Audio goes Video. Ein Projekt zur Digitalisierung von Tonbändern aus dem Nachlass von Oskar Sala. In: Archivar 64 (2011), S. 66–72. Berdux, Silke; Füßl, Wilhelm: Audiosignale und sonst nichts? Die Sicherung von Tonbändern aus dem Nachlass von Oskar Sala. In: Museum aktuell Nr. 179, April 2011, S. 17–21. Ammer & Console: Die Vögel – nach Oskar Sala (CD/DVD). Code Records / Code09, 2012.

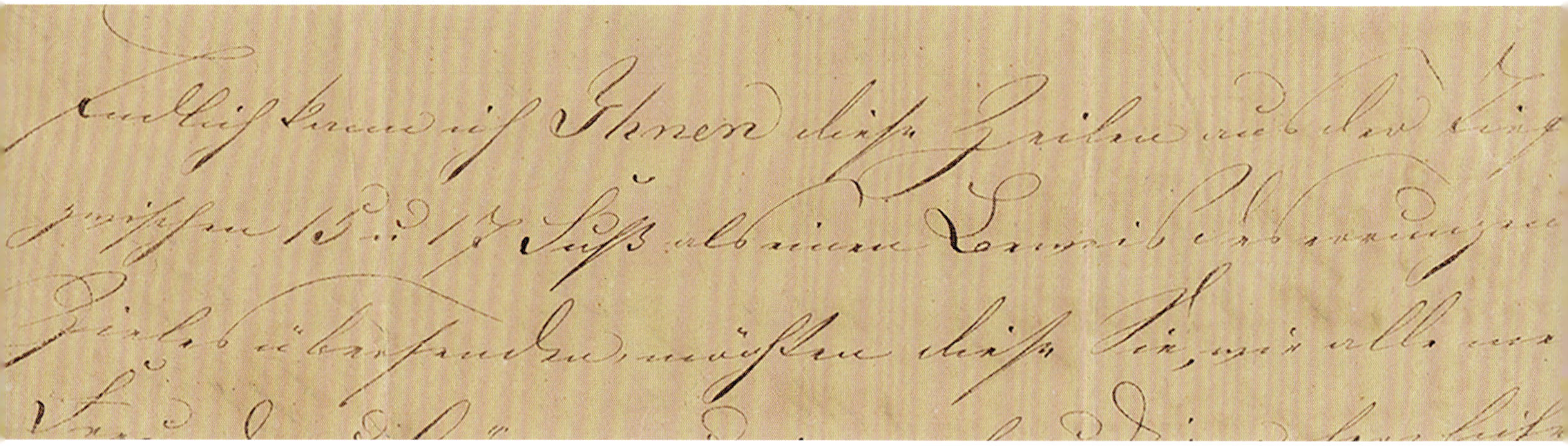
Endlich kann ich Ihnen diese Zeilen aus der tief-
zwischen 15 u. 17 Fuß

Manu propria – mit eigener Hand

Handschriften und Urkunden

Als »Autograf« wird traditionell die eigenhändige Aufzeichnung einer bekannten Persönlichkeit verstanden. Davon deutlich zu trennen sind »Autogramme«, die sich in der Regel auf die Unterschrift prominenter Frauen und Männer oder auf eine signierte Fotografie (Autogrammkarte) beschränken. Viele Privatsammler sehen es als ihr persönliches Sammlungsziel an, Autogramme aus einem Bereich möglichst vollständig zu besitzen: Unterschriften aus Unterhaltung, Politik, Schauspiel, Raumfahrt, Sport etc. Für wissenschaftliche Einrichtungen hingegen ist die Unterschrift allein wertlos, kann sie doch höchstens durch einen Unterschriftenvergleich zur Authentifizierung eines anderen Dokuments dienen. Für Archive, Bibliotheken, Museen und Forschungsinstitute ist nicht der eigenhändige Namenszug, sondern der Inhalt des Archivales entscheidend. Dementsprechend werden heute bisweilen auch mit Schreibmaschine verfasste Briefe und Texte als »Autografen« verstanden, ohne dass sie handschriftliche Anmerkungen oder eine Unterschrift des Verfassers tragen. Dahinter steht der theoretische Ansatz, dass mit dieser Erweiterung dem Medienwandel durch die Schreibmaschine und später durch die elektronischen Textverarbeitungssysteme Rechnung getragen werden kann. Manche Forscher lehnen einen so erweiterten »Autografen«-Begriff ab; sie engen ihn ein auf handschriftliche oder auf handschriftlich ergänzte bzw. korrigierte Texte oder Dokumente, die eigenhändig signiert sind.

Das Deutsche Museum hatte ursprünglich – wie es im ersten Jahresbericht 1903/04 heißt – ebenfalls den Aufbau einer Sammlung von Autogrammen im Blick. Allerdings wurde eine derartige Fokussierung schnell aufgegeben. Wie schon die ersten Erwerbungen verdeutlichen, beschränkte sich das Museum nicht auf Unterschriften berühmter Persönlichkeiten, sondern ging daran, handschriftliche und vor allem inhaltlich relevante Unterlagen aus Naturwissenschaft und Technik zu erwerben. Dieser Sammlungsaspekt wird bis heute verfolgt. Dementsprechend handelt es sich bei der Handschriftensammlung im Archiv des Deutschen Museums nicht um eine Autografensammlung im engeren Sinn. In den Bestand wurden schon früh neben ausschließlich handschriftlichen Manuskripten, Briefen, Texten und Notizen auch maschinenschriftliche Korrespondenzen mit und ohne Unterschrift des Verfassers sowie getippte Dokumente (Typoskripte) eingereiht. Eines dieser frühen Typoskripte sind die »Erinnerungen aus dem Kunstleben« des Berliner Lithografen und Kunsthändlers Louis Friedrich Sachse (1798–1877), in denen er eine zweimonatige Hospitanz bei dem Erfinder des Steindrucks, Alois Senefelder, beschreibt. Köstlich zu lesen sind dabei Sachses Schilderungen des schrulligen Lithografen, der während der Arbeit an einer Steinplatte plötzlich und »mit aufgekrämpten Hemdärmeln aufsprang und ›Sein oder Nichtsein‹ mit Pathos recitirte«.[35] Das amüsante Dokument kam 1932 ins Museum. Ein anderes Beispiel ist ein maschinenschriftlicher Durchschlag der Lebenserinnerungen von Otto Wallach, Chemiker und Nobelpreisträger des Jahres 1910.[36] Wallach lässt auf 145 Blatt (ergänzt durch verschiedene Anhänge) sein Leben Revue passieren, wobei es ihm weniger auf die Darstellung komplexer chemischer Entdeckungen und Entwicklungen ankommt als auf die knappe Charakterisierung von Personen aus seinem Familien-, Freundes- und Kollegenkreis. Von Wallachs Autobiografie sind nur drei Exemplare bekannt, wobei das Münchner Typoskript das einzige in einem öffentlich zugänglichen Archiv ist. Im Jahr 2000 wurden die Lebenserinnerungen veröffentlicht.[37]

Auch heute werden – ganz im Sinne eines erweiterten Autografenbegriffs – maschinenschriftliche Texte in die »Handschriftensammlung« aufgenommen. Dies gilt beispielsweise für die seltene, ungedruckte Dissertation des österreichischen Chemikers und Politikers Fritz Prior (1921–1996) zur Gaschromatografie, einer Methode, die auf den Arbeiten seiner Doktormutter Erika Cremer basierte.[38] Teilweise wurden in den ersten Jahrzehnten der Archivgeschichte kopierte Handschriften und Briefe in die Handschriftensammlung eingereiht – eine Praxis, von der man heute Abstand genommen hat. Kopien werden grundsätzlich nicht mehr gesammelt.

Sammler und Sammlungen

Das Sammeln von Autografen ist seit dem römischen Altertum belegt. Schon Cicero und Vergil beschäftigten sich damit, Wachstafeln oder Papyri bedeutender Persönlichkeiten zusammenzutragen. Aus dieser Zeit sind heute keine Belegstücke mehr vorhanden. Dagegen sind verschieden große Privatsammlungen des 19. und des 20. Jahrhunderts überliefert, so u. a. von Johann Wolfgang von Goethe. Eine ausgesprochen umfangreiche Autografensammlung baute sein Schriftstellerkollege Stefan Zweig auf, der für seine »Autographenhamsterei« berüchtigt war. Über 50 Jahre lang erweiterte Zweig seine Sammlung, bevor er sie in Zusammenhang mit seiner Emigration aus Österreich 1934 veräußerte. Im Wesentlichen konzentrierte sich Zweig auf Handschriften aus dem Bereich der Literatur, doch besaß er auch Blätter von Leonardo da Vinci.

Eine der herausragenden Sammlungen auf dem Gebiet der Naturwissenschaft und Technik ist mit dem Namen des Chemikers und Wissenschaftshistorikers Ludwig Darmstädter verbunden. Sie umfasste im Jahr 1907 rund 23 000 Nummern mit Autografen, Manuskripten, Notizbüchern und Kollegheften. In die-

35 DMA, HS 1932-022.

36 Vgl. DMA, HS 2004-009.

37 Vgl. Beer/Remane, Wallach, 2000.

38 Vgl. DMA, HS 1994-004.

sem Jahr übereignete er den Gesamtbestand der heutigen Staatsbibliothek zu Berlin, kaufte aber in den folgenden 20 Jahren bis zu seinem Tod weitere Stücke an, die er ebenfalls dieser Bibliothek stiftete. Wenn man bedenkt, dass die Handschriftensammlung des Deutschen Museums heute mit ca. 22 000 Nummern in etwa den Umfang der »Sammlung Darmstädter« im Jahr 1907 hat, kann man deren Bedeutung erahnen. Warum Darmstädter sie nicht dem 1903 gegründeten Deutschen Museum gestiftet hat, ist eine hypothetische Frage. In den Verwaltungsakten des Hauses lässt sich lediglich ein loser Kontakt aus dem Jahr 1904 nachweisen. Über die »Sammlung Darmstädter« an sich scheint nie verhandelt worden zu sein.

Geschichte des Handschriftenbestands

Nahezu alle größeren Bibliotheken, Archive und teilweise auch Museen besitzen eigene Handschriftensammlungen, die unter verschiedenen Aspekten aufgebaut wurden. Das Sammeln von Urkunden, Handschriften und Manuskripten »hervorragender Förderer der technischen Wissenschaften und der Industrie« wurde schon in der ersten Satzung vom Dezember 1903 als Aufgabe des Deutschen Museums festgeschrieben. Für die Gründungsphase lassen sich mehrere unterschiedliche Sammlungskriterien erkennen. Eines ist im »Verwaltungsbericht über das erste Geschäftsjahr« 1904 explizit genannt:

> Dem Zwecke unseres Museums, neben der geschichtlichen Entwicklung der Technik auch der Ehrung und dem Andenken hervorragender Gelehrter und Techniker zu dienen, entspricht es, daß wir auch Urkunden und Autogramme, Briefe und Handskizzen sammeln, die über das Wirken hervorragender Männer Aufschluß geben.[39]

Hinter dieser Verknüpfung von archivischer Sammlungstätigkeit mit einem historisch bestimmten Geschichtsbild von »Männer machen Geschichte« – von Frauen war damals nicht die Rede – steht demnach eine personenzentrierte Geschichtsauffassung, die sich in den Ausstellungen und im Archiv abbilden sollte.

Es ging dem Museum aber nicht allein um das Sammeln von Handschriften. Vielmehr sollten Teile davon auch in den Ausstellungen öffentlich gezeigt werden. Die Ausstellungsfunktion ist in dem bereits zitierten ersten Jahresbericht deutlich angesprochen:

> Im Anschluß an die Bibliothek und Plansammlung sollen alte Originalzeichnungen, Urkunden und Autogramme ausgestellt werden, die Zeugnis von dem Schaffen und Wirken großer Männer in vergangenen Zeiten geben sollen …[40]

Die Handschriftensammlung zielte auf die Einwerbung herausragender Dokumente von Wissenschaftlern, Erfindern, Ingenieuren oder Industriellen. Dabei differenzierte die Museumsleitung nicht zwischen einer Einzelhandschrift, einem Briefkonvolut oder einem umfangreichen Nachlass. So verzeichnet das Zugangsbuch des Handschriftenbestands sowohl Einzelstücke als auch geschlossene Konvolute. In mehreren Bänden sind die Zugänge knapp aufgelistet. Bedauerlicherweise wurden eigene Erwerbungsakten erst sehr viel später angelegt, sodass die Hintergründe einer Einwerbung und Informationen zur Herkunft eines Archivales meist kaum nachzuvollziehen sind. Immerhin dokumentierten die jährlich erscheinenden Verwaltungsberichte die neuesten Zugänge, wobei diese im Sinne einer möglichst großen Außenwirkung nur besonders bekannte Namen aufzählten.

Ein anderer Sammlungsaspekt – Originaldokumente als Ressource für technik- und wissenschaftshistorische Forschung – scheint bis Anfang der 1930er-Jahre kaum eine Rolle gespielt zu haben. Soweit sich dies heute beurteilen lässt, wurden die eingeworbenen Dokumente anfangs nur selten von Forschern genutzt. Dies lag zum einen daran, dass kein geeigneter Lesesaal für Archivalien zur Verfügung stand, zum anderen steckte die technikhistorische Forschung um 1900 noch in den Kinderschuhen. Erst allmählich fanden diese Quellen das Interesse der Öffentlichkeit – nicht zuletzt durch die zahlreichen Veröffentlichungen von Conrad Matschoß, Carl Graf von Klinckowstroem und Franz Maria Feldhaus. Das Deutsche Museum publizierte nach der Eröffnung des Bibliotheksgebäudes im Jahr 1932 in der hauseigenen Reihe »Abhandlungen und Berichte« vermehrt Notizen über Neuerwerbungen und trug so zur breiten Kenntnis der Quellenbestände des Archivs bei.

Blättert man in den Zugangsbüchern des Archivs, fühlt man sich wie ein Goldgräber im historischen Quellenbergwerk. Es ist erstaunlich, in welch kurzer Zeit das Deutsche Museum herausragende Stücke zusammengetragen hat. Bereits der erste Verwaltungsbericht für das Jahr 1903/04 listet als Neuerwerbungen den Nachlass von Georg Simon Ohm, Korrespondenzen der Chemiker Robert Wilhelm Bunsen und Justus von Liebig, des Entdeckers Alexander von Humboldt oder einen Originalbrief von André Marie Ampère an Michael Faraday auf.[41] Schon aus dieser Aufzählung kann man erkennen, dass das Museum in der Frühzeit nicht zwischen Einzelhandschriften (Ampère) und Nachlässen (Ohm) differenzierte.

Ganz offensichtlich war das Deutsche Museum bemüht, Objekte berühmter Persönlichkeiten und dazu passende Originaldokumente einzuwerben. Ein sehr frühes Beispiel ist die Rechen-

39 DMA, VA-Dru, Vorl. Nr. 0118/2, S. 9.

40 Ebd., S. 26.

41 Vgl. ebd., S. 9.

maschine des Ansbacher Uhrmachers und Konstrukteurs von Rechenmaschinen Johann Christoph Schuster. Von ihm befinden sich heute seine zwölfstellige »Schuster I« von 1789/92 und die neunstellige »Schuster II« von 1805/1820 in den Objektsammlungen des Hauses. Zur zweiten Maschine sind im Handschriftenbestand zwei interessante Archivalien überliefert. Die sehr frühe Zugangsnummer »HS 00011« beinhaltet eine Abschrift des Kaufvertrags über die Rechenmaschine zwischen König Maximilian I. Joseph von Bayern und Schuster für die – an damaligen Verhältnissen gemessen – extrem hohe Summe von 1000 Gulden. Der vorausgehende Eintrag »HS 00010« wiederum ist ein siebenseitiges Manuskript mit dem Titel »Beschreibung des rechten Gebrauchs der Rechnungs-Maschine welche von dem Mechanikus Johann Christoph Schuster zu Ansbach in Franken. Anno 1805 angefangen und Anno 1820 vollendet worden ist«. Es ist eine Art Anleitung zur Bedienung der Rechenmaschine und wohl die älteste »Gebrauchsanweisung« für einen Rechner.

Wie wichtig der damaligen Museumsleitung neben den Objekten auch dazugehörige Handschriften und Manuskripte waren, zeigt die Einwerbung der Dampfmaschine Nr. 281 von der englischen Firma C. A. Parsons & Co. in Newcastle upon Tyne aus dem Jahr 1889. Sie galt als Weltsensation. Das Deutsche Museum hatte ursprünglich über den Darmstädter Hochschullehrer Max Gutermuth von dem Objekt erfahren. Für die Einwerbung sprach Oskar von Miller 1905 den Münchner Professor und Leiter des Versuchslaboratoriums für Theoretische Maschinenlehre Moritz Schröter an.[42] Dieser hatte in seinem Institut einige Dampfturbinen von Charles Algeron Parsons getestet und war ihm freundschaftlich verbunden. Schröter gelang es, den englischen Erfinder für die Stiftung der Turbine zu gewinnen. Sie steht heute unter der Inventarnummer 3075 im Deutschen Museum. Damit nicht genug! Nach der erfolgreichen Einwerbung hakte Miller nach und bat Parsons um eine Beschreibung der Maschine, die in den Ausstellungen gemeinsam mit dem Objekt gezeigt werden sollte. Millers Bitte ging dahin, der Erfinder möge den Text persönlich unterschreiben, um dem Dokument die Aura des Authentischen zu verleihen. Genau dieser Text ist in der Handschriftensammlung des Archivs unter der Signatur »HS 2019-41« überliefert, ein einseitig maschinenschriftlich beschriebenes Blatt mit Parsons Unterschrift. Dazu hat sich eine ziemlich freie deutsche Übersetzung von Moritz Schröter erhalten. Bei beiden Dokumenten ist das Papier stark nachgedunkelt und die Tinte verblasst, ein Hinweis darauf, dass beide Originale wohl über viele Jahre einem permanenten Lichteinfall in den Ausstellungen ausgesetzt waren.

Ähnliche Beispiele für Dokumente, die durch ihren langjährigen Einsatz als Exponat gelitten haben, finden sich leider bei genauerem Hinsehen viele. Auch der berühmte erste Unterwasserbrief der Weltgeschichte,[43] den der deutsche U-Boot-Pionier oder – wie er sich selbst nannte – »Submarine-Ingenieur«

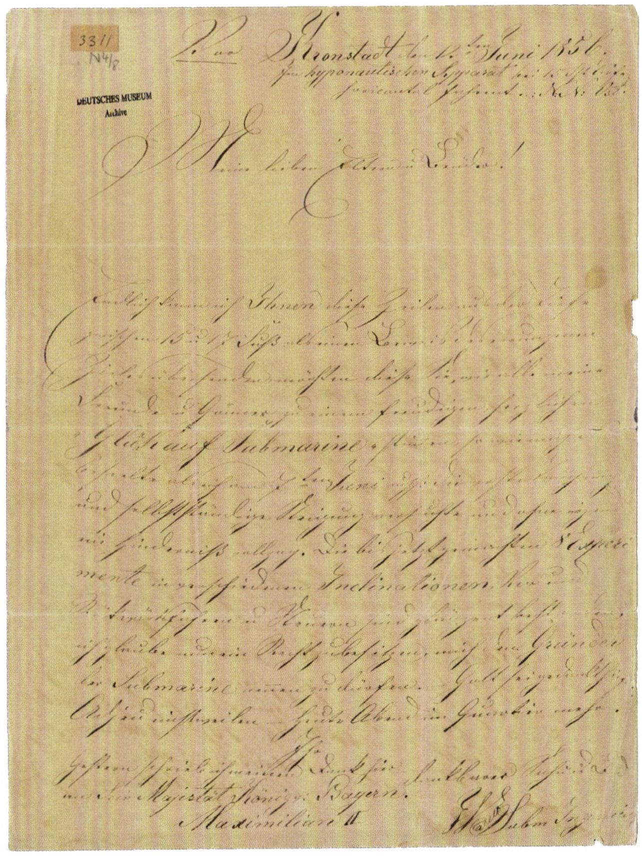

24 Wilhelm Bauer: Unterwasserbrief aus dem »hyponautischen Apparat«, 12.6.1856.

Wilhelm Bauer am 12. Juni 1856 in seinem Tauchboot *Seeteufel* im russischen Marinehafen Kronstadt (nahe St. Petersburg) an seine Eltern und Geschwister schrieb, zeigt deutliche Vergilbungen. Sie rühren davon her, dass das Dokument Jahre oder sogar Jahrzehnte in der Schifffahrtsabteilung dem Tageslicht ausgesetzt war. Was man heute unter konservatorischen Aspekten im Umgang mit wertvollem Kulturgut schlichtweg nicht mehr gestatten würde, gehörte früher zur bewussten Ausstellungspraxis. **| Abb. 24 |**

Neben dem Konzept, Archivalien mit direktem Bezug zu Objekten einzuwerben, war die Sammlungspolitik des Museums davon bestimmt, geschlossene Nachlässe bedeutender Naturwissenschaftler und Ingenieure zu übernehmen. Dementsprechend finden sich unter den ersten 5000 Zugangsnummern der Handschriftenabteilung neben Einzelbriefen und -manuskripten auch mehrere geschlossene Nachlässe. Der Bestand des Physikers Georg Simon Ohm wurde schon erwähnt. Andere herausragende Zugänge sind die Nachlässe des bayerischen Ingenieurs Georg von Reichenbach (1771–1826), der als ein Wegbereiter der optomechanischen Industrie Bayerns gilt und für seinen Bau der Soleleitung von Berchtesgaden nach Bad Reichenhall berühmt geworden ist. Bei seinen Werbefeldzügen nutzte Oskar von Miller ganz selbstverständlich seine breit gestreuten verwandtschaftlichen und persönlichen Beziehungen. So kam der Nachlass

42 Zum Folgenden vgl. DMA, VA 1571/2 und VA 6022.
43 Vgl. DMA, HS 03311.

25 Spionagetagebuch des bayerischen Ingenieurs Georg von Reichenbach mit der Kopie einer Dampfmaschine von James Watt, 1792/93. Foto: Hans-Joachim Becker

Reichenbachs über die Frau seines Bruders Alfons, Ida, ins Archiv. Ida von Miller, eine Tochter des Heraldikers und Kunsthistorikers Carl Mayer von Mayerfels und Urenkelin Georg von Reichenbachs, trennte sich ab 1908/09 sukzessive von dem Nachlass. Zu den ersten Abgaben zählten Reichenbachs Notizbücher mit Aufzeichnungen über seine Englandreise,[44] für die sich ihr Schwager Oskar von Miller am 17. Februar 1909 überschwänglich bedankte, da diese von größtem Wert für die Urkundensammlung seien.[45] Diese Handschrift ist in die Archivgeschichte als »Spionagetagebuch« eingegangen, da sich Reichenbach seine Informationen nicht immer mit legalen Mitteln besorgte. Während seiner Reise durch England 1792/93 verschaffte er sich in der Nacht Zugang zu einer Fabrik von James Watt – natürlich durch Bestechung – und kopierte dabei eine »Wattish Steam Engine«, eine Dampfmaschine der Bauart Watts. Der Erfinder selbst hatte dem bayerischen Ingenieur eine Besichtigung noch verwehrt. **| Abb. 25 |**

Der Nachlass Reichenbachs diente im Übrigen dem Mitbegründer des Museums, dem Mathematiker Walther von Dyck, als Quellenbasis für seine Biografie über den Erfinder. Sie ist der erste Forschungsband, den das Deutsche Museum 1912 veröffentlicht hat. Dass das Museum bestrebt war, Quellenbestände aus Technik und Naturwissenschaft gleichermaßen zu sammeln, verdeutlicht die Erwerbung der Nachlässe des Physikers Eilhard Mitscherlich (1794–1863) schon im Jahr 1904 und des Chemikers Heinrich Caro (1834–1910). Mit Letzterem stand das Deutsche Museum bereits 1904 in Verbindung. Kurz nach seinem Tod stiftete seine Tochter Amalie Caro einen ersten Teil des Nachlasses, den sie später um weitere Stücke ergänzte. Insgesamt umfasst der Nachlass von Heinrich Caro im Zugangsbuch der Handschriften fast 1200 Nummern.

Die Handschriftensammlung des Deutschen Museums reicht bis in das 13. Jahrhundert zurück. Das älteste Stück ist eine Pergamenthandschrift des hochmittelalterlichen Universalgelehrten, Philosophen, Theologen und Bischofs Albertus Magnus (1193–1280). Der Dominikaner beschäftigte sich auch mit Naturwissenschaften. Sein wohl wichtigstes Werk auf diesem Gebiet ist »De mineralibus«, aus dem sich eine vertiefte Kenntnis der antiken und arabischen Literatur und der Alchemie ablesen lässt. Die im Archiv vorhandene Pergamenthandschrift »Physicorum Libri VIII« mit 129 Blatt stammt aus der zweiten Hälfte des 13. Jahrhunderts und wurde im Jahr 1910 bei einem Münchner Antiquariat für die heute lächerlich niedrig anmutende Summe von 500 Mark angekauft.[46]

Bei der Durchsicht des Zugangsbuchs »Handschriften« wird deutlich, dass bei der Einwerbung das Prinzip der Stiftung dominierte. Von den ersten 4000 Nummern sind lediglich 103 Posten als Ankäufe gekennzeichnet. Dafür wurden insgesamt 740 Mark

44 Vgl. DMA, NL 272/076.
45 Vgl. DMA, VA 6016.
46 Vgl. DMA, HS 2008-012.

26 Alchemistische Handschrift mit dem Geheimrezept zur Herstellung eines künstlichen Menschen, ca. 1780. Foto: Hans-Joachim Becker

ausgegeben, durchschnittlich also rund 7,20 Mark pro Ankauf! Die restlichen Zugänge waren Schenkungen; sie sind mit einer Gesamtsumme von 33.998 Mark vermerkt. Allerdings muss man bei den genannten Zahlen von einem »Buchwert« sprechen, da der reale Wert schon damals deutlich über der Bezifferung im Zugangsbuch lag. Viele der damals eingeworbenen Einzelstücke würden bei modernen Auktionen so hohe Preise erzielen, dass das Archiv des Deutschen Museums mit seinem heutigen Erwerbungsetat niemals diese Fülle an Handschriften und Manuskripten erwerben könnte, die in der Museumsgründungszeit so ausgesprochen günstig beschafft wurden.

Der Handschriftenbestand ist eine unerschöpfliche Quelle für das technische und wissenschaftliche Wissen aus acht Jahrhunderten. Es finden sich erstklassige Manuskripte, die uns die Entwicklung der modernen Wissenschaften vor Augen führen. Erhalten haben sich aber auch fragwürdige Aufzeichnungen aus der Alchemie, so beispielsweise eine späte Abschrift der mittelalterlichen Handschrift des Calistenus aus der Zeit um 1700, die »Manuscripta Alchymica Experta« aus dem 18. Jahrhundert, ein »Alchemistisch-Medizinisches Rezeptbuch« von 1720/30 oder ein auf dem Buchrücken mit »Chymica« beschriftetes Werk und schließlich eine Buchhandschrift mit dem verheißungsvollen Titel »Ein schaz zu suochen«.[47] Bei dieser handelt es sich um ein etwa 1780 entstandenes Werk bestehend aus einer Mixtur von bekannten chemischen Prozessen, alchemistisch verbrämtem »Geheimwissen« und sogar religiösen Einflüssen wie der Darstellung einer Muttergottes. Auch die Herstellung eines »homunculus«, eines künstlich geschaffenen Menschen, wird darin beschrieben. Nur »Im vollen Mond« könne dessen Schöpfung gelingen; dazu brauche man »Einen Theil Blut von Einer Manspersohn Zwey parts und Blut von Einem Weibs Bild«.[48] Der künstliche Mensch ist also dominant weiblich! Die nähere unappetitliche Beschreibung wird dem Leser hier erspart. **| Abb. 26 |**

Ganz im Gegensatz zu den alchemistischen Manuskripten stehen Schriften zur Geometrie und Landschaftsvermessung. Hier lassen sich die kontinuierliche Erweiterung von Wissen und die zunehmende Professionalisierung der Geometer, Feld- und Landvermesser feststellen. Ein bemerkenswertes Beispiel dafür ist die Buchhandschrift »Geometria. Was und wie vielerley ist eigendlich die Geometria?«[49] Dieses herrliche Werk eines anonymen Autors beginnt mit den Grundlagen des geometrischen Zeichnens mit Punkt und Gerade. Von Seite zu Seite werden die Darstellungen und Beschreibungen immer differenzierter. Es folgen Berechnungen, z. B. wie viele Kugeln in einen Würfel oder in eine Pyramide passen. Optisch hinterlegt ist das Beispiel, indem zusammengeklebte Kreise hochgezogen werden können, um die Fragestellung zu erläutern. **| Abb. 27 |** Am Ende des Werks mit

47 Vgl. DMA, HS 1970-015, HS 1960-003, HS 2012-011, HS 2010-005, HS 1968-612.
48 DMA, HS 1968-612.
49 DMA, HS 1970-024.

27 Anonym, Geometria, 18. Jahrhundert.
Foto: Hans-Joachim Becker

über 362 Blatt steht die Krönung des geometrischen Wissens um 1600, der Entstehungszeit der Handschrift: die Vermessung einer Stadt in einer Landschaft.

Im Jahr der Eröffnung des neuen Museumsgebäudes auf der Museumsinsel (1925) hatte die Handschriftensammlung einen Umfang von 8000 Originalbriefen, Manuskripten, Vorlesungsheften, Laborbüchern etc. Im letzten Verwaltungsbericht vor dem Ende des Zweiten Weltkriegs war die Zahl auf 14 650 Nummern angestiegen. Größere Verluste gab es dank der Auslagerung von besonders wertvollem Archivgut nicht. Während in den 1950er-Jahren der Bestand kaum nennenswert anwuchs, nahm er von etwa 1960 bis 1975 deutlich zu: 1975 waren 20 511 Handschriften vorhanden. Bis 1988 waren etwa 30 000 Handschriften katalogisiert.

Aus den laufenden Handschriftensignaturen und aus der in den Zugangsbüchern vermerkten Herkunft kann man schließen, dass periodisch immer wieder handschriftliche Briefe bedeutender Persönlichkeiten oder solche mit Unterschrift aus den Verwaltungsakten des Deutschen Museums entnommen und in den Handschriftenbestand eingereiht wurden. Dadurch erhöhte man künstlich die Zahl der vorhandenen Autografen. So wurden im Jahr 1954 Briefe von Max Planck, Jacobus Henricus van't Hoff und Guglielmo Marconi (alle aus dem Jahr 1906 datierend) in den Handschriftenbestand eingegliedert. 1958 kam ein Briefkonvolut des Heidelberger Astronomen Max Wolf an das Deutsche Museum hinzu und 1967 der Briefwechsel zwischen der Museumsleitung und dem Schriftsteller Gerhart Hauptmann, seiner Frau Margarete und der in seinem Haushalt lebenden Übersetzerin Elisabeth Jungmann. Hauptmann hatte 1925 den »Festaktus zur Eröffnung des Deutschen Museums München« gedichtet. Den mit diesem Auftrag verbundenen Briefwechsel publizierte der damalige Bibliotheksdirektor und Technikhistoriker Friedrich Klemm im Jahr 1966 und ordnete die von ihm aus den Registraturakten entnommenen Dokumente aufgrund ihrer Bedeutung der Handschriftensammlung zu.

Heute wächst die Sammlung nur durch gelegentliche Stiftungen und vereinzelte Ankäufe bei Auktionen und Privatpersonen. So sind in den Archivlisten zwischen 1992 und 2020 lediglich 699 neue Zugangsnummern verzeichnet. Die geringen Zuwächse lassen sich zum einen darauf zurückführen, dass sich die Preise für Handschriften, Briefe und Manuskripte in Antiquariaten und Auktionshäusern in diesen drei Jahrzehnten auch im Bereich Naturwissenschaft und Technik rasant nach oben entwickelt haben, während die finanziellen Mittel des Archivs für Ankäufe gering geblieben sind. Hinzu kommt, dass durch eine stärkere Fokussierung auf deutschsprachige Autografen und auf den Aspekt der Bedeutung solcher Dokumente viele Angebote des Markts für das Archiv nicht relevant waren.

Im Handschriftenbestand sind heute Briefe, Postkarten, Manuskripte, Typoskripte, Notizen, Urkunden, Diplome und etwa 500 Buchhandschriften (Vorlesungsmanuskripte und -mitschriften, Tagebücher und Notizbücher, Laborjournale etc.) vorhanden. Zeitlich erstreckt sich die Handschriftensammlung des Deutschen Museums vom 13. Jahrhundert bis in die neueste Zeit. Aus dem 13. bis 16. Jahrhundert stammen wenige handschriftliche Zeugnisse, selbst aus dem 18. Jahrhundert sind nur rund 250 Nummern nachgewiesen. Die wertvollen Buchhandschriften des 16. bis 18. Jahrhunderts behandeln vorwiegend alchemistische, mathematische und bergwerkstechnische Fragen. Dabei sind die Handschriften meist praxisbezogen. So gibt es mehrere Manuskripte, die sich mit vermessungs- und befestigungstechnischen Problemen auseinandersetzen. Zur Veranschaulichung wurden sie häufig prächtig illustriert. Die Fülle der Autografen verdichtet sich im 19. und in der ersten Hälfte des 20. Jahrhunderts. Relativ moderne Zugänge sind die Laborbücher der beiden Nobelpreisträger Georges Köhler (Medizin, 1984) und Klaus von Klitzing (Physik, 1985). In diesen ist jeweils der entscheidende Durchbruch in den Forschungen festgehalten, der letztlich zur Verleihung des Nobelpreises geführt hat.

Geografisch dominiert der deutschsprachige Raum, gefolgt von englischen (ca. 400), französischen (380) und italienischen (50) Handschriften. Thematische Schwerpunkte sind Physik- und Chemiegeschichte. Die Palette berühmter Namen reicht von Joseph von Fraunhofer, Georg Simon Ohm, Michael Faraday, Justus Freiherr von Liebig und Werner von Siemens bis Marie Curie, Albert Einstein, Otto Hahn und Max von Laue. Die Liste ist beliebig erweiterbar.

Die Probleme der Handschriftensammlung liegen vorwiegend in einer früher geübten Praxis begründet, Nachlässe oder Teilnachlässe aufzulösen und als Einzelhandschriften, Einzelbriefe und Manuskripte eigens zu verzeichnen. Sie beruht auf dem lange in Bibliotheken üblichen Vorgehen, Autografen einzeln zu erfassen und ihre Katalogisate an die 1966 ins Leben gerufene »Zentralkartei der Autographen« (ZKA) zu melden. In diesem Zusammenhang sei daran erinnert, dass das heutige Archiv bis zum Jahr 1992 Teil der Bibliothek des Deutschen Museums war und daher bei der Erschließung auch bibliothekarischen Grundsätzen folgte. Vielfach wurden aus einem Nachlass die handschriftlichen Dokumente im Bestand »Handschriften« katalogisiert, Fotos in ein sachthematisch geordnetes Bildarchiv integriert, Porträts in die Porträtsammlung überführt, Pläne und technische Zeichnungen in die Plansammlung aufgenommen sowie die restlichen Teile (z.B Glasplatten, Konzepte, Veröffentlichungen, Zeitungsausschnitte etc.) als separater »Nachlass« aufgestellt. Dies hatte zur Folge, dass ursprüngliche Zusammenhänge aufgegeben wurden, die heute nur schwer zu rekonstruieren sind. Damit gingen aber wichtige innere Bezüge der Archivalien verloren. Es versteht sich, dass dieses Vorgehen inzwischen abgestellt ist. Vielmehr sind die heutigen Erschließungsmethoden an archivischen Grundsätzen orientiert, d. h. zerrissene Zusammenhänge werden soweit möglich rekonstruiert und die historischen Provenienzen wiederhergestellt. Allerdings ist die Provenienzbereinigung zeitaufwendig und nur im Rahmen eigener Projekte zu leisten. So wurden beispielsweise die Dokumente des Nachlasses von Wilhelm Wien, die sowohl im Handschriftenbestand als auch in der Nachlasssammlung eingereiht waren, wieder in einem »Nachlass Wien« zusammengeführt. Im Rahmen der »Zukunftsinitiative Deutsches Museum« wurden finanzielle Mittel für den Aufbau des Projekts »Deutsches Museum Digital« bereitgestellt. Im Teilprojekt »Archiv« werden die Gelder für die Erschließung von Beständen und zur Rekonstruktion ursprünglicher Zusammenhänge genutzt. Das heutige Verständnis der Handschriftensammlung beruht darauf, dass sie – wie es archivsprachlich heißt – als »Selekt« von Einzelhandschriften behandelt wird, also als eine Auswahl von Briefen oder Manuskripten ohne archivischen Kontext zu anderen Dokumenten.

Der gesamte Handschriftenbestand mit einem Umfang von rund 600 Archivschachteln und 170 Mappen ist seit längerem aus dem ursprünglichen Kartenkatalog elektronisch in das Datenbanksystem »FAUST« überführt. Zahlreiche Einzelhandschriften wurden schon in den 1980er-Jahren an die »Zentralkartei der Autographen« gemeldet, die seit 2004 unter dem Namen »Kalliope« online abrufbar ist. Aktuell gibt es dort 6400 Nachweise aus dem Archiv des Deutschen Museums.

Das Feuerwerksbuch von ca. 1480

Ein sehr altes Stück der Handschriftensammlung ist das sogenannte »Feuerwerksbuch«.[50] Erhalten haben sich bei diesem Fragment 15 Blätter, die mit Sicherheit ursprünglich Teil eines umfangreicheren Manuskripts waren. Auf diesen wenigen Seiten finden sich insgesamt 45 sorgfältig gefertigte und gekonnt kolorierte Federzeichnungen. Im Gegensatz zu den früheren, sogenannten »Bellifortis«-Handschriften steht nicht die textliche Beschreibung der Objekte im Vordergrund, sondern die akribische Zeichnung der Gerätschaften. Die Wissenssicherung und Wissensvermittlung erfolgen also primär über das Bild und nicht über den knappen Text. **| Abb. 28 |**

Das Hauptthema der spätmittelalterlichen Bilderhandschrift ist die Wehrtechnik. Abgebildet sind Belagerungsgeräte, die unter dem Sammelbegriff »Antwerk« zusammengefasst sind: Kriegs-, Belagerungs- und Wurfmaschinen. Die Zeichnungen, meist im Format 150 × 200 mm, zeigen verschiedene Bleikanonen, Stein-

50 Vgl. DMA, HS 1949-258.

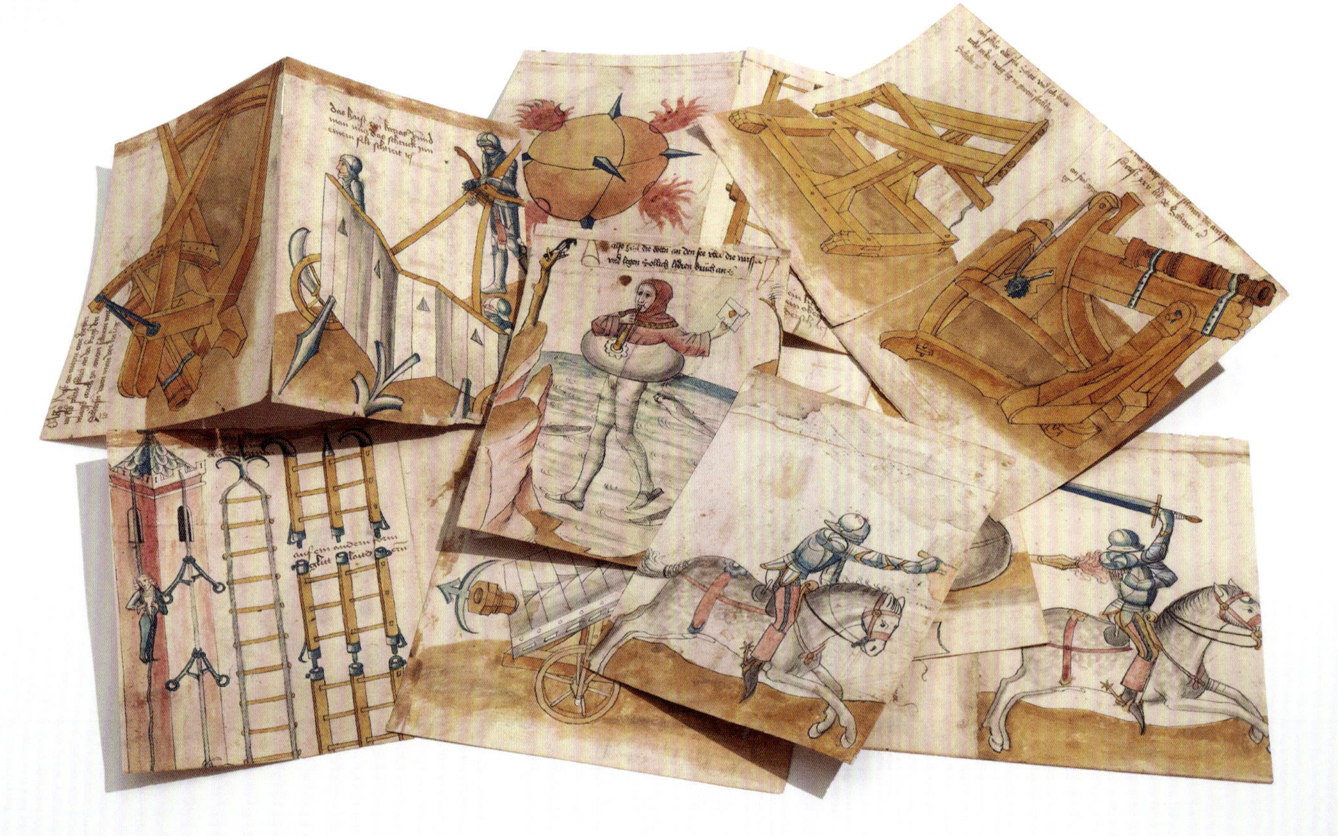

28 Feuerwerksbuch, ca. 1480. Foto: Hans-Joachim Becker

schleudern, Hebekonstruktionen nach dem Flaschenzugprinzip, Schwertwagen und Sturmleitern. Besonders interessant ist die Steinbüchse mit Räderlafette. Steinbüchsen wurden im Mittelalter bei der Belagerung von Burgen und Städten verwendet. Aufgrund ihres Gewichts waren sie sehr unbeweglich, was ihren Wirkungsgrad beeinträchtigte. Oftmals wurden sie bei Ausfällen der Belagerten zerstört, da sie nicht rechtzeitig in Sicherheit gebracht werden konnten. Durch die zusätzliche Räderlafette wurde die Mobilität und damit die Wirksamkeit der Steinbüchsen erheblich vergrößert. Ein Schreiber, der wohl auch der Zeichner war, ist namentlich nicht ersichtlich, weshalb eine Zuschreibung nur über einen Vergleich mit ähnlichen Überlieferungen erfolgen kann. Da sich die Handschrift mit verschiedenen Hebekonstruktionen beschäftigt, die eine militärische bzw. zivile Nutzlast von etwa 100 Zentnern bewegen konnten und zum Verladen schwerer Geschütze und Glocken geeignet waren, dürfte der Schreiber kaum einer der militärischen Anführer seiner Zeit oder ein technisch versierter Söldner gewesen sein. Wahrscheinlich gehörte er zum Kreis der mathematisch gebildeten städtischen Baumeister. Sein sprachlicher Duktus entspricht dem Mittelbairischen. Und die eher dem zivilen Bereich verhafteten Zeichnungen eines wasserbetriebenen Hebewerks und eines Quadranten zur Positionsbestimmung der Gestirne stärken die Vermutung, dass der Schreiber aus einer mittelbayerischen Stadt, vermutlich Nürnberg, stammte und über militärisches Wissen und gleichzeitig über mathematisch-praktische Erfahrungen verfügte.

Die geografische Zuschreibung wird durch die umfassenden Forschungen des Mittelalterhistorikers Rainer Leng gestützt, der in seiner Habilitation über kriegstechnische Bilderhandschriften und Traktate auf die Ähnlichkeiten des Feuerwerksbuchs im Archiv des Deutschen Museums mit zwei Bildkatalogen hingewiesen hat, die in der Bayerischen Staatsbibliothek überliefert sind.[51] In deren Handschriften Cgm 734 (»Feuerwerks- und Büchsenmeisterbuch. Rezeptsammlung«) und Cgm 356 (»Feuerwerksbuch«) finden sich teilweise identische Abbildungen, die auf den Nürnberger Büchsenmeister Johannes Formschneider zurückzuführen sind. Dieser stand zwischen 1440 und 1470 in Nürnberger Diensten. Von seinem Büchsenmeisterbuch haben sich vier Kopien erhalten, so das Fragment im Archiv des Deutschen Museums, die beiden Handschriften in der Bayerischen Staatsbibliothek und eine weitere Überlieferung im Germanischen Nationalmuseum mit der Signatur »Hs. 719«.

Aus der wehrtechnischen Handschrift im Archiv des Deutschen Museums sticht ein Motiv besonders heraus, das vordergründig keinen militärischen Aspekt beinhaltet, sieht man von der Nachrichtenübermittlung als Voraussetzung für militärische Unternehmungen ab: der »Schwimmende Bote«. Das Blatt zeigt einen Mann, der eine Botschaft über einen See transportiert. Den versiegelten Brief hält er mit ausgestrecktem Arm aus dem Wasser heraus. Interessant ist die Darstellung des Boten. Er ist mit einer

51 Vgl. Leng, Ars, 2002, Bd. 1, S. 239–249 bzw. Bd. 2, S. 261f. und S. 206–211.

29 Schwimmender Bote, ca. 1480. Foto: Hans-Joachim Becker

sogenannten »Gugel« bekleidet, einer kapuzenartigen Kopfbedeckung mit einem angesetzten Kragen, der bis zu den Schultern reicht. Der besonders im 14. Jahrhundert typische Kapuzenzipfel ist nicht zu erkennen. Die Gugel kam bereits Ende des Jahrhunderts aus der Mode, blieb aber als Reise-, Jagd- und bäuerliche Kopfbedeckung bis weit nach 1500 in Gebrauch. Um den Körper trägt der Bote eine Art Schwimmreifen mit »Ventil«. Mit aufgeblähten Backen bläst er ihn auf, um ein Entweichen der Luft und sein Versinken im See zu verhindern. In dem beigefügten Text heißt es: »also geht die bottn an den see vber die wasser vnd legen sollich lidren brüch an«. | **Abb. 29** |

Die Erklärung des »lidren brüch« ist einfach: Es handelt sich um eine lederne, gegerbte Hose, wobei das mittelhochdeutsche »bruech« eigentlich mit »Unterhose« zu übersetzen ist. In der Darstellung im Feuerwerksbuch handelt es sich um eine lange Unterhose. Bemerkenswert ist, dass sie offensichtlich direkt mit einem Schwimmreifen vernäht ist – zumindest lässt die gleiche Farbe darauf schließen. Mit der wasserdichten Schwimmhose und seiner Schwimmhilfe konnte der Mann seine schwierige Botenpflicht erfüllen!

Eine nahezu identische Abbildung des Boten mit einem ähnlichen Beitext findet sich in der Handschrift Cgm 734 der Bayerischen Staatsbibliothek. Sie eröffnet auf Seite 61 die Bilderfolge der Kriegshandschrift. Allerdings ist die Darstellung im Deutschen Museum deutlich lebendiger und mit Details ausgeschmückt. So ist das Dokument in der Hand des Boten eindeutig als ein versiegeltes Schreiben zu identifizieren, während es in Cgm 734 eher einem Buch mit Buchschließe gleicht. Im Wasser schwimmen verschiedene Fische, auf einem Baumstumpf am Ufer sitzt ein Raubvogel, der den Boten beobachtet und auf sein Untergehen zu warten scheint.

Über frühe Darstellungen ähnlicher Schwimmreifen ist wenig bekannt. Der Kupferstecher und Buchhändler Hans Dieterich von Bry (eigentlich: Johann Theodor de Bry), der 1617 erstmals sein Büchlein »Sonderbahre und bißher verborgen-gewesene Geheime Künste« veröffentlichte (wieder aufgelegt 1722), gibt sich hinsichtlich des sogenannten »Schwimm-Gürtels« bescheiden: »... wie wohl er wenigen bekant, so bin ich doch auch dessen Erfinder nicht«.[52] Johann Heinrich Zedler beschreibt im 36. Band seines »Universal-Lexicon« (1743), dass der Schwimmreifen, oder – wie er ihn nennt – »Schwimmgürtel«, mit Wachs und Terpentin vor allem an den Nähten so imprägniert wurde, dass kein Wasser eindringen konnte.[53] Er nennt Franz Kessler (1585–1636) als »Erfinder« solcher Schwimmreifen, doch dürfte sich diese Aussage lediglich auf eine frühe Beschreibung in der Literatur beziehen. Das 1775 bei Jean-Baptiste de La Chapelle beschriebene »Schwimmkleid« oder »Scaphandre« ist eine deutlich abgewandelte Form aus Kork.[54] Immerhin bringt Zedler den interessanten Hinweis, dass bei der Verwendung des Schwimmgürtels oder der »Lufft-Hosen« auch aus Blei gefertigte Schuhe angezogen wurden, mit denen man aufrecht im Wasser stehen konnte. Es liegt nahe, bei der frühen Zeichnung in der Handschrift des Deutschen Museums ein bleiernes Schuhwerk zu vermuten, da die aufrechte Haltung des Boten sonst kaum verständlich wäre.

Nochmals zurück zu den Beinkleidern des Boten. Johann Andreas Schmeller (1785–1852) hat in seinem berühmten Bayerischen Wörterbuch das Wort »bruech« (auch »pruoch« geschrieben) in einer alten Quelle mit ähnlicher Sinndeutung gefunden, die hier zum Abschluss zitiert sein soll: »Trägt dein weip die pruoch, sy wirt dein hagel und dein fluoch«! – eine gehässige Anmerkung, die man wohl nicht weiter interpretieren muss.

Exkurs Raubgut?

Über die Herkunft des fragmentarischen »Feuerwerksbuchs« ist wenig bekannt. Die Signatur »HS 1949-258« verweist auf eine Erwerbung im Jahr 1949. Allerdings zeigt ein Blick in das Zugangsbuch der Handschriftensammlung, dass das Dokument zwar 1949 als Zugang eingetragen, aber schon im Juni 1940 erworben wurde. Ganz offensichtlich wurde der Kauf in eine freigelassene Lücke im Zugangsbuch von einem Mitarbeiter nachgetragen. Mit blauer Tinte ist der Zugang als »Anonymus. Bilderhandschrift um 1470« bezeichnet und bei der Herkunft vermerkt: »erworben Juni 1940 bei [Langner; gestrichen] Jacques Rosenthal Inh. H. Koch, Mü Rechng v. 19. Juli 1940«. Beim Kaufpreis heißt es »[700; gestrichen] »600 + 15,- «. Der letzte Eintrag wiederum ist mit einer Bleistiftnotiz annotiert »Nachtrag von Herrn Marhold am 3.3.1972«.

Mit »Marhold« ist ganz offensichtlich Lutz Marhold gemeint, der von März 1971 bis Dezember 1973 in der Bibliothek des Deutschen Museums gearbeitet hat und hier für die Plan- und Firmenschriftensammlung zuständig war.[55] Aus dem Vermerk lässt sich schließen, dass Marhold noch 1972 die Rechnung aus dem Jahr 1940 in der Hand gehabt und das Zugangsbuch entsprechend ergänzt hat. Heute ist diese Rechnung nicht mehr erhalten.

Dass das Deutsche Museum bei den Münchner Antiquariaten Ludwig Rosenthal und Jacques Rosenthal gekauft hat, ist nicht verwunderlich, hatten doch beide Häuser für das Museum interessante Bücher, Handschriften, Karten, Grafiken und Gemälde aus Technik und Naturwissenschaft im Angebot. Ankäufe vom Antiquariat Jacques Rosenthal sind im Handschriftenbestand bis 1975 belegt. In der Porträtsammlung des Archivs ist die Provenienz »Rosenthal« ebenfalls häufig vermerkt. Allerdings zeigt die genaue Recherche, dass die meisten Blätter mit einem derartigen Verweis aus der Sammlung des Architekten Franz Zell (1866–1961) stammen, der eine beachtliche Anzahl an Architekten-, Baumeister- und Künstlerporträts zusammengetragen und diese später dem Deutschen Museum gestiftet hat. Auch in den Objektsammlungen finden sich viele Blätter von Rosenthal, meist Druckgrafiken. Insgesamt kann man fast 400 Zugänge aus den beiden Antiquariaten nachweisen.

Die reichlich verwirrende Inventarisierung des »Feuerwerksbuchs« führt zu der Frage, ob hier bewusst Raubgut aus jüdischem Besitz verschleiert werden sollte. Da im Archiv außer den inhaltlich wenig ergiebigen Zugangsbüchern keine Erwerbungsakten für die Zeit vor etwa 1990 existieren, sind derartige Fälle nicht auszuschließen, aber schwierig aufzudecken. Für das »Feuerwerksbuch« ist eine Klärung der Frage »NS-Raubgut oder nicht?« über die Geschichte des Antiquariats Jacques Rosenthal ebenfalls unmöglich. Das Antiquariat Rosenthal existierte in München seit dem letzten Drittel des 19. Jahrhunderts und wurde bis zu einem Schlaganfall von Jakob (später: »Jacques«) Rosenthal (1854–1937), dann von seinem Sohn Erwin und führenden Mitarbeitern geleitet. Der Börsenkrach 1929 und die folgende Weltwirtschaftskrise, Boykottaktionen der Nationalsozialisten, finanzielle Belastungen durch den Neubau des Geschäfts und das im Sommer 1935 gegen Er-

52 Bry, Künste, 1722, S. 41.

53 Zedler, Universal-Lexicon 36, 1743, Sp. 501.

54 Vgl. La Chapelle, Traité, 1775.

55 Vgl. DMA, VA, PA 1344.

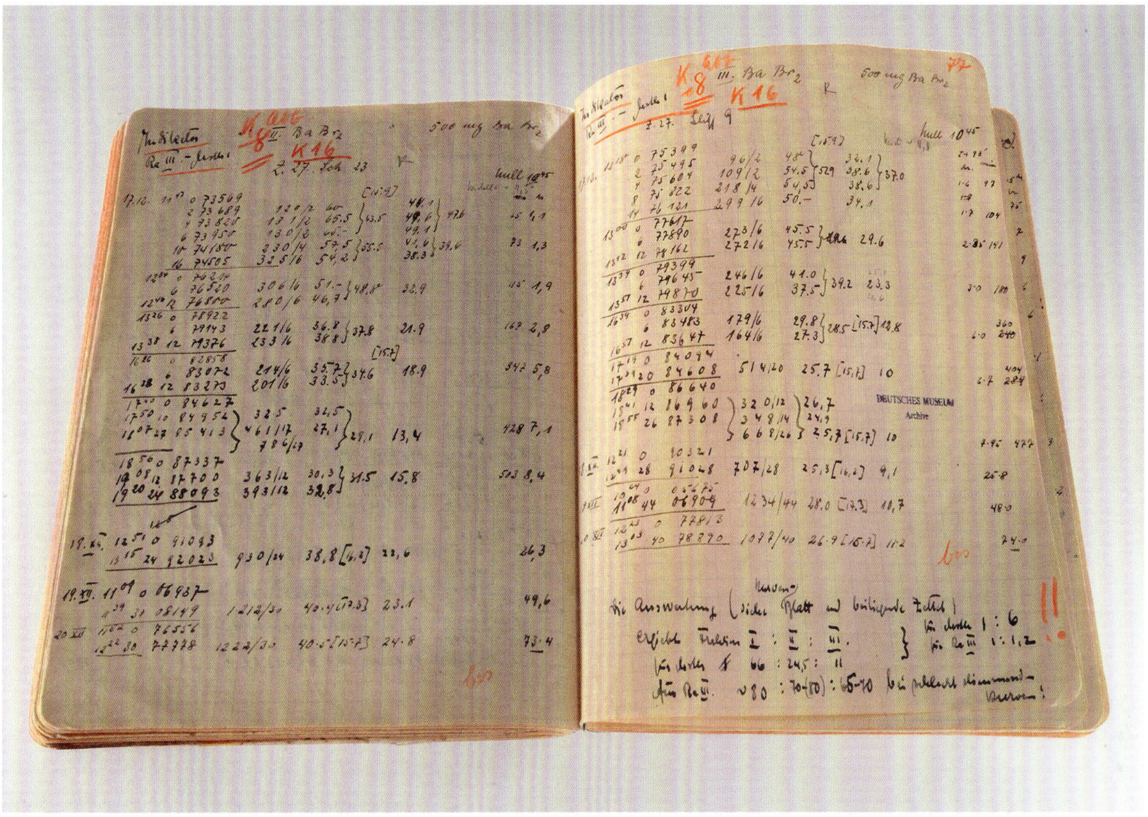

30 Laborbuch von Otto Hahn. Auf der rechten Seite ist der Versuch festgehalten, der am 17. Dezember 1938 zur Entdeckung der Kernspaltung führte. Foto: Hans-Joachim Becker

win ausgesprochene Berufsverbot veranlassten Vater und Sohn, das Antiquariat im Dezember 1935 an den langjährigen Mitarbeiter Hans Koch zu verkaufen.[56] Auch wenn dieser Verkauf offenbar einvernehmlich abgeschlossen wurde, so liegt die Vermutung nahe, dass der allgemein zunehmende Druck der Nationalsozialisten auf jüdische Geschäfte hier eine Rolle gespielt hat.

Das Antiquariat Jacques Rosenthal hatte in Fachkreisen einen hervorragenden Ruf für Handschriften des Mittelalters. Beispiele dafür sind die beiden Kataloge »Bibliotheca medii aevi manuscripta«, die das Antiquariat 1925 und 1928 herausgab. Das Fragment im Archiv des Deutschen Museums ist darin allerdings nicht zu identifizieren. Damit kann nicht geklärt werden, wann das Feuerwerksbuch in den Lagerbestand des Antiquariats gekommen ist und ob es sich dabei eventuell um Raubgut handelte. Die unklare Provenienz hat die Archivleitung dazu veranlasst, die Handschrift in die Datenbank »Lost Art« einzustellen, in der Kulturgut aufgeführt wird, das »infolge der nationalsozialistischen Gewaltherrschaft und der Ereignisse des Zweiten Weltkriegs« verbracht, verlagert oder – insbesondere jüdischen EigentümerInnen – verfolgungsbedingt entzogen wurde.«[57]

Die Leitung des Deutschen Museums hat 2016 festgelegt, dass Dokumente, welche unter die »Washingtoner Prinzipien« und die »Gemeinsame Erklärung … zur Auffindung und zur Rückgabe NS-verfolgungsbedingt entzogenen Kulturgutes, insbesondere aus jüdischem Besitz« fallen, an die EigentümerInnen zurückgegeben werden sollen. Allerdings ist die Provenienzforschung im Deutschen Museum aufgrund der angesprochenen Quellenlage schwierig. Bisher konnte in den Archivbeständen nur ein Blatt eindeutig als Raubgut identifiziert werden. Dabei handelt es sich um eine Aquatinta von Wilhelm von Kobell (1766–1853), welche nicht in den Zugangsbüchern verzeichnet war. Sie stammt aus der Zeit um 1785 und zeigt einen Karren im Gebirge. Aufmerksam gemacht wurde die Archivleitung durch eine Mitarbeiterin für Provenienzforschung der Landesstelle für die nichtstaatlichen Museen in Bayern, welche in einem Antiquariatskatalog das Stück mit dem Käufer »Deutsches Museum« aufgefunden hat. Erst nach längerem Suchen konnte die Grafik in unbearbeiteten Beständen der Plansammlung des Archivs nachgewiesen und mit einer vorläufigen Nummer erfasst werden.[58] Ein dabei erkannter Stempel auf der Rückseite – »A.R.« in einem runden Kreis – ließ sich in Zusammenarbeit mit der Landesstelle dem jüdischen Sammler August Samuel Roos (1874–1942) zuordnen, dessen Sammlung zwischen 1937 und 1940 im Antiquariat Weinmüller verkauft wurde. Auch in diesem Falle wurde das Blatt an »Lost Art« gemeldet. Die Eigentümer sind bisher nicht ermittelt (Stand: September 2021). Am Beispiel der Grafik Kobells wird deutlich, wie wichtig die intensive Zusammenarbeit verschiedener Einrichtungen, die sich mit Provenienzforschung beschäftigen, ist.

56 Vgl. Angermair/Löffelmeier/Schwab, Rosenthals, 2002, S. 185.

57 http://www.lostart.de/Webs/DE/LostArt/Index.htm.

58 DMA, GS 01421.

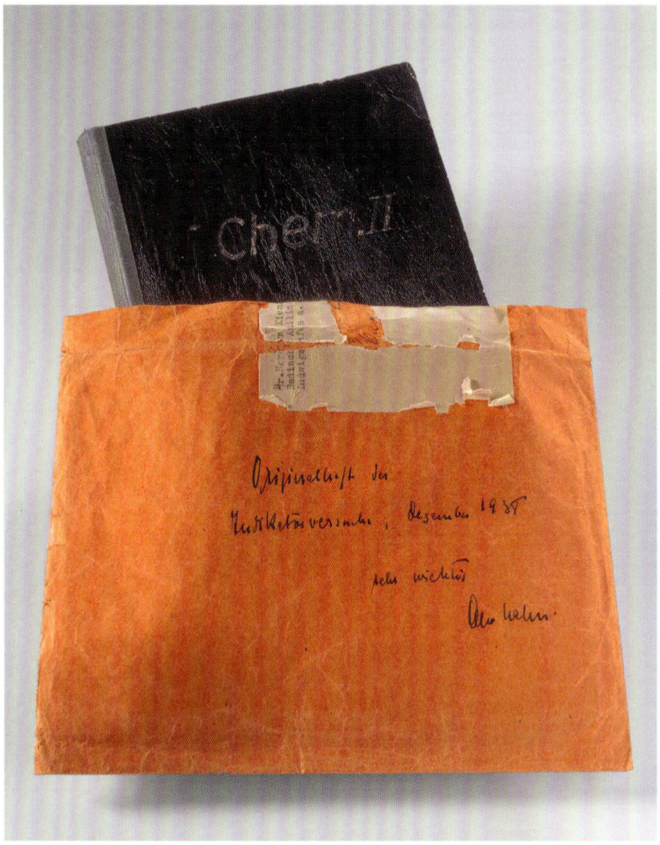

31 Laborbuch Otto Hahns mit Umschlag und handschriftliche Bemerkung »sehr wichtig«. Foto: Hans-Joachim Becker

»Sehr wichtig« – das Laborbuch Otto Hahns

Direkt in die NS-Zeit führt ein zweites Dokument der Handschriftensammlung. Es handelt sich um ein unscheinbares Notizbuch mit Lack-Einband im Format 14,5 x 21,0 cm mit 94 Blättern. Auf der Vorderseite ist die verwischte Aufschrift »Chem II« zu erkennen. Inhaltlich gehört das Büchlein zu den herausragenden Dokumenten im Deutschen Museum und beinhaltet eine der bedeutendsten und in der Folge eine der problematischsten wissenschaftlichen Leistungen des 20. Jahrhunderts: die Entdeckung der Kernspaltung im Jahr 1938. Archiviert ist es unter der Signatur »HS 1960-015«.

Die Berliner Versuche am Kaiser-Wilhelm-Institut für Chemie waren eine Fortführung der Experimente des Physikers Enrico Fermi aus dem Jahr 1934, bei denen dieser Uran mit Neutronen bestrahlt hatte. Die Protagonisten, die Chemiker Otto Hahn und Fritz Straßmann sowie die Physikerin Lise Meitner, arbeiteten in den folgenden vier Jahren weiter daran. Hinter ihren Versuchen stand die Idee, durch die Bestrahlung von Uran Elemente erzeugen zu können, die schwerer als das Ausgangsmaterial sind – sogenannte »Transurane«.

Der entscheidende Versuch stammt vom 16. auf den 17. Dezember 1938. Dabei wurde eine Uranprobe über Nacht mit Neutronen bestrahlt, was zu mehreren neuen radioaktiven Isotopen unterschiedlicher Halbwertszeiten führte. Für mindestens eines der entstandenen Elemente wurde Radium vermutet. Die Abbildung zeigt Laborbucheinträge für das vermeintliche Radium-Isotop »Ra III«. **| Abb. 30 |**

Bei den darauffolgenden, als »Indikatorversuche« bekannt gewordenen Experimenten stellte sich heraus, dass es sich bei den beobachteten Elementen nicht um Isotope des vermuteten Radiums handelte, sondern überraschenderweise um radioaktive Isotope von Barium (Ordnungszahl 52) – einem Element also, das wesentlich leichter als Uran (Ordnungszahl 92) ist.

Ein wichtiges Instrument der Berliner Versuche war das Geiger-Müller-Zählrohr, mit dem die Strahlung der Proben gemessen wurde. Die abgebildeten Laborbucheinträge zeigen – von links beginnend – das Datum, einen Messzeitpunkt (Uhrzeit) und anschließend die jeweils verstrichenen Minuten.[59] Die nächste Spalte gibt den Zählerstand des Messgeräts an, und in der fünften Spalte stehen die Differenz zweier aufeinanderfolgender Zählerstände und nach einem Schrägstrich die verstrichenen Minuten zum vorhergehenden Zählerstand. Es folgen die daraus ermittelten Zählraten und die Zählraten nach Abzug des Nulleffekts (der Zählrate ohne eingeschobenes Präparat). Man sieht, dass es sich um einen simplen Zählvorgang gehandelt hat.

Diese Messergebnisse der ersten Kernspaltung waren für Hahn und Straßmann anfangs nicht zu erklären. Sie erkannten nicht, dass offensichtlich ein Zerfall des Atomkerns – eine Kernspaltung – stattgefunden hatte. Hahn wandte sich daher an Lise Meitner mit der Bitte: »Vielleicht kannst Du irgendeine phantastische Erklärung vorschlagen.«[60] Meitner lieferte an Weihnachten 1938 – gemeinsam mit ihrem Neffen Otto Frisch – die revolutionäre Interpretation des Indikatorversuchs, nämlich dass der Urankern durch das Eindringen von Neutronen in zwei etwa gleich große Fragmente gespalten worden sei, wobei sich die beiden Atomkerne wegen ihrer positiven Kernladung abgestoßen und eine hohe Energie freigesetzt hätten. Der im Buch »Woran ich mich erinnere« von Otto Frisch beschriebene Spaziergang mit seiner Tante im Schnee und den dabei gezogenen Schlussfolgerungen zur Erklärung einer »Kernspaltung« dürfte einer der bekanntesten Spaziergänge der Wissenschaftsgeschichte sein.[61] Für seine Entdeckung erhielt Otto Hahn nach Kriegsende 1945 den Nobelpreis für Chemie für das Jahr 1944.

Meitner und Frisch lieferten also die physikalische Deutung der Kernspaltung, von der Hahn und Straßmann im Januar 1939 in zwei Aufsätzen berichteten. Im Laufe des Jahres wiederholten weltweit Wissenschaftler den Berliner Versuch, wobei schnell die waffentechnische Dimension der Entdeckung klar wurde. Während in der Zeit vor Ausbruch des Zweiten Weltkriegs offen über die Experimente berichtet wurde, brach die internationale Kom-

59 Vgl. Heinrich, Geburtsstunde, 1989, S. 34f.

60 Hahn, Leben, 1968, S. 151.

61 Vgl. Frisch, Woran, 1981, S. 149.

munikation danach ab; alle weiterführenden Versuche wurden von den Kriegsgegnern als »Streng geheim« eingestuft. Insofern war es für die deutschen Forscher eine Überraschung, als sie am 6. August 1945 in alliierter Gefangenschaft von dem erfolgreichen und epochemachenden Atombombenabwurf der Amerikaner auf Hiroshima erfuhren.

Otto Hahn hat sein Laborbuch 1960 dem Deutschen Museum geschenkt. Verpackt war es bei der Übergabe in einem Umschlag, der von dem Nobelpreisträger in seiner kleinen Handschrift eigenhändig erläutert ist: »Originalheft des Indikatorversuchs. Dezember 1938, sehr wichtig Otto Hahn« steht hier geschrieben. Wir glauben ihm das! | **Abb. 31** |

Das Laborbuch Hahns ist also eines der zentralen Dokumente der internationalen Wissenschaftsgeschichte. Die Entdeckung der Kernspaltung führte zur Entwicklung der Kernenergiegewinnung in Reaktoren und zum Bau von Atom- und Wasserstoffbomben. In der Zeit des Kalten Kriegs entfalteten Atomwaffen ein permanentes und sehr reales Drohpotenzial. Schon vor den Nuklearkatastrophen in Tschernobyl (1986) und Fukushima (2011) hatte sich nicht nur in Deutschland eine starke Anti-Atomkraft-Bewegung gebildet, die zu vehementen gesellschaftlichen Kontroversen führte und trotz des deutschen Ausstiegs aus der Kernenergie durch die Diskussion um die Endlagerung von Atommüll weiterlebt.

Handschriften und Urkunden	
Umfang	14 600 Nummern
Zeitraum	ca. 1270–2017

Das Königreich Bayern
stiftete einen Beitrag von 2 Millio-
nen Mark für den Museums-
Jahresbei-

»Tausendfältige Beziehungen«

Verwaltungsakten

Die primäre Aufgabe von Archiven ist die Übernahme, Bewertung, Kassation, Sicherung und dauerhafte Erhaltung von dienstlichem Schriftgut, das für die laufenden Geschäfte einer Behörde nicht mehr benötigt wird. Archive sind also zentrale Gedächtnisinstitutionen für das administrative Handeln von Einrichtungen. Sie dienen der Aufbewahrung wichtiger schriftlicher, audiovisueller und digitaler Informationen und damit letztlich der Nachvollziehbarkeit und Transparenz öffentlicher Verwaltungen, der Rechtssicherheit und schließlich als historische Quelle. Für das Archiv des Deutschen Museums bedeutet dies, dass es Unterlagen zu Verwaltungsvorgängen aus dem eigenen Haus übernimmt, angefangen von der Finanzverwaltung und der allgemeinen Verwaltung bis hin zu Akten und Dateien aus den unterschiedlichen Organisationseinheiten.

Das Archiv ist in der glücklichen Lage, über Originalquellen seit der Gründung des Hauses im Jahr 1903 zu verfügen. Die Geschichte des Verwaltungsarchivs ist eng mit dessen Historie selbst verbunden. In den ersten Jahren wurde die Museumsregistratur im Ingenieurbüro des Gründers Oskar von Miller geführt. Mit dem Umzug der Museumsverwaltung in das erste provisorische Ausstellungsgebäude Ende 1905 wurde die Aktenverwaltung vom Ingenieurbüro Oskar von Millers gelöst und eigenständig im Museum angesiedelt. Die Schriftgutverwaltung erfolgte seither im Rahmen einer Zentralregistratur, d.h. sämtliche laufenden Vorgänge aller Abteilungen wurden zentral aufbewahrt. Die Ablage der eingehenden Korrespondenz mit den Durchschlägen ausgehender Schreiben erfolgte nach verschiedenen, nicht immer nachvollziehbaren Kriterien. Schon im Jahr 1937 bezeichnete das »Münchner Abendblatt« die Verwaltungsakten des Deutschen Museums als »Museum ohne Publikum« und als »Geschichte mit den drei Millionen Briefen«, welche die »tausendfältigen Beziehungen« des Museums auf der ganzen Erde widerspiegeln würden[62] – Vergleiche, welche der Bedeutung des historischen Schriftverkehrs durchaus gerecht werden. **| Abb. 32 |**

Ein als »1. Akt« bezeichneter Ordner beinhaltete ursprünglich zahlreiche Briefe der Museumsleitung an einflussreiche Persönlichkeiten aus Politik, Wissenschaft und Industrie mit der Bitte, in die neu geschaffenen Gremien des Museums einzutreten und dessen Ziele zu unterstützen. Ordner dieser Art mit einer Ringmechanik, einem Klemmbügel und Griffloch aus Metall sind ein Graus für Archivarinnen und Archivare, gilt es doch, im Zuge der dauerhaften Unterbringung von Archivgut alles Metall aus Akten zu entfernen, um Rostschäden zu verhindern. Daher ist der Inhalt des »1. Akts« heute längst in säurefreie, gepufferte Archivmappen umgebettet. **| Abb. 33 |**

Formell sind die Museumsakten aus der Zeit von 1903 bis 1992 im Archiv, während die jüngeren Vorgänge in der Registratur des Hauses lagern. Aus internen Gründen verschieben sich die Grenzen bisweilen – zum einen, um die Registratur von älteren Akten

32 Zeitungsausschnitt: Registratur des Deutschen Museums, 1937.

33 »1. Akt«, 1903. Foto: Hans-Joachim Becker

62 Münchner Abendblatt, Nr. 74 vom 31.3.1937; DMA, VA-Dru, Vorl. Nr. 0982a.

zu entlasten, zum anderen, um bei der Räumung von Büros der verschiedenen Abteilungen die Vernichtung historisch relevanter Unterlagen zu verhindern. In den letzten Jahren gelangten zunehmend digitale Daten ins Archiv, so der E-Mail-Verkehr mehrerer Kuratoren.

Die Akten des Verwaltungsarchivs gliedern sich in verschiedene Gruppen:

1. Allgemeine Korrespondenz;
2. Sachakten;
3. Korrespondenzen der Fachgebiete (Fachgebietsakten);
4. Finanz- und Stiftungsverwaltung;
5. Bauakten;
6. Abteilungsakten.

Für die tägliche Museumsarbeit sind die Fachgebietsakten von herausragender Bedeutung, dokumentieren sie doch die Geschichte der mehr als 100 000 Objekte des Hauses. Sie enthalten in der Regel den Schriftverkehr mit auswärtigen Personen und Institutionen, jedoch kaum interne Notizen und Protokolle zu Auf- und Ausbau der Sammlungsgruppen. Auf Letztere legte man früher im Museum offensichtlich wenig Wert. Die Fachgebiete existieren seit dem Jahr 1905; frühere objektbezogene Briefwechsel sind in der Serie »Allgemeine Korrespondenz« abgelegt. Ursprünglich gab es 36 Gruppen mit 158 Untergruppen. Im Wesentlichen ist die Fachgebietseinteilung unverändert geblieben, wenngleich sie im Laufe der Jahrzehnte durch neue Abteilungen ergänzt wurde und sich manche Bezeichnungen geändert haben.

Das frühe Ablagesystem der Registratur ist nicht immer leicht nachzuvollziehen, da bis 1978 kein Aktenplan existierte. So kann die Korrespondenz mit einem Wirtschaftsvertreter oder dem Präsidenten einer Gesellschaft unter seinem eigenen Namen, unter dem Namen der Institution oder teilweise unter dem Ort der Körperschaft abgelegt sein. Bei der Recherche sind dementsprechend manchmal Geduld und Spürsinn gefragt. Natürlich sind auch bedeutende Verluste zu beklagen. So fehlt die Korrespondenz zum Bau des Ausstellungsgebäudes nahezu vollständig. Die Errichtung des Bibliotheksgebäudes und des Kongress-Saals ist hingegen ausführlich dokumentiert. Und dass ein durch einen Aktenverweis belegter Akt »Hitler – Himmler« heute nicht mehr auffindbar ist, dürfte auf eine Aktion in der direkten Nachkriegszeit zurückzuführen sein.

»Größter Deutschenhetzer«

Die historische Überlieferung des Museums umfasst allerdings nicht nur Briefwechsel, interne Dokumente und Protokolle der unterschiedlichen Gremien, sondern auch andere Quellengattungen. So sind Karteien bzw. umfangreiche Bände zu Stiftern von Geld, Sachgütern und Objekten sowie zu potenziellen Sponsoren archiviert. Akribisch sammelten die Museumsangestellten alle greifbaren Zeitungsausschnitte zum Deutschen Museum. Sie wurden auf Kartonblätter geklebt und in Ordnern aufbewahrt. Die Zeitungsauschnittsammlung ist Teil einer umfassenden Druckschriftensammlung, in die alle vom Museum herausgegebenen Museums- und Abteilungsführer, Publikationen, Informationsbroschüren, Jahresberichte, Museumsplakate, Faltblätter, Vortragsankündigungen, Veranstaltungsprogramme und sogar gedruckte Einladungs- und Speisekarten zu Museumsfeiern eingereiht sind.

Auch eine komplette Serie von Mitgliedsausweisen seit 1904 ist archiviert.[63] Mit ihr konnte eine angebliche Mitgliedskarte des Deutschen Museums für Adolf Hitler aus dem Jahr 1925, die Mitte der 1990er-Jahre dem Archiv angeboten worden war, rasch als Fälschung entlarvt werden, da das Motiv nicht mit dem des Jahres 1925 übereinstimmte und Hitlers Name nicht in der Mitgliederkartei nachgewiesen ist.

Diese historische Mitgliederkartei ist ebenfalls Teil des Verwaltungsarchivs und umfasst rund 39 000 Blatt. Darin sind biografische Daten (Name, Vorname, Beruf, Eintritts- und Austrittsdatum, gezahlte Mitgliedsbeiträge, teilweise Sterbedaten) vom einfachen Museumsmitglied bis hin zu prominenten Persönlichkeiten festgehalten. Aus historischer Sicht ist die Kartei eine ungemein spannende Quelle, da sie z. B die oft generationenübergreifende Unterstützung durch Firmen und Privatpersonen oder Art und Umfang von Spenden dokumentiert. So lesen sich die Mitgliedskarten wie Einträge in einem historischen »Who is who«. Prominente Wirtschaftsführer, darunter Gustav Krupp von Bohlen und Halbach oder Emil Rathenau, sind ebenso vertreten wie wichtige Politiker aus Bayern und Deutschland. So finden sich die Namen des bayerischen Ministerpräsidenten in den Jahren 1917 bis 1924, Gustav von Kahr, oder des umstrittenen Präsidenten der Reichsbank und späteren NS-Wirtschaftsministers Hjalmar Schacht. Auch zahlreiche herausragende Wissenschaftler sind in der Kartei vertreten, u. a. die Nobelpreisträger für Physik Wilhelm Conrad Röntgen, Wilhelm Wien, Max Planck (ein Schulfreund Oskar von Millers) und Max von Laue oder auch die Nobelpreisträger für Chemie Wilhelm Ostwald, Walter Nernst, Carl Bosch und Otto Hahn. Daraus wird deutlich, dass es das Deutsche Museum von den Anfängen bis in die heutige Zeit immer verstanden hat, führende Persönlichkeiten aus unterschiedlichen Wissenschaftsdisziplinen für die Belange des Hauses zu begeistern. Frauennamen sind in der Kartei eher selten; meist handelt es sich um die Ehefrauen oder Töchter bedeutender Forscher und Industrieller wie Anna Bayer, Amalie Caro, Martha Diesel, Johanna Duisberg, Therese Junkers und Bertha Krupp von Bohlen und Halbach; Letztere war eine der wenigen sehr aktiven Stifterinnen.

63 Vgl. DMA, VA 4535.

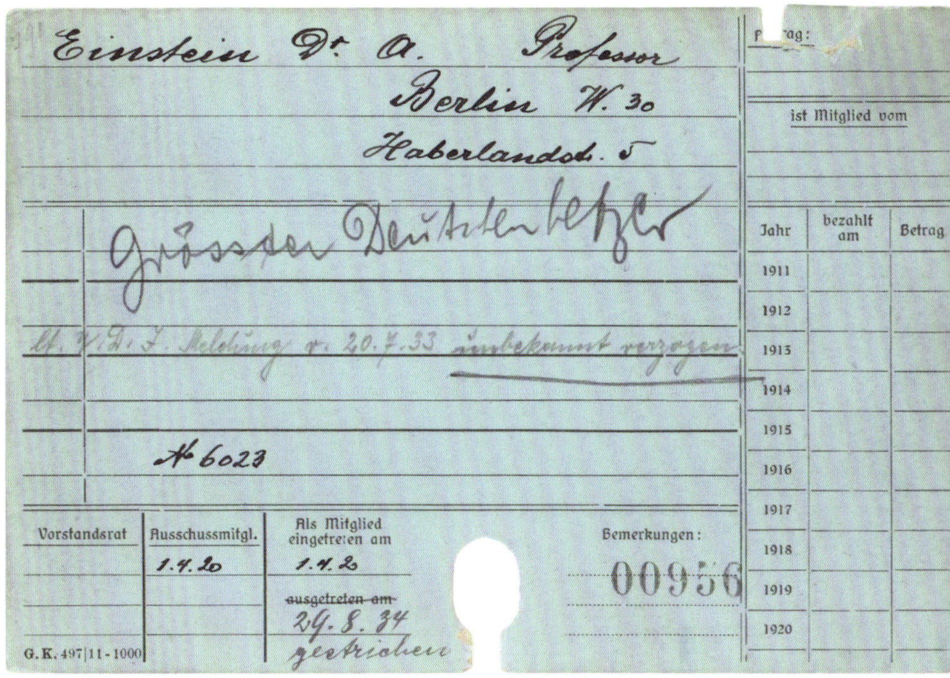

34 Zeitungsausschnitt: Oskar von Miller und der »medienscheue« Albert Einstein bei der Weltkraftkonferenz in Berlin, 1930.

35 Mitgliedskarte von Albert Einstein aus der Kartei des Deutschen Museums.

Bei genauerem Hinsehen bieten die auf den ersten Blick als Quelle eher unscheinbaren Karteikarten interessante Informationen zu zeitgeschichtlichen Vorgängen. Auffällig ist, dass viele Namen politischer Beamter aus der Kaiserzeit vertreten sind, während Politiker und hohe Ministerialbeamte aus den Jahren der Revolution 1918 und der folgenden Räteregierung in Bayern weitgehend fehlen. Repräsentanten der in München schon früh erstarkten NSDAP scheinen bereits in der Weimarer Republik Distanz zu dem von ihnen ungeliebten Deutschen Museum gehalten zu haben. Allein Fritz Todt (1891–1942), Bauingenieur, frühes Parteimitglied und Gründer der nach ihm benannten Bautruppe »Organisation Todt«, engagierte sich für das Museum, allerdings auch erst nach der sogenannten »Machtergreifung«, als er 1934 zunächst in den Vorstandsrat und ab 1937 in den Vorstand des Museums gewählt wurde. Andere – wie Münchens Oberbürgermeister von 1933 bis 1945, Karl Fiehler, der im Gegensatz zu seinen Vorgängern und Nachfolgern im Amt das international bekannte und von Touristen gerne besuchte Haus mied – tauchen nicht in der Kartothek und nicht in den entscheidenden Museumsgremien auf.

Die Mitgliederkartei des Deutschen Museums spiegelt aber auch die ideologische Durchdringung des Hauses mit nationalsozialistischem Gedankengut wider. Ein Beispiel dafür ist die Karteikarte des Physikers und Nobelpreisträgers Albert Einstein.[64] Ihn hatte der Museumsgründer Oskar von Miller 1920 um Unterstützung bei der Neukonzeption der Abteilung »Physik« gebeten. **| Abb. 34 |** Im gleichen Jahr war er in den »Ausschuss«, ein Museumsgremium mit mehreren Hundert Persönlichkeiten, gewählt worden. Einsteins Mitgliedskarte **| Abb. 35 |** hält seine Berliner Stadtwohnung in der Haberlandstraße 5 fest; als Eintrittsdatum des neuen Museums- bzw. Ausschussmitglieds ist der 1. Januar 1920 angegeben. Als Gremienmitglied war er von der jährlichen Beitragszahlung befreit, sodass die Spalte der Mitgliedszahlungen nicht ausgefüllt ist. Auffällig ist ein Bleistifteintrag, der auf eine Meldung des Vereins Deutscher Ingenieure (VDI) vom 20. Juli 1933 verweist, laut der Einstein »unbekannt verzogen« sei. Der VDI und das Deutsche Museum scheinen die einzigen deutschen Institutionen gewesen zu sein, die nichts von der Emigration des Physikers wussten! Erst ein knappes Jahr später, am 29. März 1934, wurde Einsteins Name auch formell auf der zweiten Ausbürgerungsliste des Deutschen Reichs im Reichsanzeiger veröffentlicht, was eine Strafausbürgerung bedeutete. Nur wenige Monate nach diesem Datum, am 29. August 1934, wurde Einsteins Mitgliedschaft im Deutschen Museum endgültig gelöscht. Verbunden war damit der Verlust seines Sitzes im Ausschuss des Hauses. Wie tief die antisemitische Haltung des Museums griff, zeigt eine andere Bemerkung auf Einsteins Karteikarte: »Größter Deutschenhetzer« heißt es hier. Dieser spätere Eintrag steht vermutlich in direktem Zusammenhang mit der Unterzeichnung eines Briefes durch Einstein an den amerikanischen Präsidenten Franklin D. Roosevelt im August 1939, in dem er vor der Gefahr einer deutschen »Bombe neuen Typs« warnte und ein nationales Atomwaffenprogramm forderte. Wer der Schreiber dieser Hetzanmerkung war, lässt sich heute leider nicht mehr feststellen.

64 Vgl. DMA, VA 4044.

Albert Einsteins Eliminierung aus dem Museumsgremium ist nur ein Beispiel für eine tiefgreifende antisemitische Politik, die nach dem Rücktritt Oskar von Millers vom Museumsvorstand (1933) und nach seinem Tod 1934 das Handeln der Museumsverwaltung bestimmte. Bei den Neuwahlen für die Museumsgremien wurden politisch unliebsame oder – nach der Definition der NS-Rassengesetze – »jüdische« Gremienmitglieder systematisch ausgeschlossen. Zum ersten Mal wurde auf den Karteikarten angegeben, ob eine Neuwahl erfolgt war. »1934 wiedergewählt« lautet der entsprechende Stempelaufdruck. Bei ausgeschlossenen Gremienmitgliedern wurde zwischen der Jahreszahl und »wiedergewählt« das Wort »nicht« eingeschoben.

Damit wurden eine oft jahrelange Zugehörigkeit zum Deutschen Museum, herausragendes Mäzenatentum und ideelle Unterstützung des Hauses lapidar beendet. Zu den ausgeschlossenen Mitgliedern gehörte auch Arthur Schönberg, der engste Vertraute Oskar von Millers in dessen Ingenieurbüro und im Museum. Auf einer Steintafel vor dem Ehrensaal des Museums wird er heute als erster Mitarbeiter des Hauses an oberster Stelle gewürdigt. Andere vertriebene prominente Mitglieder waren der Münchner Bankier Siegfried Aufhäuser, der Kunstsammler und Antiquitätenhändler Otto Bernheimer, der Stuttgarter Fabrikant Moritz Horkheimer (Vater des Philosophen und führenden Vertreters der Frankfurter Schule Max Horkheimer) oder der deutsch-amerikanische Mäzen Felix Warburg. Ihre Namen sind genannt auf einer »Liste der jüdischen Mitglieder, denen keine Mitgliedskarten mehr zugesandt wurden und damit auch keine Aufforderung zur Zahlung von Beiträgen«.[65] Auf der gleichen Liste finden sich Namen einfacher Mitglieder, denen zur gleichen Zeit keine Ausweise mehr zugesandt wurden, darunter der ein Jahr zuvor gekündigte jüdische Schriftenmaler am Deutschen Museum Cherim Eingelster, der Münchner Fabrikbesitzer Adolf Einstein mit seinen beiden Söhnen Oskar und Robert sowie der Antiquar Jacques Rosenthal, in dessen Antiquariat das Museum jahrzehntelang eingekauft hatte. Unerbittlich drängte man auch weitere jüdische Mitglieder aus dem Museum. Auf ihren Karteikarten finden sich oft Bemerkungen wie »Nichtarier« oder »Jude«.

Wie viele jüdische Mitglieder das Deutsche Museum verlassen mussten, lässt sich nicht feststellen, da eine systematische Auswertung des umfangreichen Zettelkastens bisher noch nicht erfolgt ist. Immerhin wurden die Karteikarten nicht ausgesondert, sodass sie heute erschütternde Dokumente des Antisemitismus in Deutschland und im Deutschen Museum sind.

Das Stifterbuch des Franz Xaver Weinzierl

Ab Eröffnung der provisorischen Ausstellungen in der Münchner Maximilianstraße im Jahr 1906 lag im dortigen Ehrensaal ein mit

36 Oskar von Miller als Bettelmönch, 1907.

»Gedenkbuch an die Stifter des Deutschen Museums von Meisterwerken der Naturwissenschaft u. Technik« betiteltes Verzeichnis aus. Heute wird es im Archiv des Deutschen Museums verwahrt.[66] **| Abb. 37 |** Es enthält die Namen von Stiftern (Einzelpersonen, Firmen, Vereinen und Verbänden), die zwischen Mai 1903 und Januar 1922 dem Deutschen Museum eine Geldspende zukommen ließen. Den vielen Objektstiftungen war ein eigener Band vorbehalten.

Das Stifterbuch veranschaulicht exemplarisch die Geschichte des Deutschen Museums in den ersten beiden Jahrzehnten und ist kennzeichnend für die Person Oskar von Millers. In einer zeitgenössischen Karikatur wird er als Bettelmönch dargestellt, dem von allen Seiten Geld und Objekte zugetragen werden, zu Wasser, zu Land und sogar aus der Luft. **| Abb. 36 |**

Die Karikatur verweist auf Millers unglaubliches Talent, andere davon zu überzeugen, das neue Technikmuseum zu unterstützen. Wenn man bedenkt, dass Miller bei der Museumsgründung kein Ausstellungsgebäude oder Grundstück, kein einziges Objekt, nicht ein Buch oder eine originale Handschrift und keine Mitarbeiter zur Verfügung standen, dann ist seine Aufbauleistung

65 DMA, VA 0877/5 bzw. VA 0736/1.

66 DMA, VA 2399.

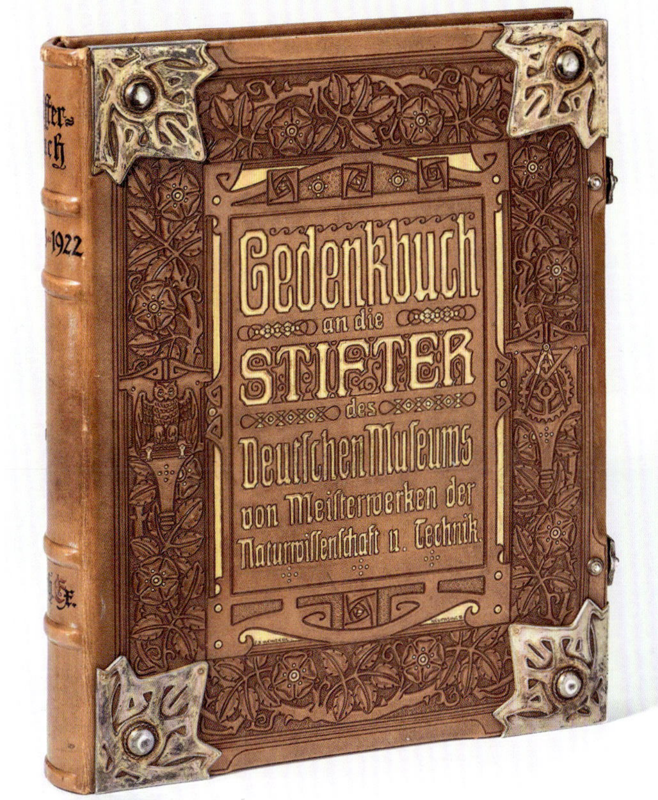

37 Stifterbuch, 1903–1922. Foto: Hans-Joachim Becker

38 Prunkblatt im Stifterbuch mit den finanziellen Zusagen des Königreichs Bayern, 1903. Foto: Hans-Joachim Becker

umso mehr zu würdigen. Miller kümmerte sich um alles, er gewann die Spitzen aus Politik, Wissenschaft, Kultur und Industrie. Schon wenige Jahre später war er wegen seiner Fähigkeiten bei der Einwerbung von Objekten und Mitteln berühmt und berüchtigt. Der Industrielle Krupp von Bohlen und Halbach gab, als ein Besuch Millers in Essen angekündigt war, intern die Devise aus, die wertvollsten historischen Werkstücke und Maschinen wegzusperren, »Miller komme«. Geholfen hat aber auch das nicht.

Das Stifterbuch beginnt mit drei kolorierten Pergamentseiten, während die restlichen 100 Blatt aus gelblichem Büttenpapier bestehen. Das erste Prunkblatt verzeichnet die Zusage des Deutschen Reichs über einen einmaligen Zuschuss von zwei Millionen Mark und einen Jahresbeitrag von 50.000 Mark. Dahinter konnte und wollte das Königreich Bayern nicht zurückstehen, weshalb das nächste Pergament identische Beiträge vermerkt. **| Abb. 38 |** Die Stadt München als Sitz des Museums ist mit einem Zuschuss von einer Million Mark und einem Jahresbeitrag von 15.000 Mark vertreten. Zusätzlich stellte die Residenzstadt den Bauplatz auf der Kohleninsel im Wert von drei Millionen Mark zur Verfügung.

Im Buch finden sich insgesamt 1128 Einträge. Die kleinste im Stifterbuch enthaltene Einzelspende über 50 Mark überwies der Berliner Hofrat Ernst Bessel Hagen, die größte Summe in Höhe von drei Millionen Mark stammt vom Verein Deutscher Eisen- und Stahlindustrieller. Die Reihe der Privatspenden eröffnet eine Stiftung des Mitbegründers des Deutschen Museums, des Ingenieurs und Kältetechnikers Carl von Linde, der aus seinem Privatvermögen 35.000 Mark beisteuerte. Die im Gründungsjahr 1903 mit 100.000 Mark höchste Summe stiftete der Münchner Lokomotivfabrikant Georg von Krauß, was dem 125-fachen Durchschnittseinkommen in Deutschland entsprach. Weitere berühmte Stifter in der Gründungsphase waren der Ingenieur Rudolf Diesel, ein enger Freund Millers, und der Lokomotivfabrikant Hugo von Maffei, damals einer der reichsten Männer Bayerns.

Die Intention des Stifterbuchs wird schon aus den ersten Seiten deutlich. Es sollte den Besuchern suggerieren, dass das Museum auf breite Unterstützung zählen konnte. Mit dem Hinweis auf die Förderung durch das Deutsche Reich firmierte die Museumsgründung als nationales Unternehmen, das über München und Bayern hinausreichte. Neben den staatlichen Institutionen als Hauptförderern sollten prominente Namen wie Diesel oder Linde weitere Personen zu Geldspenden animieren.

Es lohnt, das Stifterbuch im Detail zu betrachten. Dabei fällt auf, dass trotz des Anspruchs, ein national gefördertes Museum zu sein, die ersten Privatspenden nahezu ausschließlich aus München kamen. Sie lassen sich dem Umfeld des ersten Vorstands zuordnen, wobei persönliche und berufliche Beziehungen eine

39 Signatur Franz Xaver Weinzierls auf der Vorderseite des Stifterbuchs, 1903. Foto: Hans-Joachim Becker

40 Passfoto von Franz Xaver Weinzierl, ca. 1920. Fotograf unbekannt

große Rolle spielten. Die Einträge zeigen, dass sich die regionale Herkunft der Stifter in den ersten 15 Jahren der Museumsgeschichte allmählich verschoben hat. Während anfangs Mäzene aus dem bayerischen Raum dominierten (bevorzugt aus den Städten München, Nürnberg und Augsburg), verlagerte sich die Spendenbereitschaft – vergleichbar mit der Entwicklung im Mitgliedswesen – zunehmend auf das gesamte Deutsche Reich. Dank einer geschickten Pressepolitik, einem gezielt aufgebauten Kreis an Stiftern sowie Tausender gedruckter Werbebriefe, die über die wichtigsten wissenschaftlich-technischen Institutionen und deren Publikationsorgane verbreitet wurden, wuchs die Zahl der Förderer bis 1906 rapide an. Zunehmend engagierten sich potente rheinisch-westfälische Persönlichkeiten und Firmen, bald auch Unternehmer aus dem Berliner Raum und aus Schlesien. Im Wesentlichen handelte es sich um eine politische, wirtschaftliche und bildungsbürgerliche Elite, welche das Museum engagiert unterstützte. Träger waren insbesondere Wissenschaftler, Industrielle, Techniker und Ingenieure, die in dem »Museum für Meisterwerke der Naturwissenschaft und der Technik« eine Anerkennung ihrer eigenen Arbeit sahen.

Von Mai 1903 bis Oktober 1906 sind Barspenden in Höhe von 952.250 Mark vermerkt, was durchschnittlich rund 6000 Mark pro Mäzen bedeutet. Die großen Summen der Anfangsjahre lassen sich mit der ersten Begeisterung für das neue Museum erklären, wobei einige besonders hohe Spenden die Durchschnittszahlen erheblich verzerren. Schon wenige Jahre später kühlte die Spendenbereitschaft erkennbar ab. Zwischen März 1910 und Januar 1914 sind im Stifterbuch nur 180.889 Mark vermerkt. Im Zeitraum von April 1914 bis November 1918 wiederum sind im Stifterbuch 2.874.895 Mark an einmaligen Beiträgen notiert. Der Historiker Gerhard Neumeier, der das bürgerliche Mäzenatentum Münchens anhand des Deutschen Museums genauer untersucht hat,[67] weist mit Recht auf die Kriegsgewinne der im Ersten Weltkrieg florierenden Eisen-, Kohle-, Stahl- oder Elektroindustrie hin, die derartig hohe Spenden ermöglichten. Bemerkenswert ist auch die konfessionelle Aufschlüsselung. Während der Anteil der Katholiken an der Münchner Bevölkerung 82 % betrug, sind sie unter den Förderern nur mit 44 % der Stiftungssummen vertreten. Bei den Protestanten war das Verhältnis umgekehrt: 15 % Bevölkerungsanteil und 41 % Stiftungsanteil. Juden wiederum hatten lediglich einen Anteil von 2 % an der Münchner Gesamtbevölkerung, spendeten aber beachtliche 15 % der im Buch verzeichneten Summen, die aus der Residenzstadt kamen.

Anfang 1922 brechen die Einträge im Stifterbuch ab. Spätere Spenden wurden nicht erfasst, da die einsetzende Hyperinflation keinen reellen Wert der Geldsummen abbildete. Die Inflation bedeutete für das Museum insgesamt einen herben Einschnitt, da die Geldentwertung sämtliche Rücklagen pulverisierte und die Eröffnung des Neubaus auf der heutigen Museumsinsel fast verhindert hätte.

Die Namen im Stifterbuch und die gespendeten Geldsummen beeindrucken noch heute. Sie verdecken jedoch auch den Blick auf eine Person, die nicht in der Liste der Stifter auftaucht. Es handelt sich dabei um Franz Xaver Weinzierl, dessen Name unauffällig in den Ledereinband geschnitten ist. **| Abb. 39 |** Er steht stellvertretend für die Problematik einer Geschichtsschreibung, die sich in der Regel auf bekannte, bedeutende, erfolgreiche und glamouröse Persönlichkeiten fokussiert und die »einfachen« Leute außer Acht lässt. Während heute jeder den Gründer Oskar von Miller kennt, ist beispielsweise Wilhelm Gabler (1892–1971) in der Öffentlichkeit unbekannt. Dabei war er lange Jahre der begnadete Leiter der Modellbauwerkstatt, der, wie es in einer Ehrung heißt, eine »große Anzahl der wunderschönen Modelle und Dioramen, durch die das Deutsche Museum nicht zuletzt in aller Welt berühmt ist«, geschaffen hat.[68] Auch den Museumsaufseher Simon Hutzler (1889–1943) kennen heute höchstens noch Spezialisten zur Geschichte des Widerstands in der NS-Zeit. Hutzler war Mitglied einer kommunistischen Widerstandsgruppe. Er wurde mehrfach verhaftet und erlag 1943 den Misshandlungen, die ihm

67 Vgl. Neumeier, Mäzenatentum, 1998.

68 Ehrungstext anlässlich der Verleihung der Oskar-von-Miller-Plakette 1959.

von der Gestapo während der Verhöre zugefügt worden waren. Auch Franz Xaver Weinzierl (1860–1942) gehört zu den nahezu unbekannten Persönlichkeiten der Museumsgeschichte.[69] **| Abb. 40 |**

Nach einer Ausbildung zum Lithografen und dem Besuch der Kunstgewerbeschule von 1882 bis 1886 arbeitete Weinzierl in der Kunstbuchdruckerei Dr. Max Hutter, bevor er sich 1891 selbstständig machte. Sein Arbeitsschwerpunkt war die Herstellung von Ehrengaben, die meist in Form von erlesen gestalteten Urkunden zu Jubiläen prominenter Politiker, Wissenschaftler, Ingenieure und Industrieller verliehen wurden. Als Vierzigjähriger wurde Weinzierl bei der Weltausstellung in Paris 1900 für einen Prachtband mit einer Goldmedaille prämiert. Für das Museum fertigte er in der Folge zahlreiche Einbände für besondere Urkunden, darunter für den amerikanischen Stahlmagnaten Andrew Carnegie. Zahlreiche weitere Ehrenurkunden aus der Werkstatt Weinzierls sind belegt, so für den rheinischen Industriellen Paul Reusch oder den Mathematiker und früheren Rektor der Technischen Hochschule München Walther von Dyck, beide im Jahr 1926.

Sein persönliches Schicksal erschließt sich aus seinem im Verwaltungsarchiv verwahrten Personalakt. Hier finden sich ungemein viele, ausgesprochen umfangreiche Briefe an Oskar von Miller, in denen es um Details seiner Aufträge geht. Die seitenlangen Schreiben erstaunen, da in keinem anderen Personalakt eine so ausführliche Korrespondenz enthalten ist. An einer entlegenen Stelle in seinem Lebenslauf erschließt sich der Grund für die Schreibfreudigkeit Weinzierls. Hier dankt der Kunstmaler und Ledertechniker dem engsten Mitarbeiter Millers, Arthur Schönberg, für dessen Nachsicht wegen seines körperlichen Gebrechens der Taubheit.[70] Schon als 17-Jähriger hatte Weinzierl infolge eines Turnunfalls am Realgymnasium (heute: Oskar-von-Miller-Gymnasium) in München sein Gehör verloren. Dadurch war es ihm unmöglich, dem Museumschef seine Vorstellungen zu den jeweiligen Aufträgen persönlich vorzutragen und darüber zu diskutieren, weswegen er seine Gedanken und Vorschläge an Miller ausführlich schriftlich ausdrücken musste. Die ausgedehnte Korrespondenz Weinzierls vermittelt auf der anderen Seite eine detaillierte Beschreibung über die Gestaltung des Stifterbuchs, da in den Briefen die Einzelheiten exakt festgehalten sind.

Die Buchdeckel bestehen aus mit Leder überzogenen Holzplatten, wobei die Tierhaut – nicht ganz zur Zufriedenheit des Museumsgründers – in hellem Braun gebeizt wurde. **| Abb. 37 |** Die Umrahmung der Vorderseite wurde mit einem Punziereisen mit Blumenornamenten verziert. Die Kanten sind durch vier silberne Eckbeschläge geschützt, die Schrift ist vergoldet. Auf der linken Seite sitzt – als Symbol für die Wissenschaft – eine Eule auf einem Podest, während rechts typische Attribute der Mathematiker, Astronomen, Architekten und Ingenieure eingestempelt sind: Zahnrad, Zirkel und Dreieck. Der Buchblock wird durch zwei flache Schließen mit Knöpfen zusammengehalten, die den Band vor einem Auseinanderklaffen sowie vor Staub und Licht schützen sollten. Der Name des Künstlers ist unauffällig unterhalb des Titels eingeschlagen. Die Rückseite des Einbands besteht aus flachem Lederschnitt mit einfachen Blumenmustern und vier silbernen Fußknöpfen. Eine dazugehörende Schmuckkassette hat sich nicht erhalten.

Das zeittypisch gestaltete Stifterbuch wurde anlässlich des 100-jährigen Museumsjubiläums digitalisiert und im Raum »Geschichte des Deutschen Museums« an einem Bildschirm virtuell präsentiert. Interessierte Besucher, aber auch Nachkommen der frühen Einzelstifter oder Vorstände großer Unternehmen, die noch heute existieren, konnten darin nach Namen und der Höhe der gespendeten Summe suchen. Einer von ihnen, der Wirtschaftsmanager Wolfgang Reitzle, damals Vorstandsvorsitzender der Linde AG, hat in Vorbereitung der geplanten »Zukunftsinitiative Deutsches Museum« das Museum besucht und in diesem virtuellen Stifterbuch geblättert. Möglicherweise haben ihn die dort vermerkten Spenden der Gesellschaft für Linde's Eismaschinen aus den Jahren 1905/6 in Höhe von 25.000 Mark und die beiden persönlichen Stiftungen des Firmengründers Carl von Linde über 35.000 Mark im Jahr 1903 sowie eine weitere im Jahr 1917 über 50.000 Mark dazu bewogen, mit einer großen Summe dem »Gründerkreis« beizutreten. Franz Xaver Weinzierl würde es sicherlich gefreut haben, dass »sein« Stifterbuch auch nach über 100 Jahren seine Wirkmächtigkeit noch nicht verloren hatte.

Verwaltungsarchiv	
Umfang	14 400 Einzelakten 2560 Personalakten 2300 Drucksachen des Museums
Zeitraum	1903–2013
Tipps zum Weiterlesen	Füßl, Wilhelm: Oskar von Miller. Eine Biographie. München 2005. Neumeier, Gerhard: Bürgerliches Mäzenatentum in München vor dem Ersten Weltkrieg – Das Beispiel des Deutschen Museums. In: Kocka, Jürgen; Frey, Manuel (Hrsg.): Bürgerkultur und Mäzenatentum im 19. Jahrhundert. Berlin 1998, S. 144–163 (Bürgerlichkeit. Wertewandel. Mäzenatentum 2). Runge, Werner: »... und sie spendeten Millionen!«. Die Geschichte des Deutschen Museums in München und seiner Mäzene. Köln 1969.

69 Vgl. DMA, VA, PA 2302.

70 Vgl. Weinzierl an Schönberg, 2.8.1908; ebd.

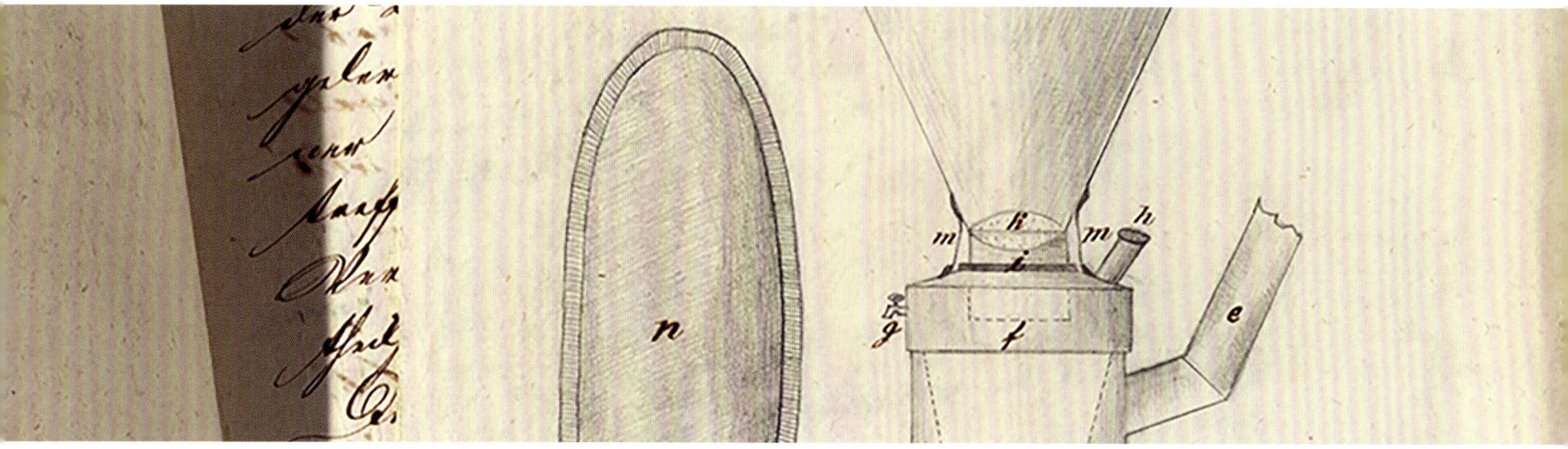
k
m
m
h
i
g
f
e
n

Junkers, PTV & Co.

Archive von Firmen, Institutionen und Vereinen

Eine relativ junge Bestandsgruppe im Archiv des Deutschen Museums bilden geschlossene Archive von Firmen, Institutionen, Verbänden und Vereinen. Insgesamt sind 45 Einzelbestände vorhanden. Sie beanspruchen immerhin ziemlich genau einen halben Regalkilometer im Magazin. Zahlenmäßig dominieren Unternehmensarchive, während die wenigen Unterlagen von Vereinen – abgesehen vom Polytechnischen Verein in Bayern – in vier Archivschachteln Platz finden.

Ursprünglich spielte die Übernahme von Archiven aus Institutionen und Unternehmen im Deutschen Museum keine Rolle. Konzeptionelle Gründe scheinen für eine solche Erwerbungspolitik nicht ausschlaggebend gewesen zu sein. Es fehlte dem Museum schlichtweg an Fachpersonal und Magazinflächen. Zudem war das Haus bis in die Zeit nach dem Zweiten Weltkrieg nahezu permanent mit der Gestaltung der Ausstellungen beschäftigt: erst mit der Eröffnung des Museums 1906, später mit dem Neubau auf der Museumsinsel und nach 1945 mit dem Wiederaufbau der im Krieg zerstörten Abteilungen. Darunter hatte die personelle Ausstattung des Archivs zu leiden und damit seine Möglichkeiten, Bestände zu akquirieren. Demzufolge warb das Archiv in den ersten Jahrzehnten seiner Geschichte von Unternehmen, Verbänden, Vereinen und öffentlichen Einrichtungen lediglich historische Einzelpläne von Maschinen, Instrumenten, Fahrzeugen etc. ein. Ein prominentes Beispiel dafür ist die Original-Entwurfsskizze von Alfred Krupp für den Eisenhammer »Fritz« aus dem Jahr 1859, die von der Firma Krupp gestiftet wurde. Ebenfalls aus Abgaben der Industrie rekrutierte sich in den Aufbaujahren die Firmenschriftensammlung des Archivs; sie wird in einem eigenen Kapitel behandelt.

Das erste große Fremdarchiv kam spät – 1955/56 – ins Haus. Es handelte sich um den Aktenbestand des ehemaligen Polytechnischen Vereins in Bayern, dessen Bibliothek dem Museum schon 1947 übergeben worden war. Der zweite bemerkenswerte Bestand war das Archiv der Heeresversuchsanstalt Peenemünde, wo während des Zweiten Weltkriegs unter der Leitung Wernher von Brauns die A4-Raketen (»V2«) gebaut wurden. Die Übernahme erfolgte in mehreren Margen, die erste davon zu Beginn der 1960er-Jahre aus den USA, wo die beschlagnahmten Dokumente der deutschen Raketenentwicklung mehrere Jahrzehnte gelagert waren. Bis 1990 konnte das Münchner Archiv von der Forschergruppe um Braun aus Huntsville (USA) mehrere Serien an Fotografien und wissenschaftlichen Berichten nach München überführen.

Das erste echte Firmenarchiv hatten die Vereinigten Deutschen Metallwerke, Zweigniederlassung Carl Berg, 1969 im Deutschen Museum deponiert. Initiator war Herbert Berg, Sohn des Firmengründers Carl Berg und von 1968 bis 1980 Vorsitzender des Vorstands bzw. des Verwaltungsrats des Deutschen Museums. Der Vater hatte den Konstrukteur David Schwarz seit 1892 beim Bau eines Luftschiffs aus Aluminium unterstützt. Inhaltlich beschäftigt sich das Firmenarchiv nahezu ausschließlich mit dem Luftschiffbau. Dieses Werksarchiv steht am Beginn einer intensiven Sammlungstätigkeit zu luftfahrtbezogenen Beständen im Archiv des Deutschen Museums. Schwung bekamen diese Aktivitäten 1976, als das Unternehmen Messerschmitt-Bölkow-Blohm (MBB) dem Museum die umfangreichen historischen Archive der Junkers Flugzeug- und Motorenwerke (JFM) und der Messerschmitt AG mit fast 4000 Ordnern vertraglich übereignete. Mit dieser Schenkung war die Stiftung des Avicentra-Archivs des Luftfahrtjournalisten Wolfgang Wagner und dessen Sammlung an Fachzeitschriften sowie die Überlassung von rund 140 Zeitschriftenreihen zur Luftfahrt aus dem Bestand von MBB verbunden. Dieses Archiv umfasste nochmals über 17 000 Ordner.[71] Der Hauptteil der Zeitschriften wanderte in die Bibliothek des Deutschen Museums.

Der 1976 von MBB gestiftete Bestand der Junkers Flugzeug- und Motorenwerke wurde im Jahr 1989 durch eine herausragende Stiftung von Bernd Junkers, Enkel des Firmengründers Hugo Junkers, erweitert. Er übergab damals diejenigen Unterlagen, die sich noch im Besitz seiner Familie befunden hatten (insgesamt rund 160 Regalmeter), dem Archiv des Deutschen Museums. Schwerpunkte der Abgabe bilden Patentangelegenheiten, Flugzeugbau und -verwertung, Motorenbau, Propaganda, Schiffsmotoren sowie Feinblechbau. Dieses Werksarchiv stellte eine ideale Ergänzung der bereits vorhandenen Junkersbestände im Museum dar. Diese reichen vom Nachlass von Hugo Junkers über die Materialsammlung zu seiner Person (zusammengetragen von Margarethe Conzelmann), den Nachlass seines Sohnes Klaus, die Sammlung Franz Walter Pulst und die Unterlagen der Prüfstand-Abteilung bei der Junkers Flugzeug- und Motorenwerke in Dessau (unter der Leitung von Manfred Gerlach) bis zu einer Serie verschiedener einzelner Fotoalben.

Ein bedeutendes Unternehmensarchiv – das der Optischen und astronomischen Werkstätte C. A. Steinheil – wurde 1975 nach dem Tod des Mediziners und Fotografiehistorikers Rudolf Loher von seiner Witwe dem Deutschen Museum gestiftet. Loher hatte die historischen Unterlagen von der Firma erhalten. Die Werkstätte war 1855 von Carl August von Steinheil gegründet worden und bestand bis 1962 als Familienunternehmen, bevor es nach mehreren Besitzerwechseln 1995 aufgelöst wurde. Bis zum Jahr 2010 konnte der Bestand im Archiv des Deutschen Museums durch zusätzliche Einwerbungen ergänzt werden. Heute umfasst das Firmenarchiv Steinheil 3733 Einheiten mit einem Gesamtumfang von 17 Regalmetern. Dazu liegt ein detailliertes vierbändiges Findbuch vor.

71 Vgl. DMA, VA 4423.

Einen kleinen, aber spannenden Bestand übereigneten in den Jahren 1978 bis 1982 die Söhne von Ruthilt Brandt-Mannesmann. Sie, Tochter von Reinhard Mannesmann, hatte für ihr 1964 erschienenes Buch »Dokumente aus dem Leben der Erfinder: Max Mannesmann, Reinhard Mannesmann« Geschäftsunterlagen der von den Brüdern 1890 gegründeten »Deutsch-Österreichischen Mannesmannröhren-Werke AG« und private Dokumente gesammelt und diese nach systematischen Gesichtspunkten zusammengestellt.

Dominierten in den 1970er- und 1980er-Jahren eindeutig luftfahrtbezogene Übernahmen, verschob sich seit dem letzten Jahrzehnt vor der Jahrtausendwende der Fokus hin zur Einwerbung relevanter Archive von Unternehmen, die auf mathematisch-wissenschaftliche Instrumente spezialisiert oder in der Rechentechnik aktiv waren. Beispiele dafür sind die Werksarchive von Remington Rand GmbH, der ARISTO-Werke Dennert & Pape, | **Abb. 41** | G. & S. Merz, der Firma Ott oder neuerdings von Tele Security Timmann, einem wichtigen Unternehmen in der Verschlüsselungstechnologie. Mit Beständen von Dyckerhoff & Widmann sowie Sager & Woerner konnten Unterlagen von zwei renommierten Firmen aus dem Hoch- und Tiefbau eingeworben werden. Bei Letzteren wurde die Übernahme durch die strukturellen Veränderungen in dieser Sparte erleichtert, welche die Firmen zu Einsparungen, zur Erschließung neuer Aufgabengebiete, zu Fusionen oder zur Liquidation zwangen. Bei vielen der genannten Archive gibt es direkte Bezüge zu Objekten des Museums, was erneut die enge Verklammerung von Archivbeständen und Objektsammlungen demonstriert.

Damals wie heute ist die Sammlungsaktivität des Archivs im Bereich geschlossener Fremdarchive eher defensiv. Gerade durch die inzwischen bestens etablierten regionalen Wirtschaftsarchive ist der Erhalt von historischen Firmenunterlagen weitgehend gesichert. Daher hat das Museumsarchiv eine Reihe von Angeboten an die entsprechenden Einrichtungen weitergeleitet. Anders verhält es sich mit Beständen von Gesellschaften, Verbänden und Vereinen, für die es häufig keine Anlaufstelle gibt. Aber auch hier ist die Erwerbungspolitik des Archivs zurückhaltend. Für eine Übernahme gelten wie bei den Werksarchiven strenge Kriterien. So muss eine nationale Bedeutung des Bestands gegeben sein, eine enge Vernetzung zu vorhandenen Objekten oder Dokumenten bestehen und ein großes Forschungspotenzial gewährleistet sein. Im Idealfall bedient ein Neuzugang die Interessen von Objektsammlung, Archiv, Bibliothek und Forschung in gleicher Weise.

Ein Musterbeispiel für eine gelungene Einwerbung ist das Firmenarchiv der ehemaligen ARISTO-Werke Dennert & Pape in Hamburg.[72] Das Unternehmen war zwischen 1862 und 1979 über ein Jahrhundert führend in der Produktion geodätischer und mathematischer Instrumente, bevor es vor der Billigproduktion von Taschenrechnern kapitulieren musste. Der Urenkel des Firmengründers, Hans Dennert, hatte dem Deutschen Museum erstmals in den 1990er-Jahren seine Bestände angeboten. Damals zeigte sich das Museum reserviert, da die eigenen Personalressourcen für die wissenschaftliche Inventarisierung der bei ihm vorhandenen großen Zahl an angebotenen Rechenstäben und Rechenscheiben bei Weitem nicht ausreichten. Aus diesem Grund gab Hans Dennert einen Teil seiner Sammlung an das Museum der Arbeit in Hamburg ab. Erst ein internationales Treffen von Rechenschiebersammlern in München bot die Chance, gemeinsam mit diesen die 3587 Einzelstücke fachgerecht zu inventarisieren. Mit der Witwe von Hans Dennert, Irene Dennert, konnte 2002 ein Vertrag geschlossen werden, der die Objektsammlung, das Werksarchiv und die mathematische Spezialbibliothek von Hans Dennert mit teilweise seltenen Drucken dem Deutschen Museum übereignete. Im Zusammenspiel von Archiv, Objektsammlung und Bibliothek sowie mit Unterstützung kompetenter Sammler gelang eine wichtige Einwerbung, eine kompetente Erschließung und etwas später auch eine facettenreiche Erforschung des Dennert-Bestands.[73] Die Stifterin selbst hat die detaillierte Erschließung der historischen Unterlagen von Dennert & Pape mit einer Spende unterstützt und später zusätzlich ein Archivstipendium finanziert.

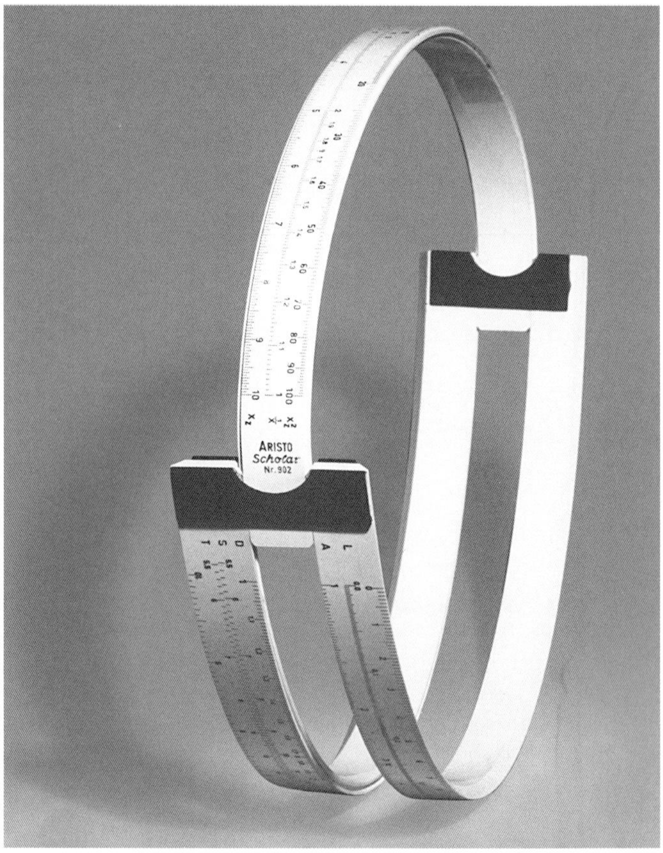

41 Demonstration der Elastizität des Rechenstabs »Aristo Scholar Nr. 902« der Firma Dennert & Pape, 1949. Fotograf unbekannt

72 Zum Folgenden vgl. Petzold/Füßl, Bestand, 2004.

73 Vgl. Kühn/Kleine, Dennert, 2004.

42 Bericht des Bergamts Bergen über einen neuen Flammofen auf der Maximilianshütte in Bergen bei Traunstein, 1829. Foto: Hans-Joachim Becker

Nagelschuhe und Branntwein-Entfuselung

Einen zentralen Bestand für die Technik- und Wissenschaftsgeschichte bildet das Archiv des Polytechnischen Vereins in Bayern (PTV). Am 15. Mai 1815 erschien zum ersten Mal der »Wöchentliche Anzeiger für Kunst- und Gewerb-Fleiß im Königreiche Baiern«. Herausgeber war die »Commissions-Niederlage für den inländischen Kunst- und Gewerbefleiß«, die der in München ansässige Kaufmann Georg Zeller betrieb. Das Datum gilt als die Geburtsstunde des »Polytechnischen Vereins in Bayern«. Sein Satzungsziel der Gewerbe- und Kunstförderung verfolgte der Polytechnische Verein auf verschiedenen Ebenen. Ein Aspekt war, in Bayern hergestellte Produkte auf zahlreichen Gewerbe- und Industriemessen im In- und Ausland zu präsentieren und für sie zu werben. Mit Preisaufgaben wollte der Verein zudem die Innovationskraft des bayerischen Gewerbes ankurbeln. So schrieb er beispielsweise 1816/17 einen Wettbewerb zur Anfertigung der besten Nagelschuhe und 1821 eine Konkurrenz zur Branntwein-Entfuselung aus. Die eingegangenen Vorschläge zeigten allerdings wenig Wirkung, sodass man bald wieder von den Preisaufgaben abrückte. Eine dritte Zielsetzung spiegelt sich im Vereinsorgan wider, wo die Leserschaft auf neue in- und ausländische Entwicklungen aufmerksam gemacht wurde. Unter wechselnden Namen (»Wöchentlicher Anzeiger«, »Kunst- und Gewerbeblatt«, »Bayerisches Industrie- und Gewerbe-Blatt«) erschien es seit 1815 regelmäßig. Bis zur Einstellung des Blatts im Jahr 1938 publizierte der Polytechnische Verein Tausende von Artikeln. Veröffentlicht wurden dabei Beiträge zu Gewerbe und Industrie, die sich in ausländischen Zeitschriften fanden, und Aufsätze über die neuesten gewerblichen und technischen Entwicklungen in der Optik, der Mechanik, im Brauereiwesen, in der Glas- und Porzellanproduktion, der Landwirtschaft (häufig mit Blick auf die Zuckerrübenfabrikation) sowie im Berg- und Salinenwesen. Die Veröffentlichungen griffen oft sehr früh neuartige Techniken auf. So informierten sie z.B über die Wirkung von Licht auf salpetersaures Papier (1817) – lange vor den fotografischen Arbeiten von Louis Jacques Mandé Daguerre und William Henry Fox Talbot.

Zahlreiche Artikel der Zeitschrift basierten auf Stellungnahmen und Gutachten des PTV zu Erfindungen, technischen Entwicklungen und Eingaben, die von verschiedenen Ämtern und

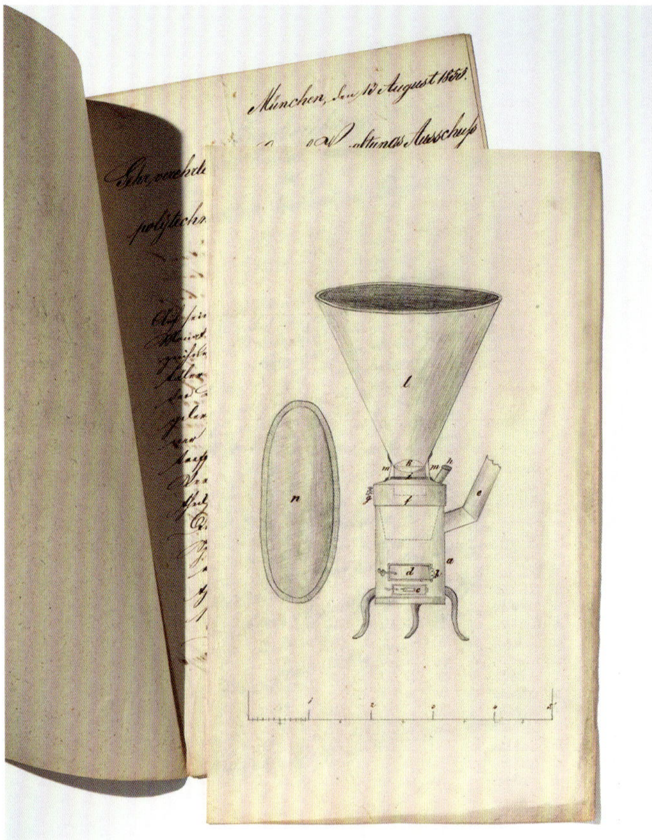

43 Dampfmaschine zum Reinigen von Bettfedern und Matratzen (mit Ofen und Trichter). Zeichnung des Hospitalverwalters Johann Matthias Spahn in Fürth, 1855. Foto: Hans-Joachim Becker

Behörden sowie von bayerischen und auswärtigen Personen gemacht worden waren. Einer der Berichte stammte vom Bergamt Bergen, das den Polytechnischen Verein 1829 um den Abdruck eines Beitrags über den neuen Flammofen auf der Maximilianshütte in Bergen im »Bayerischen Industrie- und Gewerbe-Blatt« bat. | **Abb. 42** | Vorbild für diesen Frischherd waren verschiedene Anlagen in der französischen Champagne, wo die Hüttenleute Frisch- und Schweißprozesse in einer Art und Weise zusammengeführt hatten, dass der Aufwand für Brennmaterial erheblich reduziert werden konnte.[74] Diese Entwicklung hatte man für die Maximilianshütte weiter angepasst; zur Erläuterung legte das Bergamt eine schöne, kolorierte Zeichnung bei.

Manche Erfinder betätigten sich berufsnah, so der Fürther Spitalverwalter Johann Matthias Spahn, der eine Reinigung von Bettfedern und Matratzen, | **Abb. 43** | eine Eisgrube für Krankenhäuser und einen Wachszug für Nachtlichter konzipierte, die alle aus seiner Arbeit am Hospital entstanden. Von dem aus Mellrichstadt stammenden Schuhmacher Isaak Heynemann sind zwischen 1833 und 1845 mehrere Eingaben um Privilegien für wasserdichte Schuhe überliefert. Andererseits mussten sich die Gutachter auch mit teilweise haarsträubenden Gesuchen beschäftigen, so von Michael Thumser aus München, der den Polytechnischen Verein von 1867 bis 1885 beschäftigte. Die »Erfindungen« des früheren bayerischen Oberleutnants, späteren schleswig-holsteinischen Hauptmanns und anschließenden Privatiers zielten auf die Verbesserung von Flutankern, Wasserrädern, Uhren, Dampfmaschinen, Wein, Licht- sammlern, Rädermaschinen, Schiffsrudermaschinen und sogar auf die Herstellung eines lenkbaren Ballons.[75] Schließlich weigerten sich die vom PTV angesprochenen Gutachter, überhaupt eine Stellungnahme zu Thumsers Ideen abzugeben. Aufgrund seiner politischen Broschüren und Anzeigen, u. a. gegen Münchner Richter, die ihn ehrenrührigerweise als »Privatmann« – in seiner Interpretation damit als aller öffentlicher Ehren und Rechte beraubten Mann – bezeichnet hätten, hatte sich Thumser in der Öffentlichkeit einen zweifelhaften Ruf erworben. In den zeitgenössischen Zeitungen finden sich Hunderte von Meldungen über seine Aktivitäten. So schrieb das »Tag- und Anzeigenblatt für Kempten und das Allgäu« 1867 über eine Durchsuchung im Hause des »(mit starkem Spleen behafteten) Herrn Hauptmanns«.[76] Als sich dieser schließlich beim Bayerischen Landtag über das Staatsministerium des Innern wegen Rechtsbeugung beschwerte, führte dies zu seiner Entmündigung wegen Geisteskrankheit.[77]

Eine wichtige Aufgabe des Polytechnischen Vereins war seine Funktion als Begutachtungs- und Auskunftsstelle. In dieser Rolle formulierte er im Auftrag staatlicher bzw. kommunaler Behörden Expertisen, bewertete Privilegien- und Patentgesuche und engagierte sich für den gewerblichen Rechtsschutz. Ebenso begutachtete der PTV Bitten um finanzielle Unterstützung durch den Staat für die Entwicklung neuartiger Produkte. Insgesamt sind mehr als 4000 Gutachten von Vereinsmitgliedern überliefert. Diese stammen teilweise von prominenten Persönlichkeiten, so von dem Kältepionier Carl von Linde, der 52 Stellungnahmen abgab, dem Brauereibesitzer Gabriel Sedlmayr d. J. (80), dem Gastechniker Nikolaus Heinrich Schilling (60), dem Hygieniker Max von Pettenkofer (9), dem Professor für Maschinenbau Moritz Schröter (10) oder von den bayerischen Ingenieuren Joseph Liebherr (21) und Joseph von Utzschneider (10). In zahlreichen Fällen wurde der PTV zu Stellungnahmen in allgemeinen Zoll- und Gewerbeangelegenheiten herangezogen. In dieser Funktion hatte der Verein einen nicht unbeträchtlichen Einfluss. In der zweiten Hälfte des 19. Jahrhunderts entwickelten sich aus den Vereinsaktivitäten heraus mehrere Versuchsstationen: 1870 wurde ein Verein zur Prüfung und Überwachung von Dampfkesseln gegründet, 1876 eine Heizversuchsstation; nach der berühmten, von Oskar von Miller 1882 organisierten Internationalen Elektricitäts-Ausstellung im Glaspalast in München formierte sich eine elektrotechnische Ver-

74 Vgl. Döbereiner, Flammofen, 2009.

75 Vgl. DMA, FA 004/1859, 2086, 2132, 2211, 3171, 5713, 5725, 5726, 5733, 5739, 6266, 6268 und 6270.

76 https://www.bavarikon.de/object/bav:BSB-MDZ-00000BSB10541903?p=325&cq=Thum%C5%BFer&lang=de (22.5.2022).

77 Vgl. Zeitungsausschnitte in: DMA, FA 004/6270.

suchsstation und 1888 schließlich eine Kälteversuchsstation. Zur Ausstellung 1882 findet sich im Übrigen die vollständige Korrespondenz im Bestand des PTV.

Immer wieder erhob der Verein Daten für Statistiken über Handel und Gewerbe. Besonders die ausführliche Gewerbestatistik in den bayerischen Landgerichtsbezirken von 1821 verdient dabei Beachtung. Nicht minder aufschlussreich ist die vom Polytechnischen Verein zusammengestellte Liste der elektrischen Anlagen in den Bezirksämtern aus dem Jahr 1900, welche den Stand der Elektrifizierung zur Zeit der Jahrhundertwende abbildete und gleichzeitig einen deutlichen Rückstand zu anderen deutschen Bundesstaaten aufzeigte.

Der Polytechnische Verein in Bayern existierte von 1815 bis 1938. In diesem Jahr beschloss er auf einer Mitgliederversammlung seine Selbstauflösung, die aber in Wirklichkeit eine Gleichschaltung, d. h. eine Eingliederung in bestehende NS-Organisationen, bedeutete. Seine Einrichtungen wurden dem »Amt für Technische Wissenschaften« der Deutschen Arbeitsfront zugeordnet. In dieses wurde auch der Österreichische Erfinderverband integriert, nachdem im März 1938 der »Anschluss« des Nachbarstaats Österreich an das Deutsche Reich vollzogen worden war.

Die Umorganisation schlägt sich im Aktenbestand des Polytechnischen Vereins nieder. Bei der Übergabe an das Deutsche Museum umfasste er sowohl Akten des PTV von 1815 bis 1938, des Amts für Technische Wissenschaften von 1938 bis 1945 und des Österreichischen Erfinderverbands aus der Zeit von 1928 bis 1939. Mit der Neuverzeichnung des Gesamtbestands, die im Jahr 2021 abgeschlossen werden konnte, wurden die beiden letztgenannten Provenienzen herausgelöst und in eigenen Findbüchern verzeichnet.

Geheim! – das deutsche Atomprogramm

Es war eine Neuerwerbung, die im Blätterwald ein erhebliches Rauschen verursachte: Am 18. Dezember 1998, exakt 60 Jahre nach der Entdeckung der Kernspaltung durch Otto Hahn und sein Team, konnte das Archiv des Deutschen Museums vom damaligen Forschungszentrum Karlsruhe einen intern als »Geheimdokumente zum deutschen Atomprogramm« bezeichneten Bestand übernehmen. Zahlreiche Medien berichteten ausführlich über die spannende Neuerwerbung, die einen tiefen Einblick in die NS-Forschung ermöglicht.

Dabei handelt es sich um Dokumente, die zwischen 1937 und 1946 entstanden sind. Die Originale stammten ursprünglich aus verschiedenen deutschen Instituten, die seit 1938/39 mit Kernforschung befasst waren. Im Wesentlichen reichen die Archivalien bis zum Ende des Zweiten Weltkriegs im Mai 1945. Sie wurden 1944/1945 von einem geheimen Spezialkommando der amerikanischen Streitkräfte mit dem Tarnnamen »Alsos« beschlagnahmt, in die USA gebracht, verfilmt und ausgewertet. Allerdings hatten zahlreiche deutsche Wissenschaftler ihre Unterlagen vor den heranrückenden alliierten Truppen vernichtet, sodass der »Alsos-Mission« nur ein geringer Prozentsatz des damals vorhandenen Materials in die Hände fiel. Lediglich im Physikalischen Institut der Reichsuniversität Straßburg und vom aus Hamburg ausgelagerten Institut des Physikochemikers Paul Harteck erbeuteten sie relativ umfangreiche Unterlagen. Dementsprechend sind wir über die Arbeiten dieser Institute heute besser informiert als über die Tätigkeit anderer Forschungszentren. Manche Einrichtungen sind überhaupt nicht dokumentiert. Von der aktiven Berliner Gruppe um Werner Heisenberg beispielsweise hat sich praktisch kein Material erhalten. Natürlich wurden die Dokumente nicht nur von den Wissenschaftlern vernichtet; sie fielen auch den Bombenangriffen im Zweiten Weltkrieg oder den permanenten örtlichen Verlagerungen der Institute zum Opfer.

Die »Geheimdokumente« umfassen im Archiv des Deutschen Museums heute 11 602 Seiten, eine erstaunlich geringe Zahl, wenn man bedenkt, dass mehrere Arbeitsgruppen an verschiedenen Orten – u. a. Berlin, Leipzig, Gottow, Hamburg, München, Wien – an den Atomforschungen beteiligt waren, nicht gerechnet die zahlreichen Firmen, die als Zulieferer für das Programm agierten. Ein etwa gleich großes Konvolut an Dokumenten lagert heute im Archiv der Max-Planck-Gesellschaft; dieses konnte vor einigen Jahren aus Russland zurückgeholt werden. Insgesamt aber sind die Verluste ganz erheblich, was Auswirkungen auf die Bewertung der Forschungsergebnisse, der involvierten Institute, Unternehmen und Personen hat.[78]

Erst 1970 gelang die Rückführung der heutigen Münchner Unterlagen aus den USA. Betrieben hatte sie der Physiker Karl Wirtz. Er war während des Zweiten Weltkriegs Mitarbeiter von Heisenberg in dessen Arbeitsgruppe zur Kernenergiegewinnung gewesen. Nach dem Krieg lehrte Wirtz an der Georg-August-Universität Göttingen; seit 1957 hatte er in Karlsruhe den Lehrstuhl für Physikalische Grundlagen der Reaktortechnik und gleichzeitig eine leitende Funktion am damaligen Kernforschungszentrum Karlsruhe inne. Hier wurden die Atomdokumente nach der Rückgabe aufbewahrt. Der Forschung blieben diese Unterlagen nicht verborgen. Einzelne Wissenschaftler hatten die Möglichkeit, die Berichte einzusehen, manchmal unter erschwerten Bedingungen, so der amerikanische Historiker Mark Walker, der mit seinem Buch »Die Uranmaschine« ein grundlegendes Werk zur deutschen Atomforschung in der NS-Zeit verfasst hat. Nach seinen Erzählungen hatte er wegen seiner längeren Haare und seines Vollbarts am Eingang zum damaligen, streng abgeschirmten »Kernforschungszentrum« mit dem Wachpersonal so seine Schwierigkeiten!

78 Vgl. Walker, Uranmaschine, 1990; Karlsch, Bombe, 2005.

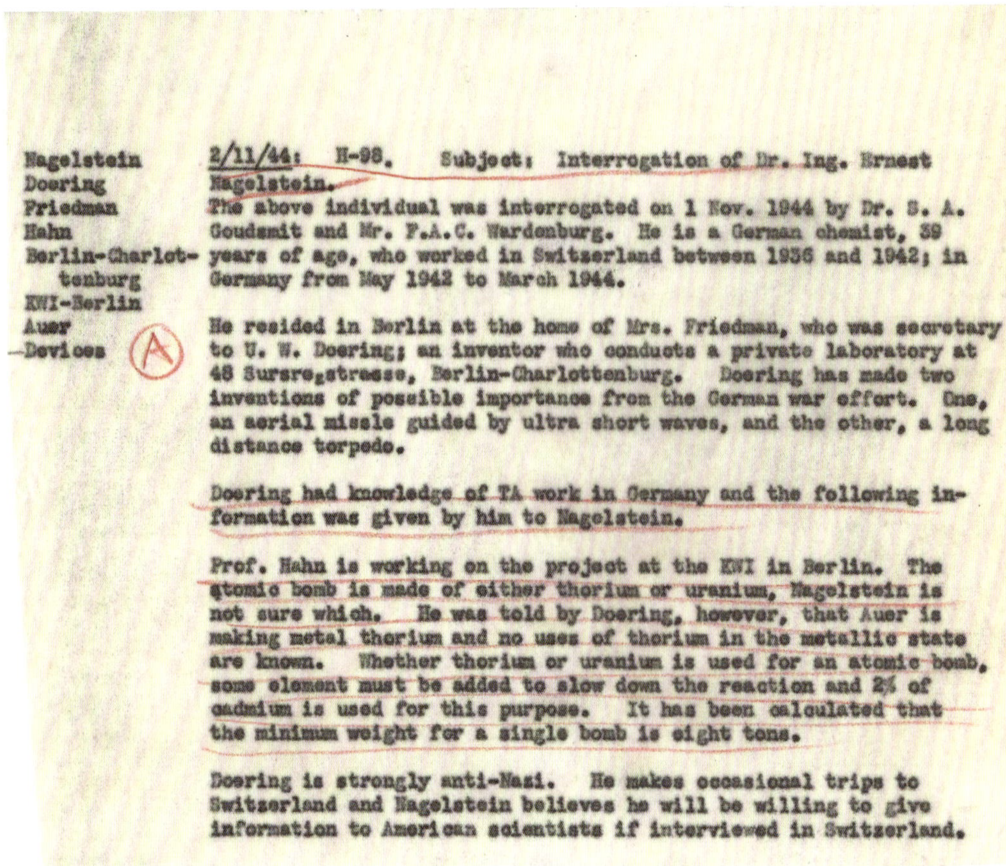

Nagelstein
Doering
Friedman
Hahn
Berlin-Charlottenburg
KWI-Berlin
Auer
-Devices
(A)

2/11/44: H-98. Subject: Interrogation of Dr. Ing. Ernest Nagelstein.
The above individual was interrogated on 1 Nov. 1944 by Dr. S. A. Goudsmit and Mr. F.A.C. Wardenburg. He is a German chemist, 39 years of age, who worked in Switzerland between 1936 and 1942; in Germany from May 1942 to March 1944.

He resided in Berlin at the home of Mrs. Friedman, who was secretary to U. W. Doering; an inventor who conducts a private laboratory at 48 Sursregstrasse, Berlin-Charlottenburg. Doering has made two inventions of possible importance from the German war effort. One, an aerial missle guided by ultra short waves, and the other, a long distance torpedo.

Doering had knowledge of TA work in Germany and the following information was given by him to Nagelstein.

Prof. Hahn is working on the project at the KWI in Berlin. The atomic bomb is made of either thorium or uranium, Nagelstein is not sure which. He was told by Doering, however, that Auer is making metal thorium and no uses of thorium in the metallic state are known. Whether thorium or uranium is used for an atomic bomb, some element must be added to slow down the reaction and 2% of cadmium is used for this purpose. It has been calculated that the minimum weight for a single bomb is eight tons.

Doering is strongly anti-Nazi. He makes occasional trips to Switzerland and Nagelstein believes he will be willing to give information to American scientists if interviewed in Switzerland.

44 Verhörprotokoll von Ernest Nagelstein zum geheimen deutschen Atomprogramm, 2.11.1944.

Inhaltlich bietet der Bestand unterschiedliches Material. Am umfangreichsten sind die während der Alsos-Mission angefertigten Auszüge aus deutschen Dokumenten und Briefen sowie die Verhörprotokolle, die übersetzt, mehrfach abgeschrieben und unter verschiedenen Namen, Körperschaften, geografischen Begriffen sowie Stichworten abgelegt wurden. Am Beispiel eines in Abbildung 44 gezeigten Verhörprotokolls kann man das System der Ablage erkennen. Am linken Rand des Blatts sind die im Protokoll genannten Namen (Nagelstein, Doering, Friedman, Hahn), der Ort (Berlin-Charlottenburg), das Kaiser-Wilhelm-Institut für Chemie, die Firma (»Auer« = Auergesellschaft, Berlin) und »Devices« (deutsch: Apparaturen, Material) vermerkt. Genau unter diesen Begriffen wurden die einzelnen Abschriften und Durchschläge abgelegt. Daher findet sich der Zettel mit dem Verhörprotokoll Nagelsteins unter verschiedenen Schlagworten, einmal unter seinem Namen und dann unter »Projekten« (gemeint: Atomprogramm). Das amerikanische Ablagesystem ist also ein faszinierendes Instrument der Wissensanhäufung! Dabei muss man einbeziehen, dass die Kriegsgegner über die geheimen Forschungen in Deutschland – trotz vereinzelter geheimdienstlicher Aufklärung – kaum Bescheid wussten. Umgekehrt galt das natürlich ebenso. Ihre Sammlung diente den Amerikanern also dazu, unterschiedliche Informationen zu einer Person, einer Institution oder einem Ort zusammenzutragen, um deren Bedeutung für das deutsche Atomprojekt einschätzen zu können. Rund 450 Mappen mit solchen Notizen sind überliefert, darunter vereinzelte Schnipsel mit wenigen Zeilen Text. Sie geben Einblick in den wachsenden Kenntnisstand der Alsos-Gruppe, wie er in einer puzzleartigen Informationsverdichtung in den Jahren 1944 und 1945 mühsam zusammengefügt und sukzessive erweitert wurde. Die dabei angefertigten Exzerpte aus Briefen und Berichten sind häufig der einzige Ersatz für heute verlorene Originale.

Es versteht sich von selbst, dass die Informationen, welche die deutschen Wissenschaftler während der Verhöre preisgaben, nicht immer richtig oder erschöpfend waren. Teilweise wurden bewusst Fehlinformationen gestreut, zum Teil weigerten sich Forscher unter Hinweis auf ihren Treueeid auf den »Führer«, vor Kriegsende relevante Sachverhalte weiterzugeben. Häufig ging es darum, die eigene Arbeit als eher unbedeutend darzustellen oder umgekehrt die eigene Person für die Alliierten interessant zu machen. Dass Aussagen von Beteiligten durchaus auch weitreichende Folgen hätten haben können, zeigt der eher unscheinbare Schnipsel mit dem Verhörprotokoll des deutschen Forschers Ernest (Ernst) Nagelstein. **| Abb. 44 |** Dieser gab in der Befragung an, er habe von dem Berliner Ulrich W. Doering, Betreiber eines privaten Laboratoriums und Inhaber verschiedener Patente, erfahren, dass Otto Hahn am Kaiser-Wilhelm-Institut für Chemie an der Atomforschung arbeite. Ob die Atombombe aus Thorium oder Uran hergestellt werde, wisse Nagelstein aber nicht. Diese Information muss die Alliierten höchst beunruhigt haben, da die Aussage implizierte, dass die Deutschen mit dem Bau einer atomaren Waffe bereits weit fortgeschritten waren, während das ebenfalls in diese

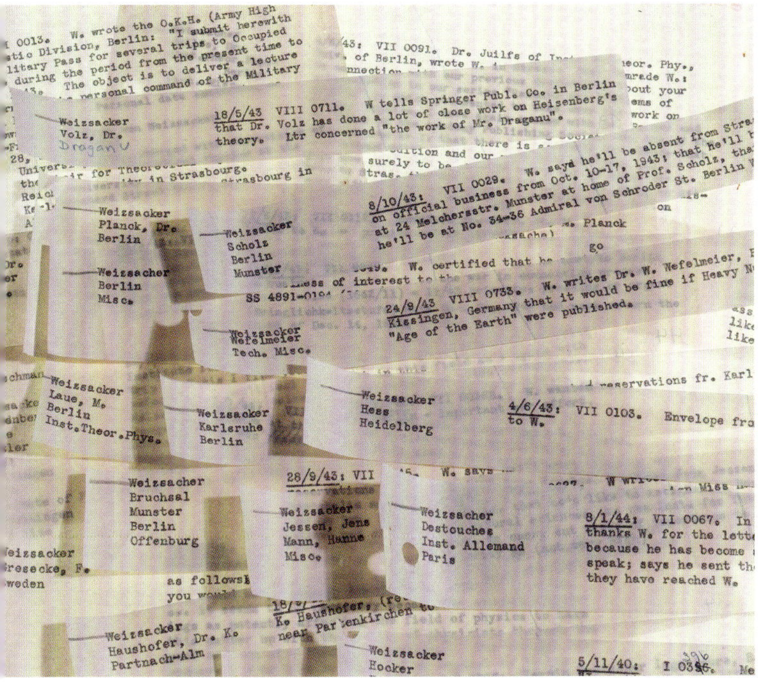

45 Materialsammlung der Alsos-Mission zur Person Weizsäckers, 1940–1944. Foto: Hans-Joachim Becker

Richtung arbeitende amerikanische Manhattan Project im November 1944 noch ein gutes Stück von einer funktionierenden Atombombe entfernt war. Allerdings dürfte den US-Wissenschaftlern bald klar geworden sein, dass Nagelstein keine wirklich relevanten Informationen hatte und er im Kreis der deutschen Atomforscher keine Rolle spielte, da bei der weiteren Materialsammlung der Alsos-Mission sein Name nicht mehr auftauchte. Von einem anderen Beteiligten am Atomprogramm, Carl Friedrich von Weizsäcker, sind dagegen 119 solcher Schnipsel vorhanden. **| Abb. 45 |** Schon aus der hohen Zahl an Exzerpten lässt sich ablesen, dass Weizsäcker rasch in den Fokus der Alliierten geriet und als einer der zentralen Forscher letztendlich mit anderen Wissenschaftlern im englischen Farmhall inhaftiert wurde, wo man sich durch Verhöre wichtige Informationen zur deutschen Kernforschung erhoffte.

Ein zweiter großer Komplex der Atomdokumente beinhaltet die wissenschaftlichen Berichte, die deutsche Forscher zu unterschiedlichen Themengebieten angefertigt hatten. Ein Großteil liegt in Maschinenschrift vor; einige Berichte wurden in mehreren Exemplaren vervielfältigt und an Kollegen verteilt. Nur in wenigen Fällen erfolgte ein Druck der Untersuchungsergebnisse, meist in der Reihe der »Geheimen Forschungsberichte«. Die Publikationen basierten in der Regel auf Vorträgen, welche die Wissenschaftler bei den regelmäßig stattfindenden »Geheimkonferenzen« gehalten hatten. Allerdings erschienen diese Veröffentlichungen in der Regel mit großer zeitlicher Verzögerung, sodass sie zum Zeitpunkt ihres Erscheinens inhaltlich längst überholt waren. Zahlreiche Berichte stammen von den führenden Atomforschern, so von Otto Hahn, Walther Bothe, Paul Harteck, Werner Heisenberg oder Carl Friedrich von Weizsäcker. Im Bestand sind auch einige andere publizierte Arbeiten von Werner Heisenberg, Otto Hahn, Fritz Straßmann und Hugo Watzlawek (»Lehrbuch der technischen Kernphysik«) überliefert.

Zur Serie der Forschungsberichte gehören mehrere Reiseberichte, die Harteck und seine Mitarbeiter von ihren Besuchen in Norwegen in Zusammenhang mit der Produktion von Schwerem Wasser anfertigten.

Von der Alsos-Mission besonders gesucht waren die Labor- und Notizbücher der Wissenschaftler, da diese die Erkenntnisse über die Arbeitsmethoden und Arbeitsfortschritte des deutschen Atomprojekts ungeschönt vermittelten. Wie viele dieser Aufzeichnungen beschlagnahmt wurden, ist unklar; im Archivbestand haben sich lediglich sechs Hefte erhalten, von denen allein fünf von dem Straßburger Forscher Rudolf Fleischmann stammen. Da Fleischmann seine Aufzeichnungen meist stenografiert hat, sind sie nicht einfach zu lesen. Dass diese für die Wissenschaftler selbst so wichtigen Aufzeichnungen nur fragmentarisch überliefert sind, deutet an, dass zahlreiche Unterlagen von den beteiligten Personen vor ihrer Verhaftung vernichtet wurden.

Ein interessantes Dokument aus der deutschen Atomforschung soll hier kurz vorgestellt werden. Es handelt sich um den Bericht des bereits erwähnten Physikers Carl Friedrich von Weizsäcker vom 17. Juli 1940: »Eine Möglichkeit der Energiegewinnung aus ^{238}U«.[79] **| Abb. 46 |**

Es lohnt sich, diesen Bericht genauer anzusehen. Der Verfasser ist unterhalb des Titels handschriftlich vermerkt. Da sich eine ähnliche Handschrift auch auf anderen Papieren des Bestands findet, ist zu vermuten, dass die Verfasserangabe später hinzugefügt wurde. Schon allein die vielen Stempel auf der ersten Seite geben Aufschluss über die Geschichte des nur fünf Seiten umfassenden Dokuments. Adressat war die Forschungsabteilung des Heereswaffenamts, das für die deutsche Atomforschung federführend war. Aus dem roten Stempel unterhalb des Texts lässt sich ablesen, dass der Bericht als Anlage zu einem (nicht erhaltenen) Brief Weizsäckers verschickt und entsprechend in das Briefbuch (»Bb«) der Behörde eingetragen wurde. Gleichzeitig war er mit einem »Geheim«-Vermerk oberhalb der Überschrift versehen. Direkt daneben steht mit Schreibmaschine geschrieben »4 von 4 Ausfertigungen«, ein Hinweis darauf, dass der Bericht nur wenigen Personen zugänglich gemacht wurde. Nach der Beschlagnahmung durch die Alsos-Mission wurde der deutsche Stempel »Geheim« durchgestrichen und durch das englische »Secret« ersetzt. Die Ausführungen Weizsäckers blieben weiterhin geheim und waren nur wenigen Forschern bekannt. Auch nach dem Ende des Zweiten Weltkriegs wurde die Geheimhaltung beibehalten. Dies zeigen die Stempel »Restricted data« und »Caution«, die 1946 angebracht wurden. Erst Jahre später hob man die Einstufung als »Geheim« auf und vermerkte dies mit einem weiteren Stempel auf der

79 DMA, FA 002/501.

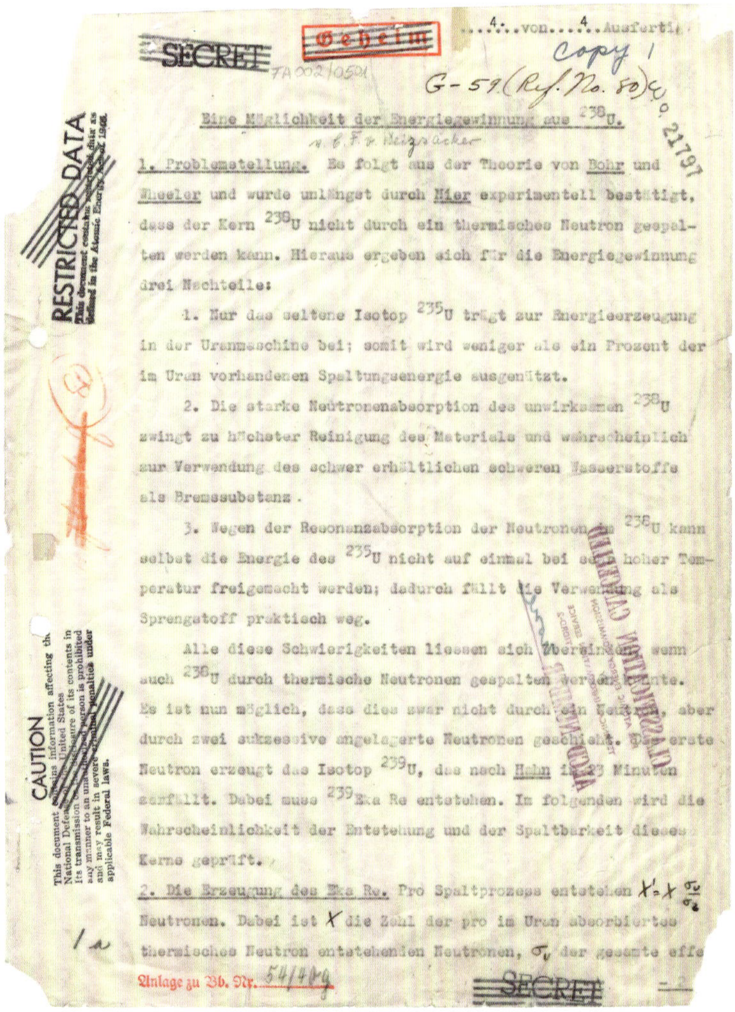

SECRET Geheim ...4...von...4..Ausferti

Eine Möglichkeit der Energiegewinnung aus ^{238}U.

1. Problemstellung. Es folgt aus der Theorie von Bohr und Wheeler und wurde unlängst durch Nier experimentell bestätigt, dass der Kern ^{238}U nicht durch ein thermisches Neutron gespalten werden kann. Hieraus ergeben sich für die Energiegewinnung drei Nachteile:

1. Nur das seltene Isotop ^{235}U trägt zur Energieerzeugung in der Uranmaschine bei; somit wird weniger als ein Prozent der im Uran vorhandenen Spaltungsenergie ausgenützt.

2. Die starke Neutronenabsorption des unwirksamen ^{238}U zwingt zu höchster Reinigung des Materials und wahrscheinlich zur Verwendung des schwer erhältlichen schweren Wasserstoffs als Bremssubstanz.

3. Wegen der Resonanzabsorption der Neutronen im ^{238}U kann selbst die Energie des ^{235}U nicht auf einmal bei sehr hoher Temperatur freigemacht werden; dadurch fällt die Verwendung als Sprengstoff praktisch weg.

Alle diese Schwierigkeiten liessen sich überwinden, wenn auch ^{238}U durch thermische Neutronen gespalten werden könnte. Es ist nun möglich, dass dies zwar nicht durch ein Neutron, aber durch zwei sukzessive angelagerte Neutronen geschieht. Das erste Neutron erzeugt das Isotop ^{239}U, das nach Hahn in 23 Minuten zerfällt. Dabei muss ^{239}Eka Re entstehen. Im folgenden wird die Wahrscheinlichkeit der Entstehung und der Spaltbarkeit dieses Kerns geprüft.

2. Die Erzeugung des Eka Re. Pro Spaltprozess entstehen $X'=X\frac{\sigma_U}{\sigma_0}$ Neutronen. Dabei ist X die Zahl der pro im Uran absorbiertes thermisches Neutron entstehenden Neutronen, σ_U der gesamte effe

Anlage zu Bb. Nr. 54/40g SECRET

46 Carl Friedrich von Weizsäcker: Eine Möglichkeit der Energiegewinnung aus ^{238}U, 1940.

Rückseite (»Classification cancelled«). Im Zuge der Deklassifizierung wurden alle amerikanischen Stempel auf der Vorderseite durchgestrichen. Wann die Deklassifizierung erfolgte, lässt sich nicht sagen. Allerdings wurden viele Dokumente des Bestands schon im Januar 1950 zugänglich gemacht, während auf dem Weizsäcker-Dokument das genaue Datum fehlt, was auf eine längere Geheimhaltungsfrist hindeutet.

Weizsäcker schildert in seinem Bericht, das Problem der Energiegewinnung bestehe darin, dass zwar ^{235}Uran, nicht aber das schwerere ^{238}Uran durch ein langsames (thermisches) Neutron gespalten werden könne. Weizsäcker stellte in seinem Report an das Heereswaffenamt fest, dass aber auch ^{238}U durch thermische Neutronen spaltbar sei. Die Spaltung sei aber das Ergebnis nicht eines, sondern zweier nacheinander absorbierter Neutronen. Seine Forschungsergebnisse beruhten dabei auf den Beobachtungen des dritten Versuchs zum Bau einer Uranmaschine, den Werner Heisenberg durchgeführt hatte. Dabei wies Weizsäcker darauf hin, dass in Kernreaktoren ein neues spaltbares Element ^{239}Eka Re (Eka-Rhenium) entstehen müsse. Obwohl er es nicht so bezeichnete, sprach Weizsäcker faktisch von Plutonium. Entdeckt wurde das chemische Element Plutonium erst gegen Ende des Jahres 1940 in den USA. Als Quintessenz weist Weizsäcker auf der letzten nummerierten Seite darauf hin, dass das neue Element einmal zum Bau sehr kleiner Maschinen, dann als Sprengstoff sowie durch Beimischung zur Umwandlung anderer Elemente in großen Mengen verwendet werden könne.[80] Diese Zusammenfassung ist insofern wichtig, als Weizsäcker wie andere Forscher weltweit das Potenzial der Kernspaltung für den Bau von Atomwaffen erkannte und dem Plutonium eine entscheidende Rolle als Spaltmaterial bei der Waffenproduktion zumaß. Der Bericht Weizsäckers ist ein Hinweis darauf, dass die deutschen Atomforscher durchaus einen militärischen Nutzen der Kernspaltung erkannten, wenngleich ein solcher bis Kriegsende nicht erreicht wurde. Weizsäcker war es übrigens auch, der ein Jahr später die waffentechnische Nutzung zu patentieren versuchte, allerdings erfolglos.

Auch in anderer Hinsicht ist das Dokument Weizsäckers interessant. Auf einem separaten Blatt sind drei Abbildungen aufgeklebt, die der Erläuterung seines Berichts dienen. Die erste demonstriert vergleichend den Spaltprozess von »Gewöhnlichem Uran« (also einer Mischung aus ^{238}Uran und einem geringen Anteil an ^{235}Uran) und von reinem ^{235}Uran bei der Kettenreaktion.

80 Vgl. ebd.

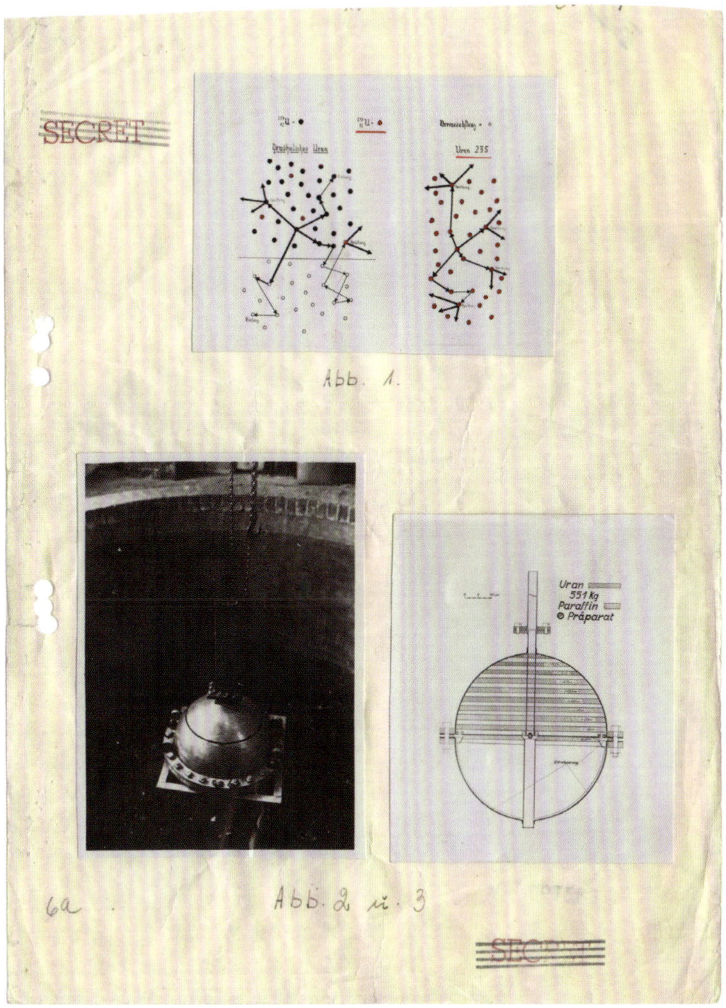

47 Abbildungen zum Bericht Weizsäckers, 1940.

Die zweite Aufnahme zeigt einen Kugelreaktor, wie er bei dem Berliner Versuch 1940 im Einsatz war. Es dürfte sich dabei um die früheste Fotografie eines deutschen Reaktors handeln. Die dritte Abbildung ist eine grafische Darstellung zur Funktionsweise. Der Kugelreaktor bestand im Innern aus abwechselnden Schichten von Uranpulver und einer Bremssubstanz, hier Paraffin. **| Abb. 47 |**

Der Bestand der Atomdokumente gehört zu den am meisten genutzten Unterlagen im Archiv. Aufgrund seiner Bedeutung veranstaltete das Archiv schon 2001 die Sonderausstellung »Geheimdokumente zum deutschen Atomprogramm 1938–1945«, zu der auch eine CD-ROM produziert und ein Internet-Auftritt mit rund 750 Dokumentseiten gestaltet wurde. Aufgrund des großen Publikumserfolgs wurde diese Ausstellung später wiederholt. Dank der Unterstützung des Freundeskreises Deutsches Museum konnte eine professionelle Theatergruppe gewonnen werden, die das Stück »Kopenhagen« von Michael Frayn eine Woche lang im Ehrensaal des Museums zur Aufführung brachte. Da der Text von Frayn auf zahlreichen Aussagen und Berichten der deutschen Atomforschung beruht, hatten Besucherinnen und Besucher die Möglichkeit, reale Dokumente und literarische Bearbeitung an einem Ort kritisch zu betrachten. Heute sind alle 11 602 Seiten der »Geheimdokumente« online abrufbar.[81]

Archive von Firmen, Institutionen und Vereinen

Gesamtbestand		550 lfm.
Wichtige Bestände	ARISTO-Werke Dennert & Pape (1847–1978)	10 lfm.
	C. A. Steinheil Söhne (1826–1958)	17 lfm.
	Dokumente zum deutschen Atomprogramm (1938–1946)	3,5 lfm.
	Dyckerhoff & Widmann AG (ca. 1870–1990)	8 lfm.
	Ernst-Heinkel-Flugzeugwerke (1900–1958)	42 lfm.
	Junkers (1870–1935)	160 lfm.
	Gesellschaft Deutscher Naturforscher und Ärzte (ca. 1822–2020)	34 lfm.
	Heeresversuchsanstalt Peenemünde (1939–1945)	56 lfm.
	Ott, Kempten (1894–1998)	17 lfm.
	Polytechnischer Verein in Bayern (1815–1938)	29 lfm.
	Technisch-Literarische Gesellschaft e. V. (1929–2009)	8,5 lfm.

81 https://digital.deutsches-museum.de/de/digital-catalogue/archive-unit/FA%2520002/ (22.5.2022).

Beipackzettel technischer Produkte

Firmenschriften

48 Firmenschrift der Farbwerke vorm. Meister, Lucius & Brüning in Höchst: »Saisonfarben auf Damentuch«, ca. 1910–1914. Foto: Hans-Joachim Becker

Heute landet sie oft unbesehen im Papierabfall: die Gebrauchsanleitung für den neuen Fernseher oder das Handy. Käuferinnen und Käufer werfen auf die mitgelieferte Anleitung höchstens einen Blick, um ein Gerät in Betrieb zu nehmen. Dann hat das vielsprachige Heftchen seine Schuldigkeit getan. Anders sieht es meist bei dem Bordhandbuch für das neue Auto aus. Dieses wird aufbewahrt, weil darin die unterschiedlichsten Displays und deren Nutzung sowie die vielen elektronischen Meldungen erklärt sind, welche regelmäßig zum nächsten Ölwechsel mahnen, auf den zu niedrigen Reifendruck aufmerksam machen oder bisweilen ein massives technisches Problem anzeigen. Ärgerlich wird es nur, wenn das Handbuch des neuen Computers nur online abrufbar ist und Mann/Frau den Rechner nicht zum Laufen bringt …

Das Beispiel der Betriebsanleitung für den Pkw demonstriert eindrucksvoll die Veränderung dieser Gattung von Dokumenten. Auto-»Handbücher« umfassten in den Anfängen der Automobilisierung in Deutschland oft nur wenige Seiten – heute sind es meist dicke Wälzer mit Hunderten von Seiten. Aber auch inhaltlich haben sie sich entscheidend verändert. Vor 100 Jahren lag der Schwerpunkt auf der technischen Dokumentation, welche die eigene Wartung und Reparatur des Fahrzeugs ermöglichen sollte. Dieser Aspekt spielt heute keine Rolle mehr. Autos sollen nicht von der Fahrerin oder dem Fahrer repariert werden, sondern in der Fachwerkstatt! Es verwundert im 21. Jahrhundert schon sehr, wenn historische Automobilhandbücher beispielsweise auf Schmiervorschriften oder auf die Unterschiede des Schiebermotors zum Tellerventilmotor aufmerksam machen. Dafür weisen moderne Kfz-Handbücher auf das Infotainment-System, die Top-Tether Befestigungsösen (für den Kindersitz), die Tretkurbelfixierungen (des Fahrradhalters) und den Vier-Wege-Schalter hin. Bisweilen drängt sich der Eindruck auf, dass das Betriebshandbuch im Grundsatz nicht den Fahrenden helfen soll, sondern nur die Hersteller vor juristischer Haftung schützt.

Was versteht man unter einer Firmenschrift? Nicht gemeint sind die Schriftarten, welche Unternehmen für die grafische Gestaltung ihrer Texte und ihr Corporate Design verwenden. Der Begriff »Firmenschrift«, wie ihn Archive, Bibliotheken und die Informationswissenschaft verwenden, umfasst dagegen im weitesten Sinne alle vervielfältigten, gedruckten und elektronischen Veröffentlichungen eines Unternehmens, die Informationen über die Firma, ihre Produkte und Dienstleistungen liefern. Firmenschriften werden heute der sogenannten Grauen Literatur zugerechnet, da sie nicht über kommerzielle Verlage vertrieben werden und in der Regel nicht im Buchhandel erhältlich sind. Dabei kann es sich um regelmäßig erscheinende Veröffentlichungen wie Mitarbeiter- oder Werkzeitschriften zur internen Kommunikation handeln, für die auch Terminologien wie Betriebszeitung, Personalzeitschrift und Hauszeitschrift gebräuchlich sind. Außerdem werden unter dem Begriff auch Firmenfestschriften eingeordnet, die zu runden Jubiläen oder markanten Ereignissen eines Unternehmens publiziert werden. Für Firmen sind sie ein wichtiger Teil ihrer Erinnerungskultur und können intern zur Steigerung der Identifikation mit dem Unternehmen bei Mitarbeiterinnen und Mitarbeitern benutzt werden, während sie extern als Instrument der Öffentlichkeitsarbeit den Verkaufsinteressen – durch den Verweis auf eine historisch dokumentierte, langjährige Leistungsfähigkeit – dienen.

Eine dritte Kategorie der Firmenschriften umfasst Einzelschriften: Kataloge, Handbücher, Prospekte, Musterbücher, Produktbeschreibungen, Typenblätter, Bedienungsanleitungen, Betriebs- und Reparaturanweisungen, Ersatzteillisten, Preislisten, Geschäftsberichte, Presseinformationen und Bilanzen. Die drei Letzteren werden im Folgenden vernachlässigt, da sie fast ausschließlich das wirtschaftliche Umfeld eines Unternehmens charakterisieren. Alle anderen Genres sind für unser Archiv wesentlich interessanter, da sie die erzeugten Produkte zum Inhalt haben.

Muster mit Wert

Während die Firmenschriften ursprünglich die Funktion hatten, die Waren eines Unternehmens zu präsentieren, sind sie heute zu einer wichtigen historischen Primärquelle geworden. Sie bilden die Produktpalette einer Firma in einer meist kurzen Zeitperiode ab, bevor eine Neuauflage gedruckt wird. Leider sind viele dieser Veröffentlichungen nicht datiert, da man gerade im 19. Jahrhundert aus Kostengründen möglichst lange an einer Ausgabe festhalten wollte. Daher finden sich viele Beispiele für identische Exemplare, die sich nur durch die beigelegten Preislisten unterscheiden. Viele im Archiv vorhandenen Produktlisten aus der Frühzeit dieser Gattung können daher nur grob datiert werden. Erst seit den 1920er-Jahren sind die Kataloge in vielen Fällen zeitlich genauer einzuordnen, da die Hersteller gerade bei häufig nachgefragten Artikeln oder bei solchen, die raschen technischen Veränderungen unterworfen waren, in die Firmenschriften Angaben zur Datierung und zur Auflagenhöhe eindrucken ließen. Kurzangaben wie »2000.8.39 Liste 121 a« oder »500.2.33 Catálogo 256«, wie sie in den Katalogen des Kemptener Herstellers von mathematischen und hydrometrischen Instrumenten, der Firma A. Ott GmbH, auftauchen, lassen sich als Neudruck der Liste 121 a »Eichung der Wassermessflügel. Grundsätze für Bestellung und Lieferung. Teilliste 121 a« vom August 1939 mit einer Auflage von 2000 Exemplaren oder – beim zweiten Beispiel – als ein im Februar 1933 für den spanischsprachigen Markt publizierter Katalog »Grandes limnigrafos de tabor vertical. Catálogo 256« mit der Kleinauflage von 500 Stück auflösen.

In den letzten drei Jahrzehnten wurden Firmenschriften als wichtige Forschungsgrundlage für technik- und wissenschaftshistorische Arbeiten neu entdeckt und mit steigendem Interesse nachgefragt. Insbesondere für Untersuchungen technischer Objekte und Artefakte sowie für die Restaurierungsforschung sind sie eine zentrale Quelle. Die Unterlagen erläutern Konstruktion und Funktion eines Objekts, enthalten seltene bildliche Darstellungen, Explosionszeichnungen, Dreiseitenansichten, Skizzen und Fotografien. Gerade diese Abbildungen, die oft in hervorragender Qualität abgedruckt sind, spiegeln die Entwicklung des technischen Designs einer Firma oder einer ganzen Branche wider. Häufig wird der Quellenwert der einzelnen Exemplare erst Jahrzehnte später erkannt. So konnten kürzlich Kunststoffmuster aus den 1920er-Jahren von der hauseigenen Restaurierungsforschung des Deutschen Museums analysiert und als Referenzen für weitere Forschungen herangezogen werden.

Die große Sammlung an Firmenschriften im Archiv ist teilweise auch eine wertvolle Quelle für die Geschichte einzelner Unternehmen, ihrer Vorgänger und Nachfolger. In zahlreichen Exemplaren der Sammlung finden sich Beschreibungen der eigenen Firmenhistorie, Abbildungen der Werksgebäude und sogar der Produktionsstätten. Da viele der im Bestand vertretenen Unternehmen heute nicht mehr existieren und ihre archivische Überlieferung verloren gegangen ist, bilden die Firmenschriften einen unikalen Zugang. Gerade Exemplare zwischen 1880 und 1930 verwiesen gerne auf Preise und Auszeichnungen, welche die Betriebe bei Weltausstellungen oder großen nationalen Veranstaltungen erhalten hatten. Sie dienten dem Nachweis der eigenen Leistungsfähigkeit. Eine ähnliche Funktion hatten die bisweilen überbordenden Referenzlisten, in denen seitenweise der Einsatz eines Produkts in unterschiedlichen Branchen aufgelistet wurde.

Gebrauchsanleitungen und Bedienungsanweisungen können generell auch als schriftliche Dokumente der Technikvermittlung und der Entstehung eigener Kommunikationsstrukturen mit einer stark bildhaften und von Begriffssymbolen durchsetzten Sprache gelesen werden. Die abgedruckten wirtschaftlichen Daten bieten eine Grundlage für wirtschaftshistorische Fragestellungen, so z.B für Zusammenhänge zwischen Hersteller und Markt, Absatz und Preisentwicklung sowie zur historischen Entwicklung der gewerblich-kommerziellen Bewerbung von Waren und Konsumgütern. Für die Amateurforschung sind sie meist unter dem Aspekt der Wartung und Reparatur eines technischen Objekts

49 Handschriftliches Musterbuch der Frères Heilmann, Mülhausen, für bedruckte Stoffe, 1859/60. Foto: Hans-Joachim Becker

oder eines wissenschaftlichen Instruments interessant. Auch Modellbauer nutzen diese Art der Quelle häufig für ihre Arbeit.

Historisch entwickelten sich die modernen Firmenschriften aus handschriftlichen Aufzeichnungen. Die wohl älteste Form ist das Musterbuch. Bei den Frühformen muss man zwischen Notizen, die für den internen Gebrauch einer Werkstatt oder Manufaktur angelegt waren, und sogenannten Vertreterbüchern, die speziell für Interessenten und Käufer zusammengestellt waren, unterscheiden. Die frühesten bekannten Beispiele datieren aus dem 17. Jahrhundert. Das älteste Stück im Archiv stammt aus dem Jahr 1678 und trägt den Titel »Eyn Schöneß und Kunstricheß Weber-Buoch«.[82] Angelegt hat es der Weber Michael Abraham Schroitzer aus Oberkilch (heute: Oberkirch) im Kanton Luzern. Auf 36 Blättern stellte er für seine Werkstatt Webmuster und Anweisungen zusammen, die beim Weben zu beachten waren. Aus dem Inhalt ist klar ersichtlich, dass das Büchlein nicht für die Öffentlichkeit gedacht war. Es diente intern als »Gedächtnisstütze« für ausgeführte Arbeiten, aber auch als Ideengeber bei der Weiterentwicklung der Produktpalette und als Beispiel in der Ausbildung von Lehrlingen.

Anders verhält es sich dagegen bei den Musterbüchern für die Kunden. Besonders Textilfabrikanten und Textilverleger nutzten Musterkarten, um Beschaffenheit und Qualität des Stoffes oder der Wolle, des Dekors und der Farbe zu demonstrieren. Dabei wurden kleine Stücke, eben die Muster, verschickt. Umfangreichere Produktsammlungen fasste man in »Musterbüchern« zusammen. Sie dienten den Kaufleuten auf Messen und Märkten oder bei Kundenbesuchen dazu, um auf die Vielfalt ihrer Erzeugnisse aufmerksam zu machen. Da die Musterbücher nicht für eine weitere Verbreitung gedacht waren, stellten sie die Werkstätten nur in ein, zwei handschriftlichen Exemplaren her. Bei Musterbüchern von metallverarbeitenden Unternehmen sollte dem Käufer das Produkt durch Zeichnungen und Skizzen nähergebracht werden.

Ein interessantes Beispiel ist das »Fabrikationsbuch« der Frères Heilmann aus Mülhausen im Elsass, das vom 2. August 1859 bis 20. Juli 1860 geführt wurde.[83] Der Name der Manufaktur geht auf Josua Heilmann zurück. Der Elsässer war eine innovative Persönlichkeit in der Geschichte der Textiltechnik. Schon 1829 erfand er eine Handstickmaschine, welche die zeit- und personalintensive Stickarbeit mechanisierte. Er gilt zudem als einer der Begründer der mechanischen Kämmerei. Von ihm stammt die erste Versuchsmaschine für das Kämmen von Kammwolle aus dem Jahr 1845,[84] die er drei Jahre vor seinem Tod entwickelt und für die er 1846 ein englisches Patent erhalten hatte. Sie wurde dem Deutschen Museum 1906 von der Elsässischen Maschinenbau-Gesellschaft gestiftet. Die Firma Frères Heilmann blieb – unter wechselnden Firmennamen – viele Jahrzehnte innovativ. Bei der ersten internationalen Elektrizitätsausstellung in Paris 1881 stellte sie im Palais de l'Industrie ihre damals bereits elektrisch betriebenen Werkzeugmaschinen aus, wie ein Holzstich in der Zeitschrift »La Lumière électrique« belegt.[85]

Das in Abbildung 49 gezeigte »Fabrikationsbuch« ist ein typisches Beispiel für ein Musterbuch. Im Jahr 1910 wurde es im Museum unter der Nummer 33 489 inventarisiert. Auf zahlreichen

82 DMA, HS 1996-006.

83 Vgl. DMA, HS 1949-285.

84 Vgl. Deutsches Museum, Objektsammlungen (DMO), Inv.-Nr. 6203; vgl. Matschoß, Museum, 1925, S. 266.

85 La Lumière électrique 3, 1881, Nr. 50 vom 21.09.1881, S. 377.

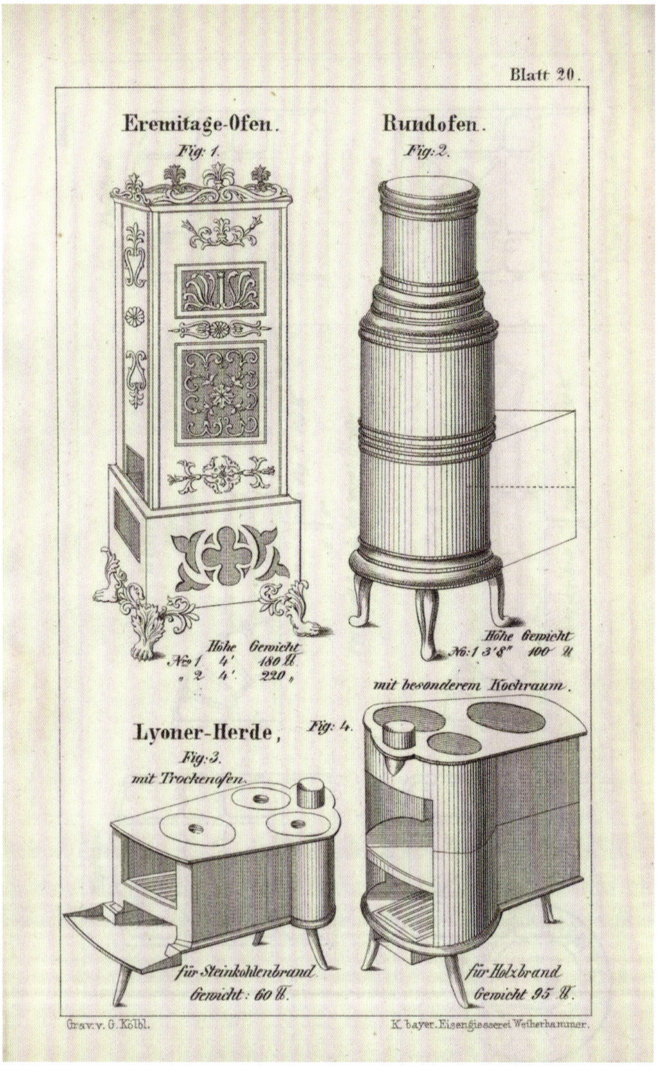

50 Firmenschrift der Königlich Bayerischen Eisengießerei in Weiherhammer mit dort hergestellten gusseisernen Öfen, 1861.

Seiten sind Proben der Heilmann'schen Stoffproduktion aufgeklebt. Die Fotografie zeigt die farbige Bemusterung eines feingewebten Stoffs in »Vert« (grün). Die handschriftliche Notiz liefert eine kurze Beschreibung des Herstellungsverfahrens. Darin heißt es, der Stoff werde zuerst gedämpft und geformt, anschließend auf diesen Untergrund das Muster gedruckt und das Gewebe erneut gedämpft. Diese allgemeine Charakterisierung des filigranen Textils verdeutlicht, dass die Handschrift kein internes Lehrbuch für die Herstellung der bedruckten Stoffe darstellte – so fehlen weitgehend Details wie z. B Angaben zur Farbmischung, zur Vorbehandlung der Textilien und zur Fixierung der Farbe. Vielmehr sollte das Musterbuch potenziellen Käufern Beispiele präsentieren. Ebenso ist die durchgehend einheitliche Handschrift, die feinsäuberlich die einzelnen Textilien beschreibt, ein Hinweis darauf, dass das »Fabrikationsbuch« für Kunden gedacht war. Die Handschrift konnte im Jahr 2011 restauriert werden. **| Abb. 49 |**

Während bis zur Mitte des 19. Jahrhunderts handschriftliche Musterbücher noch gebräuchlich waren, verbreiteten sich danach zunehmend gedruckte Exemplare. Sie konnten in höherer Auflage hergestellt werden, waren kostengünstiger und durch rasche Neuauflagen aktueller. Dank der höheren Auflagen konnte dem Kunden auf Wunsch auch ein Exemplar überlassen werden, sodass er jederzeit eine Probe vorliegen hatte. Die frühen gedruckten Firmenschriften waren noch sehr einfach gestaltet, wie Abbildung 50 zeigt. Die Aufnahme stammt aus einer Firmenschrift der oberpfälzischen Königlich Bayerischen Eisengießerei in Weiherhammer aus dem Jahr 1861. Die Palette der dort hergestellten Waren reichte von einfachen Töpfen, Kesseln, Spucknäpfen, Wasserleitungsrohren, Waffel- und Bügeleisen, Fensterrahmen, Türgriffen, Beschlägen, Geländern, Grabkreuzen, Werkzeugen, Zollgewichten und Pflügen bis hin zu den hier abgebildeten verschiedenen Formen gusseiserner Öfen. Die Produkte sind in der Regel grob skizziert, und in der Beschreibung sind lediglich die Maße des Gegenstands zu finden, während Preisangaben fehlen. **| Abb. 50 |**

51/52 Handschriftliches Musterbuch von Kissing & Möllmann mit verschiedenen Typen von Kaffeemühlen, 1855. Fotos: Hans-Joachim Becker

Ein nahezu zeitgleich entstandenes Musterbuch der Firma Kissing & Möllmann, die ebenfalls Metallwaren herstellte, aus dem Jahr 1855 ist dagegen noch handschriftlich.[86] Das Iserlohner Unternehmen, das zu dieser Zeit im Vergleich zur Weiherhammer Eisengießerei bereits ein internationales Handelshaus war und bis Mittel- und Südamerika exportierte, hatte um 1870 über 10 000 Artikel im Angebot.[87] Bekannt ist zudem, dass Kissing & Möllmann damals auch über gedruckte Firmenkataloge verfügte. Daher ist zu vermuten, dass das gezeigte handschriftliche Exemplar **| Abb. 51/52 |** mit den typischen Waren des Bergischen Landes – u. a. Sägen, Bohrer, Hämmer, Zangen, Zirkel, Feilen, Ambosse, Winden, Schraubstöcke, Beile, Schrauben, Schlösser, Griffe, Waagebalken, Bügeleisen, Gartengeräte und eben Kaffeemühlen – nur einen Auszug aus der erheblich größeren Produktpalette bildet. Vielleicht war es als Vorlage für einen gedruckten Warenkatalog gedacht.

Da die Zusammenstellung der Muster aufwendig war und die Bücher durch die häufige Benutzung anfällig für Beschädigungen und nach einigen Jahren überholt waren, gingen die Fabriken im 19. Jahrhundert dazu über, die Kataloge drucken zu lassen. Vorbild war dabei England, das mit vorzüglichen Produkten, aber auch mit in Kupfer gestochenen Musterkarten den kontinentaleuropäischen Markt aufrollte. Die englischen Kaufleute ließen ihre Warenproben nicht nur auf den Messen bei den Kunden zurück, sondern verschickten sie auf Nachfrage ins Haus. Abgesehen von den Musterbüchern ließen die Fabriken Preislisten oder sogenannte »Preis-Couranten«, die neben den Preisen der Produkte auch Marktpreise bestimmter Waren und Rohstoffe oder aktuelle Wechselkurse enthielten, drucken. Diese Übersichten konnten rasch aktualisiert werden, sobald sich die Rohstoff- und Herstellungspreise änderten.

Mit der zunehmenden Industrialisierung änderten sich die Formen der Unternehmenswerbung. Neben die Musterbücher und Preislisten traten die technischen Handbücher für komplexere Produkte. Gegen Ende des 19. Jahrhunderts veröffentlichten die Betriebe immer aufwendigere Firmenschriften. Sie waren häufig weit mehr als reine Warenkataloge. In den meisten Fällen dienten sie der Repräsentation und Demonstration der eigenen Leistungsfähigkeit. Schon hinsichtlich ihrer Aufmachung scheuten zumindest die etablierten Firmen keine Kosten.

86 Vgl. DMA, HS 2014-001.

87 Vgl. Reininghaus, Art, 1984.

53 Cover einer Firmenschrift der Firma Adolf Bleichert & Co., 1908. Foto: Hans-Joachim Becker

54 Materialseilbahn und Verladestation, errichtet von Adolf Bleichert & Co. in Neukaledonien, 1908. Foto: Hans-Joachim Becker

55 Musterbuch der Firma Koenig & Bauer für Druckmaschinen, 1905. Foto: Hans-Joachim Becker

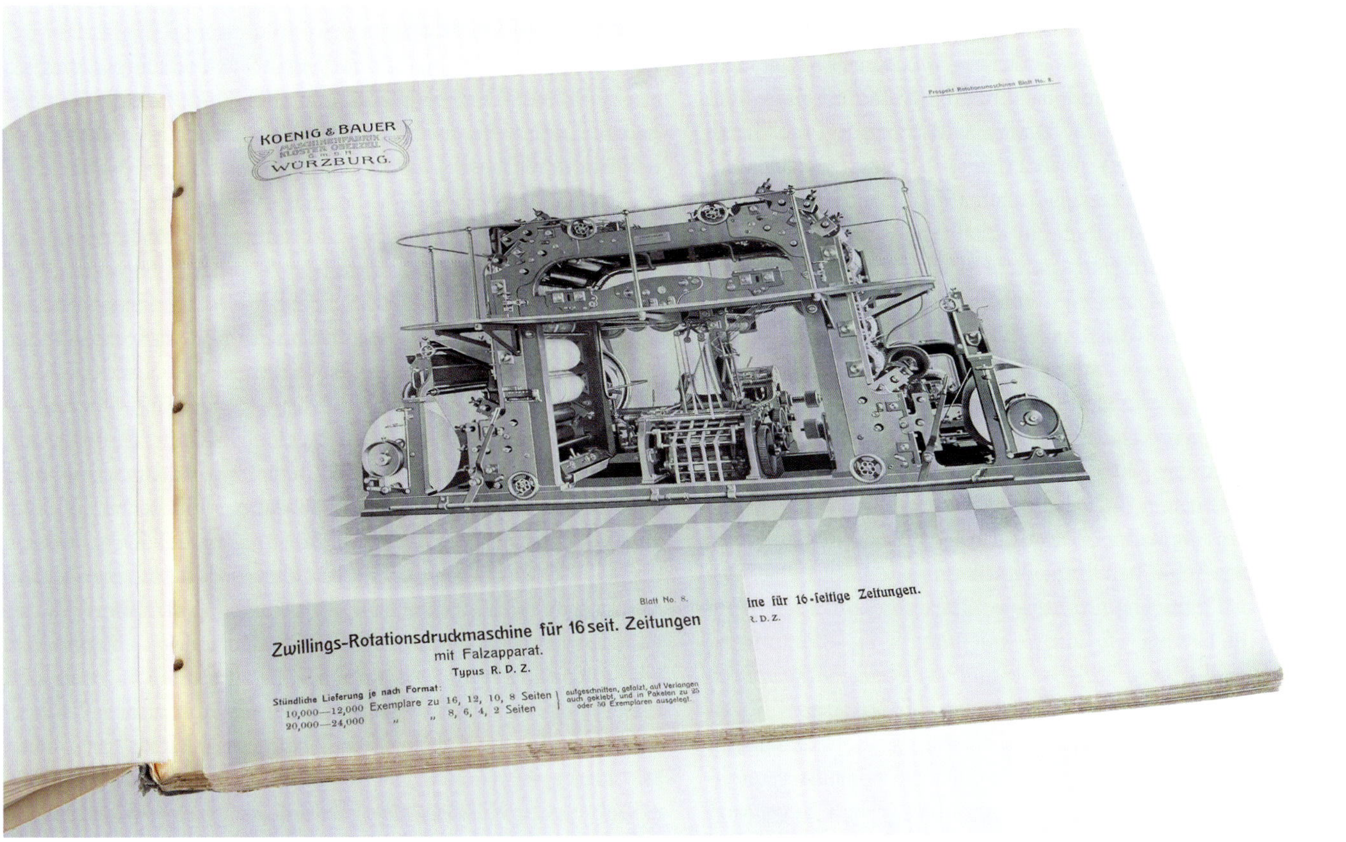

56 Beschreibung der Zwillings-Rotationsmaschine für 16-seitige Zeitungen mit Falzapparat, 1905. Foto: Hans-Joachim Becker

Die Firmenschrift des traditionsreichen Unternehmens für Seilbahnen und Fördereinrichtungen Adolf Bleichert & Co. in Leipzig | **Abb. 53** | vereint beispielhaft alle angesprochenen Charakteristika dieser Gattung. Schon der Einband ist prächtig im Jugendstil gestaltet und zeigt den 1901 verstorbenen Firmengründer als Relief. Die Illustrationen stammen von dem Maler und Buchgestalter Max Honegger, der seit 1890 in der sächsischen Metropole lebte. Hintergrund für die Erstellung dieser Firmenschrift war die Inbetriebnahme neuer Fabrikanlagen in Leipzig. Im Buch finden sich Angaben zur Firmengeschichte, Werksansichten und Menschen bei der Arbeit. Eine Farbtafel zeigt eine Drahtseilbahn bei Thio in Neukaledonien. Diese Materialseilbahn | **Abb. 54** | war von der Firma Bleichert zwei Jahre vor Erscheinen der Schrift an der Pazifikküste gebaut worden und diente dazu, das von einer Schmalspurbahn an die Küste transportierte Nickelerz mit Loren auf Schiffe zu verladen. Sie war die damals längste über Wasser geführte Seilbahn weltweit, weswegen sie prominent auf den ersten Seiten der Firmenschrift abgedruckt war.

Im Archiv des Deutschen Museums entdeckt man zahlreiche Beispiele für prächtig gestaltete Firmenschriften. Ein besonders schönes Exemplar stammt von der Firma Koenig & Bauer, die seit 1817 existiert und damit die älteste Druckmaschinenfabrik der Welt ist. Sie produzierte bis 1901 im säkularisierten Kloster Oberzell bei Würzburg, bevor der Betrieb in einen Neubau auf der anderen Mainseite umzog. Der Katalog mit 96 Seiten aus dem Jahr 1905 hat ebenfalls einen Jugendstileinband und ist mit einer Kordel zusammengebunden. Typischerweise zeigt er eine Werksansicht und listet am Ende die Empfänger der Produkte auf. Abgebildet sind die verschiedenen, von Koenig & Bauer hergestellten Rotationsdruckmaschinen für den Druck von Zeitungen, von denen die Zwillings-Rotationsmaschine für 16-seitige Zeitungen mit Falzapparat auf das Cover geprägt ist. | **Abb. 55/56** |

Im Laufe des 20. Jahrhunderts reduzierten die Firmen den Aufwand für ihre Veröffentlichungen zunehmend. Verstärkt griffen sie auf Fotografien zurück, die grafisch nachbearbeitet wurden. Generell kann man die Tendenz beobachten, Gesamtproduktkataloge durch Spezialschriften für einzelne Bereiche oder Sprachen zu ersetzen, um sich passgenauer an den Kundeninteressen orientieren zu können.

15 000 Firmen

In der Firmenschriftensammlung im Archiv finden sich alle Variationen produktbezogener Veröffentlichungen von Unternehmen aus verschiedenen Ländern, Sparten und Zeiten. Sie ist deutschlandweit die größte Spezialsammlung ihrer Art. Die Bedeutung des Bestands rührt auch daher, dass das Museum praktisch zeitgleich mit seiner Gründung Firmenschriften eingeworben hat und somit über eine lange, kontinuierliche Sammlungstradition verfügt. Vertreten sind mehr als 15 100 Firmen mit einem Gesamtumfang von rund 535 Regalmetern. Die Zahl der Einzelschriften ist nicht exakt bekannt, dürfte jedoch im Bereich von etwa 210 000 Exemplaren liegen. Dabei ist der Umfang ganz unterschiedlich. Viele Regalmeter füllen die Werbeschriften von AEG, Auto-Union, BASF, Farbenfabriken Bayer, Benz und Daimler-Benz, Borsig, Robert Bosch, Brown, Boveri & Cie., DEMAG, Fichtel & Sachs, Ford-Werke, Gutehoffnungshütte, Henschel und Sohn, Hoechst, Klöckner-Humboldt-Deutz, Friedrich Krupp, Optische Werke Ernst Leitz, MAN, Osram, Siemens & Halske und Siemens-Schuckertwerke, Telefunken, Valvo, Voigtländer und Carl Zeiss. Manche Preislisten bestehen nur aus einem Blatt, während einige Musterbücher und Referenzkataloge weit über 1000 Seiten haben. Beispiele dafür sind voluminöse Bände wie »Die Hauptprobe der Schriftgießerei und Messinglinienfabrik D. Stempel«, datiert etwa 1914, mit rund 1200 Seiten, oder der »Hydrocarbon Processing Catalog« mit rund 2000 Seiten aus dem Jahr 1972, in dem Geräte und Materialien für Ölraffinerien und Kohlenwasserstoffverarbeitung angeboten waren. Diese beiden Firmenschriften sind im weltweiten Nachweissystem für Druckschriften »WorldCat« in nur wenigen Exemplaren nachgewiesen. Generell sind viele Firmenschriften nur noch im Archiv des Deutschen Museums vorhanden. Einige Drucke haben sich von einer ursprünglichen Massenware zu heute seltenen und wertvollen Unikaten gewandelt. Vor allem die Schriften des 19. und frühen 20. Jahrhunderts besitzen häufig Seltenheitswert, da sie in der Vergangenheit kaum aufbewahrt wurden. Das älteste gedruckte Exemplar im Archiv stammt aus dem Jahr 1817. Es handelt sich dabei um einen Verkaufskatalog der Werkstätte Utzschneider, Liebherr & Co. in München.[88]

Das Statistische Jahrbuch der Bundesrepublik Deutschland von 2019 weist für das Jahr 2017 insgesamt 729 770 Unternehmen aus dem produzierenden oder verarbeitenden Bereich aus.[89] Schon allein diese Zahl verdeutlicht, dass das Archiv des Deutschen Museums nicht umfassend sammeln kann. Daher fokussiert es sich auf historische wie aktuelle Unterlagen traditioneller Sammlungsschwerpunkte und ausgewählter Industrien. Priorität haben Schriften chemischer, elektrotechnischer, elektronischer und optischer Unternehmen, der Schwerindustrie, der Metallbearbeitung und des Werkzeugmaschinen-, Eisenbahn-, Kraftfahrzeug- und Automobilbaus, der Textil-, Agrar-, Lebensmittel-, Nachrichten-, Rechen-, Schreib- und Drucktechnik. Ebenso sind Firmen, die sich auf die Herstellung wissenschaftlicher Instru-

88 Vgl. DMA, FS 507317.

89 https://www.destatis.de/DE/Themen/Querschnitt/Jahrbuch/statistisches-jahrbuch-2019-dl.pdf;jsessionid=C79022558F9A166D734D3851F02214D6.live742?__blob=publicationFile, S. 524 (1.9.2021).

mente oder auf Lehrmittel spezialisiert haben, für die Sammlung interessant. Im Zusammenhang mit der Entwicklung neuester Technologien gilt es auch, diagnostische Instrumente, Geräte der Molekularbiologie, Gen- und Nanotechnik oder Apparaturen der sogenannten »research technologies« zu berücksichtigen.

Die Erwerbungspolitik des Archivs zielt also auf gedruckte, produktbezogene Veröffentlichungen von Firmen in bestimmten Branchenschwerpunkten ab. Firmenfestschriften und Werkzeitschriften sind dabei ausgeschlossen, da diese per definitionem Bibliotheksgut sind und damit im Sinne der intern festgelegten Arbeitsteilung in der Museumsbibliothek magaziniert sind. Sofern ursprünglich im Archiv Firmenfestschriften vorhanden waren, wurden sie dorthin abgegeben. Ebenso wurde eine 1242 Titel umfassende Sammlung an Unternehmenszeitschriften im Zuge einer Fokussierung der Archivsammlung aufgelöst. Betriebszeitschriften mit Bezug zur Technik- und Wissenschaftsgeschichte wurden dabei an die Bibliothek des Hauses abgegeben; den Hauptteil übernahm im Jahr 2013 die Deutsche Nationalbibliothek.

Im Fokus der Erwerbung von Firmenschriften stehen heute Übernahme und Ankauf von Musterbüchern, Produktbeschreibungen und -dokumentationen, Katalogen, Prospekten, Preislisten, Gebrauchsanweisungen und Wartungshandbüchern. Außen vor sind Presseinformationen und Geschäftsberichte. Letztere finden sich ebenfalls in der Museumsbibliothek. Dabei zielt die Erwerbung auf Firmenschriften aus dem Sekundärsektor, wie er in den Wirtschaftswissenschaften definiert ist, also auf Veröffentlichungen von verarbeitendem Gewerbe, Industrie und Handwerk, Bau- und Energiewirtschaft. Der gesamte tertiäre Sektor, der Dienstleistungssektor (z. B Banken, Versicherungen, Handel, Gastgewerbe, Gesundheitswesen, Logistik), wird in der Sammlungspolitik nicht berücksichtigt, da keine Sachgüter produziert werden. Der Blick richtet sich grundsätzlich auf die von den Unternehmen hergestellten Produkte, ihre Funktionsweise und ihre Preise.

In kaum einem anderen Archivbestand im Deutschen Museum ist die Verbindung zwischen den in den Ausstellungen gezeigten Objekten und den Archivunterlagen so deutlich greifbar wie bei der Firmenschriftensammlung. Da das Museum möglichst viele Maschinen, Fahrzeuge, Apparate und Instrumente in Funktion vorführen wollte, war es notwendig, mit dem Objekt auch dessen technische Dokumentation zu übernehmen. Nur so konnte das Museumspersonal die Objekte pflegen und, wenn es sein musste, überholen. Betriebshandbücher und die sie ergänzenden technischen Zeichnungen und Pläne zu den Ausstellungsgegenständen waren für die Wartung extrem wichtig, und sie spielen noch heute im Museumsbetrieb eine große Rolle. Die Schmierpläne für die bayerische Lokomotive S 3/6 der Firma Maffei, wie sie im Archiv verwahrt werden, sind noch immer häufig gefragt, ebenso beispielsweise die Firmenschriften der Uhrenfabrik J. Neher Söhne für die Restaurierung der astronomischen Turmuhr des Deutschen Museums.

Gleichzeitig korrespondiert die Firmenschriftensammlung mit anderen Archivbeständen wie Plänen und technischen Zeichnungen, der Plakatsammlung, dem Bildarchiv und den Firmenarchiven, in denen die historische Entwicklung von Unternehmen anhand von Akten, Zeichnungen und Fotografien dokumentiert ist.

Der Schwerpunkt der Firmenschriftensammlung liegt auf deutschen Firmen, obwohl im Bestand auch etliche englische, amerikanische und französische Unternehmen vertreten sind. Wichtig ist der Bezug zu den von ihnen hergestellten Sachgütern. Ziel und Inhalt des Bestands ist es, möglichst vielfältige Informationen zur Produktionspalette eines Unternehmens im Laufe der Firmengeschichte zu archivieren. Der Design-Aspekt sollte als Kriterium für die Übernahme von Firmenschriften grundsätzlich nicht ausschlaggebend sein, deshalb werden selbst aufwendig gestaltete Hochglanzbroschüren nur in Auswahl gesammelt.

Edison-Licht und Transart

Das Zugangsbuch der Plansammlung, das im Jahr 1904 angelegt wurde, führt unter dem Datum »22. März 1905« mit der Nummer 314 eine Firmenschrift der J. Pohlig AG, Köln als erste Erwerbung an. In der Folge kamen viele Einzelstücke ins Haus. Allein zwischen 1904 und 1906 sind 1705 Firmenschriften verzeichnet, bis Ende 1919 war die Zahl auf 4240 Dokumente angewachsen. Danach finden sich bis zum Jahresbericht 1934/35, als der Bibliotheksneubau bereits eröffnet war, in den offiziellen Statistiken keine weiteren Angaben. In diesem Jahr meldete die Bibliothek 29 000 Einzelstücke, um die Zahl ein Jahr später auf 70 000 (!) zu erhöhen. Bis 1941 lagen die Zuwächse bei rund 2000 Schriften pro Jahr. Nach dem Zweiten Weltkrieg ist erstmals in der Statistik im Jahr 1955 erneut eine Bestandszahl nachgewiesen (65 958). Vermutlich führten die Kriegsschäden und Bestandsbereinigungen zu einem nicht unwesentlichen Verlust von rund 15 000 Schriften. Dafür zeigt sich in den ersten drei Jahrzehnten nach Gründung der Bundesrepublik 1949 eine rasante Entwicklung. Bis 1977 war die Zahl der Firmenschriften auf 166 000 angewachsen. Danach finden sich keine Umfangsangaben mehr. Seit 1992 wurden zusätzlich rund 12 150 Publikationen erfasst, wobei eine Reihe von größeren Spezialzugängen noch nicht einzeln erschlossen ist. Hinzu kommen große Mengen an Firmenschriften, die in der Luft- und Raumfahrtdokumentation und in den verschiedenen Firmenarchiven und Nachlässen archiviert sind. Insgesamt dürfte die Gesamtzahl an Firmenschriften sicherlich bei 210 000 Einzelschriften liegen.

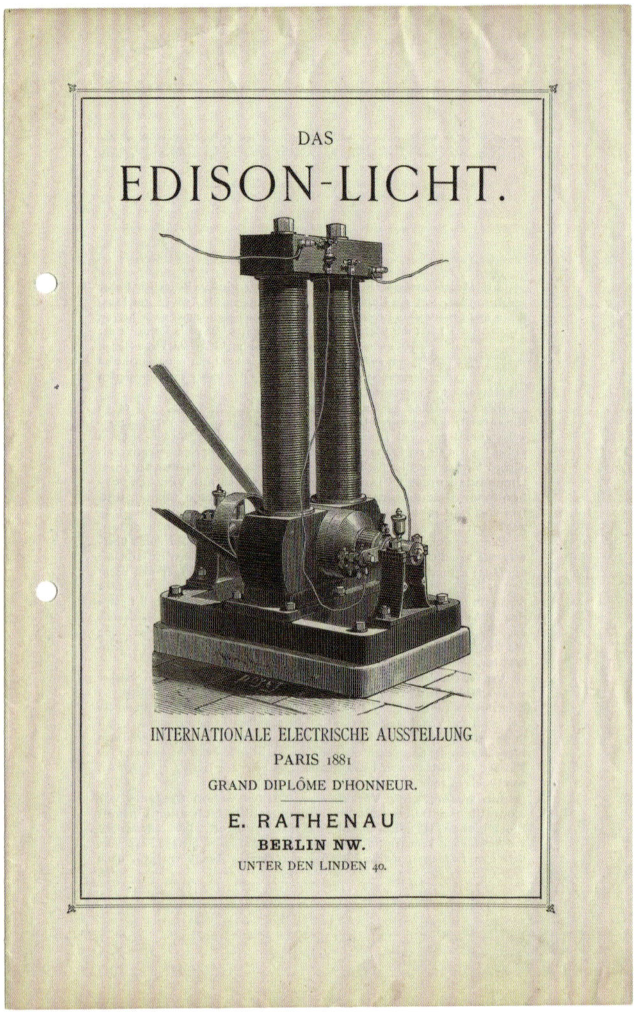

57 Aufstieg zum Weltkonzern: Die erste Firmenschrift der späteren AEG, 1882.

Das Archiv hatte das Glück, in den vergangenen Jahrzehnten von Privatpersonen mehrere geschlossene Sammlungen übernehmen zu können. So decken die »Sammlung Gnadt« und die »Sammlung Vossen« die Automobilentwicklung seit den 1920er-Jahren ziemlich vollständig ab. Ein weiterer Zugang beschäftigt sich ausschließlich mit allen Formen des Betriebsfunks. Hinzu kommen Spezialsammlungen der Firmen MAN und Osram, die deren breit gefächerte Firmenschriftenproduktion sehr gut widerspiegeln.

Eine absolute Rarität ist eine unscheinbare Schrift mit dem Titel »Das Edison-Licht«.[90] Datiert ist sie auf das Jahr 1882. Sie ist weltweit nur im Archiv des Deutschen Museums nachgewiesen und das früheste Zeugnis des späteren Weltkonzerns Allgemeine Elektricitäts-Gesellschaft (AEG), der bis 1996 bestand. Der Untertitel »Internationale Electrische Ausstellung Paris 1881« und der Hinweis auf den Namen »E. Rathenau« geben nähere Aufschlüsse zur Entstehungsgeschichte dieser Werbeschrift. Im Gegensatz zu einer gleichnamigen, ebenfalls von Rathenau publizierten Broschüre aus dem selben Jahr mit 86 Seiten hat das hier abgebildete Exemplar lediglich vier Seiten Umfang. **| Abb. 57 |**

Der studierte Maschinenbauingenieur Emil Rathenau war nach mehrjähriger Tätigkeit als Inhaber einer Maschinenfabrik in Berlin 1873 aus dieser ausgeschieden und hatte verschiedene Projekte für ein Fernsprechnetz und eine Straßenbeleuchtung erfolglos aufgeben müssen. Der Wendepunkt war die erste Internationale Elektrizitätsausstellung in Paris 1881, wo der amerikanische Erfinder Thomas Alva Edison erstmals seine neu patentierte Kohlefadenlampe, die elektrische Glühlampe, der Öffentlichkeit vorführte. Auf der gleichen Messe wurde im Übrigen auch das erste »Elektro-Auto«, das »Trouvé Tricycle«, benannt nach seinem Erfinder Gustave Trouvé, vorgestellt. Rathenau erkannte in Paris die Vorteile der Edison'schen Lampen gegenüber dem herkömmlichen Bogenlicht, da diese vielseitiger einsetzbar, langlebiger und leicht auswechselbar waren. Besonders die Beleuchtung kleinerer Räume überzeugte Rathenau. Um die Patente Edisons erwerben zu können, gründete er eine Studiengesellschaft, welche das elektrische Licht demonstrieren sollte. Die erste Möglichkeit bot sich bei der 1882 von Oskar von Miller in München organisierten ersten deutschen elektrotechnischen Ausstellung. Vermutlich ist die abgebildete Firmenschrift genau zu diesem Anlass entstanden. Da sich der deutsche Marktführer im elektrotechnischen Bereich, die Firma Siemens & Halske, aus verschiedenen Gründen nicht an der Münchner Ausstellung beteiligte, konnte Rathenau die Produkte Edisons geschickt in den Vordergrund spielen. Der offizielle Ausstellungskatalog enthielt sogar ein eigenes Kapitel zum »Edison-Licht«. Die Messe hatte weitreichende Auswirkungen. Bestärkt durch den Erfolg in München gründete Emil Rathenau am 13. März 1883 die »Deutsche Edison-Gesellschaft für angewandte Elektricität« (DEG), die 1887 in die »Allgemeine Elektricitäts-Gesellschaft« umgewandelt wurde. Ein weiteres Ergebnis der Münchner Ausstellung war, dass Rathenau den Organisator Miller ebenfalls 1883 als Technischen Direktor für die DEG gewinnen konnte.[91]

Da in der Firmenschrift weder der Name der Studiengesellschaft noch der Name der Deutschen Edison-Gesellschaft, sondern lediglich der Name Rathenaus auftaucht, kann man annehmen, dass dieses Unikat in den ersten drei Monaten des Jahres 1882 gedruckt wurde, da erst im April die Studiengesellschaft (auch: »Société d'Étude«) als direkter Vorläufer der DEG gegründet wurde.

Es lohnt sich, die Broschüre inhaltlich genauer anzusehen, da sie eine frühe Erläuterung der ersten Edison-Lampen liefert. Sie bestehe aus »einer hermetisch verschlossenen luftleeren Glasglocke, welche im Innern einen mit den Stromzuleitungs-Drähten verbundenen Bügel aus dünner, verkohlter Bambusfaser enthält«; der Bügel erglühe bei der Stromzuführung und strahle ein »ruhiges, mildes und dem Auge wohlthuendes Licht aus«.[92] Interessant sind die Preisangaben für elektrische Beleuchtungsanlagen. Der

90 DMA, FS 504921.

91 Vgl. Füßl, Miller, 2005, S. 67f.

92 DMA, FS 504921 [S. 3].

58 Firmenschrift zum Holzgasgenerator der Zeuch Generatoren-Gesellschaft mbH aus Berlin, ca. 1941. Foto: Hans-Joachim Becker

59 Transart-Darstellung des Zeuch-Holzgasgenerators, ca. 1941. Foto: Hans-Joachim Becker

Preis für eine dynamoelektrische Maschine betrug je nach Ausführung und Lampenzahl zwischen 1850 und 16.000 Reichsmark; eine einfache Lampe kostete sechs Reichsmark. Schon daraus ist ersichtlich, dass die elektrische Beleuchtung in den Anfangsjahren ein absolutes Luxusgut war, das nur für wenige Privatpersonen erschwinglich war. Dementsprechend konzentrierte sich die elektrische Beleuchtung zwischen 1882 und 1885 auf exklusive Berliner Restaurants, die sich die hohen Anschaffungskosten, die immensen Grundgebühren, die Zählermiete und die permanenten Reparaturen leisten konnten.

Im Bestand des Archivs findet sich eine weitere ungewöhnliche Firmenschrift: »Der Zeuch-HB-Generator. Sein Einbau in Lastkraftwagen und Bedienungsanweisung«.[93] Sie stammt von der Zeuch Generatoren-Gesellschaft mbH in Berlin und wurde ca. 1941 gedruckt. Hinter diesem Titel verbirgt sich ein Verfahren, das für den Antrieb von Kraftfahrzeugen Holzgas verwendete. Einer der Hersteller war die Firma Zeuch in Berlin, die Holzgasgeneratoren in der sog. Blockbauweise anbot. Bei einer »HB«-Anlage konnten Holz, Braunkohlenbriketts und Torf verwendet werden, während bei einer »AK«-Anlage Anthrazit und verschiedene Arten von Koks zum Einsatz kamen.

Das Verfahren der Vergasung von Holz war zu diesem Zeitpunkt eine schon länger bekannte Technologie, die u. a. die Firma Klöckner-Humboldt-Deutz in Köln verbaute.[94] Besonders gefragt waren Holzvergaser in der Zeit nach dem Ersten Weltkrieg, als flüssiger Treibstoff kaum verfügbar und teuer war. Mitte der 1930er-Jahre erlebten diese Vergaser einen erneuten Aufschwung. Auch mit Blick auf alternative Kraftstoffe zu Benzin schrieb das Nationalsozialistische Kraftfahr-Korps (NSKK) 1935 gemeinsam mit dem Verein Deutscher Ingenieure einen Wettbewerb für den Einsatz fester Treibstoffe für Kraftfahrzeuge aus, der im gleichen Jahr zu einer ersten Versuchsfahrt mit einem Gasgenerator quer durch Deutschland und zur Einrichtung einer Zentralstelle für Generatoren führte. Mit Ausbruch des Zweiten Weltkriegs verschärfte sich das Treibstoffproblem in Deutschland, was in eine ausgeprägte politische Förderung von Holzgasgeneratoren im zivilen wie im militärischen Bereich mündete. Die Holzvergaseranlage musste dabei mit der vorhandenen Motorentechnik kombiniert werden, was bei den Fahrzeugen nur durch einen zusätzlichen Einbau möglich war. Vor allem bei Lastkraftwagen kam die Technik zum Einsatz. Dabei wurde ein annähernd quadratischer Teil der Ladefläche hinter dem Beifahrersitz ausgeschnitten, in den der Gaserzeuger montiert werden konnte. Die Blockbauweise des HB-Generators von Zeuch ähnelte einem Heizungskessel. Der Generator bestand aus dem Oberteil, in den Holz oder Braunkohlenbriketts eingefüllt wurden, die im mittleren Teil, dem Feuerherd, verbrannt wurden, sowie einem darunter liegenden Rost. Der erzeugte Kraftstoff wurde in einem eigenen Behälter aufgefangen. Hinzu kamen verschiedene Filter und Kühler sowie eine Rüttelvorrichtung. Aufgrund der entstehenden Verbrennungshitze musste der Generator mit Blech isoliert werden. **| Abb. 58 |**

Die vorliegende Firmenschrift beinhaltet sowohl die genaue Anweisung für den Einbau von Holzgasgeneratoren in Lastkraftwagen, für den drei bis vier Tage veranschlagt werden mussten, als auch eine Bedienungsanleitung für den Einsatz und die Wartung der Anlage. Eine Besonderheit ist die »Transart-Darstellung«. Auf 12 nummerierten Transparentfolien sind die einzelnen Teile des eingebauten Generators gezeichnet. Übereinandergelegt wird der gesamte Antrieb des Lkws mit der Holzgasanlage sichtbar. Farbig eingezeichnet ist der Heizkessel.

Die »Transart«-Darstellung, früher »Zellglasdruck« genannt, ist ein Mehrschichtverfahren, das ein Objekt dreidimensional wiedergibt. Es orientierte sich vom Prinzip her an den bekannten Papiermodellen, bei denen ein Blatt auf das andere gelegt wurde, um schließlich das Gesamtobjekt zu zeigen. Der Nachteil dieses pädagogischen Instruments war, dass Papier eben nicht durchsichtig ist und letztlich nur immer ein einzelner Querschnitt betrachtet werden kann. Genau an diesem Missstand setzte die Transart-Darstellung an. Wie beim Papiermodell wurde die Vorlage Schicht für Schicht in einzelne Bilder zerlegt und gezeichnet. Der neue Ansatz war, dass die einzelnen Schnittbilder nicht auf Papier, sondern auf durchsichtige Kunststofffolien doppelseitig (teilweise farbig) so gedruckt wurden, dass die Darstellungen exakt übereinander positioniert sind. Das dafür verwendete »Zellglas« (oder Cellulosehydrat) ist bekannt unter dem früheren Markennamen »Zellophan«. Die Folien für die Transart-Darstellung mussten allerdings etwas dicker sein als die bekannten Kunststoffe für Verpackungen. Wichtig war, dass die verwendeten Folien farblos, transparent, reißfest und nicht dehnbar waren und den gedruckten Querschnitt ohne Verzerrung wiedergeben mussten. Für den Druck wurden durchscheinende, nichtdeckende Farben verwendet. Aufgrund der Durchsichtigkeit der Folie konnten mehrere Querschnitte mit einem Blick erfasst werden. So war es möglich, den Aufbau von komplexen technischen, biologischen oder geografischen Sachverhalten räumlich darzustellen. Durch den doppelseitigen Druck konnte der Betrachtende das Objekt von unten (linke Seite) oder von oben (rechte Seite) sehen. **| Abb. 59 |**

Das Verfahren war von Friedrich Kroner, damals Chefredakteur der Berliner Monatsschrift »UHU« und nach dem Zweiten Weltkrieg in der gleichen Position bei der Frankfurter Illustrierten, nach jahrelangen Versuchen 1935 in Deutschland zum Patent angemeldet worden. Schon Anfang 1936 wurde die Firma Transart Aktiengesellschaft gegründet, mit der Kroner weltweit Patente an-

93 DMA, FS 505400 GF.

94 Vgl. Kroll, Gasgenerator, 1943, S. 11-14.

meldete. Transart entwickelte sich seit dem Ende der 1930er-Jahre zu einer beliebten Darstellungsform, die besonders bei Automobilfirmen wie Daimler und Ford, aber auch bei Siemens, Agfa und sogar bei der Reichsstelle für den Unterrichtsfilm zum Einsatz kam.[95] Das Problem der Transart-Darstellungen war, dass die verwendeten Kunststofffolien je nach Art ihrer Herstellung mehr oder weniger rasch versprödeten oder teilweise blind wurden. Bei der Firmenschrift von Zeuch sind die Folien konservatorisch immer noch in hervorragendem Zustand.

Verantwortlich für die grafische Gestaltung war der Berliner Illustrator und Architekt Thomas Abeking, der in der Firmenschrift namentlich genannt ist. Von ihm stammen aus dieser Zeit zahlreiche vergleichbare Zellglasdrucke mit Darstellungen von Motoren, Automobilen, Schiffen, Maschinen, anatomischen Werken und Stadtansichten.[96]

Firmenschriften	
Umfang	535 lfm.
Vertretende Firmen	ca. 15 160
Einzelschriften	ca. 210 000 Exemplare

95 Vgl. Lorenz, Fotografie, 2012, S. 12; vgl. Reichwein, Transartreihe, 1938.

96 Vgl. Artikel »Abeking«, https://de.wikipedia.org/wiki/Thomas_Abeking#cite_ref-16 (22.5.2022).

Bilderwelten

Bildarchiv

Stimmt man der Aussage zu, dass eine Fotografie die Abbildung eines Moments ist, dann finden sich im Archiv des Deutschen Museums mehr als 1,4 Millionen Momentaufnahmen. Die Fotosammlung beinhaltet eine einmalige, beeindruckende Fülle an Bildern zu Naturwissenschaft und Technik. Die hier archivierten Positivabzüge und Negative dokumentieren dabei Arbeitswelten, Objekte, Personen sowie Makro- und Mikroaufnahmen aus Technik- und Wissenschaftsgeschichte in ganz unterschiedlichen Facetten.

Im Deutschen Museum werden Fotografien an zwei Stellen verwahrt. In der Museumsabteilung »Foto + Film« sind Aufnahmen als exemplarische Beispiele für historische Bildtechniken deponiert. Den Schwerpunkt bilden dort Einzelbilder aus der Frühzeit der Fotografie, also Daguerreotypien und Ambrotypien. Ursprünglich waren solche Aufnahmen für die Ausstellungen gedacht. Da heute aber originale Fotos und Negative nicht mehr auf Dauer ausgestellt werden, hat sich im Laufe der Museumsgeschichte ihre Funktion verändert: Sie sind zu Sammlungsobjekten geworden.

Anders verhält es sich dagegen mit den Aufnahmen im Archiv. Hier sind die Bilder nicht Musterbeispiele von Verfahrenstechniken, sondern sie dokumentieren die technik- und wissenschaftshistorische Entwicklung der letzten zwei Jahrhunderte. Die Sammlung geht dabei zurück bis in das Jahr der Entdeckung der Fotografie, also bis 1839. Bildwissenschaftlich betrachtet kann man zwischen Fotografien differenzieren, die einen bestimmten Sammlungskontext haben und über deren Entstehungs-, Funktions-, Überlieferungs- und Verbreitungszusammenhang Informationen vorliegen, bzw. Einzelaufnahmen ohne näheren Faktenhintergrund. Zu den ersteren zählen Fotografien, wie sie in Nachlässen, Firmenarchiven, Alben oder in geschlossenen Sammlungen überliefert sind. Schon allein durch ihre Zugehörigkeit zu einem größeren Komplex offenbaren sie grundsätzlich andere Inhalte als isolierte Einzelstücke. Für ihre Interpretation ist der überlieferte Kontext, in dem das Bild steht, von erheblicher Bedeutung. Dieser kann sich auf die Entstehungsgeschichte einer Fotografie ebenso beziehen wie auf deren Wirkungsgeschichte. Eine Porträtfotografie steht in einem anderen Zusammenhang und muss anders interpretiert werden, wenn z.B auf ihrer Rückseite Informationen zur abgebildeten Person bzw. zum Fotografen festgehalten sind. Oder es ist zu der Aufnahme ein Begleitbrief der porträtierten Person überliefert, in dem diese das Foto als eine Form der besonderen Wertschätzung übersendet. Eine Widmung auf dem Bild lässt eine persönliche Beziehung erkennen. Anders sieht es dagegen mit der identischen Fotografie aus, wenn zu ihr keine weiteren Informationen existieren. Sie kann nur aus sich selbst und aus den Vorkenntnissen des Betrachtenden heraus interpretiert werden.

Entgegen der – auch im Deutschen Museum – früher gebräuchlichen Archivierungsmethode, Bildbestände nach sachthematischen Begrifflichkeiten zu ordnen, ist das Archiv seit mehreren Jahrzehnten dazu übergegangen, Fotobestände (und andere Materialien wie Filme, Tonbänder, Grafiken etc.) in dem Zusammenhang zu belassen, in dem sie übergeben wurden. Fotografien werden nur dann an anderer Stelle deponiert, wenn konservatorische oder lagerungstechnische Gründe dies erfordern. In der archivischen Erschließung bleiben sie jedoch mit dem Hauptbestand verbunden. Da beispielsweise die Aufnahmen des Werksfotografen bei der Firma Junkers, Fritz Dunker, nicht gemeinsam mit dem Firmenarchiv Junkers ins Archiv gekommen sind, sondern als Teil eines privaten Nachlasses, wird die Sammlung nicht dem Unternehmensarchiv oder der Luft- und Raumfahrtdokumentation zugeordnet, zu denen sie thematisch passen würde. Vielmehr ist der Bestand als eigener Zugang unter der Signatur »BA-S 00031« aufgestellt. Die vorausgehende und die folgende Signatur der Bildsammlungen stehen in keinem inhaltlichen Zusammenhang mit dem Dunker-Bestand, die Signatur »BA-S 00030« beinhaltet eine Fotosammlung zur Firma Loewe & Co. AG, die folgende Nummer erschließt die Sammlung von Mikrofotografien des Zoologen Otto Bütschli.

Eine Porträtaufnahme in einem privaten Album ist vor dem Hintergrund der familiär-persönlichen Einordnung wiederum anders zu interpretieren als die gleiche Fotografie in einem offiziellen Pracht- oder Erinnerungsalbum. Ein schönes Beispiel für ein Prachtalbum aus dem Jahr 1889 ist im Nachlass des Chemikers August Kekulé von Stradonitz archiviert. Es vereint 113 Porträtaufnahmen prominenter Chemiker – keine einzige Frau! – aus der zweiten Hälfte des 19. Jahrhunderts. Einige identische Bilder dieser Persönlichkeiten finden sich auch in der Porträtsammlung des Archivs. Für die Interpretation der Einzelporträts und des Albums ist der Entstehungszusammenhang wichtig. Schon allein die Tatsache, dass sich das Album im Nachlass des Chemikers befindet, er aber darin nicht abgebildet ist, weist auf eine besondere Funktion des Albums hin. **| Abb. 60 |**

Entstanden ist das Album 1889 im Auftrag der Badischen Anilin- und Sodafabrik (BASF) in Ludwigshafen zum 60. Geburtstag Kekulés. Die prachtvolle Aufmachung und die große Zahl der Porträtaufnahmen weisen auf die Bedeutung und hohe Wertschätzung hin, die Kekulé als Chemiker in Wissenschaft und chemischer Industrie genossen hat. Kekulé gilt als Begründer der Strukturchemie, wobei sein Augenmerk der Kohlenstoff-Chemie und der Erforschung der Konstitution aromatischer Verbindungen galt. Die Struktur eines Moleküls war und ist für das Verständnis seiner chemischen Eigenschaften von hoher Bedeutung. Berühmt wurde Kekulés Formel von der Struktur des Benzols. Damit verbindet sich eine Anekdote, die oft und gerne weitererzählt wird. Kekulé, so heißt es, sei bei seinen Forschungen einge-

60 Kekulé-Album mit den Porträts von Adolf Boehringer, Remigius Fresenius, Emil Erlenmeyer und Jakob Volhard, 1889. Foto: Hans-Joachim Becker

schlafen und habe von einer Schlange geträumt, die sich selbst in den Schwanz beißt. Beim Aufwachen sei ihm klar geworden, dass die Struktur des Benzols eine ringförmige sein müsse. Kekulé hat diese Geschichte anlässlich des 25-jährigen Jubiläums der Benzolformel 1890 selbst präsentiert. Das Bild der sich in den Schwanz beißenden Schlange war im Übrigen schon im alten Ägypten bekannt und galt bei den Alchemisten – Jahrhunderte später – als Symbol für den geschlossenen Kreislauf der Materie. Die Formel Kekulés erschien aufgrund ihrer Bedeutung zum 100sten Jahrestag 1965 übrigens auch als Abbildung auf einer 10-Pfennig-Briefmarke.

Kekulés Erklärung der Benzolstruktur bildete die Basis für die Produktion verschiedenster synthetischer Farbstoffe seit den 1860er-Jahren, womit der Aufstieg der deutschen Farbenindustrie und deren weltweit führende Rolle begründet wurden. So erklärt sich, warum das Unternehmen BASF Kekulés 60. Geburtstag mit dem Geschenk besonders würdigte. In dem Album selbst sind die führenden Chemiker der Zeit abgebildet. Es galt also als Auszeichnung, von der Firma auf eine Fotografie für das Album angesprochen zu werden – eine Wertschätzung, der sich kaum jemand entzogen haben dürfte. Insgesamt bildet das Album aber auch das ungemein große nationale und internationale Netzwerk des Chemikers ab. Jedes darin enthaltene Einzelporträt muss also auf dem Hintergrund der Bedeutung Kekulés und seiner Forschungen interpretiert werden.

Eine Fotoagentur im Deutschen Museum

Die Fotobestände des Archivs werden in der sogenannte »Bildstelle« und im Bildarchiv verwahrt. Diese Einteilung geht auf das Jahr 1931 zurück; damals sprach man von »Lichtbildstelle« und »Lichtbildarchiv«. Heute befindet sich die Bildstelle direkt im Lesesaal des Archivs. Etwa 920 Ordner enthalten mehr als 80 000 Dokumentarfotografien. Bei diesen handelt es sich um Abzüge von vorhandenen Positiven, Dias, Negativen oder Digitalisaten, also um keine Originalaufnahmen. In diesem Freihandbestand können Interessierte ohne Voranmeldung blättern und sich auf Wunsch analoge oder digitale Kopien bestellen. Die Ordner sind systematisch und in Analogie zu den Fachgruppen der Objektsammlungen angeordnet: Physik, Chemie, Luftfahrt, Landverkehr, Bautechnik etc. Die Ordnung basiert auf einer Einteilung, die um 1929 erstmals geschaffen wurde.[97] Zu dieser Serie gehören vor allem Aufnahmen von Objekten des Hauses – der Artefakte also, die das Deutsche Museum seit seiner Gründung im Jahr 1903 berühmt gemacht haben. Darüber hinaus gibt es Reproduktionen von Handschriften, Plänen und technischen Zeichnungen des Archivs sowie Repros aus den wertvollen Libri-Rari-Beständen der Bibliothek. Von den Fotos existieren hochwertige Negative oder Halbtonfilme, seit den 1990er-Jahren auch Scans. Dabei arbeitet die Bildstelle als interne Serviceeinrichtung und gleichzeitig für Externe wie eine professionelle Fotoagentur.

Entstanden ist die Bildstelle unmittelbar nach der Eröffnung des neuen Museumsbaus auf der Insel im Jahr 1925. Mit dem großen Erfolg der Ausstellungen wuchs beim Publikum der Wunsch nach Fotografien und Postkarten einzelner Abteilungen oder wichtiger Objekte. Nachdem das Museum diese Aufgabe früher professionellen Münchner Fotografenstudios und Verlagen überlassen hatte, wurde um 1929 das »Lichtbildarchiv« eingerichtet. Organisatorisch unterstanden Bildstelle und Bildarchiv anfangs nicht der Bibliothek oder dem Archiv, sondern dem jeweiligen Verwaltungsdirektor. Neben dem Verkauf von Museumsfotografien hatte die Lichtbildstelle die Funktion, dem Publikum in den Museumsausstellungen und im künftigen Lesesaal der Bibliothek Diareihen mit thematisch geordneten Aufnahmen an Diaprojektoren und Stereobetrachtern zur Verfügung zu stellen. Um 1929 waren etwa 7000 Dias vorhanden, bis Ende 1930 konnte deren Zahl durch gezielte Einwerbungen auf 9300 erhöht werden. Für das Lichtbildarchiv war im westlichen Trakt im Erdgeschoss des neuen Bibliotheksbaus ein eigener Lesesaalbereich vorgesehen.[98]

Einer der ersten Leiter der Lichtbildstelle war der Fotografenmeister Georg Schedele (1897–1957).[99] Er hatte von 1918 bis 1920

97 Vgl. DMA, VA 4040.

98 Vgl. ebd.

99 Vgl. DMA, VA, PA 1893.

eine Ausbildung an der »Lehr- und Versuchsanstalt für Photographie« in München absolviert und anschließend 15 Jahre selbstständig gearbeitet. Seine bevorzugten Themen waren Industrie-, Landschafts-, Architektur- und Naturfotografien. Ende der 1920er-Jahre hatte sich Schedele offenbar einen so guten Ruf erarbeitet, dass er aufgefordert wurde, einige Aufnahmen in der berühmten Internationalen Ausstellung des Deutschen Werkbunds »Foto und Film« in Stuttgart 1929 zu zeigen.[100] Diese gilt als die wichtigste Ausstellung der Fotogeschichte schlechthin. Es ging um das »Neue Sehen«. Sie lieferte einen Überblick über aktuelle Entwicklungen der verschiedenen Anwendungsgebiete in Kunst, Presse, Werbung und Wissenschaft, aber auch über experimentelle Studien. Fotografie wurde dabei als eigenständige Kunst interpretiert. Die Bedeutung der avantgardistischen Schau zeigt die Beteiligung von renommierten KünstlerInnen wie El Lissitzky, Edward Steichen, André Kertész, Umbo (eigentlich: Otto Maximilian Umbehr), Hannah Höch und Aenne Biermann. Die Arbeiten Schedeles, die der Katalog unter der Nummer 617 (»Silberdistel«) und 618 (»Eisstruktur«) auflistet, passten hervorragend in die Thematik des »Neuen Sehens«. Leider lassen sich beide Motive heute nicht eindeutig in seinem Fotonachlass nachweisen, da viele ähnliche Aufnahmen überliefert, aber nur wenige beschriftet oder datiert sind. Schedele arbeitete erstmals 1933 – damals nur für kurze Zeit – im Deutschen Museum. Zwei Jahre später wurde er angestellt und wirkte hier bis 1957 als Fotograf. Sein fotografischer Nachlass mit Hunderten von Glasplatten, Negativen und Abzügen wurde vor einigen Jahren in den Objektsammlungen wiederentdeckt und an das Archiv des Hauses abgegeben. | **Abb. 61** |

61 Georg Schedele: Seerosen, undatiert.

Während des Zweiten Weltkriegs gelang es Schedele und seiner Mitarbeiterin Lilly Bernbacher, den gesamten Bestand an Fotografien und Negativen der Bildstelle in einem Kellerraum unter dem Ehrensaal vor den Bombenangriffen auf das Museum zu schützen und vor der Vernichtung zu bewahren.[101] Schedele war es auch, der seit Juli 1944 alle Kriegsschäden im Museum, die durch die Luftangriffe verursacht worden waren, fotografisch dokumentierte.

Aus den damaligen Jahresberichten des Deutschen Museums geht hervor, dass in den ersten Jahrzehnten nach dem Zweiten Weltkrieg die Aufgaben des heutigen Fotolabors und der aktuellen Bildstelle in einer gemeinsamen Abteilung, eben der »Lichtbildstelle«, vereint waren. Sie erledigte sowohl die Herstellung von Fotografien und Reproduktionen als auch den Vertrieb von Bildvorlagen. Die Lichtbildstelle spielte in der Nachkriegszeit eine zunehmend größere Rolle. Erstmals wies der Jahresbericht 1949/50 darauf hin, dass sie immer stärker für Aufnahmen, Reproduktionen und Dias für das In- und Ausland herangezogen würde.[102] Viele Fotografien dienten museumsinternen Zwecken wie der Dokumentation des Wiederaufbaus oder der Gestaltung der neuen Ausstellungen. Dieses Bildmaterial wurde Schulen, Instituten und Einzelpersonen für Vortragszwecke sogar leihweise zur Verfügung gestellt. Auch für die nach dem Krieg wieder ansteigende Schulbuchproduktion lieferte die Bildstelle Vorlagen aus dem Museumsbestand. Teilweise bezogen die Verlage über Jahrzehnte hinweg immer die gleichen Bilder. So prägten viele Aufnahmen durch ihren massenweisen Abdruck in Schulbüchern das visuelle Gedächtnis von Generationen von Schülerinnen und Schülern. Bilder, die man z. B von den Magdeburger Halbkugeln Otto von Guerickes oder vom ersten Automobil von Carl Benz im Kopf hat, sind also meist Fotografien von Originalen aus dem Deutschen Museum.

In der Bildstelle wurden und werden noch heute auch Aufnahmen zu den Museumsgebäuden, Ausstellungen, Objekten und Veranstaltungen im Haus verwahrt. Leider war man sich im Museum Ende der 1950er- und Anfang der 1960er-Jahre seiner his-

100 Vgl. Internationale Ausstellung, 1929.

101 Vgl. DMA, VA, PA 2537.

102 Vgl. VA-Dru, Vorl. Nr. 0156, S. 23.

torischen Verpflichtung nicht bewusst; viele historische Negative und Dias wurden ausgeschieden. Bei diesen Aussonderungsaktionen wurden bedauerlicherweise Aufnahmen weggeworfen, welche die früheren Ausstellungen dokumentierten. Sie wurden von den damals Verantwortlichen als »überholt« und »veraltet« vernichtet.[103]

Zum Bildarchiv gehört eine Serie von ca. 13 000 Glasplatten aus der Zeit von etwa 1890 bis 1950. Sie beinhalten Aufnahmen von technik- und wissenschaftshistorisch wichtigen Objekten und Personen, Bilder von Architektur- und Industriebauten sowie Szenen aus der Produktions- und Arbeitswelt. Wie in anderen Archiven war der Glasplattenbestand aufgrund seiner Anfälligkeit für Feuchtigkeit und Glasbruch sowie durch Schichtablösung an den Rändern konservatorisch gefährdet. Daher wurde er Anfang der 1990er-Jahre in einem »Zweischrittverfahren« zuerst auf Zwischenpositive in Originalgröße auf einen hochwertigen Planfilm mit archivgerechter und dauerhafter Polyesterunterlage von 0,10 mm kopiert (orthochromatischer Halbtonfilm »Gevarex Camera Film GO 210p« von Agfa-Gevaert) und anschließend von jeder Aufnahme ein neues Negativ im einheitlichen Format 13 × 18 cm angefertigt.

Ebenfalls zum Bestand der Bildstelle gehören über 6150 Leica-Filme mit geschätzt 100 000 Bildern sowie 7300 Rollfilme mit rund 120 000 Aufnahmen. Während die Rollfilme seit ca. 1952 im Museumsbetrieb zum Einsatz kamen und aufgrund ihres Trägermaterials konservatorisch unproblematisch sind, reichen die museumseigenen Leica-Filme bis in das Jahr 1935 zurück. Obwohl sich der Gesamtbestand in einem sehr guten Zustand befindet, sind diese älteren Aufnahmen – in früheren Jahren meist auf Cellulosenitrat basiertem Filmmaterial (Zelluloid) hergestellt – konservatorisch bedenklich: Zum einen gilt Zelluloid als selbstentzündlich und muss entsprechend kühl aufbewahrt werden, zum anderen kann es sich alterungsbedingt zersetzen. Später produzierten die Firmen Mischungen von Cellulosenitrat und Celluloseacetat als Trägermaterial. Um über die historischen Filme genauere Kenntnis zu erhalten, wurden 2018/19 rund 380 Filme aus der Zeit von 1935 bis 1966 spektralanalytisch untersucht und daraus Konsequenzen für die Aufbewahrung in Kühlräumen gezogen.

Mit dem Aufkommen der Digitaltechnik stieg die Zahl der angefertigten Aufnahmen, vor allem von Museumsveranstaltungen, exponentiell an. Hinzu kam, dass mit Beginn der sogenannten »Zukunftsinitiative Deutsches Museum«, die eine komplette Erneuerung des Ausstellungsgebäudes vorsieht, ab 2011 die bestehenden Museumsabteilungen detailliert fotografiert wurden. Allein dabei entstanden fast 34 000 Dokumentarfotografien.

Das historische Bildarchiv

Während die »Bildstelle« des Museums vorwiegend Aufnahmen zum Deutschen Museum – seinen Objekten, Archivalien, Büchern, Gebäuden und Veranstaltungen – verwahrt, zu denen auch Negative oder Digitaldaten vorhanden sind, besteht das Bildarchiv schwerpunktmäßig aus Positivabzügen unterschiedlicher Thematik und Herkunft. Es gliedert sich in fünf Bereiche:

1. Besonders wertvolle Einzelfotografien (»Rarissima«)
2. Einzelaufnahmen
3. Serie von Fotoalben
4. Fotografische Sammlungen
5. Bildarchiv Firmen.

Es lohnt sich, diese Teilbestände im Einzelnen anzusehen, da sie einen singulären Einblick in die Entwicklung von Naturwissenschaft und Technik liefern.

Den kleinsten, aber wertvollsten Teil des Bildarchivs bildet der Rarissima-Bestand. Er besteht nur aus wenigen Einzelnummern. Dazu zählen einige Highlights aus der Frühzeit der Fotografie in Deutschland. Es handelt sich um Lichtbilder, die Carl August von Steinheil und Franz von Kobell im Jahr 1839, dem Jahr des Bekanntwerdens der ersten fotografischen Aufnahmen von Louis Jacques Mandé Daguerre, in München angefertigt haben. Forschungen haben gezeigt, dass die beiden Pioniere mit verschiedenen, von ihnen selbst konstruierten Kameras gearbeitet haben. Daraus erklären sich die unterschiedlichen Formate der Bilder, die teils rund, teils rechteckig sind. Da das Belichten teilweise mehrere Stunden dauerte, entwickelten Steinheil und Kobell für ihre Negative ein spezielles Chlorsilberpapier aus englischem Zeichnungspapier, das mit einer Mischung aus Salz- bzw. Silberlösung und Wasser mehrfach hintereinander durchfeuchtet und getrocknet wurde. »Die fixirte Zeichnung hat eine sehr schöne warme dunkelbraune Farbe« heißt es in einem Bericht vor der Akademie der Wissenschaften in München.[104] **| Abb. 62 |**

Das Papiernegativ zeigt eine Ansicht der Neuhauser Straße (heutige Fußgängerzone) in München. Das Foto wurde vor der Alten Akademie aufgenommen mit Blickrichtung Altes Rathaus. Gut zu erkennen sind im Vordergrund die Fassade der Kirche St. Michael und die daran anschließende damalige Augustinerkirche.[105] Dabei ist die Aufnahme seitenverkehrt. Aufgefunden wurden diese Bilder – gemeinsam mit einigen anderen – im Jahr 1994 in einem unscheinbaren Umschlag im Firmenarchiv Steinheil. Dieses war im Jahr 1975 über die Witwe des Mediziners und Fotohistorikers Rudolf Loher als Stiftung an das Deutsche Museum gekommen. Loher hatte sich seit den 1930er-Jahren mit der

103 DMA, VA-Dru, Vorl. Nr. 0167, S. 9; vgl. DMA, VA-Dru, Vorl. Nr. 0166, S. 9.

104 Zitiert bei Cornwall, Schätze, 1978, S. 22.

105 DMA, BA-Rar 0003.

62 Inkunabeln der Fotografie: Eine der ersten deutschen Aufnahmen, entstanden 1839 in München. Foto: Hubert Czech

Firma Steinheil und mit Fotografiegeschichte beschäftigt und im Jahr 1939 die vielbeachtete Sonderausstellung »100 Jahre Fotografie« im Deutschen Museum organisiert. Damals veröffentlichte er die frühen Aufnahmen Steinheils und Kobells, bevor sie jahrzehntelang als verschollen galten. Heute bilden die Salzpapieraufnahmen einen besonderen Schatz und werden dementsprechend gut gehütet.

Den zweiten Block des Bildarchivs bildet eine große Sammlung an Einzelfotografien, in der unterschiedliche Provenienzen vermischt sind. Analog zu den Ordnern der Bildstelle waren auch die Einzelfotos in einer Serie aus rund 800 systematisch aufgebauten Ordnern archiviert. Heute werden sie einzeln erschlossen und feststellbare Provenienzen in der Datenbank festgehalten. Gleichzeitig werden sie in konservatorisch geeignete Hüllen und säurefreie Schachteln »umgebettet«. Geschätzt enthält dieser Teilbestand rund 64 000 Positive in unterschiedlichen Formaten.

Die frühesten Aufnahmen reichen in die 1850er-Jahre zurück. In diesen Bestand wurden früher alle Fotografien eingereiht, soweit sie nicht die Luft- und Raumfahrt betrafen. Insgesamt umfasst er 23 Gruppen. Schwerpunkte sind Verkehr, Bauwesen, Bildungswesen (mit Fotografien aus historischen Ausstellungen des Deutschen Museums und internationaler Museen) sowie Textil- und Papiertechnik.

Auf die Provenienz und die Zusammengehörigkeit der einzelnen Aufnahmen wurde früher nicht geachtet. Heute versucht das Archivpersonal, Provenienzen mühsam zu rekonstruieren und diese zumindest in der Datenbank zu dokumentieren. Relativ leicht fällt dies bei der Serie »Technik im Bild«. Diese hatte Oskar von Miller schon vor der Eröffnung des Bibliotheksgebäudes auf der Museumsinsel angekündigt. Die auch als »Bilderschau« bezeichnete Serie sollte Mappen mit Fotografien und anderen bildlichen Darstellungen umfassen, welche die Entwicklungsgeschichte der verschiedensten Technik- und Wissenschaftsgebiete dokumentierten. Das Zielpublikum waren Laien. In der Bibliothek standen diese Mappen für jedermann frei zugänglich. Im gleichen Raum war eine Glasdiasammlung mit rund 9000 Aufnahmen aufgestellt. Zusätzlich sollte die »Bilderschau« durch eine Anzahl von Stereobetrachtern erweitert werden.

Hinter der neu geschaffenen Sammlung »Technik im Bild« stand die Idee,[106] dass für die Besucher im Lesesaal die Möglichkeit geschaffen werden sollte, auch solche Objekte kennenzulernen, die aufgrund ihrer Größe nicht in den Ausstellungen gezeigt werden konnten oder schlicht nicht im Fundus des Museums vorhanden, für die Entwicklung eines Technikgebiets aber wichtig waren.[107] »Technik im Bild« (»T.i.B.«) sollte einen kurzen, illustrierten und mit knappen Kommentaren versehenen Überblick über die Technik- und Wissenschaftsgeschichte liefern. Jedes

106 Vgl. Weber, Technik, 2007.

107 Vgl. DMA, VA-Dru, Vorl. Nr. 0142, S. 18.

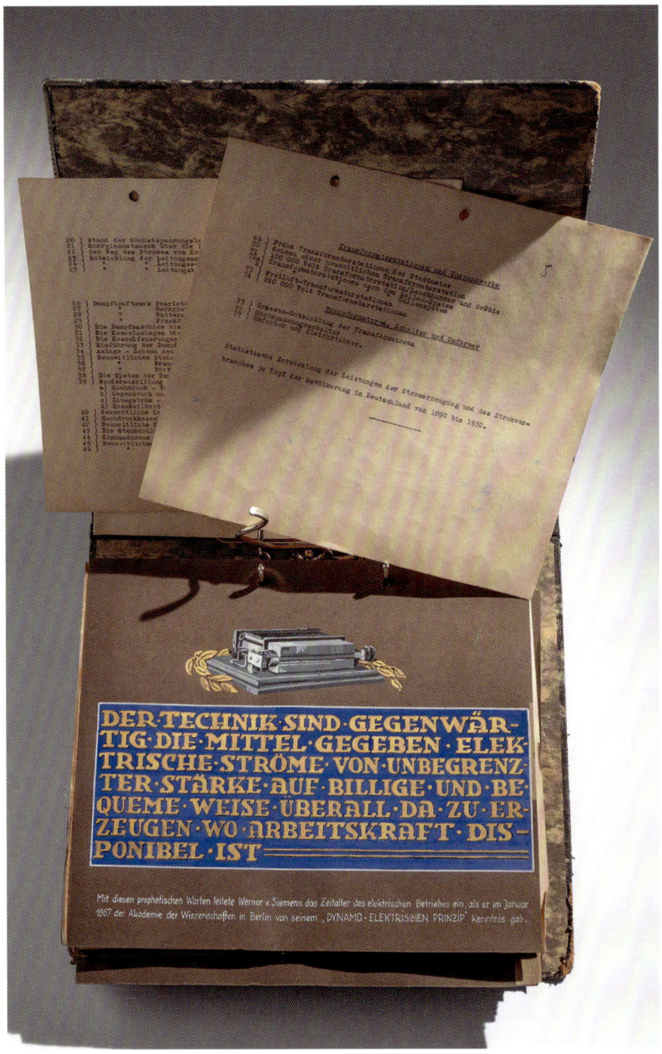

63 Aufwendig gestaltete T.i.B.-Mappe »Die Entwicklung der Elektrizitätswerke«, 1933. Foto: Hans-Joachim Becker

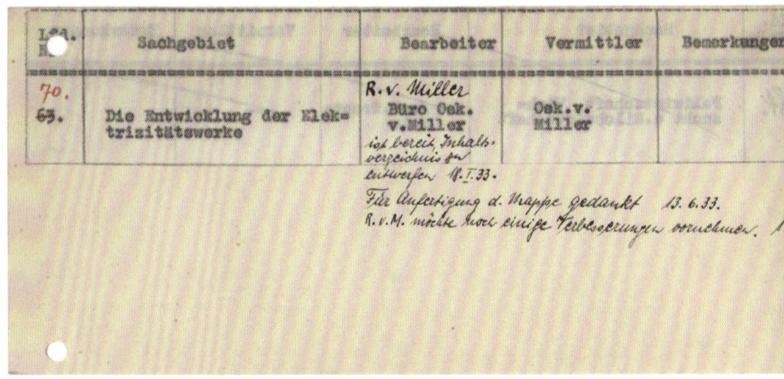

Lfd. Nr.	Sachgebiet	Bearbeiter	Vermittler	Bemerkungen
70. ~~63~~.	Die Entwicklung der Elektrizitätswerke	R. v. Miller Büro Osk. v. Miller ist bereit, Inhaltsverzeichnis zu entwerfen 18.I.33.	Osk. v. Miller	

Für Anfertigung d. Mappe gedankt 13.6.33.
R. v. M. möchte noch einige Verbesserungen vornehmen.

64 Karteikarte zur T.i.B.-Mappe »Die Entwicklung der Elektrizitätswerke«, 1933.

Thema wurde in einem Ordner eigens behandelt. Die einzelnen Mappen sollten dabei in leicht verständlicher Form z.B die Entwicklung im Bereich der Dampfmaschinen, der Schifffahrt, des Flugwesens, des Bauwesens und der Wasserkraftanlagen beschreiben. Pro Ordner waren 50 bis 80 Fotografien vorgesehen. Anfang Mai 1933 war die 100. Mappe fertiggestellt. Bis Mitte der 1930er-Jahre wuchs die Zahl der T.i.B.-Ordner auf rund 150 an. Zwei Akten im Verwaltungsarchiv des Deutschen Museums dokumentieren die Entstehung der einzelnen Ordner. Über einen Museumsmitarbeiter wurden prominente Techniker, Ingenieure und Wissenschaftler angeschrieben und um die Erstellung einer Mappe gebeten. Für jedes Thema existierte eine Karteikarte, auf der die Korrespondenz mit den Wunschautoren stichpunktartig festgehalten war, ebenso das Datum, an dem die Mappe abgeliefert und in der Bibliothek aufgestellt wurde.[108] Teilweise sind die damals einsehbaren Exemplare noch in ihrer ursprünglichen Ordnung vorhanden. Rund 70 T.i.B.-Mappen sind im Bildarchiv heute überliefert. Andere Ordner wurden aufgelöst und unter neuen thematischen Zusammenhängen abgelegt, sofern das Bildmaterial nicht komplett ausgesondert wurde. Für den heutigen Betrachter bieten die in Form von Fotoalben aufgebauten und mit eingestreuten Texten versehenen Mappen einen Stand der Technik aus den 1930er-Jahren. Zusammengestellt wurden die Ordner meist durch externe, bezahlte Bearbeiter; teilweise lieferten auch Firmen einen kompletten Satz.

Eine der Mappen beschreibt die Entwicklung der Elektrizitätswerke. **| Abb. 63/64 |** Es war naheliegend, dass dieser Ordner vom Ingenieurbüro Oskar von Miller gestaltet werden sollte, war doch der Firmeninhaber einer der führenden deutschen Fachleute für die Übertragung von Strom und den Bau lokaler, regionaler und nationaler Versorgungsnetze. Die Aufgabe erledigte der jüngste Sohn Millers, Rudolf, der ebenfalls im Unternehmen tätig war.[109] Es verwundert nicht, dass die wichtigsten Stationen des Vaters in der Mappe gebührend gewürdigt wurden: die Elektrizitätsausstellungen in München 1882 bzw. in Frankfurt 1891 mit den dabei durchgeführten und weltweit Aufsehen erregenden Übertragungen von Gleich- bzw. Drehstrom, der Bau der frühen Blockkraftwerke in Berlin bis hin zur Konzeption des Walchenseekraftwerks und des Bayernwerks, das als Stromnetzbetreiber eine Stromversorgung des Königreichs Bayern ermöglichen sollte, sowie Millers Plan einer Reichselektrizitätsversorgung. Fertiggestellt wurde sie pünktlich zum 7. Mai 1933, dem Geburtstag des Museumsgründers und gleichzeitig dem Tag der Gremiensitzungen des Museums. Es war ein denkwürdiger Tag insofern, als damals Oskar von Miller – vorgeblich aus Altersgründen, aber primär als von den neuen nationalsozialistischen Machthabern angefeindeter Museumschef – nach 30 Jahren von der Spitze des Hauses zurücktrat.

Nur zu wenigen Themen wurden die T.i.B.-Mappen tatsächlich von Museumsmitarbeitern erstellt. So fertigte der bereits erwähnte Fotograf Georg Schedele von Januar bis Mai 1933 derartige Ordner an. Das notwendige Bildmaterial holte sich das Museum

108 Vgl. DMA, VA 5041 und VA 5042.

109 Vgl. DMA, VA 5041.

von unterschiedlichen Bildproduzenten: Unternehmen, Verbänden, Landesbildstellen etc. Da die meisten Abbildungen auf schwarze Kartonblätter geklebt sind, ist die Herkunft der Fotografien, Diagramme und Bilder heute meist nicht mehr erkennbar. Viele Aufnahmen zeigen Objekte des Hauses oder waren Reproduktionen aus Büchern und Handschriften des eigenen Bestands. Durch das durchgängige Prinzip, Bildmaterial mit Textseiten zu kombinieren, haben die einzelnen Mappen weniger die Anmutung eines Fotoalbums als die eines pädagogisch aufgebauten Kurzführers. Das in den Museumsausstellungen praktizierte System der historischen Entwicklungsreihe einzelner Disziplinen wurde auch in den meisten T.i.B.-Ordnern beibehalten.

Das Mappenwerk wurde allerdings schon bald wieder eingestellt. Nach dem Ausscheiden Oskar von Millers aus dem Museumsvorstand und seinem Tod ein Jahr später kam das Projekt ins Stocken. Wie sich herausgestellt hatte, war der Aufwand, das Bildmaterial zu sammeln und die Texte zu schreiben, so hoch, dass Millers Nachfolger in der Geschäftsführung, Jonathan Zenneck, schon 1934 dem für die Abteilung zuständigen wissenschaftlichen Mitarbeiter Adolf Wißner den Auftrag erteilte, »die Abteilung sanft zu liquidieren«.[110]

Das Beispiel der T.i.B.-Ordner zeigt erneut, wie eng das Zusammenspiel von Ausstellung, Bibliothek und Archiv im Museum konzipiert war. Der später kurzzeitig als Pressereferent im Museum arbeitende Oskar Liskowsky hat in seinem Grundsatzpapier »Einige Gedanken über die Studienabteilung des Deutschen Museums und ihre Bibliothek« 1928 die Handbibliothek mit ihren unterschiedlichen Beständen als »Bindeglied zwischen Schausammlung und archivarischer Sammlung« bezeichnet.[111] Der gleiche Liskowsky arbeitete im Übrigen einige Jahre später unter den Nationalsozialisten im Reichspropagandaministerium und veröffentlichte mehrere abscheuliche antisemitische Schriften.

Die dritte Gruppe des Bildarchivs – neben der Rarissima-Abteilung und dem Bestand der Einzelaufnahmen – bildet die Serie der Fotoalben. Mit Stand 1. Januar 2021 waren 83 Alben inventarisiert und die darin enthaltenen Fotografien (meist) einzeln erschlossen. Die Zahl der Alben wächst ständig, da in den letzten Jahren vermehrt Altbestände erfasst und Neuankäufe in Antiquariaten oder bei Auktionen getätigt wurden. Als Einzelstück hat nahezu jedes Album eine eigene Provenienz, während Alben in Nachlässen oder Unternehmensarchiven dort verbleiben. Insgesamt gesehen ist die Anzahl der archivierten Fotoalben also deutlich größer. Allein in den verschiedenen Nachlässen sind über 250 Alben verzeichnet, in den Firmenarchiven geschätzt 150 und in der Luft- und Raumfahrtdokumentation rund 70 Alben, sodass sich ein Gesamtbestand von etwa 600 Alben ergibt.

Generell kann man in dem Bestand zwischen privaten und professionellen, d. h. von Unternehmen beauftragten, Alben unterscheiden. Dabei sind Privatalben, die sonst die Bildüberlieferung vieler öffentlicher Archive, Bibliotheken und Museen bestimmen, im Deutschen Museum zahlenmäßig deutlich in der Minderheit. Dies hängt mit der Sammlungspolitik des Archivs zusammen. Private Fotografien von der Familie, von Familienfeiern und Urlaubsreisen spielen für den technik-/wissenschaftshistorischen Hintergrund im Museum nur eine geringe Rolle. Dabei können sich private Erinnerungsalben und professionell angelegte Sammlungen durchaus überlappen. Gerade aus dem Ersten Weltkrieg verwahrt das Archiv verschiedene Exemplare, die von Privatpersonen zusammengestellt wurden und ihre Kriegserinnerungen festhalten, gleichzeitig aber auch die verschiedenen Flugzeugtypen, deren Einsatz und häufig deren Absturz dokumentieren. Die Problematik vieler Alben – nicht nur im Archiv des Deutschen Museums – ist, dass die Fotografien meist aufgeklebt und somit eventuelle rückseitige Beschriftungen oder Aufdrucke von Fotostudios nicht mehr erkennbar sind.

Viele Alben haben naheliegenderweise einen direkten Bezug zum Deutschen Museum. Sie dienten der Dokumentation einzelner Bauabschnitte des Hauses, unterschiedlicher Abteilungen und Sonderausstellungen. In der Regel waren sie als Erinnerungsalben für die an den Projekten beteiligten Personen gedacht; daher ist zu vermuten, dass mehrere identische Exemplare hergestellt wurden. In diesen Mappen finden sich sowohl Porträt- und Gruppenaufnahmen als auch reine Dokumentationsfotos von Objekten und Ausstellungseinheiten. So sind der Bau des Museumsgebäudes auf der Insel und der Kraftfahrhalle sowie die Sonderausstellungen »Leistungsschau der Deutschen Bautechnik« (1941), »Großdeutschland und die See« (1941/42) und »50 Jahre Dieselmotor« (1947) in eigenen Alben dokumentiert. Es sind aber auch innerbetriebliche Ereignisse überliefert wie »25 Jahre Bildhauer im Deutschen Museum« oder das Album zum 80. Geburtstag von Otto Meyer, dem Generaldirektor der MAN in Augsburg und Vorsitzenden des Vorstands des Deutschen Museums von 1953 bis 1963. Die meisten dieser Alben wurden verschenkt und kehrten Jahre später wieder an ihren Entstehungsort zurück. Im Gegensatz zu aufwendigen Erinnerungsalben, wie sie für führende Persönlichkeiten aus Industrie und Wissenschaft angefertigt wurden, sind diese Museumsalben vorwiegend schlicht gestaltet und meist wenig repräsentativ. Ähnlich verhält es sich mit Alben, die von Unternehmen für Mitarbeiter zu Dienstjubiläen erstellt wurden, so für den Tischler Franz Ziegler zu seiner 25-jährigen Tätigkeit bei der Firma Junkers & Co. in Dessau. Die darin enthaltenen Aufnahmen verbinden Außen- und Innenansichten der Firma mit Porträtfotografien Zieglers und seiner Kollegen, Arbeitsszenen und Fotografien von Betriebsfeiern.

110 DMA, VA, PA 2376; vgl. Hilz, Bibliothek, 2017, S. 40.

111 DMA, VA, PA 1275.

65 Frühe Reihenaufnahme Ernst Kohlrauschs von einem Schüler am Pauschenpferd, September 1890.

Anders verhält es sich dagegen bei Alben von Unternehmen, die projekt- oder produktbezogen sind; sie entstanden häufig vor dem Hintergrund einer Projektdokumentation. Solche Alben zeigen z. B Werksfotografien der Klein, Schanzlin & Becker AG zur Wasserhaltung in Bergwerken (ca. 1926), die von der Firma Hochtief AG gebaute Hochbrücke über die Ammer bei Echelsbach (1928/29) – damals die größte Eisenbetonbrücke der Bauweise Melan-Spangenberg –, Aufnahmen der Studien-Gesellschaft für Gasindustrie mbH in Berlin von den Fabrikgebäuden, den dort produzierten Maschinen und dem Transport von Flüssiggas (1928–1930), Bilder der auf der Leistungsschau der Deutschen Bautechnik 1941 in München ausgestellten Objekte des Unternehmens Sager & Woerner oder die Montage und den Betrieb von Schwimmdocks der Gutehoffnungshütte im Werk Sterkrade (ca. 1960). Die Alben verbinden unverkennbar eine dokumentarische mit einer werbenden Funktion, da Leistungsfähigkeit, Innovationskraft und Produktbreite der Unternehmen deutlich betont werden. Zudem sind Alben von Forschungsreisen wie der privat finanzierten Aerologischen Nordatlantik-Expedition von Max Ernst Freiherr von Hewald und Alfred Hildebrandt nach Island, dem nördlichen Eismeer und dem Atlantischen Ozean 1907 oder des britischen Versorgungsschiffs RRS John Biscoe (ca. 1951–1952), das in der Antarktis im Einsatz war, in dem Bestand überliefert.

Vergleichbar mit den Alben ist die Bestandsgruppe der »Fotografischen Sammlungen«. Während bei ersteren die Fotografien fein säuberlich eingeklebt oder – seltener – mit Fotoecken fixiert sind, handelt es sich bei den Sammlungen größtenteils um Einzelfotografien, die unter thematischen Aspekten zusammengetragen wurden. Auch Aufnahmen eines Fotografen zu unterschiedlichen Themen werden dieser Gruppe zugerechnet, obwohl sie typologisch eher dem Nachlassbereich zuzuordnen wären. Sofern allerdings in diesen Fällen außer den Fotografien keine weiteren Archivalien – zum Beispiel Briefe, Manuskripte oder biografische Unterlagen – vorhanden sind, werden sie in die »Fotografischen Sammlungen« eingegliedert. Insgesamt sind heute rund 40 Sammlungen mit über 40 000 Abzügen vorhanden. Allein die Serie der früheren »Musterfotos« des Deutschen Museums – d. h. für externe Kunden zusammengestellte Aufnahmen – zählt über 17 000 Fotografien, die zudem teilweise als Mehrfachexemplare vorliegen. Die Musterfotos wurden im Kleinformat, meist 7 × 10 cm, entwickelt und an potenzielle Interessenten verschickt. Sie sind teilweise mit den Dokumentarfotografien der Bildstelle identisch, nur dass sie dort in besserer Qualität vorliegen.

Das Spektrum des Bestands »Fotografische Sammlungen« ist breit gefächert. So führt eine Serie von Ernst Kohlrausch in die Anfänge der Reihenfotografie. Kohlrausch, Schullehrer, aktiver Turner und seit dem Ende der 1880er-Jahre fotografisch tätig, erhielt 1890 ein erstes Patent für einen »chronophotographischen« Apparat, eine Art Rad, an dem 24 Kameras befestigt waren, die nacheinander in einer gewünschten Geschwindigkeit die einzelnen Fotoplatten (8,5 × 8,5 mm) belichteten. Kohlrauschs Ziel war es, Bewegungen, die mit dem bloßen Auge nur schwer erkennbar waren, fotografisch so zu fixieren, dass sowohl ein fließender Ablauf der Bewegungen – wie bei einem »Film« – als auch jeweils einzelne Teilaufnahmen betrachtet werden konnten. **| Abb. 65 |**

In den Objektsammlungen des Deutschen Museums haben sich vier Apparate Kohlrauschs erhalten, während im Archiv dazu 176 Aufnahmen überliefert sind. Sie stammen aus der Zeit von den ersten Versuchen 1890 bis etwa 1895. Objekte, Fotografien und einige Originalzeichnungen zu den frühen Apparaten kamen im Jahr 1933 durch eine Stiftung seines Sohnes Wolfgang ins Museum.[112] Ernst Kohlrausch selbst hat die Abzüge einzelner Aufnahmeserien (meist im Format 7 × 6 cm) auf Papier geklebt und diese teilweise mit Erläuterungen versehen (dargestellte Person, Datierung, Belichtung etc.). Die meisten Fotografien halten Bewegungsabläufe von Sportlern oder Gehversuche von Patienten mit Behinderungen fest. Eine hoch interessante Dokumentation aus den Anfängen der Kinematografie!

Ein anderes interessantes Beispiel aus den »Fotografischen Sammlungen« ist die Diaserie »Projection für Alle«, von der im Archiv zwei Reihen überliefert sind: »Die Eroberung der Luft«

112 Vgl. DMA, VA 1870/2.

66 Diaserie »Die Eroberung der Luft« mit Begleitheft, ca. 1910. Foto: Hans-Joachim Becker

(Nr. 18) und »Flugtage in Johannisthal« (Nr. 43).[113] Die Serie »Die Eroberung der Luft« dürfte um 1910 entstanden sein, da der Begleittext zum letzten Dia bereits die Überquerung des Ärmelkanals durch Louis Blériot im Juli 1909 anspricht. **| Abb. 66 |**

Die Reihe »Projection für Alle« war 1905 von Max Skladanowsky, dem Berliner Pionier des Bewegtbilds, gegründet worden. Jeder Teil umfasste 24 Glasdias im Format 8,3 × 8,3 cm im Silberbromid-Gelatine-Trockenplattenverfahren. In der Regel handelt es sich um Schwarzweißaufnahmen; nur wenige Ausgaben sind – von Hand – koloriert. Die einzelnen Glasdias tragen auf der Vorderseite der schwarzen Maske eine dreisprachige Beschriftung und sind in einfachen Stülpdeckel-Pappkartons verpackt. Die Gesamtausgabe ist durchnummeriert. Zwischen 1905 und 1928 wurden etwa 100 thematische Serien produziert. Die fotografischen Vorlagen kaufte Skladanowsky von zahlreichen, in der Regel nicht namentlich genannten Fotografen ein. Eine Aufnahme für »Durchs Land Tirol« (Nr. 14) stammt beispielsweise von dem Salzburger Fotostudio Baldi & Würthle (Dia 6), das für seine hochalpinen Ansichten bekannt war. Allerdings ist deren Beschriftung mit »Am Ortler-Gletscher« falsch, da es sich bei der Vorlage um den Gepatschferner handelt.[114] Der Vertrieb der Diaserien erfolgte u. a. durch die Hersteller von Projektionsapparaten, so durch die Firma Unger & Hoffmann.[115] Die Dresdener Firma stellte eine breite Palette an Projektionsapparaten her und verknüpfte den Verkauf ihrer Geräte mit dem Angebot verschiedener Diaserien, darunter »Projection für Alle«. Der Name des eigentlichen Produzenten Skladanowsky war dabei nicht genannt, ebenso wenig wie bei anderen Lichtbildreihen wie den Serien »Onkel-Franz-Lichtbilder«, »Wilhelm Busch« oder Produktionen speziell für Schul- und Lehrzwecke.

Skladanowsky lieferte für jede Serie ein Begleitheft mit, das kurze Erläuterungen zu den Fotos beinhaltete. Dadurch war es möglich, dass auch Nicht-Fachleute die Dias vorführen konnten. Ähnlich wie bei den Guckkastenbildern seit der zweiten Hälfte des 18. Jahrhunderts waren diese populären Reihen in der Öffentlichkeit sehr beliebt, nicht zuletzt, da die Themenpalette breit gestreut war. Viele Sets aus der Skladanowsky-Produktion beschäftigten sich mit Städten und Ländern, bevor die Nummern 17 bis 19 erstmals wissenschaftlich-technische Themen wie den »Kampf um den Nordpol«, die »Eroberung der Luft« und die »Sternenwelt und ihre Wunder« aufgriffen. Der Erste Weltkrieg führte zu einer Politisierung der Projections-Reihe, einem dezidierten Nationalismus und zur Verherrlichung militärischer Erfolge Deutschlands an den europäischen Frontabschnitten (Nr. 50–64). Umso erstaunlicher wirkt dann nach der deutschen Niederlage die Wende hin zu Ausgaben mit Inhalten aus dem Alten Testament (Nr. 71–79) bzw. aus der historischen Sagenwelt. Technik und Wissenschaft spielten insgesamt eine untergeordnete Rolle, weshalb die im Archiv des Deutschen Museums überlieferten Schachteln von besonderer Bedeutung sind.

Ein letzter Bereich des Bildarchivs im Deutschen Museum ist eine 60 Archivschachteln umfassende Sammlung an Produktfotografien von rund 350 Unternehmen, das sogenannte »Bildarchiv Firmen«. Es handelt sich dabei durchgängig um Aufnahmen von oder im Auftrag von Betrieben, die dadurch ihre Waren werbewirksam in Szene setzen wollten. Mit ihnen sollten KundInnen auf ein Produkt aufmerksam gemacht und ein positives Konsumverhalten erzeugt werden. Dabei musste die Werbefotografie auch scheinbar unattraktive Waren optimal in Szene setzen. Obwohl die Werbefotografie in erster Linie an dem Verkaufsprodukt ausgerichtet ist, also eine Objektfotografie darstellt, lässt sich bereits bei frühen Werbebildern beobachten, dass das Produkt durch verbesserte Beleuchtung und durch technische Nachbearbeitung der Fotografien plastischer herausgearbeitet wurde – meist unter Verzicht auf jeglichen Hintergrund. Seit den 1920er-Jahren spielten werbepsychologische Aspekte eine zunehmend größere Rolle. Um das Verkaufsgut von anderen Anbietern abzuheben, wurde es in eine Lifestyle-Werbung eingebunden: Das Produkt »Automobil« zum Beispiel fotografierten einige Unternehmen nicht allein

113 Vgl. DMA, BA-S 00005, 00019 und 00020.

114 Vgl. https://de.wikipedia.org/wiki/Thomas_Abeking#cite_ref-16 (22.5.2022).

115 Vgl. die entsprechenden Firmenschriften: DMA, FS 505762/1-6.

67 Aufnahme aus der »Zündapp-Serie« des Fotografen Albert Renger-Patzsch: Auf dem Revolverautomaten, 1930.

als schnittiges Fahrzeug, sondern als wichtigen Bestandteil der Freizeit für die ganze Familie, während andere Hersteller auf die Sportlichkeit des Autos oder dessen Transportkapazitäten abhoben und damit eher den männlichen Käufer ansprechen wollten.

Die im »Bildarchiv Firmen« aufbewahrten Fotografien sind zum überwiegenden Teil Pressefotografien, die für die Berichterstattung, aber auch für Messemappen freigegeben worden waren. Bei der Durchsicht gewinnt man den Eindruck, dass gerade in den 1960er- und 1970er-Jahren das Museumspersonal solche Mappen massenweise bei den Firmen oder auf Messen eingesammelt und später an das Archiv abgegeben hat. Auf der anderen Seite ist offenkundig, dass zahlreiche Unternehmen dem Deutschen Museum Werbeaufnahmen als Vorlagen für Reproduktionen in den Ausstellungen zur Verfügung gestellt haben. Bemerkenswert ist, dass in dem Mischbestand auch viele ausländische Unternehmen vertreten sind, ähnlich wie dies in der Firmenschriftensammlung der Fall ist. Man muss also die Sammlungsbestände »Bildarchiv Firmen« und die »Firmenschriften« eng zusammendenken. Viele Bilder, die teils von firmeneigenen, teils von beauftragten externen Berufsfotografen aufgenommen wurden, waren auch als Vorlagen für gedruckte Produktkataloge, Firmenprospekte, Flyer, Anzeigen in Zeitungen und Zeitschriften sowie für Plakate gedacht.

Bei der Werbefotografie darf nicht vergessen werden, dass zahlreiche Unternehmen renommierte externe Fotografen für diesen Zweck angeworben haben, für die eine solche Tätigkeit oft dem Broterwerb diente. Wer daher aufmerksam im Bestand »Bildarchiv Firmen« recherchiert, wird eine Reihe wichtiger deutscher Fotografen finden. Dazu zählt der Würzburger Leo Gundermann, der durch seine Zusammenarbeit mit den Kunsthistorikern Julius Bier und Theodor Demmler, vor allem aber durch seine hervorragenden Aufnahmen von Werken des Bildhauers Tilmann Riemenschneider bekannt wurde. Gundermann arbeitete um 1930 für die Zünder- und Apparatebaugesellschaft (später: Zündapp-Werke) in Nürnberg, die in der Zeit nach dem Ersten Weltkrieg Motorräder herstellte, wofür sie noch heute bekannt ist. Im Bestand haben sich einige hervorragende Bilder dieses Fotografen erhalten. Ebenfalls für Zündapp fotografierte Albert Renger-Patzsch, einer der wohl bekanntesten deutschen Vertreter seiner Zunft. Die Bilder von Gundermann und Renger-Patzsch kamen offensichtlich gleichzeitig ins Archiv. Insgesamt wurden mindestens 36 Fotografien übergeben, wobei nicht alle erhalten sind; der Stiftername fehlt im Zugangsbuch.[116] Die Aufnahmen der beiden Fotografen unterscheiden sich diametral. Während Gundermann die Arbeitswelt in der Fabrik mit vielen Personen dokumentierte, verzichtete Renger-Patzsch nahezu vollständig auf Fotografien der Arbeiterschaft.

Aus der gesamten Zündapp-Serie von Renger-Patzsch sind nur einige Aufnahmen im Archiv überliefert. Es handelt sich um schöne Vintages, die rückseitig mit »Renger-Foto D.W.B. Essen, Goethestraße 41« gestempelt sind.[117] Sie lassen sich ziemlich genau auf die Monate Juni und Juli 1930 datieren. Weitere Aufnahmen der Serie finden sich im Zündapp-Archiv, das nach dem Verkauf der Firma an ein chinesisches Unternehmen 1984 ins Deutsche Technikmuseum in Berlin überführt wurde.

Zu welchem Zweck die Firma den Fotografen beauftragt hat, lässt sich heute nicht mehr feststellen. Die Bilder sind nicht auf das Endprodukt »Motorrad« fokussiert, sondern zeigen Ausschnitte aus der Fertigung. Da sie sich nicht auf einem Plakat oder in einer Firmenschrift des Unternehmens nachweisen lassen, ist anzunehmen, dass die Fotografien wohl der Dokumentation des neuen Zündappwerks in Nürnberg-Schweinau (erbaut 1928/29) und der dortigen Motorrad-Fertigung dienten. Für diese Annahme spricht, dass die Fotos ursprünglich in ein Album eingeklebt und später abgelöst wurden. Darauf deuten die Abrissstellen an den vier Kanten der Rückseiten hin. Renger-Patzschs Aufnahmen sind also eher dem Genre der Industriefotografie als der Werbefotografie zuzuordnen. Die im Deutschen Museum erhaltenen Fotografien zeigen fast durchgehend eine menschenleere Fabrik. Vermutlich sollte diese Art der Darstellung die im Zündapp-Werk praktizierte moderne, also weitgehend automatisierte Produktion widerspiegeln. Nur auf zwei Bildern sind Personen, auf drei weiteren die Hände von Beschäftigten zu sehen. Typisch für die Maschinisierung der Fabrik ist der abgebildete Revolverautomat, bei dem fünf Werkzeuge nacheinander die Bohrung des Zylinders des Motorrads bearbeiten, ohne dass der Mensch eingreifen muss.[118] **| Abb. 67 |** Für seine Aufnahmen konzentrierte sich der Fotograf auf glatte Werkstücke, die sehr sachlich präsentiert sind. Unverkennbar spielten dabei die von der Künstlerbewegung des Deutschen Werkbunds, dem auch Renger-Patzsch angehörte, propagierten Begriffe »Form«, »Qualität« und »Zweckmäßigkeit« eine große Rolle.

Für sein 1931 herausgegebenes Fotobuch »Eisen und Stahl« hat Renger-Patzsch insgesamt 12 Aufnahmen der Zündapp-Serie ausgewählt und mit knappen Bildunterschriften versehen; elf von diesen sind im Bestand »Bildarchiv Firmen« überliefert.

Wissenschaftliche Fotografie

An verschiedenen Stellen im Buch wird der Themenkomplex »Wissenschaftliche Fotografie« angesprochen. Gemeint sind damit Aufnahmen aus unterschiedlichen wissenschaftlichen Disziplinen, die mit Hilfe technischer Hilfsmittel Dinge dokumentieren oder dem Betrachter vorher Unsichtbares vor Augen führen. In zahlreichen Fällen dient dieser Zweig der Fotografie lediglich der Dokumentation von Forschungsprozessen und -ergebnissen. Ein modernes Verständnis beschränkt die wissenschaftliche Fotografie nicht auf die analoge und digitale Fotografie, sondern auch auf abbildhafte Aufzeichnungen von Messungen durch optische Verfahren. Solche »Fotografien« vermitteln Einblicke in eine normalerweise nicht sichtbare Welt oder richten in stundenlangen Aufnahmen ihr Auge in die Weiten des Weltraums. Sie verlangsamen als Reihenaufnahmen schnelle Bewegungsabläufe oder dienen als serielle Fotografien für die Materialprüfung. Nur selten sind die Bilder ein zufälliger und spontan festgehaltener Blick.

Als am 10. April 2019 die internationale Arbeitsgemeinschaft »Event Horizon Technology« (EHT) die Aufnahme eines »Schwarzen Lochs« veröffentlichte, überschlugen sich die Medien. Selbst der »Spiegel« titelte in seiner Online-Version: »Forscher zeigen erstmals Foto von einem Schwarzen Loch«. Dabei handelt es sich mitnichten um eine »Fotografie«. Vielmehr basiert die Aufnahme auf der Aufzeichnung von Radiowellen, die bildlich umgesetzt wurden. Die Farben sind künstlich und stehen für die unterschiedliche Intensität der Messergebnisse. Von den 200 Wissenschaftlern, die mit Teleskopen in aller Welt das Schwarze Loch der Galaxis M87 einfingen, waren 30 mit der Bildbearbeitung betraut; vier Algorithmen wurden parallel entwickelt, um aus den Teleskopdaten Bilder zu kreieren. Das Problem der Forscher war dabei, dass acht Teleskope zusammengeschaltet waren. Dies führte dazu, dass es Lücken in den Daten gab, die rechnerisch aufgefüllt werden mussten. Das letztlich veröffentlichte Bild wurde aus Schnipseln vieler Messergebnisse zusammengebaut. In der Visualisierung der Event Horizon Technology sehen wir einen leuchtenden Ring um einen schwarzen Schatten. Aber: Diese Aufnahme des schwarzen Lochs ist keine Fotografie.

Das Feld der wissenschaftlichen Fotografie ist breit gestreut: Aufnahmen aus dem Weltraum – wie beim Schwarzen Loch – oder von fremden Sternen und Galaxien (Astrofotografie), Mikrofotografie, Röntgenfotografie, Infrarot- und Ultraviolettfotografie, Chronografie, Luftbild- und Satellitenfotografie bis hin zur Kernspurfotografie.

116 Vgl. DMA, ZuPlan 1951/56; alle Aufnahmen in BA-Firm 059.

117 D.W.B. = Deutscher Werkbund. Zugangs-Nr. 1951/56.

118 Abgedruckt in Renger, Eisen, 1931, Abb. 70.

68 Astrofotografie des amerikanischen Optikers und Astronomen George Willis Ritchey von Messier 81, einer Spiralgalaxie im Sternbild des Großen Bären, 1909.

Im Archiv des Deutschen Museums bildet die wissenschaftliche Fotografie schon seit langem einen Sammlungsschwerpunkt. Dabei sind hier nicht die modernen digitalen Daten archiviert – sie finden sich in teilweise hoher Auflösung im Internet –, sondern in der Regel analoge Abzüge, meist in Schwarz-Weiß. In einigen Fällen handelt es sich bei den Bildern um Aufzeichnungen von Messreihen (vgl. Seite 171–174).

In den verschiedenen Beständen lassen sich zahlreiche Aufnahmen nachweisen, die – um beim Beispiel der Astrofotografie zu bleiben – in die Frühzeit der Weltraumfotografie zurückreichen. Eine sehr schöne Serie stammt von dem amerikanischen Optiker und Astronomen George Willis Ritchey. Dieser war auf die Herstellung hochwertiger optischer Linsen und Spiegel für Sternwarten spezialisiert. Die meiste Zeit seines Lebens arbeitete er eng mit dem Astrophysiker George Ellery Hale zusammen, bis es zum Bruch kam und Ritchey auf den Anbau von Orangen umsattelte. Ritchey wechselte 1905 vom Yerkes-Observatorium an das von Hale gegründete Mount-Wilson-Observatorium, das sich in den Folgejahren zu einer der bedeutendsten astronomischen Einrichtungen entwickelte. Für dieses baute er ein Riesenteleskop mit 2,5 m Spiegeldurchmesser. Ritchey selbst kümmerte sich auch um die Astrofotografie. Einige seiner Originalabzüge aus den Jahren 1909 bis 1920, die eine unglaubliche Brillanz aufweisen, haben sich im Archiv erhalten. | **Abb. 68** |

Deutlich stärker repräsentiert als die Luftbild- und Astrofotografie ist im Archiv die Mikrofotografie. Dabei stammen besonders viele Aufnahmen aus den Beständen des Physikers Otto Lehmann, des Biologen Otto Bütschli und des Apothekers Max Hauer.

Während Lehmanns Forschungen zu Flüssigkristallen mit 1609 Aufnahmen dokumentiert sind, haben sich von Bütschli 212 Mikrofotografien erhalten, die er u. a. für sein Hauptwerk »Untersuchungen über Strukturen« (1898) verwendet hat. Für deren Verständnis ist von großem Vorteil, dass diese in seinen Publikationen vielfach abgedruckt und erläutert sind. Außerdem hat der Biologe zahlreiche seiner Mikroaufnahmen rückseitig mit zum Teil ausführlichen Erläuterungen zur Versuchsanordnung beschriftet.

Der Hinweis Bütschlis auf die schwarzen Flecken und ihre Herkunft | **Abb. 69/70** | leitet zu einer grundsätzlichen Diskussion um die wissenschaftliche Mikrofotografie über, wie sie bis in das 20. Jahrhundert hinein geführt wurde. Im Hintergrund stand der ursprüngliche Ansatz der Forschenden, mit der Fotografie würde ein »getreues« Abbild der Wirklichkeit geliefert. Während bis zur Kombination von mikroskopischer Beobachtung und der neuen fotografischen Aufnahmetechnik nur eine händisch angefertigte Zeichnung des Gesehenen als Wiedergabemöglichkeit gegeben war, die es anderen ermöglichte, den Untersuchungsgegenstand nachzuvollziehen, schien die unbestechliche, da vom

Forschenden scheinbar unabhängige Fotografie das ideale Medium zur Wissenschaftskommunikation zu sein.[119] Mit der Fotografie wurde das Attribut »objektiv« verknüpft. Damit schien eine zentrale Frage des wissenschaftlichen Erkenntnisprozesses zufriedenstellend gelöst.

Die These der »objektiven« Fotografie als Abbild der Beobachtung hielt allerdings nicht lange. Schnell wurde den Forschenden wie den Fotografierenden klar, dass sie selbst auf den Prozess der Bildgenese bei der Aufnahme, der Ausbelichtung der Negative und der Nachbearbeitung bis hin zur späteren Publikation vielfach einwirkten. Auch die Auswahl aus einem großen Fundus von ähnlichen Aufnahmen ist als Teil eines absichtlich beeinflussten Visualisierungsprozesses zu sehen. Hinzu kamen äußere Faktoren wie Lichtverhältnisse, Einstellungen der Kameras, Plattenfehler, Verschmutzung der Linsen etc., die das Gesehene erheblich veränderten.

119 Zum Folgenden vgl. Dufhues, Hilfsmittel, 2021 und dies., Fotografie, 2020.

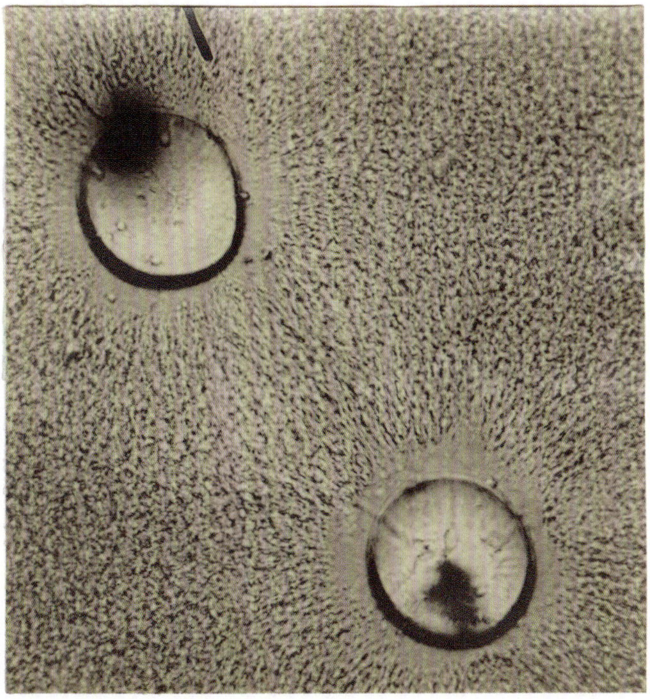

69 Untersuchung des Biologen Otto Bütschli zu Emulsionen in Gelatine-Gelen, ca. 1898.

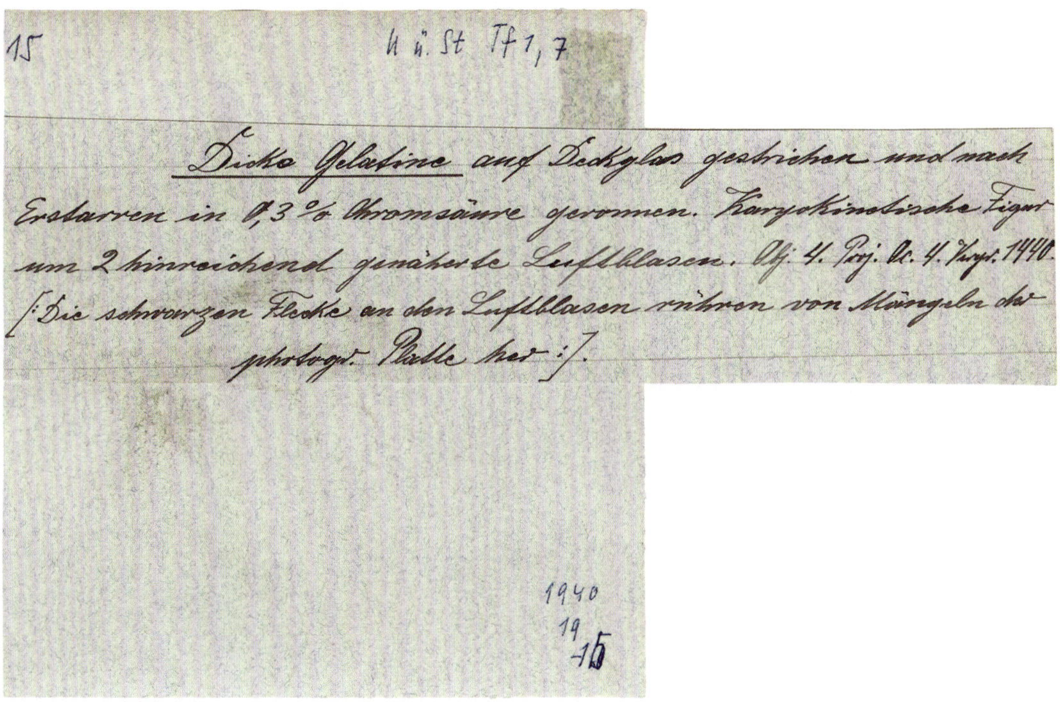

15 h ü. St Tf 1, 7

Dicke Gelatine auf Deckglas gestrichen und nach Erstarren in 0,3 % Chromsäure geronnen. Karyokinetische Figur um 2 hinreichend genäherte Luftblasen. Obj. 4. Proj. Oc. 4. Vergr. 1440. [: Die schwarzen Flecke an den Luftblasen rühren von Mängeln der photogr. Platte her:].

1940
19
15

70 Rückseitige Beschriftung der Fotografie: »Dicke Gelatine auf Deckglas gestrichen und nach Erstarren in 0,3 % Chromsäure geronnen. Karyokinetische Figur um 2 hinreichend genäherte Luftblasen. Obj. 4. Proj. Oc. 4. Vergr. 1440. [: Die schwarzen Flecke an den Luftblasen rühren von Mängeln der photogr. Platte her:]«, ca. 1898.

Alle diese Faktoren mussten (und müssen) in der Weiterkommunikation der wissenschaftlichen Fotografien erklärt werden. Ohne die rückseitige Erklärung Bütschlis »Die schwarzen Flecke an den Luftblasen rühren von Mängeln der photogr. Platte her« wäre es für den Betrachtenden nicht möglich, ähnliche von Bütschli beobachtete Erscheinungen bei der Teilung von Zellkernen adäquat zu beurteilen, da erst seine Erläuterung, eine mangelhafte Herstellung der Schicht der Glasplatte habe die Fotografie des Präparats verfälscht, eine Erklärung für die dunklen Flecken liefert. Wir sehen nicht immer das, was wir glauben zu sehen.

Bildarchiv	
Zeitraum	Aufnahmen seit 1839
Umfang	ca. 1,4 Mio. Positive, Negative, Digitalisate, Dias
darunter	13 000 Glasplatten 6000 analoge Leica-Filme 8000 Rollfilme (120 000 Aufnahmen) ca. 100 Alben ca. 50 Bildersammlungen ca. 60 Schachteln mit Aufnahmen aus 350 Unternehmen
Schwerpunkte	Verkehrswesen, Bau-, Textil- und Papiertechnik

Von Alchemisten, Mathematikern und Punkern

Porträtsammlung

Jahrhundertelang bildete das Porträt eine ausgesprochen elitäre Form der Darstellung führender Persönlichkeiten und Stände. Die aus der Antike überlieferten Plastiken, Büsten oder Münzen und später entstandene Porträtgemälde in Öl zeigten bis in das 19. Jahrhundert hinein nahezu ausschließlich Herrscher, Adelige, Amtsträger, Militärs oder geistliche Würdenträger. Die Standesporträts zeichneten sich durch ihre Repräsentanz aus, die hohe gesellschaftliche Stellung spiegelte sich in Standesinsignien, Schmuck und in herrschaftlicher Kleidung wider. Die Abbilder wurden in Medaillen, Münzen, Büsten, Statuen, Medaillons, Totenmasken, Grabplatten, Ölgemälden, Holzschnitten und Kupferstichen umgesetzt. Eine der ältesten Darstellungen im Bestand des Deutschen Museums ist ein Kupferstich des Arztes, Philosophen und Alchemisten Paracelsus aus dem Jahr 1541, seinem Todesjahr. **| Abb. 71 |**

Mit den Leichenpredigten, jenen gedruckten Trauerschriften für Verstorbene, die besonders im protestantischen Raum vom 16. bis zum 18. Jahrhundert große Verbreitung fanden, erweiterte sich das Spektrum der überlieferten Porträts um das wohlhabende Bürgertum, meist reiche Kaufleute und Kleriker. Zugleich beförderten die Erfindung des Buchdrucks, die leichtere Vervielfältigung von Porträts und die damit verbundene Kostensenkung die Masse der heute nachweisbaren Darstellungen. Mit den in den Leichenpredigten abgedruckten Porträts explodierte die Zahl der individualisierten Personendarstellungen in hohem Maße. Allein im deutschsprachigen Raum sind zwischen 250 000 und 300 000 Leichenpredigten überliefert. Auch wenn man einbezieht, dass viele dieser Kleinstdrucke nicht mit Porträts der Verstorbenen ausgestattet waren, vervielfacht sich die Masse der bildhaften Darstellungen erheblich.

Die Erfindung der Fotografie bewirkte im 19. Jahrhundert nochmals eine Potenzierung der Porträtzahlen. Wenngleich ein Porträt in den beiden Jahrzehnten nach 1839 – dem Jahr, in dem die Daguerreotypie als erstes praktikables fotografisches Verfahren vorgestellt wurde – aufgrund seines hohen Preises für den Hauptteil der Gesellschaft noch unerschwinglich blieb, änderte sich dies durch technische Weiterentwicklungen und die zunehmende Anzahl an Fotoateliers und wandernden Fotografen rasch. Mit dem »Photomaton« von Anatol Josepho und dem Bosco-Automat – beides Fotoautomaten, die in den 1920er-Jahren auf Jahrmärkten, in Kaufhäusern, Vergnügungsparks und Spielhallen zur Aufstellung kamen – wurde es auch für Geringverdienende erschwinglich, von sich ein Bild anfertigen zu lassen. Parallel dazu vervielfachte sich die Zahl der fotografischen Porträtaufnahmen durch die rasche Popularisierung von Kleinbildkameras wie der Leica, die 1923 zur Marktreife entwickelt wurde. Mit ihnen erreichte die Porträtaufnahme in breitem Maße den Privatbereich.

In den meisten Porträtsammlungen von Archiven und Bibliotheken spielen Naturwissenschaftler, Techniker und Ingenieure nur eine untergeordnete Rolle. Der Museumsgründer Oskar von

71 Philipp Theophrastus Bombast von Hohenheim genannt Paracelsus. Kupferstich (beschnitten), 1541.

Miller hatte schon 1904 die Zielsetzung des Deutschen Museums, herausragende Objekte in Technik, Wissenschaft und Industrie auszustellen, mit der expliziten Feststellung verbunden, dass damit gleichzeitig das Wirken bedeutender Persönlichkeiten gewürdigt werden sollte. Daher wurden im Museum verschiedene Spezialsammlungen aufgebaut, die diesen Gedanken stützten. Neben einer Büsten- und Medaillensammlung gehörte dazu die Porträtsammlung. Miller formulierte seine Idee so:

> Damit aber das Andenken an die bahnbrechenden Forscher und Techniker im Volk dauernd erhalten bleibe, ist auch die Aufstellung von Büsten und Porträts der hervorragendsten Männer der Naturwissenschaft und Technik in Aussicht genommen …[120]

120 DMA, VA-Dru, Vorl. Nr. 0118/2, S. 26.

72 Carte de visite des Chemikers Oscar Loew mit modernem »Punkerschnitt«, ca. 1872. Foto: Hans-Joachim Becker

Die Porträts hatten dabei in den Ausstellungen eine primär illustrierende Funktion, wenn Gemälde, Kupferstiche und Fotografien bedeutender Persönlichkeiten neben den von ihnen erfundenen oder konstruierten Maschinen, Instrumenten und Objekten aufgehängt wurden.

Die Würdigung solcher Persönlichkeiten im Sinne Millers prägte lange Jahre die Geschichtsdarstellung im Deutschen Museum. Die Betrachtung von Technik und Wissenschaft, ihrer Entwicklung und ihrer Innovationsfähigkeit wurde von einer auf Personen zentrierten Geschichtsschreibung bestimmt. Diese für das ausgehende 19. Jahrhundert typische Anschauung war geradezu konstitutiv bei der Gründung des Hauses im Jahre 1903, denn hier wurde Technik als eine hervorragende Kulturleistung verstanden und Technikgeschichte fast ausschließlich als Erfolgsgeschichte interpretiert. Eine personenbezogene Geschichtsauffassung war dabei durchaus zeittypisch, wie die zahlreichen Biografien belegen, die im 19. Jahrhundert und bis in die Mitte des 20. Jahrhunderts publiziert wurden.

Porträts spielten in den Ausstellungen bis zum Ende des Zweiten Weltkriegs eine besondere Rolle. Sie visualisierten den Besuchern die großen Naturforscher und Ingenieure. Dabei kam dem Deutschen Museum als dem zentralen Museum für die Geschichte der Naturwissenschaft und der Technik in Deutschland im Prozess des visuellen Gedächtnisses eine besondere Rolle zu. Man muss sich vorstellen: Um 1930 hingen in den Museumsausstellungen über 600 (!) porträthafte Abbildungen, von Büsten, Gemälden, Fotografien bis hin zu Totenmasken.[121] Das Museum hat also mit seiner Bildwelt Generationen von Besuchern beeinflusst, da seit den ersten Ausstellungen im Jahr 1906 bis heute weit mehr als 100 Millionen Menschen die Objekte des Hauses gesehen haben.

Die Porträtsammlung des Archivs im Deutschen Museum ist das Produkt einer jahrelangen zielorientierten Sammlungspolitik. Seit der Gründung des Museums im Jahr 1903 wurden Fotografien und Druckgrafiken bedeutender Naturwissenschaftler, Techniker und Ingenieure eingeworben oder angekauft, um einen möglichst umfassenden Überblick über Persönlichkeiten aus diesem Bereich vermitteln zu können. Dabei ging es überhaupt nicht um die künstlerische Qualität, da man achtlos Schnappschüsse und hochwertige Lithografien bzw. Fotografien aneinanderreihte. Vielmehr sollte eine möglichst große Zahl bedeutender Persönlichkeiten bildlich dokumentiert werden. Dementsprechend zielte die Sammlung auch nicht auf bekannte Fotografen und Fotostudios. So ist beispielsweise zu erklären, dass von dem berühmten Münchner Porträtfotografen Alois Löcherer, dessen Fotoatelier rund 24 000 Bildnisse verlassen haben, keine einzige Aufnahme im Archiv vertreten ist. In den Objektsammlungen wiederum sind nur einige exemplarische Daguerreotypien, Kalotypien und Ambrotypien aus seinem Fotostudio gesammelt. Trotzdem finden sich in der Porträtsammlung vereinzelt ungewöhnliche Stücke und Aufnahmen renommierter Fotografen. Ein schönes Beispiel ist die einzige Farbaufnahme des Museumsgründers Oskar von Miller. **| Abb. 73 |** Dabei handelt es sich um eine sogenannte Uvatypie, ein Verfahren, das der Münchner Chemiker und Fotograf Arthur Traube entwickelt und 1916 veröffentlicht hatte. Mit der latinisierten Form seines Namens (uva = Traube) gab er der Aufnahmetechnik eine einprägsame Bezeichnung. Fotograf des Miller'schen Porträts war der Münchner Heinrich Traut im Jahr 1931. Eine weitere Uvatypie aus der gleichen Sitzung ist im George Eastman House in Rochester archiviert.

Die Porträtsammlung war von Beginn an international angelegt. Beim Aufbau des Bestands war das Museumspersonal durchaus kreativ. Blättert man in den Akten, kann man erkennen, dass prominente Persönlichkeiten direkt angeschrieben und um ein Bild gebeten wurden. Umfasste der Bestand im Jahr 1905 nur 120 Blatt, wuchs er bis 1914 auf 2500 und bis 1918 auf 5000 Stück an. Um 1984 scheint man im Archiv die bisherige Sammlung kritisch durchgesehen und viele Vorlagen ausgesondert zu haben. Jedenfalls sank die Zahl der Einzelstücke von ca. 12 560 (Stand: 1983) auf 8613 Bildnisse.[122] Vermutlich hängt die Statistik damit zusammen,

121 Vgl. die Liste »Büsten und Portraits in den Sammlungen des Deutschen Museums«; DMA, VA 5025.

122 Vgl. DMA, VA-Dru, Vorl. Nr. 0195, S. 40; vgl. VA-Dru, Vorl. Nr. 0196, S. 73.

73 Uvatypie Oskar von Millers, aufgenommen von Heinrich Traut, 1931.

dass man in diesen Jahren die Sammlung in eine »Reihe A« und in eine kaum erschlossene »Reihe B«, die qualitativ schlechtere Abbildungen und wenig bekannte Personen beinhalten sollte, trennte. Heute sind in der Datenbank – ohne die »Reihe B« – insgesamt 12 600 Porträts erfasst. Sie weist Alben und Einzelbildnisse nach, wobei diese teilweise aufgrund ihrer Provenienz zu anderen Bestandsgruppen wie Nachlässen, Firmenarchiven oder den Kleinen Erwerbungen gehören.

Die Porträtsammlung ist vor allem deshalb eine einmalige Fundgrube zu Personen aus Wissenschaft, Technik und Industrie, da hier auch Bilder zahlreicher, weniger bedeutender Frauen und Männer archiviert sind. Ziemlich genau zwei Drittel des Gesamtbestands sind Fotografien (7981), der Rest ist der Druckgrafik zuzuordnen. Ganz vereinzelt finden sich Handzeichnungen.

Eine Sonderstellung nimmt der Fundus von rund 140 Porträtgemälden ein.[123] Sie wurden 1989 von der Exponatverwaltung an das Archiv abgegeben und mit dem hier vorhandenen Porträtbestand organisatorisch vereint. Diese Gemälde wurden nicht als Teil der archivischen Porträtsammlung zusammengetragen. Die Intention war nicht, Werke bedeutender Künstler im Museumsbestand zu sammeln, obwohl man durchaus angesehene Professoren der Kunstakademien mit der Anfertigung von Bildnissen beauftragte. Ebenso war nicht beabsichtigt, die Gemälde als eigene, geschlossene Galerie auszustellen, um dem Publikum herausragende Persönlichkeiten der Technik- und Wissenschaftsgeschichte zu präsentieren. Die Museumsmacher zielten vielmehr darauf ab, Porträtgemälde punktuell in die Ausstellungen zu integrieren, so wie sie andere Gemälde als visuelle Medien für die Veranschaulichung von Wissenschaft und Technik einsetzten. Den Porträtgemälden kam also eine explizit museal-didaktische Funktion zu. Zum einen sollten sie wichtige Entdeckungen und Erfindungen, die im Museum zur Ausstellung kamen, ergänzen und gleichzeitig durch die Verbindung von Kunstwerk und technischem Artefakt einer Überhöhung der kulturellen Bedeutung von Technik und Wissenschaft dienen. Die Porträtgemälde des Deutschen Museums sind demnach nicht nur als Sammlungsbestand interessant, sondern sie haben auch ihre Bedeutung in der Verwobenheit mit einer personenbezogenen Geschichtsauffassung des Hauses und in dem Ausstellungskontext, in dem sie sich ursprünglich befunden haben.

Heute spielen die Porträtgemälde in den Ausstellungen nur noch eine untergeordnete Rolle. Durchaus als Reaktion auf den Führerkult in der NS-Zeit verabschiedeten die Museumsgremien 1948 eine Satzung, die festlegte, dass Porträts im Ausstellungsgebäude nur noch im Ehrensaal gezeigt werden sollten.[124] Hier sind nach wie vor Porträtgemälde, Büsten und Reliefs herausragender Naturwissenschaftler, Techniker, Ingenieure und Industrieller ausgestellt. Seit 1992 befindet sich dort auch die Büste einer Frau – der Physikerin Lise Meitner. In den 1990er-Jahren wurde der ursprünglich auf Persönlichkeiten des deutschsprachigen Raums beschränkte Kreis »internationalisiert«; hinzu kamen Antoine Laurent de Lavoisier und Leonardo da Vinci. Die in den Folgejahren immer wieder geführte Diskussion um die Aufnahme weiterer Personen ist inzwischen abgeebbt. Satzungskonform ist die Hängung von Porträtgemälden im Lesesaal der Bibliothek des Deutschen Museums. Dort ist eine Galerie von 26 Ölgemälden zu sehen.

Kraus und Krause

Das Deutsche Museum hat im Laufe seiner Geschichte den Porträtbestand kontinuierlich erweitert. Da für den Ankauf größerer, geschlossener Sammlungen keine finanziellen Mittel vorhanden waren, war man auf Stiftungen oder eigene gezielte Werbeaktionen angewiesen.

Eine der frühesten Stiftungen war die Porträtsammlung des Chemikers Georg Krause (1849–1927). Ein von ihm selbst verfasster Lebenslauf erzählt von einem Studium der Pharmazie, einer Industrietätigkeit in der Chemischen Fabrik Friedrich Müller in Leopoldshall, einer mehrmonatigen Assistentenzeit am Chemischen Laboratorium der Bergakademie Clausthal und der einjährigen Mitarbeit bei seinem Bruder in dessen Buchhandlung in

123 Vgl. Huguenin, Porträtgemälde, 2018.

124 Zur Geschichte des Ehrensaals vgl. Kirch, Face, 2017.

Wunsiedel.[125] Nachdem er im Dezember 1876 in Köthen eine Probenummer publiziert hatte, erfolgte am 1. Januar 1877 die Gründung der »Allgemeinen Chemiker-Zeitung. Centralorgan für Chemiker, Techniker, Fabrikanten und Ingenieure. Correspondenzblatt chemischer, technischer und Gewerbe-Vereine – Chemisches Central-Annoncenblatt«, die unter dem Kurztitel »Chemiker-Zeitung« berühmt wurde. Krause hat diese bis zum Verkauf im Jahr 1905 allein herausgebracht. **| Abb. 74 |**

Blättert man durch das von ihm selbst herausgegebene Büchlein »Dr. G. Krause's Arbeiten. Eine Übersicht über die literarische Tätigkeit von Hofrat Professor Dr. G. Krause«,[126] so schimmert ein etwas schrulliger Wissenschaftler durch, der es offensichtlich zu einem erheblichen Wohlstand gebracht hatte. Darauf weisen die zahlreichen Spenden und Sachstiftungen hin, die Krause in der Zeit von 1899 bis 1922 Privatpersonen, gemeinnützigen Vorhaben oder Museen zur Verfügung gestellt hat. Grob überschlagen stiftete er in diesen zwei Jahrzehnten rund 90.000 Mark, eine Summe, die heute sicherlich einen Millionenbetrag darstellen würde. Kurioserweise hat Krause in der angesprochenen Publikation die meisten Spenden mit genauestem Datum vermerkt und zudem die entsprechenden Zeitungsberichte darüber dokumentiert. Für sich selbst hatte er in den 1880er-Jahren eine luxuriöse Villa erbaut, die er mehrfach erweiterte und aufstockte.

Aus der gleichen Veröffentlichung erfahren Leserinnen und Leser viel über Krauses breit gestreute Interessen, die von Themen aus Chemie, Pharmazie, Industrie, Sozialpolitik, Post- und Eisenbahnwesen bis hin zur Gesundheitspflege reichten. Zu all diesen Bereichen hat Krause immer wieder publiziert. Daneben schrieb er eine Vielzahl von Gelegenheitsgedichten, so ein »Gedicht an den Bademeister L. in Norderney« bis hin zu dem humoristischen Vorschlag für eine »Kläranlage in Ziethen«. Alle diese Veröffentlichungen hat Krause fein säuberlich festgehalten. Philanthropie, sein starkes Selbstbewusstsein und der Hang zur Selbstinszenierung – so zeigen ihn Aufnahmen u. a. in Frauenkleidern – haben ihn der Köthener Nachwelt als kauzige Persönlichkeit im Bewusstsein gehalten.[127]

Schon seit 1878 verfolgte Krause die Idee, ein Chemiker-Album herauszugeben. Die Publikation kam allerdings nie zustande. Stattdessen entwickelte sich aus diesem Vorhaben eine große Privatsammlung mit zahlreichen Porträts und Autografen von Chemikern aus der ganzen Welt. Im Jahr 1916 stiftete Krause diese herausragende Sammlung dem Deutschen Museum und übersandte sie am 14. März 1917 nach München.[128]

Entstanden ist das vierbändige »Chemiker-Album« nach Angaben Krauses zwischen 1881 und 1893. In diesen Jahren schrieb er gezielt Chemikerkollegen an und bat um ihr Porträt und einen handschriftlichen Lebenslauf. Ursprünglich hatte Krause die Lebensläufe in einem eigens einmontierten Hohlraum am Ende des jeweiligen Albums abgelegt; aus konservatorischen Gründen wurden die Handschriften im Archiv des Deutschen Museums entnommen und in Archivmappen umgepackt.[129] In den vier Alben finden sich heute 428 Porträts. Bei den meisten Aufnahmen handelt es sich um kleinformatige Bilder, sogenannte »carte de visite«, meist Albumin- oder Kollodiumabzüge. Nur vereinzelt sind in den Krause-Alben auch Druckgrafiken integriert. **| Abb. 75/76 |**

74 Der Chemiker Georg Krause (1849–1927).
Foto: Hans-Joachim Becker

125 Krause, Biographie, [1906], S. 1–5.

126 Vgl. Krause's Arbeiten, [1913].

127 Vgl. Artikel »Villa Krause«; https://www.bachstadt-koethen.de/KKM/virtuell/articles/villa-krause (1.9.2021).

128 Vgl. Krause's Arbeiten, [1913], Nachtrag 1922, S. 15.

129 Die Lebensläufe sind im Handschriftenbestand unter der Signatur DMA, HS 7472 bis HS 7822 eingereiht. Übersichtslisten zu den Porträtierten finden sich in DMA, HS 4900 und VA 5025.

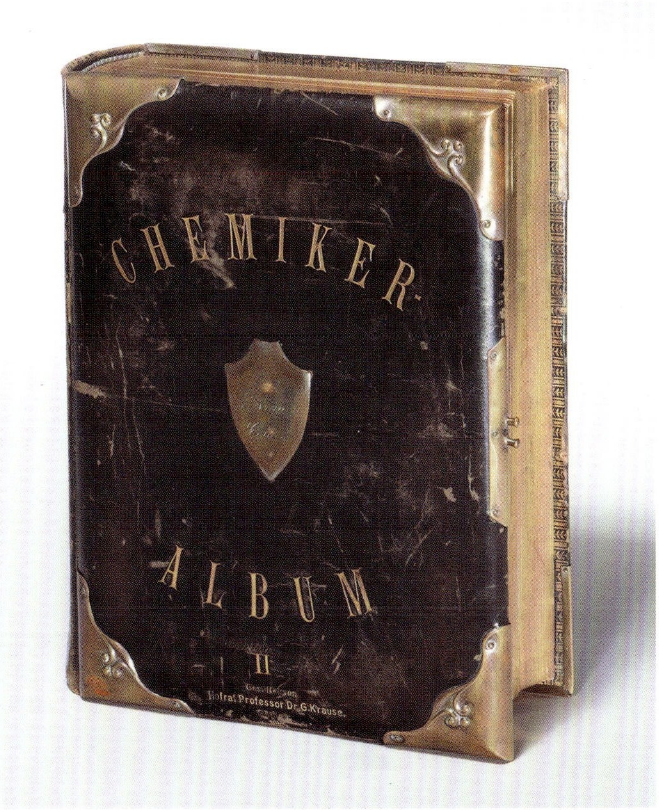

75 Das Chemiker-Album von Georg Krause, Band 2.
Foto: Hans-Joachim Becker

76 Chemiker-Album mit eingelegten Lebensläufen.
Foto: Hans-Joachim Becker

Eine vom Umfang her noch größere Sammlung stammt von dem Botaniker und einem der Begründer der Mikroklimatologie Gregor Konrad Michael Kraus (1841–1915). Insgesamt sind aus seinem Besitz rund 1450 Porträts, primär von Botanikern, nachgewiesen. Im Jahr 1910 bot der Würzburger Professor dem Deutschen Museum seinen Fundus als Schenkung an. Aus seiner Korrespondenz mit dem Museum sind wir bestens über den Gesamtbestand informiert.[130] Anfang Januar 1912 – die endgültige Übergabe zog sich bis in dieses Jahr hin – übersandte Kraus den von ihm erstellten Katalog. Wenige Tage später beschrieb er in einem Brief die Sammlung genauer: Sie bestehe aus ca. 1600 Blättern in verschiedenen Formaten; dabei seien die Abbildungen auf weiße Kartons mit den Maßen 48 × 32 cm lose aufgeheftet und in 50 Mappen alphabetisch aufbewahrt. Zur Sammlung gehöre ein eigens gefertigter Schrank aus Eschenholz (170 × 25 × 50 cm), in den die einzelnen Mappen gelegt seien. 87 Porträts größeren Formats bewahre er in einer großen Mappe auf. Weiter seien noch Bilder in sechs Porträtwerken, etwa 20 Werke mit einem oder mehreren Bildern, elf Broschüren mit Biografien sowie Porträtkataloge und Verzeichnisse von deutschen, englischen und französischen Druckwerken vorhanden.

Alle Blätter seiner Sammlung hat der Wissenschaftler fein säuberlich mit einem ovalen Stempel »GREGOR KRAUS PROF. BOT.« gekennzeichnet, sodass sie leicht zu identifizieren sind. Allerdings ist der Stempel meist zentral unter das Porträt platziert, als wollte Kraus den Besuchern der Museumsbibliothek deutlich vor Augen führen, wer die Sammlung gestiftet habe. Auf manchen Porträts finden sich weitere Besitzstempel, so z. B »Christian Hammer Stockholm«. Dieser verweist auf den berühmten schwedischen Kunstsammler Christian Monsen Hammer (1818–1905). Das von ihm begründete und geleitete Museum Christian Hammer zählte schon 1871 mehr als 120 000 Nummern und verfügte über eine große Bibliothek. Nachdem der schwedische Staat den Ankauf der Hammer-Sammlung abgelehnt hatte, wurde sie ab 1892 in mehreren Tranchen vom Auktionshaus J. M. Heberle in Köln versteigert. **| Abb. 77 |** Offensichtlich konnte Gregor Kraus dabei 1893 einige für ihn interessante Stücke erwerben, so die gedruckten Porträts von Johann Jacob Roemer (1763–1819), Herman Boerhaave (1668–1738), Robert Brown (1773–1858) und Antoine François de Fourcroy (1755–1809).[131]

Kraus knüpfte an die Aufstellung seiner Sammlung offenbar ganz konkrete Erwartungen. Der Schrank sollte in der Bibliothek an eine Wand gerückt werden. Über diesem sollten links und rechts je ein französischer und ein englischer Wissenschaftler, in der Mitte aber drei aus dem deutschen Sprachraum stammende Botaniker hängen. Im Auge hatte Kraus dabei den württembergischen Forscher Hugo von Mohl, dessen Pflanzensammlung noch heute im Museum der Universität Tübingen (MUT) verwahrt wird, den Mitbegründer der Zelltheorie Matthias Jacob

77 Kupferstich des Bologneser Professors für Botanik Ulisse Aldrovandi, ca. 1650 (mit Besitzstempeln von Hammer und Kraus).

Schleiden und den seit 1857 bis zu seinem Tod 1801 an der Ludwig-Maximilians-Universität lehrenden Schweizer Botaniker Carl von Nägeli, einen Schüler des Universalgelehrten Lorenz Oken, der wiederum 1822 die bedeutende Gesellschaft Deutscher Naturforscher und Ärzte gegründet hatte. Dabei war die Wahl Hugo von Mohls keineswegs zufällig. Mohl und der Botaniker Dietrich Franz Leonhard Schlechtendahl hatten im Jahr 1843 die »Botanische Zeitung« begründet und bis zum Tod des Letztgenannten herausgegeben. Von 1866 bis 1872 redigierten Mohl und Anton de Bary die Zeitschrift. Gregor Kraus selbst war 1878 kurzzeitig ebenfalls in die Redaktion eingetreten. Mit der Wahl Mohls wollte Kraus offensichtlich genau auf diese Traditionslinie »Schlechtendahl – Mohl – Bary – Kraus« hinweisen und so seinen Platz in der Geschichte der Botanik fixiert wissen. Das Deutsche Museum hat den Schrank für die Porträts zwar wunschgemäß im Bibliothekssaal platziert, allerdings ohne die gewünschten Porträts, was zu einer verärgerten Reaktion von Gregor Kraus führte. Letztlich scheint das Museum eingelenkt zu haben.

130 Vgl. DMA, VA 6012.

131 Vgl. DMA, PT 03120/02, PT 00299/04 GF, PT 00397 GF und PT 00975/01.

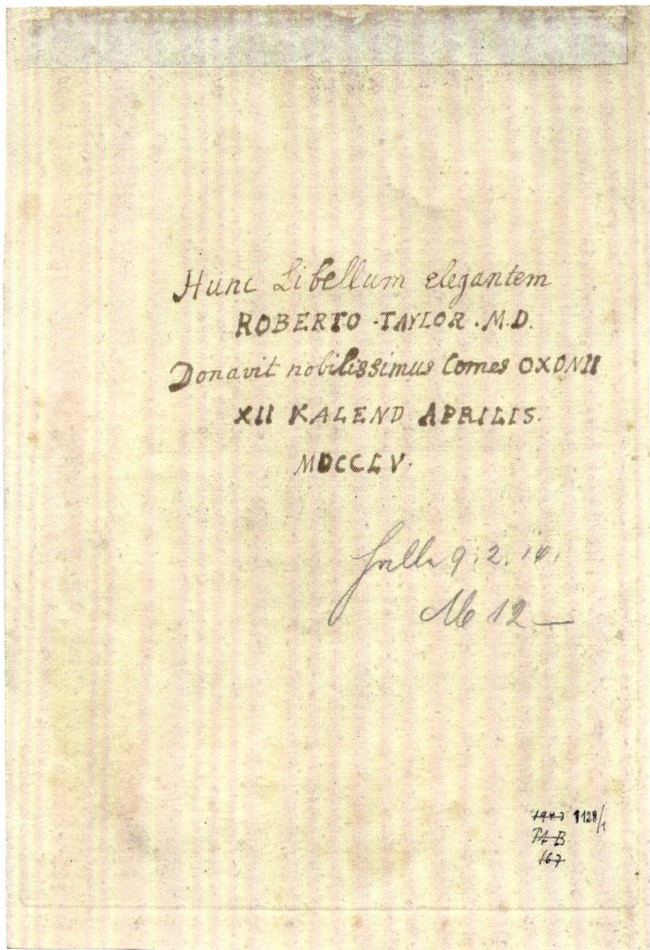

78/79 Porträt des Architekten James Gibbs, Erbauer des Senate House der University of Cambridge, 1747 (Vorder- und Rückseite).

Ähnlich wie Georg Krause stiftete Gregor Kraus der Bibliothek Hunderte von Werken aus seiner Büchersammlung. Wohl erst nach seinem Tod kam sein Nachlass ins Archiv. Dieser umfasst knapp 1000 Handschriften von Fachkollegen. Es ist verwunderlich, dass die beiden bedeutenden Zugänge – Porträtsammlung Kraus und seine Handschriftensammlung – in den Verwaltungsberichten des Deutschen Museums keinerlei Niederschlag gefunden haben. Vielleicht wirkte dabei noch der Streit um die Präsentation der Kraus-Sammlung nach. Generell kann man aber feststellen, dass gerade im ersten Jahrzehnt nach der Museumsgründung über Neuerwerbungen des Archivs – damals noch Handschriften- und Plansammlung genannt – kaum berichtet wurde. In dieser Zeit konzentrierte sich die Museumsleitung auf den Neubau auf der Museumsinsel und die Planung zu dessen Ausgestaltung. Da zudem die Zugangsbücher zwar die Erwerbungen verzeichnen, dies jedoch häufig ohne Datum, ist kaum zu klären, wann welche Stücke ins Archiv gelangten.

Während bei den Stiftungen von Kraus und Krause in der Regel kaum Vorgängerprovenienzen erkennbar sind, ist dies bei der Schenkung des Münchner Architekten Franz Zell (1866–1961) etwas anders gelagert. Zell war dem Deutschen Museum eng verbunden; u. a. beteiligte er sich prominent an der Ausgestaltung der Historischen Apotheke, die noch bis 2022 im Ausstellungsbereich zu sehen war. Schon 1925 wurde er für seine Verdienste mit dem Goldenen Ehrenring ausgezeichnet. Dieser wurde ihm 1956 zu seinem 90. Geburtstag erneut verliehen, nachdem der frühere verloren gegangen war. Dieser Vorgang der zweimaligen Verleihung ist in der Museumsgeschichte einmalig.

Im März 1943 stiftete Zell seine Porträtsammlung dem Deutschen Museum. Soweit aus dem Zugangsbuch und der Datenbank zu den Porträts ersichtlich ist, lassen sich von ihm insgesamt 141 Blatt nachweisen. Wie aus Zells eigenen Vermerken auf der Rückseite der Abbildungen hervorgeht, kaufte er zwischen 1911 und 1918 rund ein Drittel davon in den Münchner Antiquariaten L. Rosenthal bzw. Jacques Rosenthal. Dabei hat er den genauen Ankaufstag und den Preis der einzelnen Blätter festgehalten. Auch das Deutsche Museum erwarb in diesen Antiquariaten immer wieder Handschriften und Porträts. Allein im April 1918 sind im Zugangsbuch der Porträtsammlung 323 Zugänge von L. Rosenthal eingetragen.[132]

Eine weitere Provenienz der Sammlung Zells ist das Münchner Antiquariat J. Halle. Hier kaufte Zell einmal an einem Tag insgesamt 15 Porträts. Eine dieser Erwerbungen hat dabei eine lange Provenienzgeschichte – das im Tiefdruckverfahren hergestellte Porträt des englischen Architekten James Gibbs mit der Signatur »PT 01128/01«. **| Abb. 78/79 |** In verblasster Handschrift findet sich auf der Rückseite des gut erhaltenen Blatts folgender Eintrag: »Hunc Libellum elegantem | ROBERTO TAYLOR M.D. | Dona-

132 Vgl. DMA, Zugangsbuch Porträtsammlung, Nr. 2826–3147.

80 Porträtfotografie des Astronomen Johann Franz Encke, ca. 1840/41. Foto: Hans-Joachim Becker

vit nobilissimus Comes OXONII | XII KALEND APRILIS | MDCCLV«. Daraus geht hervor, dass das Blatt ursprünglich Edward Harley Earl of Oxford gehörte. Wohl durch eine testamentarische Verfügung – der Earl starb am 11. April 1755; Datum der Schenkung ist genau der Tag danach – kam es in den Besitz des Architekten Robert Taylor und gelangte von diesem (vermutlich auf Umwegen) in das Münchner Antiquariat J. Halle. Hier kaufte es Franz Zell wiederum am 9. Februar 1914 für 12 Mark, bevor dann 1943 die Schenkung an das Deutsche Museum erfolgte. Eine derart lange und detaillierte Provenienzgeschichte ist praktisch für kein anderes Blatt der Porträtsammlung des Archivs nachweisbar.

Zeitgleich mit der Stiftung von Franz Zell kam eine kleinere Sammlung von Pauline Noris, Enkelin des Industriellen Hugo von Maffei, ins Museum. Diese wurde 1943/44, 17 Jahre nach ihrem Tod, gestiftet. Vermutlich ist diese Schenkung im Zusammenhang mit der sogenannten »Frauenspende für die Bibliothek des Deutschen Museums« zu sehen, einer Initiative der Münchner Sozialarbeiterin Lotte Willich, die über viele Jahre das Institut für soziale Arbeit in der bayerischen Hauptstadt leitete und seit 1920 im Ausschuss des Museums saß.[133] Schon 1928 hatte sie mit Oskar von Miller die »Frauenspende« angeregt mit dem Ziel, »alle in das weite Gebiet der Museums-Bücherei einschlägige und von Frauen verfaßte Literatur zu sammeln und alljährlich [...] als laufenden Beitrag zu stiften«.[134] Die Noris-Sammlung mit Frauenporträts passte genau zu den Intentionen Willichs. Allerdings hatte die »Frauenspende« schon seit Mitte der 1930er-Jahre – sicherlich auch bedingt durch die ideologische Verengung des nationalsozialistischen Bilds der Frau auf deren Funktion als Hausfrau und Mutter – an Schwung und Bedeutung verloren.

Die erste Fotografin der Weltgeschichte?

Bei den Ausräumarbeiten der Museumsdepots im Rahmen der großen Umbaumaßnahme des Ausstellungsgebäudes kam 2018 eine Aufnahme zum Vorschein, die weder eine Inventarnummer trug noch einem Objektbestand zugeordnet werden konnte. Aus diesem Grund wurde sie an das Archiv abgegeben, und hier unter der Zugangsnummer 2018-5023 inventarisiert. Heute zählt sie hier angesichts ihrer Bedeutung zum »Rarissima«-Bestand – den wertvollsten Stücken.[135] **| Abb. 80 |**

Es handelt sich um eine sehr frühe Daguerreotypie mit dem Porträt einer männlichen Person. Aufgrund eines Stempels auf

133 Vgl. Kraus, Repräsentation, 2013, S. 68–73; Hilz, Bibliothek, 2017, S. 119–121.

134 Willich, Frauenspende, 1940, S. 333.

135 Vgl. DMA, BA-Rar 0013.

81 Porträtlithografie des Astronomen Johann Franz Encke, 1857.

der Rückseite ist sie einer Schenkung von Alexander Mitscherlich (1836–1918) zuzuordnen. Hier heißt es: »Dem Museum von Meisterwerken der Naturwissenschaft und Technik unter Vorbehalt des Eigentums überwiesen von Professor Dr. Alexander Mitscherlich. Freiburg i. B., Februar 1905.« Außerdem findet sich auf der Rückseite des deutlich später angebrachten Passepartouts ein runder Haken zum Aufhängen der Fotografie, was darauf schließen lässt, dass sie zeitweise an einer Wand befestigt war. Über dem Metallring ist ein Stück weißes Papier geklebt, auf dem handschriftlich »H11« vermerkt ist. Der Aufkleber verdeckt eine weitere handschriftliche Bemerkung, die auf Anhieb nicht zu lesen ist.

Dieser Depotfund wurde zum Ausgangspunkt einer detektivischen Recherche, die ein erstaunliches Ergebnis brachte.

Der Hintergrund des Namens »Alexander Mitscherlich« ist schnell recherchiert. Er war das jüngste Kind des berühmten Chemikers Eilhard Mitscherlich, dessen Objektsammlung und schriftlichen Nachlass der Sohn dem Deutschen Museum schenkte. Bekannt ist Alexander Mitscherlich als Chemiker und teilweise äußerst erfolgreicher Unternehmer. Er gilt als einer der Erfinder des Sulfitverfahrens, durch das eine billigere Produktion von Zellstoff für die Papierherstellung möglich wurde. Einer seiner Enkel war der nicht minder renommierte Arzt und Psychoanalytiker Alexander Harbord Mitscherlich.

Um den Neuzugang einigermaßen korrekt inventarisieren zu können, war es notwendig, die dürftigen Angaben zu verifizieren. Einer findigen Archivmitarbeiterin gelang es, die teilweise überklebte handschriftliche Anmerkung aufzulösen: »Astronom« lautete das Ergebnis, womit klar war, dass auf der Daguerreotypie ein Forscher aus dieser Wissenschaftsdisziplin abgebildet ist. In mühevoller Kleinarbeit sah die Kollegin eine Serie von 74 Ordnern mit Porträts durch, die als Freihandbestand im Lesesaal des Archivs aufgestellt ist. Im Ordner mit der Nummer »Persönlichkeiten 008/1« wurde sie fündig. Unter der Bildnummer 33 118 ist hier die Reproduktion einer Lithografie des Astronomen Johann Franz Encke (1791–1865) vorhanden, die unverkennbar die Person auf der Daguerreotypie darstellt; auch die Berufsbezeichnung stimmt. | **Abb. 81** | Die Lithografie stammt aus der Porträtsammlung des Archivs.[136] Sie datiert vom Jahr 1857 und wurde in der »Gallerie ausgezeichneter Naturforscher« publiziert. Damit war die Identität des Porträtierten geklärt.

Encke war 1825 zum Direktor der Sternwarte Berlin und erst spät (1844) zum Professor für Astronomie an die dortige Friedrich-Wilhelms-Universität berufen worden. In Berlin pflegte er zahlreiche Kontakte, gehörte dem »Montags-Klub« an, einem der ältesten bürgerlichen Vereine der preußischen Hauptstadt, und hatte zahlreiche Kontakte zu Wissenschaftlern vor Ort. Zu ihnen gehörte der Chemiker und Mineraloge Eilhard Mitscherlich, der nur drei Jahre vor Encke 1822 als Professor für Chemie nach Berlin gekommen war. Vielleicht weil beide etwa gleich alt waren, beide aus Norddeutschland stammten – Mitscherlich ist geboren in Neuende, heute ein Stadtteil von Wilhelmshaven, während Encke gebürtiger Hamburger war – und beide relativ neu in Berlin waren, scheinen die zwei Forscher auch private Kontakte gepflegt zu haben. In der Handschriftensammlung ist ein Brief Enckes vom Januar 1832 überliefert, in dem er Mitscherlich zur Geburt seines Sohnes Alfred gratuliert.[137] In diesem familiären Zusammenhang ist die Entstehungsgeschichte der Aufnahme zu verorten.

Bei der weiteren Recherche zu der von Alexander Mitscherlich überlassenen Daguerreotypie fand sich in den Verwaltungsakten des Deutschen Museums ein ausgedehnter Briefwechsel. Darin ging es im Wesentlichen um die Stiftung von Objekten und Präparaten aus dem Nachlass seines Vaters Eilhard Mitscherlich. Schon der erste Verwaltungsbericht des Museums 1903/4 vermeldete eine Stiftung von etwa 40 großen Modellen: Ofenanlagen zur Eisen- und Metallgewinnung, Aufbereitungsmaschinen sowie Hammer- und Walzwerke, die zum größten Teil zerlegbar waren und so einen Blick in die Inneneinrichtung ermöglichten.[138] Zwi-

136 DMA, PT 00826/01 GF.

137 Vgl. DMA, HS 00439.

138 Vgl. DMA, VA-Dru, Vorl. Nr. 0118/2, S. 7.

schen August 1905 und Juli 1908 kamen rund 80 Präparate aus der Sammlung von Eilhard Mitscherlich ins Museum. Ebenfalls 1905 stiftete Alexander Mitscherlich den schriftlichen Nachlass seines Vaters, darunter zahlreiche Originalbriefe von Michael Faraday, François Arago, Joseph Louis Gay-Lussac, Jöns Jakob Berzelius, Alexander von Humboldt und Friedrich Wöhler.[139] Die meisten Briefe des Nachlasses sind mit dem gleichen Stempel versehen wie die Daguerreotypie von Encke.

Ein Brief von Mitscherlich, datiert vom 25. Januar 1905, brachte letztlich eine spannende Erklärung zur Entstehungsgeschichte der Daguerreotypie von Johann Franz Encke. Offensichtlich hatte er dem Museum auch mehrere historische Fotografien übersandt, die heute im Objektbestand nicht mehr auffindbar sind. Nur die Daguerreotypie von Encke scheint erhalten zu sein. Zu den gestifteten Aufnahmen lieferte er in einem Brief eine überraschende Erklärung: »Sie stammen aus der Zeit nach der Erfindung Daguerres, welcher mit meinem Vater befreundet war und ihm einen Apparat verschaffte.«[140] Eilhard Mitscherlich war also im Besitz einer frühen Kamera des Erfinders. Wenn man bedenkt, dass schon die Herstellung einer Aufnahme teuer und für die Mehrheit der Bevölkerung unerschwinglich war, so bedeutete der Ankauf einer Daguerre-Kamera ein ausgesprochen kostspieliges Unterfangen. Da ein solcher Apparat für den Einsatz in Eilhard Mitscherlichs wissenschaftlicher Forschung unbrauchbar war, muss es sich um eine private Anschaffung gehandelt haben. Aus der Forschung ist bekannt, dass der Berliner Kunsthändler Louis Friedrich Sachse bereits im Frühjahr 1839 sechs Daguerre-Kameras für je 425 Francs gekauft und diese im September ausgeliefert hatte.[141] Eine dieser Kameras kam später in das Deutsche Museum; sie ist heute ein Meisterwerk der Objektsammlungen. Denkbar ist, dass Eilhard Mitscherlich seine Kamera ebenfalls bei Sachse erworben hat, allerdings findet sich sein Name nicht in der Käuferliste der ersten Apparate. Da aber noch 1839 weitere Apparate nach Berlin geliefert wurden, ist es möglich,[142] dass Mitscherlich bereits in diesem Jahr eine Kamera erhalten hatte. Belegt ist, dass er Sachse zwischen 1840 und 1843 bei der Weiterentwicklung der Daguerreotypie unterstützt hat. Wahrscheinlicher ist, dass Eilhard Mitscherlich – wie der Brief andeutet – aufgrund ihrer persönlichen Freundschaft seine Kamera unter Vermittlung von Daguerre direkt von Alphonse Giroux, dessen Schwager und Hersteller der Apparate, bezogen hat.

Aus dem genannten Brief vom 21. Mai 1905 geht auch die Urheberschaft der Aufnahme Enckes hervor: Laura Mitscherlich, geb. Meier, die Ehefrau von Eilhard und Mutter des Stifters Alexander. Alexander Mitscherlich schreibt:

> Ich habe ganz übersehen, Sie darauf aufmerksam zu machen, daß ich Daguerreotypien besitze von dem berühmten Mineralogen Gustav Rose und dem Astronomen Enke [sic!], welche von meiner Mutter nach Anleitung von Daguerre hergestellt sind ...[143]

Ziemlich sicher hat Laura Mitscherlich ihre ersten Daguerreotypien noch 1839 angefertigt. Vermutlich handelt es sich dabei – wie dies in der Frühzeit üblich war – um Gebäudeaufnahmen. Da Daguerre nach einem Bericht in den Photographischen Mitteilungen im September 1839 in Berlin war und Sachse in die Kunst der Daguerreotypie eingeführt hat,[144] ist denkbar, dass er in diesen Tagen auch die Familie Mitscherlich in die Kameratechnik eingewiesen hat. Dass Daguerre persönlich Laura Mitscherlich das Fotografieren beigebracht haben soll, erscheint ungewöhnlich, ist vielleicht aber aus der Freundschaft zwischen ihm und Eilhard Mitscherlich erklärbar. Aus der Fotogeschichte ist bekannt, dass sich auch Frauen früh dem Fotografieren zuwandten, wobei die ersten Daguerreotypistinnen in größeren Städten aktiv wurden, so Bertha Wehnert-Beckmann in Leipzig 1843, Franziska Möllinger in Solothurn (ebenfalls 1843) oder Christina Wolf in Wien ab 1845.[145] Allerdings konzentrieren sich entsprechende historische Forschungen immer auf professionelle Ateliers oder auf wandernde FotografInnen. Namen privat agierender FotografInnen aus der Frühzeit sind praktisch nicht überliefert und recherchierbar, da sie nicht systematisch greifbar sind. Nur Zufallsfunde wie im Fall von Laura Mitscherlich geben Hinweise darauf, dass sich Frauen sehr früh der Liebhaberei »Fotografie« widmeten. Sicher ist Laura Mitscherlich die erste namentlich bekannte deutsche Amateurfotografin, vielleicht sogar die erste Fotografin weltweit.

Wann genau aber das Porträt Enckes aufgenommen wurde, bleibt letztlich unklar. In der Publikation von Wilhelm Dost und Erich Stenger »Die Daguerreotypie in Berlin« aus dem Jahr 1922 wird Laura Mitscherlich als eine von fünf Personen genannt, die schon 1839, also im Jahr der Erfindung Daguerres, in Berlin fotografiert haben. Dort heißt es: »In Deutschland hatte in der ersten Zeit der Einführung des Verfahrens sich besonders Frau Geheimrat Mitscherlich als Liebhaberin damit beschäftigt.«[146] Diese

139 Vgl. DMA, VA-Dru, Vorl. Nr. 0118/3, S. 7.

140 DMA, VA 0191/6.

141 Vgl. Sachse, Geschichte, 1889/90, S. 150–152; Gernsheim/Gernsheim, Daguerre, 1956, S. 166.

142 Dost/Stenger, Daguerreotypie, 1922, S. 34.

143 Vgl. DMA, VA 0196/6.

144 Vgl., Sachse, Geschichte, 1889/90, S. 182.

145 Vgl. Starl, Frauenberuf, 2014, S. 2.

146 Dost/Stenger, Daguerreotypie, 1922, S. 92; vgl. ebd., S. 110.

82 Zwei fehlende Porträts. Foto: Hans-Joachim Becker

Aussage deckt sich inhaltlich mit dem Brief Alexander Mitscherlichs an das Deutsche Museum. Der Fachwelt war noch im ersten Drittel des 20. Jahrhunderts bekannt, dass Laura Mitscherlich sehr früh mit einer Daguerre-Kamera gearbeitet hat. Ob das Porträt allerdings schon im Jahr 1839 entstanden ist, dürfte fraglich sein. Bekannt ist, dass es Sachse erst im April 1840 gelang, die ersten Porträtaufnahmen einer lebenden Person in Berlin anzufertigen.[147] Die langen Belichtungszeiten, die mit den ersten Linsen der Apparate Daguerres erforderlich waren, verhinderten solche Fotografien, insbesondere bei technisch ungeschulten Personen. Daher dürfte das Porträt von Encke um 1840/41 aufgenommen worden sein, als die Technik bereits weiter ausgereift war und kürzere Belichtungen ermöglichte.

Bei der weiteren Spurensuche zum Porträt von Johann Franz Encke findet sich ein interessanter Hinweis in der Biografie von Carl Bruhns über den Berliner Astronomen:

> Vom Maler hat sich Encke nie portraitiren lassen, und erst als die Daguerreotypie und später die Photographie Mode geworden, sass er, sodass es möglich wurde, ein Bild von ihm zu erhalten. Nach einer Photographie (Brustbild) ist die Lithographie gemacht, welche in der Lenoir'schen Gallerie ausgezeichneter Naturforscher erschien …[148]

Bleibt noch ein letztes Rätsel zum Porträt Enckes zu lösen: Wie andere Dokumente der Stiftung Mitscherlich trägt das Passepartout dessen Stempel mit dem Hinweis auf Mitscherlich als Eigentümer. Gehören demnach sämtliche Objekte nicht dem Deutschen Museum? Erneut brachte eine Recherche im Verwaltungsarchiv die Klärung. Der Eigentumsvorbehalt war direkt nach der Übergabe aufgestempelt worden. Eine spätere Genehmigung der Schenkung durch die badische Regierung hat diesen aber aufgehoben. Das Deutsche Museum ist also heute mit Sicherheit Eigentümer der Mitscherlich-Sammlung an Dokumenten, Bildern und Objekten.

Zwei fehlende Porträts

Im Jahr 1943 finden sich auffällig viele Neuzugänge zur Porträtsammlung, was darauf zurückzuführen ist, dass sich das Deutsche Museum damals in einer breit angelegten Werbeaktion aktiv bemühte, seinen Handschriften-, Foto- und Porträtbestand zu ergänzen. Dazu durchforstete man Personalbibliografien, Erfinderlisten sowie gedruckte Nachweise nach geeigneten Repräsentanten aus Industrie und Wissenschaft. Gleichzeitig sprach man Mitglieder verschiedener Museumsgremien an und bat um deren Unterstützung. Anschließend versandte das Museum Hunderte von Werbebriefen an Einzelpersonen, Unternehmen und Institutionen. Viele der angeschriebenen Persönlichkeiten schickten Por-

147 Vgl. ebd., S. 56f.

148 Bruhns, Encke, 1869, S. 319.

83 Webseite des Projekts »DigiPortA« (www.digiporta.net; Screenshot).

trätfotografien, wie die Einträge in den Zugangsbüchern dokumentieren. Hier ist unter »Herkunft« dann in der Regel »Selbst« eingetragen und meist ein geringer Wert von 50 Pfennig bis zu einer Mark angegeben. Die Werbeaktion führte dazu, dass die Porträtsammlung erheblich vergrößert werden konnte, in der Regel um Fotografien, besonders von Persönlichkeiten mit nationalsozialistischem Hintergrund, wie die Abbildungen in Parteiuniformen zeigen. Viele der Angeschriebenen fühlten sich durch die Museumsinitiative geschmeichelt und waren gerne bereit, Einzelporträts oder Gruppenaufnahmen zur Verfügung zu stellen. Manche schickten sogar verschiedene Fotografien, die sie teilweise auf der Rückseite detailliert beschrifteten. So stiftete der Freiburger Botaniker und Algenforscher Friedrich Oltmanns insgesamt acht Aufnahmen, die ihn allein im Hörsaal, auf der Fahrt zur Hallig Hooge bzw. mit einem Planktonnetz vor Helgoland (1931) oder im Kursaal der Biologischen Anstalt Helgoland (1937) zeigen. Auf den Gruppenaufnahmen sind auch Menschen abgebildet und namentlich genannt, die als Einzelperson kaum Eingang in die Porträtsammlung des Museums gefunden hätten, so Oltmanns Pflegetochter Ella Braun oder der damals am Beginn seiner wissenschaftlichen Karriere stehende Meeresbiologe und Kustos der Biologischen Anstalt Helgoland, Peter Kornmann.[149] Die Werbeaktion 1942/43 hat für die Sammlung des Archivs also insofern einen besonderen Wert, als durch sie zahlreiche Personen aus Wissenschaft und Technik im Porträt überliefert sind, die eher der zweiten Reihe zugerechnet werden müssen. Von ihnen existieren in anderen öffentlichen Archiven selten Fotografien.

In seinem Eifer bei der Einwerbung neuer Porträts geriet das Museumspersonal 1942/43 allerdings – unbeabsichtigt – in Konflikt mit den rassenpolitischen Vorstellungen des NS-Regimes. Beispiel dafür sind die Fabrikanten Karl Gustav Hiller und sein Sohn Rudolf. Der Vater hatte 1888 eine Maschinenfabrik in Zittau gegründet, die anfangs Fahrräder, später Motorräder, Pkws und Lastkraftwagen baute. Als »Phänomen-Fahrradwerke« bzw. als »Phänomenwerke Gustav Hiller AG« ist sie Fahrrad-Enthusiasten und Oldtimer-Liebhabern ein Begriff. Rudolf Hiller führte das Unternehmen als Generaldirektor bis zur Enteignung in der Sowjetischen Besatzungszone 1946 weiter. Der Hinweis auf Vater und Sohn Hiller kam offensichtlich von Wunibald Kamm, Lehrstuhlinhaber für Kraftfahrwesen und Fahrzeugbau an der Technischen Hochschule Stuttgart und profunder Kenner der deutschen Automobilentwicklung. Kamm hatte das Museum bei der Einrichtung der neuen Halle für Kraftfahrwesen 1937/38 unterstützt und half jetzt mit Vorschlägen zu Persönlichkeiten aus dem Automobilwesen.[150] Ein Brief des Museums an Rudolf Hiller provozierte ein harsches Schreiben des Befehlshabers der Sicherheitspolizei und des Sicherheitsdiensts an das Reichsministerium für Wissenschaft, Erziehung und Volksbildung in Berlin vom 9. April 1942, in dem Rudolf Hiller massiv angegriffen wurde. Auf welche Weise die Be-

149 Vgl. DMA, PT 02732/01f bzw. PT 002732/01d.

150 Vgl. Kamm, Entwicklung, 1937; Gundler, Kraftfahrzeughalle, 2010; Potthoff/Schmid, Kamm, 2012, S. 138–142.

hörde von dem Werbebrief des Museums erfahren hatte, ist unbekannt. In dem Brief der Sicherheitspolizei und des Sicherheitsdiensts wurde Hiller in der damals gebräuchlichen NS-Terminologie als »Halbjude« bezeichnet. Hintergrund war, dass sein Vater 1890 Bertha Freund geheiratet hatte, die Tochter eines jüdischen Mühlenbesitzers, die allerdings schon um die Jahrhundertwende zum evangelischen Glauben konvertiert war. Dem Einfluss ihres Sohnes, der den Phänomenwerken als wichtigem Rüstungsbetrieb vorstand, hatte es Bertha Hiller zu verdanken, dass sie nicht deportiert wurde, sondern unter Hausarrest in der Hiller'schen Villa bis zu ihrem Tod leben konnte. Der Sicherheitspolizei und dem Sicherheitsdienst war Rudolf Hiller aufgrund dieser Herkunft trotz seiner Bedeutung für die Rüstungsproduktion suspekt. Er sei »zudem durch seine unsoziale Haltung der Gefolgschaft gegenüber bekannt. [...] Außerdem würden die technischen Fähigkeiten angezweifelt«; seine Dissertation an der TH Karlsruhe sei als unzureichend abgelehnt worden.[151] Nach dieser massiven Attacke distanzierte sich Kamm umgehend von seinem Vorschlag; er habe nicht gewusst, dass Rudolf Hiller Halbjude sei, da er ihn ansonsten nicht für die Porträtsammlung des Deutschen Museums empfohlen hätte.[152] Die Konsequenz aus dieser gescheiterten Einwerbung: Bis heute existieren von Karl Gustav Hiller und seinem Sohn Rudolf keine Originalaufnahmen in der ansonsten gut bestückten Porträtsammlung. **| Abb. 82 |**

www.digiporta.net

Die umfangreiche Porträtsammlung des Deutschen Museums ist heute hervorragend erschlossen. Dass dies möglich wurde, ist einem Drittmittelprojekt zu verdanken, das vom Archiv im Rahmen des internen Wettbewerbs der Leibniz-Gemeinschaft eingeworben wurde. Hinter dem Akronym »DigiPortA« verbirgt sich das Vorhaben »Digitalisierung und Erschließung von Porträtbeständen in Archiven der Leibniz-Gemeinschaft«.[153] Es beschreibt ein Gemeinschaftsprojekt von neun Archiven. Neben dem Archiv des Deutschen Museums waren das Deutsche Kunstarchiv im Germanischen Nationalmuseum und die Archive des Deutschen Bergbau-Museums Bochum, des Deutschen Schiffahrtsmuseums (Bremerhaven), des Leibniz-Instituts für Länderkunde (Leipzig), des Herder-Instituts für historische Ostmitteleuropaforschung (Marburg), des Senckenberg Deutschen Entomologischen Instituts (Müncheberg), der Bibliothek für Bildungsgeschichtliche Forschung des Leibniz-Instituts für Bildungsforschung und Bildungsinformation (Berlin) sowie die Wissenschaftlichen Sammlungen des Leibniz-Instituts für Raumbezogene Sozialforschung (Erkner) beteiligt. **| Abb. 83 |**

Ziel von DigiPortA war es, die Porträtbestände dieser Archive zu erfassen, zu digitalisieren und – soweit rechtlich zulässig – über ein gemeinsames Portal zugänglich zu machen. Eingebracht wurden dabei rund 33 000 Fotografien, Druckgrafiken, Gemälde und Zeichnungen. Ein grundlegendes Anliegen war, am Beispiel der Quellengattung »Porträt« die Potenziale der kooperativen Erschließung, Digitalisierung und Präsentation von Bildquellen für die »elektronische Biografik« zu demonstrieren. Die Online-Datenbank »digiporta.net« stellt dabei nicht nur die in Forschung und Öffentlichkeit häufig nachgefragten Porträts zur Verfügung, sondern bietet darüber hinaus vielseitig kombinierbare Daten zu den Porträts und den Porträtierten. Im Gegensatz zu den bisherigen Konzepten für die Präsentation von Online-Datenbanken für Porträts beschränkt sich DigiPortA nicht auf elitenspezifische Darstellungen des 17. und 18. Jahrhunderts, sondern weist darüber hinaus Porträts aus dem Bürgertum sowie aus städtischen und ländlichen Unterschichten nach. Damit spiegelt sich im Projekt auch der Wandel der Gesellschaft seit dem 19. Jahrhundert wider. Durch die Integration von Repräsentanten verschiedener Berufsgruppen weiten sich die Möglichkeiten gruppenbiografischer Forschungen erheblich. Entsprechend den Sammlungsschwerpunkten der beteiligten Archiveinrichtungen zeigen die vorhandenen Porträts besonders Frauen und Männer aus Wissenschaft, Ingenieurwesen, Technik, Industrie, Architektur, Kunst, Pädagogik, Entomologie, Geografie sowie Seeleute und Bergleute.

Exkurs Erschließung

Die Erschließung von Archivgut zählt zu den zentralen Aufgaben des Archivpersonals, da nur so eine spätere Benutzbarkeit gesichert ist. Solange ein Bestand ungeordnet und unverzeichnet ist, bleibt er in der Regel für Interessierte unzugänglich. Daher muss es für die Archivleitung das oberste Ziel sein, über unterschiedliche Formen der Erschließung die Benutzung von Archivgut im Rahmen der rechtlichen Vorgaben rasch und umfassend zu ermöglichen.

Diese programmatische Forderung ist aber schneller aufgestellt als umgesetzt. Wie andere Archive übernimmt das Archiv des Deutschen Museums aus der Verwaltung des Hauses und seinen unterschiedlichen Abteilungen sehr viele Unterlagen. Hinzu kommen aufgrund der breiten Sammlungsaktivität zahlreiche externe Bestände. Um die Zugänge zu überblicken, notwendige Kassationen (Aussonderungen) vornehmen zu können, Erschließungsprioritäten zu setzen und die Bestände zugänglich zu machen, hat das

151 DMA, VA 5029.

152 Vgl. DMA, VA 1653/3.

153 Zum Projekt allgemein vgl. http://www.deutsches-museum.de/archiv/projekte/digiporta/ (10.12.2020).

84 Verknüpfung von Datenquellen zu Wilhelm Bauer in »DigiPortA« (Screenshot).

Archiv in den vergangenen Jahren ein gestuftes Erschließungssystem eingeführt. Für alle Neuzugänge werden möglichst rasch elektronische Übersichtslisten erstellt, wobei die jeweilige Einheit mit einer vorläufigen Nummer versehen und nur der Ordnerrücken oder die Mappenbeschriftung erfasst wird. Dieses System gestattet es, einen guten Überblick zu behalten und die internen Erschließungsmaßnahmen zu steuern, und es dient dazu, externe Anfragen umfassend zu beantworten.

Diese Übersichten sind jedoch nicht das, was von einer archivischen Erschließung erwartet wird. »Erschließung« meint die Ordnung und Verzeichnung von Archivbeständen. »Ordnung« wiederum bedeutet, die Erschließung an der Herkunft der Archivalien, der Provenienz, zu orientieren und diese Provenienzen nicht zu vermischen. Innerhalb der Einzelprovenienz erfolgt die Ordnung nach einer Klassifikation, der Feingliederung des Bestands. Die eigentliche Verzeichnungsarbeit, also die Beschreibung der einzelnen Ordnungseinheit, basiert auf den für die unterschiedlichen Bestandsgruppen festgelegten internen Verzeichnungskriterien. Grundsätzlich erfolgt sie heute digital mit einer Archivsoftware. Die Beschreibung umfasst klassische Felder wie Signatur, Gegenstand, Titel, Enthält- bzw. Intus-Vermerke, Laufzeit, Datierung, Klassifikation (mit Unterpunkten), Alttitel, Altsignaturen, Ortsangaben, Umfang etc. Bei Beschreibungen von Spezialbeständen kommen teilweise noch zusätzliche Felder hinzu, wie dies bei der Erschließung der großen Porträtsammlung geschehen ist. Hier sind beispielsweise Name der/des Porträtierten, Kupferstecher, Lithograf, Fotograf, Inventor, Drucker oder Verleger von Bedeutung. Auch ein Feld für das Datum der Internetfreigabe ist inzwischen üblich. Vielfach werden heute bei der Erschließung von Einzelstücken geschlechtsspezifische Angaben eingefügt, um die Datenbanken entsprechend filtern zu können. Wie viele Felder letztlich bei der Verzeichnung bedient werden müssen, hängt von der Zielsetzung des Einzelprojekts ab. Das Archiv des Deutschen Museums legt bei der Erarbeitung seiner Findbücher Wert auf eine vertiefte Erschließung, um breite Zugangsmöglichkeiten zu den Beständen zu bieten. Das Ergebnis der Verzeichnungsarbeit ist ein strukturiertes »Findbuch«, das analog im Lesesaal oder digital im Internet zur Verfügung steht.

Im digitalen Zeitalter spielen aber auch weitere Kriterien eine große Rolle. Um die eigenen Findbücher mit denen anderer Archive kompatibel zu halten, ist es heute unverzichtbar, mit normierten Daten für Personen, Körperschaften oder Orte zu arbeiten. Die Einhaltung von internen Richtlinien bei der Datenstrukturierung erleichtert das spätere Einspielen in übergeordnete Internet-Portale. Daher sind Standards wie ISAD(G) für die Erschließung unabdingbar, da sie die Voraussetzung bilden, um das XML-Austauschformat »Encoded Archival Description (EAD)« sachgerecht bedienen zu können. Das Archiv des Deutschen Museums ist zudem schon Anfang der 1990er-Jahre dazu übergegangen, Normdaten der »Gemeinsamen Normdatei« (GND), die von der Deutschen Nationalbibliothek gepflegt werden, in seine Verzeichnungen einzubinden. Der Vorteil liegt auf der Hand: Jede nachgewiesene Person hat eine Normnummer, jede Körperschaft – im besten Fall – ebenso. Über diese GND-Nummer ist also eine Person (oder eine Körperschaft) eindeutig identifizierbar.

Dazu ein Beispiel. Der Pionier der Tauchtechnik, Wilhelm Bauer (1822–1875), von dem im Zusammenhang mit seiner Idee der Hebung gesunkener Schiffe noch die Rede sein wird, ist in der GND mit der Nummer »118507370« eindeutig gekennzeichnet. Alle seine Publikationen, sein Nachlass, Briefe und Manuskripte von eigener Hand etc. sind mit dieser Nummer verknüpft, unabhängig davon, in welcher Bibliothek, in welchem Archiv oder Museum sich Unterlagen von ihm befinden. Auch die sieben Porträts von Wilhelm Bauer, die sich in der Porträtsammlung befinden, verweisen auf diese GND-Nummer. Dementsprechend können alle Archivalien zu Bauer, welche im Internet mit dieser Nummer verbunden sind, automatisiert verknüpft und die Inhalte kumuliert werden.

Das angesprochene Online-Portal »DigiPortA«, welches das Archiv des Deutschen Museums mit acht Partnern aufgebaut hat und darin Zehntausende von Personendarstellungen nachweist, ist ein Paradebeispiel für die Vernetzung von Daten. Eine Suche nach »Wilhelm Bauer« bringt verschiedene Treffer, welche die Porträts im Deutschen Museum beinhalten, aber auch zusätzliche Informationen zu seiner Person liefern. **| Abb. 84 |** Hier werden verschiedene Verweisformen, die Kurzbiografie, Lebensdaten, Geburts- und Sterbeort, das Land, die Normdaten der GND und international vergleichbarer Normdatenbanken (VIAF) sowie »Quellen« aufgeführt. Außer dem Namen und der GND-Nummer Bauers wurden von der Projektbearbeiterin des Archivs keine weiteren biografischen Angaben eingefügt; die Zuordnung dieser Informationen erfolgte automatisiert über die Normnummer. Interessant ist dabei, dass unter »Quellen« auf ganz andere Fundstellen verwiesen wird, so auf Akten im Landesarchiv Baden-Württemberg oder auf Treffer in der Deutschen Digitalen Bibliothek. Selbst Wikipedia verwendet heute GND-Nummern, um Bestände zu verknüpfen.[154]

Inzwischen setzen neben den Bibliotheken immer mehr Archive die GND für Personen und Körperschaften ein, sodass Bibliotheks- und Archivwelt – in geringerem Maße auch die Museen – zunehmend mit ihren Beständen vernetzt werden. Ähnlich verhält es sich mit Ortsnamen. Auch hier verwendet das Archiv des Deutschen Museums inzwischen eine Georeferenzierung. Das Ziel ist klar: Immer mehr Informationen aus den Archivbeständen sollen mit externen Daten verbunden werden, um so die Visibilität der eigenen Einrichtung zu stärken und den Forscherinnen und Forschern weltweit ihre Arbeit zu erleichtern.

Porträtsammlung	
Gesamtumfang	12 600 Porträts
davon	7980 Fotografien 140 Porträtgemälde
Tipps zum Weiterlesen	Huguenin, Fabienne: Porträtgemälde zwischen Wissenschaft und Technik. Die Sammlung des Deutschen Museums. München 2018.

154 http://www.digiporta.net/index.php?id=374389469 (22.5.2022) (bei Porträtdarstellung).

Illustration, nicht Kunst

Grafiksammlung

Die Bezeichnung »Grafik« ist inhaltlich weit gefasst. Oft wird sie in der Öffentlichkeit auf die künstlerische Grafik reduziert, also auf Handzeichnungen und gedruckte Blätter von Künstlern. Ein Verständnis im weiteren Sinn schließt allerdings auch Druckgrafiken seit Anfang des 15. Jahrhunderts mit ein. Dazu zählen die weit verbreiteten, in großen Auflagen vervielfältigten Andachtsbilder, welche die Volksfrömmigkeit fördern und der privaten Religiosität dienen sollten. Diese wurden von Kirchen und Klöstern verkauft und häufig im »Herrgottswinkel« privater Haushalte aufgestellt. Mit der weiteren Entwicklung des Holzschnitts, des Kupferstichs, später der Erfindung der Radierung und der Lithografie wuchs die Zahl der Gebrauchsgrafiken an. Neue Drucktechniken ermöglichten zudem veränderte Einsatzgebiete. Grafiken finden sich seitdem ebenfalls in Zeitungen und Zeitschriften. Die dargestellten Themen hatten nun keinen rein religiösen Hintergrund mehr, sondern umfassten alle Bereiche von Kunst, Technik, Wissenschaft und Handwerk. Mit der Entwicklung elektronischer Rechner und ihrer Nutzung zur Erstellung von Grafiken taucht früh der Begriff der »Computergrafik« auf.

Mit dem Sammelbegriff »Grafik« soll auch der Begriff der »Einmaligkeit« näher betrachtet werden. Mit Ausnahme künstlerischer Handzeichnungen ist es ein Wesensmerkmal von Grafiken, dass sie meist in vervielfältigter Form existieren. Damit gerät der Begriff des »Originals« in das Blickfeld. Es gibt eine ausgeprägte Diskussion darüber, inwieweit allein durch den Einsatz einer Drucktechnik »Originale« geschaffen werden, obwohl mehrere Abzüge existieren. Die Originalität wird vom Künstler durch seine Signatur und die Nummerierung der strikt begrenzten Auflage bestätigt, wobei eine niedrige Zahl und ein guter Erhaltungszustand auf dem Grafikmarkt als wertsteigernd gelten. »Original« und »Unikat« sind demnach in der Grafik zwei unterschiedliche Begrifflichkeiten. Während es von einer künstlerischen Handzeichnung tatsächlich nur ein »Unikat« gibt, können von anderen, durch Drucktechniken erstellten Grafiken oft viele »Originale« existieren.

Für das Deutsche Museum war und ist die künstlerische Grafik von untergeordneter Bedeutung. Als Museum für Wissenschaft und Technik sammelte es Grafiken nicht unter einem künstlerischen Blickwinkel oder nach Künstlern, wie dies in den internationalen Kunstmuseen geschieht. Daher spielten für die Grafiksammlung des Hauses kunsthistorische Aspekte wie die Künstlersignierung, verschiedene Varianten, eine geringe Auflage, eine niedrige Abzugsnummer, der Entstehungsprozess oder die Intention des Künstlers eine eher untergeordnete Rolle. Das Sammlungsziel war und ist völlig anders gelagert.

Im Gegensatz zu den großen Grafiksammlungen in Deutschland und Österreich, so beispielsweise der Albertina in Wien oder der Staatlichen Graphischen Sammlung München, ist der Bestand im Deutschen Museum nicht aus einem Kupferstich- bzw. Zeichenkabinett oder aus einer Herrschersammlung hervorgegangen. Vielmehr wurden praktisch mit der Museumsgründung 1903 in der sogenannten »Plansammlung« unterschiedslos technische Zeichnungen, Pläne, Schautafeln, Grafiken und Plakate erworben. Für das Deutsche Museum bildeten Grafiken einen Teil des Visualisierungskonzepts von Technik und Wissenschaft in den Ausstellungen. Insofern wurden Grafiken ebenso wie technische Zeichnungen, Gemälde, Plakate, Schautafeln, Fotografien, Karten und Medaillen als museale Vermittlungsmedien verstanden, die den Besuchern helfen sollten, die Entwicklungsgeschichte technischer Prozesse und wissenschaftlicher Entdeckungen nachzuvollziehen. Das Sammlungsinteresse zielte also auf möglichst unterschiedliche, vielfältige und optisch attraktive Stücke, die in Verbindung zu den präsentierten Objekten interessant und anschaulich sein sollten. Den Blättern wurde kein spezifischer Eigen- und Sammlerwert eingeräumt, sondern sie waren Teil eines umfassenden pädagogischen Konzepts. Unter diesem Aspekt der medialen Vermittlungsarbeit muss die Erwerbungsgeschichte der Grafiksammlung bewertet werden.

Dementsprechend ist die Grafiksammlung des Archivs heute sehr heterogen aufgestellt. Sie umfasst Handzeichnungen, Skizzen, Aquarelle und nahezu alle Formen der Druckgrafik (Radierungen, Kupfer-, Holz- und Stahlstich sowie Lithografie). Das Spektrum reicht vom Einblattdruck bis zum Zeitungsausschnitt. Plakate und Porträts sind in eigenen Sammlungen untergebracht. Als typische Museumssammlung zeigen die Grafiken primär Darstellungen zur Geschichte der unterschiedlichen Technikdisziplinen. Vielfach wurden sie für die Ausstellungen verwendet, wo sie gezielt ein bestimmtes Handwerk oder eine Technik illustrierten.

Die frühesten Erwerbungen bildeten Lithografien zum Verkehrswesen und zur Bautechnik: Darstellungen von Kutschen, Dampfschiffen, Dampfwagen, Eisenbahnen, Brücken, Tunneln, Kirchen und Eisenwerken, aber auch von Ortsansichten, besonders von Heilbädern, sowie Szenen aus dem Bergbau. Eine stringente Sammlungspolitik ist nicht nachweisbar, allerdings ist der angesprochene Bezug zu den einzelnen Sammlungsabteilungen unverkennbar. Die meisten Grafiken wurden gestiftet, einzelne oftmals gezielt in Antiquariaten oder zufällig auf der Münchner »Auer Dult« erworben. Selbst der Museumsgründer Oskar von Miller scheint auf seinen dienstlichen Reisen für sein Ingenieurbüro immer auch ein waches Auge auf Grafiken gehabt zu haben, die für das Museum interessant waren. So ist eine Serie russischer Schlitten und Kutschen belegt, die Miller im Zuge seiner Verhandlungen um die Elektrifizierung von Sankt Petersburg im Jahr 1917 erworben hatte.[155] **| Abb. 85 |** Sie war für die Ausstellung

155 Zugangs-Nr. der Plansammlung: 07230. Einzelne Ansichten sind in der Grafiksammlung erfasst, vgl. DMA, GS 00858, GS 00948 und GS 00999.

85 Grafische Darstellung eines russischen Schlitten mit Troika-Anspannung, ca. 1850.

»Landtransportmittel« gedacht, die sich in der Halle 10 befand und eine Abteilung »Historisch wichtige Typen von Schlitten« beinhaltete.

Heute wächst die Grafiksammlung durch vereinzelte Schenkungen und gelegentliche Ankäufe, welche inhaltlich zu den im Museum gezeigten Fachgebieten passen. Zeitlich beginnt sie ab 1600 und reicht bis zum Anfang des 21. Jahrhunderts.

Teilweise stammen die Grafiken aus Büchern oder Zeitschriften, wobei die ursprüngliche Quelle meist schwierig zu identifizieren ist. Zahlreiche Vorlagen sind den Standardwerken von Christoph Weigel (1698), Paul von Stetten (1779) und Émile de La Bédollière (1842) entnommen.[156] Viele humoristische Einblattdrucke wurden ursprünglich im »Münchener Bilderbogen«, in den »Fliegenden Blättern« oder in »Meggendorfers Humoristischen Blättern« veröffentlicht. Solche Darstellungen waren beim Publikum äußerst beliebt, wie die hohen Auflagenzahlen dieser Publikationen beweisen. Für die Visualisierung unter Museumsaspekten sind sie ein Hinweis darauf, dass derartige Abbildungen unter dem Gesichtspunkt erworben wurden, die Reaktionen der Zeitgenossen auf technische Entwicklungen, die von Begeisterung bis zu Skepsis und Verächtlichmachung reichten, zu dokumentieren. Daher finden sich viele Karikaturen im Archivbestand. Ein markantes Beispiel ist ein humoristischer Druck, auf dem der Erfinder des Laufrads Karl Freiherr Drais von Sauerbronn abgebildet ist. **| Abb. 86 |** Sein Laufrad bestand aus einem hölzernen Zweirad ohne Pedale, das durch das abwechselnde Anschieben mit den Beinen vorwärtsbewegt wurde. Erstmals zeigte er sich damit im Jahr 1817 öffentlich auf der Straße von Mannheim nach Schwetzingen. Während der badischen Revolution 1848/49 legte Drais in einer Zeitungsannonce sein Adelsprädikat ab und engagierte sich für demokratische Ziele. Kurz vor seinem Tod wurde sogar ein Entmündigungsverfahren gegen ihn eingeleitet. 1851 verstarb er mittellos in Karlsruhe.

156 Vgl. Weigel, Abbildung, 1698; Stetten, Mensch, 1779; La Bédollière, Metiers, 1842.

86 Freiherr von Drais auf seiner Laufmaschine, ca. 1820.

87 General von Brug im Ersten Weltkrieg im Sperrfort von Manonviller, 1914. Fotograf unbekannt

Wegen seiner ungewöhnlichen Erfindungen, seiner liberalen politischen Einstellung und seiner Gerichtsprozesse war er vielfach Ziel öffentlichen Spotts und körperlicher Angriffe. Immer wieder wurde er von seinen Widersachern in Wirtshausschlägereien verwickelt, da ihm – wie es heißt – auch ein großer Durst nachgesagt wurde. Angeblich wurde Drais wiederholt attackiert und misshandelt, »so dass er ganz blau, mit blutrünstigem Auge auf die Polizeiwache kam«.[157] Aus dem Jahr 1848 ist eine ähnliche Attacke überliefert. Dementsprechend zeigt ihn eine zeitgenössische Karikatur auf einem Laufrad mit einem unverkennbar blauen Auge. Diese wurde nach Drais' Tod bei der Umbettung seiner sterblichen Überreste im Jahr 1891 von der Pforzheimer Druckerei Berggötz aufgegriffen und nachgedruckt. Interessanterweise gab es das Blatt in zwei Versionen, nämlich eines, das den Erfinder mit blauem und eines, das ihn ohne blaues Auge zeigt – ein geschickter Schachzug der Druckerei, die damit Gegner wie Anhänger des ehemaligen Freiherrn mit der Grafik bedienen konnte. **| Abb. 86 |**

Hans-Erhard Lessing, habilitiert in Physikalischer Chemie und später Kurator am Landesmuseum für Technik und Arbeit (heute: Technoseum) in Mannheim, der sich zum Ehrenretter von Drais aufgeschwungen hat, erklärt das blaue Auge als Folge einer Misshandlung Drais' durch Adelige, die ihn wegen seiner offen antimonarchischen Haltung und der von ihm verweigerten Huldigung an den badischen Großherzog verprügelt hätten.[158] Die Darstellung habe nichts mit Unfällen mit dem Laufrad oder seinen Wirtshausschlägereien zu tun.

Urerzvater der Luftballonfahrer

Den geschlossensten und wertvollsten Teil der Grafiksammlung bildet eine Schenkung des bayerischen Generals Karl Ritter von Brug (1855–1923). Er stiftete in den Jahren 1905 und 1908 seine umfangreiche ballonhistorische Sammlung mit Büchern, Grafiken, Fotografien, Handschriften, Porträts, Medaillen und technischen Zeichnungen dem Deutschen Museum.

Karl Brug, 1855 im schwäbischen Dirlewang geboren, studierte an der Polytechnischen Schule, der späteren Technischen Hochschule, in München Bauingenieurwesen. In dieser Zeit lernte er den gleichaltrigen Oskar von Miller kennen, gemeinsam absolvierten sie die Vorprüfung. Die damals entstandene Freundschaft bildete vermutlich die Grundlage für die spätere Schenkung.

157 Lessing, Drais, 2017, S. 133.

158 Vgl. ebd., S. 149.

Anders als Miller entschied sich Brug für eine militärische Karriere und trat nach einem Freiwilligenjahr in den bayerischen Militärdienst (1878). Schon früh scheint sich Brug für die Luftfahrt interessiert zu haben, da sich Berichte über eigene Fahrten mit einem Militärballon während der Abordnung zum Preußischen Luftballon-Detachement Berlin im Jahr 1885 nachweisen lassen.[159] Brug war es zu verdanken, dass das Königreich Bayern schon 1890 eine Luftschifferlehrabteilung aufbaute, die auf dem Münchner Oberwiesenfeld stationiert war. Es war daher konsequent, ihm für diese die Leitung zu übertragen. Brug erkannte allerdings frühzeitig, dass die nach der Jahrhundertwende aufkommenden Flugzeuge den Ballonen und Zeppelinen militärstrategisch überlegen waren, weshalb auf seine Anregung hin 1912 in Oberschleißheim bei München das erste bayerische Fliegerkorps gegründet wurde. Nicht umsonst wurde er als »Urerzvater der Luftballonfahrer« und »Vater der Flieger« tituliert.[160]

Brugs militärische Karriere entwickelte sich zügig. 1903 erfolgte seine Beförderung zum Oberst, 1906 die Ernennung zum Generalmajor, und vier Jahre später wurde er Generalleutnant. Im Ersten Weltkrieg war er General der Pioniere beim Armeeoberkommando 6. **| Abb. 87 |** Bereits im Jahr 1904 wurde ihm der persönliche Adel verliehen. Im Jahr 1923 verstarb Karl von Brug in Garmisch. Der Flugzeugführer und NS-nahe Schriftsteller Richard Euringer beschrieb ihn in seinem Buch »Fliegerschule 4« »im mächtigen Generalsmantel, das Zeißglas vor der breiten Brust, mit seinen hellblauen Gletscheraugen und dem von Sonne und guten Tropfen dunkelrot gebeizten Gesicht, den grauen Schnauzbart grimmig gesträubt.«[161]

Auch außerhalb des Militärs engagierte sich Brug für die Interessen der Luftfahrt. Er war 1889 Mitbegründer des »Münchener Vereins für Luftschiffahrt« und gab dessen Jahresbericht mit heraus. Das Gemälde von Theodor Pixis »Tausend Meter über München« aus dem Jahr 1890, das sich heute im Deutschen Museum befindet, zeigt ihn gemeinsam mit dem Konstrukteur von Luftschiffen Hans Bartsch von Sigsfeld, dem Meteorologen Richard Assmann und dem Offizier der Bayerischen Luftschiffer Hugo Ludwig Max Kollmann bei Beobachtungen und Messungen hoch über dem Bayerischen Landtag.[162] **| Abb. 88 |**

Im Dezember 1905 kündigte Karl von Brug dem Deutschen Museum die Stiftung seiner ballonhistorischen Sammlung an. Auf Anfrage Millers erklärte er sich außerdem bereit, am Aufbau der neuen Abteilung für Luftschifffahrt in der ersten Zweigstelle des Museums in der Schwere-Reiter-Kaserne (heute das Gelände des Deutschen Patent- und Markenamts) mitzuwirken. Sie wurde 1910 eröffnet. Aufgrund seiner Verdienste wurde Brug 1909 in den Vorstandsrat des Museums gewählt.

Obwohl die Sammlung schon 1905 dem Museum versprochen war, wurde sie erst 1908 dem Museum übergeben. Der Verwaltungsbericht für 1908/09 erwähnt die Sammlung hier zum ersten Mal. Hintergrund der verzögerten Schenkung war ein Vorbehalt Brugs, der ihm ein Verfügungsrecht über den Bestand auch nach der Übergabe garantierte.[163] Vermutlich lag es im Interesse des Stifters, seine Sammlung für nationale Ausstellungen zur Verfügung zu stellen, ohne von einer Erlaubnis des Museums abhängig zu sein. Schon einige Jahre zuvor hatte Brug Teile seiner Sammlung auf der »Allgemeinen Deutschen Sport-Ausstellung München 1899« gezeigt. Im Katalog heißt es dazu, Brug habe das

88 Theodor Pixis: Tausend Meter über München, Öl auf Leinwand, 1890. Ganz links steht Karl von Brug kühn auf der Korbwand des Ballons. Foto: Hans-Joachim Becker

159 Zu Brug und seiner Sammlung vgl. Neidhardt-Jensen/Berninger, Katalog, 1985, S. XIIf.

160 Euringer, Fliegerschule, 1933, S. 295f.

161 Ebd., S. 298.

162 Vgl. die ausführliche Beschreibung bei Mayring, Bilder, 2008, S. 188.

163 Vgl. Brug an Deutsches Museum, 16.12.1905; DMA, VA 0042/5.

Modell eines Korbs und Ankers des ersten deutschen Militärballons ausgestellt, ebenso Stiche, Lithografien, Fotografien, Medaillen und Kunstgegenstände mit Bezug auf Luftschifffahrt.[164] Die Ausstellung war damals übrigens auf der Kohleninsel, der heutigen Museumsinsel, zu sehen. Wohl aufgrund des Verfügungsrechts von Brug verlieh das Deutsche Museum für die große und historisch bedeutsame »Erste Internationale Luftschiffahrts-Ausstellung 1909« in Frankfurt 75 Stücke aus der Sammlung. Allerdings ist im Katalog nicht die Provenienz »Brug«, sondern das Deutsche Museum als Eigentümer vermerkt. Nur über einen Vergleich der Beschreibungen im Zugangsbuch mit den Katalogtexten der Ausstellung lassen sich einige ausgestellte Exemplare der Brug'schen Sammlung eindeutig zuordnen.[165]

Nach der Schenkung wurde die Sammlung aufgeteilt. Brugs Spezialbibliothek mit über 250 Büchern und Broschüren – beginnend im Jahr 1670 – in den Sprachen Latein, Englisch, Französisch, Italienisch, Holländisch und Deutsch wanderte in die Museumsbibliothek. Viele Exemplare waren wenig verbreitet und von Brug mit großer Sachkenntnis zusammengetragen worden.[166] Eine Anzahl seltener Medaillen, hauptsächlich ebenfalls zur Geschichte der Ballonfahrt und ihrer Protagonisten, wurde in den Museumsbestand aufgenommen. Einige historische Fotografien, die Brug wohl in den Anfangsjahren der Bayerischen Luftschifferlehrabteilung selbst aufgenommen hatte, reihte man ins Bildarchiv ein.

Die Grafiken und Porträts wurden der Plansammlung zugeschlagen. Sie sind im Zugangsbuch unter dem Jahr 1908 verzeichnet. Es handelt sich um rund 200 Blatt, welche mit den Nummern 5837 bis 6032/2, 6253 und 6291 eingetragen sind. Der geschätzte Wert lag bei insgesamt 882,50 Mark, eine ausgesprochen niedrig angesetzte Summe. Bezeichnet war die Sammlung mit »Die Geschichte der Luftschiffahrt in Wort und Bild«. Brug selbst hatte sie in 12 Abschnitte gegliedert, von »Luftschiffer Ideen vor der Erfindung des Luftballons« bis »Fallschirme«. Diese Einteilung findet sich im Zugangsbuch wieder. Nach der Übergabe wurden die Exemplare mit dem Besitzstempel »Sammlung des Oberst von Brug« gekennzeichnet. Noch vor der Schenkung hatte Brug die ihm wertlos erscheinenden Stücke ausgesondert. Unbekannt ist, wie umfangreich die ballonhistorische Sammlung Karl von Brugs vor dieser Kassation ursprünglich war.

Bilder für ein »viereckichtes Kästlein«

Es fällt schwer, aus der »Sammlung des Oberst von Brug« ein besonderes Stück auszuwählen, weil darin viele exzellente Drucke enthalten sind. Ein besonders bemerkenswertes Beispiel ist die Grafik »Seconds voyageurs aëriens ou expérience de MM. Charles et Robert.« (deutsch: »Zweite Luftreise oder Versuch der Herren Charles und Robert«. | **Abb. 89** | Dabei handelt es sich um ein sogenanntes Guckkastenbild, wie an der spiegelverkehrten Überschrift oberhalb der Darstellung zu erkennen ist. Guckkastenbilder waren Druckgrafiken wie Kupferstiche, Radierungen und Lithografien, die mit der Hand farbenprächtig bemalt wurden – nicht selten von Kinderhand. Der Präsentation diente ein hölzerner Projektionsapparat, in den die Vorlage geschoben wurde. Eine sehr frühe Beschreibung findet sich in einem Buch des Coburger Mathematikers Johann Christoph Kohlhans aus dem Jahr 1677:

> Ein viereckichtes Kästlein zu machen / darinn man die Objecta sehen kan / wie in einer finstern Kammer / unter sich und über sich gekehret: auch also vor Gesicht bringen / nicht perspectivisch / sondern wie sie an sich selbsten sind.[167]

Die Betrachterinnen oder Betrachter konnten durch ein Guckloch an der Vorderseite die Grafik bestaunen. Für sie zeigte sich die Überschrift normal lesbar, da die Projektion über einen Spiegel erfolgte. Auch die Darstellung der auf einer Vorlage spiegelverkehrt erscheinenden Landschaften oder Gebäude entsprach durch diese Projektionswiedergabe den tatsächlichen Verhältnissen. Beliebte Themen waren Vorlagen mit Ansichten fremder Städte und Länder, historische Ereignisse und Naturschauspiele. Der Vorführer, der »Guckkästner«, stand hinter dem Apparat und benutzte die Bildunterschriften für seine erläuternden Erklärungen für das Publikum. Die Guckkästner zogen mit ihrer Ausrüstung seit der zweiten Hälfte des 18. Jahrhunderts durch das Land und boten ihre attraktiven Bilder auf Jahrmärkten und Volksfesten gegen Bezahlung feil. Nicht selten priesen sie ihr Angebot marktschreierisch an, bedeuteten doch viele Kunden die Sicherung des oft mühsamen Lebensunterhalts.

Das vorliegende Blatt zeigt den Ballonaufstieg von Marie-Noël Robert und Jacques Alexandre César Charles am 1. Dezember 1783. Die Geschichte der europäischen Ballonfahrt hatte kurz zuvor mit den Brüdern Michel Joseph und Étienne Jacques de Montgolfier begonnen, die Mitte Juni 1783 einen von ihnen konstruierten Ballon dem Publikum vorführten. Dieser war mit Heißluft betrieben. Der erste mit Menschen besetzte Heißluftballon hob am 21. November des gleichen Jahres ab und überquerte bei seiner acht Kilometer langen Fahrt die Schlossanlagen von Versailles. Parallel zu den Brüdern Montgolfier experimentierte der Physiker Charles an einem Ballon, der mit Wasserstoffgas befüllt war. Die – unbemannte – Erstfahrt der nach ihm benannten Char-

164 Vgl. Katalog Sport-Ausstellung, 1899, S. 15.

165 Vgl. Liebmann/Wahl, Katalog, 1997, u. a. Nr. 132, Nr. 183, Nr. 213.

166 Vgl. Hilz, Bibliothek, 2017, S. 115.

167 Kohlhans, Curiositäten, 1677, S. 294.

89 Zweite Luftreise oder Versuch der Herren Charles und Robert, 1783.

lière war am 27. August 1783. Und schließlich erfolgte die erste bemannte Fahrt einer Charlière noch im gleichen Jahr am 1. Dezember. Dieses Ereignis ist auf dem Guckkastenblatt abgebildet.

Die Szene zeigt die Charlière mit den beiden Passagieren Charles und Robert ganz kurz nach dem Abheben in den Tuilerien in Paris, als sie gerade die Traufhöhe der benachbarten Gebäude erreicht hat. Unter ihnen sind acht Fässer zu sehen. Sie dienten der aufwendigen Produktion des Wasserstoffgemischs aus Eisenspänen und Schwefelsäure als Traggas für die Füllung des Ballons. An dem vornehm gekleideten Publikum sieht man, dass die Fahrt ein gesellschaftliches Ereignis war, das viele Damen und Herren anzog.

Der Aufstieg von Charles und Robert rief ein gewaltiges Medienecho hervor. Überhaupt finden sich von den ersten Ballonaufstiegen des Jahres 1783 unglaublich viele Darstellungen. Der Katalog zur Internationalen Luftfahrtausstellung in Frankfurt 1909 präsentierte allein für das Jahr 1783 100 Grafiken;[168] das Archiv des Deutschen Museums verwahrt davon rund ein Viertel. Von der Fahrt von Charles und Robert sind zahlreiche unterschiedliche Grafiken in verschiedenen Sprachen und aus vielen Ländern überliefert. Nahezu alle Blätter zeigen den Aufstieg in den Tuilerien. Anders als bei dem gerade beschriebenen Guckkastenbild wird die zeitgenössische Begeisterung auf anderen Blättern durch Tausende von Zuschauern ausgedrückt, so beispielsweise auf der Grafik, die sich in der United States Library of Congress befindet.[169] **| Abb. 90 |**

Dass es den Künstlern bei der Darstellung des Ereignisses nicht um historische Authentizität ging, zeigt der Vergleich der beiden Illustrationen. Beide bilden den Ballon mit dem darüber gespannten Netz sowie eine schiffsähnliche Gondel ab. Auch die beiden Flaggen als Symbol des französischen Nationalstolzes gehören zum historischen Inventar des Ballonaufstiegs. Allerdings gibt es abgesehen von der erwähnten Größe des Publikums durchaus markante Unterschiede. Während auf dem Blatt der Library of Congress das Größenverhältnis von Ballon zu Gondel physikalisch realistischer dargestellt ist – für einen Korb mit zwei Personen war eine sehr große Ballonhülle mit entsprechend viel Gas notwendig – und das abgebildete Gebäude im Hintergrund dem historischen Palais des Tuileries mit dem zentralen Mittelbau, der Kuppel und den Säulen samt Kapitellen sehr ähnlich ist, lassen sich die auf der farbigen Darstellung der Brug-Sammlung wieder-

168 Vgl. Liebmann/Wahl, Katalog, 1997, S. 65–93.

169 Library of Congress Prints and Photographs Division Washington, D.C. 20540 USA, https://lccn.loc.gov/94508310 (22.5.2022).

gegebenen Gebäude nicht mit dem Tuilerienpalast zur Deckung bringen. Interessanterweise fehlt auf dem amerikanischen Blatt allerdings die Befüllstation für den Ballon.
Auch die Bilderläuterung des Blatts aus der Sammlung Brug wirft Fragen auf. Die Überschrift spricht missverständlich von »Zweite Luftreise oder Versuch der Herren Charles und Robert«, wobei es sich bei diesem Aufstieg am 1. Dezember 1783 tatsächlich um die erste »Luftreise« der Ballonpioniere handelte, da der vorhergehende Versuch unbemannt stattgefunden hatte. Der Wind blies sie in zwei Stunden von den Tuilerien in Paris in das ca. 35 Kilometer entfernte Dorf Nesles-la-Vallée. Im deutschen Text wird fälschlicherweise mehrfach von »Resle« statt von »Nesles« gesprochen; in der französischen Bildunterschrift heißt der Ort ebenso falsch »Neslé«. Am Nachmittag des gleichen Tages stieg Charles von Nesles aus übrigens nochmals für rund eine halbe Stunde auf. Dies war die erste Alleinfahrt in einem Ballon.

Diese Ungenauigkeiten lassen erahnen, dass die Grafik sehr hastig produziert wurde. Dies hing damit zusammen, dass die Neuigkeit von den ersten Menschen in der Luft rasch verbreitet werden sollte. Den geschäftstüchtigen Druckern ging es darum, die fahrenden Guckkästner laufend mit aktuellen Bildnachrichten zu versorgen. Dementsprechend war eine farbenprächtige, wirkungsvolle Darstellung wichtiger als der Text, der dem Publikum vom Guckkästner auch jeweils unterschiedlich vorgetragen wurde. Die Beschreibung der Abbildungen erfolgte meist in verschiedenen Sprachen, so im vorliegenden Beispiel in Französisch und Deutsch. Damit die Vorlagen in möglichst vielen der oft recht unterschiedlich konstruierten Apparate gezeigt werden konnten, hatten die Guckkastenblätter zu dieser Zeit ein relativ einheitliches Bildmaß von 27 bis 28 cm Höhe und 40 bis 42 cm Breite – Bilder aus London waren häufig geringfügig breiter. In der Regel handelte es sich um Querformate. Die Normierung hängt damit zusammen, dass die Guckkastenblätter europaweit nur in wenigen Städten, so in Paris, London, Berlin und im italienischen Bassano, verlegt wurden. Der wichtigste Produktionsort war aber im letzten Drittel des 18. Jahrhunderts Augsburg. Von dort stammt auch die kolorierte Radierung aus der Sammlung Brug, die vermutlich noch im Dezember 1783 im Verlag der 1755 gegründeten »Kayserlichen Akademie« hergestellt wurde. Für die Guckkastenbilder dieses Verlags ist die Kennzeichnung »Collections des Prospects«, die sich ganz oben links findet, typisch. Allerdings fehlt die sonst bei den Blättern aus diesem Hause übliche Nummerierung, was darauf schließen lässt, dass dieses Bild nicht Teil einer Serie war. Der Verlag hatte durch den Ankauf von Kupferplatten sein Angebot erheblich ausweiten können. Auf die Platten ließ er die spiegelverkehrte Überschrift einarbeiten und funktionierte so die Ansichten zu Guckkastenblättern um. Ebenfalls verlagstypisch ist der Privilegienvermerk in der letzten Zeile. Der Ruf der Augsburger Drucke war nämlich so hervorragend, dass die Vorlagen trotz kaiserlicher Privilegien vielfach kopiert wurden. Die vorliegende Grafik weist in der letzten Zeile auf die Privilegien und das Kopierverbot hin – ob es eingehalten wurde, dürfte allerdings fraglich sein.

90 Aufstieg von Charles und Robert, 1783.

Hinter Glas

Ebenfalls ein Beispiel für die Ballonbegeisterung um 1800 ist eine im Archiv erhaltene seltene Hinterglasmalerei. Sie trägt den Titel »Großes Gefallen des neuen Riesenballon's mit Kanone in England von dem man befreyung der Kriegsnoth mit Napoleon erhofft« und wurde um 1810 hergestellt. Die Künstlersignatur ist nicht zu entziffern: »Tobias F[?]«. Die Abbildung zeigt einen goldenen Ballon mit einer als Schiff gearbeiteten Gondel von beachtlicher Länge. Auf dem Bug steht eine Kanone, die von einem Soldaten bedient wird. Bei der Darstellung handelt es sich um eine spezifische Variante der Hinterglasmalerei, ein »Églomisé«.

91 Hinterglasmalerei (Églomisé) mit der Darstellung eines bewaffneten Ballons, um 1810.

Das Glas ist mit einer Silberfolie bezogen, in die mit einer Radiernadel die Personen und die Schrift eingeritzt wurden. Die Gesichter wurden flächig ausgeschnitten. Im oberen Teil arbeitete der Künstler aus der silbernen Folie zentral den Ballon und die Gondel heraus und hinterlegte die Silberfolie zusätzlich mit einer Goldfolie, sodass das Luftschiff in strahlendem Gold leuchtet. Anschließend überzog der Künstler die gesamte rückseitige Fläche mit schwarzem Lack. Von vorne betrachtet erscheinen die Linien und vor allem die aus der Silberfolie ausgeschabten Gesichter schwarz. **| Abb. 91 |**

Um 1800 waren solche Églomisé-Arbeiten beim Publikum sehr beliebt. Vor allem derartig gestaltete Porträts lassen sich häufig nachweisen. Angeblich geht diese Technik auf den Pariser Zeichner Jean Baptist Glomy zurück.

Die Erwerbungsgeschichte des gezeigten Églomisé lässt sich anhand der Verwaltungsakten des Deutschen Museums gut nachvollziehen.[170] Am 29. Januar 1916 hatte die Münchner Kunst- und Antiquitätenhandlung Jacob Spaeth dem Museum zwei Églo-

170 Vgl. DMA, VA 1437/3.

misé-Silhouetten zur Luftschifffahrt angeboten. Die eine datierte der Händler in das 18. (wahrscheinlich fälschlich), die andere ins 19. Jahrhundert. Das Museum kaufte beide an, allerdings nicht zum aufgerufenen Preis, sondern das »schwarzgerahmte« für 120 Mark, das »goldgerahmte« für 80 Mark. Ersteres wurde in den Objektsammlungen unter der Nummer 44706 inventarisiert und diese auf das Glas notiert. Auf der Abbildung ist die Zahl links unten deutlich zu erkennen. Die zweite Darstellung mit der Inventarnummer 44705 zeigte Porträts von Blanchard, Garnerin und Montgolfier; sie ist heute nicht mehr erhalten. Im Februar 1916 kaufte das Museum beim gleichen Händler eine weitere Darstellung zu einem Volks- und Soldatenfest an, während es das Angebot von sechs weiteren Églomisé-Darstellungen ablehnte.

Grafiksammlung	
Umfang	ca. 1700 Einzelerfassungen
Zeitraum	1509–2008
Wichtiger Teilbestand	Sammlung Oberst von Brug
Tipps zum Weiterlesen	Neidhardt-Jensen, Elske; Berninger, Ernst H. (Bearb.): Katalog der ballonhistorischen Sammlung Oberst von Brug in der Bibliothek des Deutschen Museums. München 1985.

Straßenkunst

Plakatsammlung

Plakate haben eine lange Tradition. Schon in der Antike wurden Gesetze oder Verordnungen öffentlich aufgestellt, woraus sich auch die Wortherkunft von »Plakat« erklärt. Es ist auf das lateinische »placare« zurückzuführen, das »setzen, befestigen, heften« bedeutet. Statt schwerer Ankündigungen auf Stein, Erz oder Holz ging man mit der Erfindung des Buchdrucks zu vervielfältigten Papierblättern über, die an öffentlichen Orten angeschlagen wurden. Während diese Anschläge lange Zeit vornehmlich ein Medium der Obrigkeit und der Kirche waren, entwickelten sie sich um 1800 zu einem allmählich auch von Unternehmen genutzten Werbemittel. Hintergrund war, dass nach der Erfindung der Lithografie durch Alois Senefelder Vorlagen im Flachdruckverfahren großformatig, massenhaft, kostengünstig und vor allem mehrfarbig gedruckt und verteilt werden konnten. Die Technik der Lithografie verdrängte so den aufwendigen und teuren Kupferstich nahezu vollständig.

Während sich Senefelder vor allem für den Notendruck interessierte, setzten seine Nachfolger stärker auf die Kombination von Text und Bild. Reine Bildplakate dagegen haben eine relativ junge Geschichte. Noch in der Mitte des 19. Jahrhunderts gab es kaum künstlerisch gestaltete Exemplare. Sofern Reklameplakate überhaupt gedruckt wurden, geschah dies durch handwerklich ausgebildete Drucker und Lithografen. Für angesehene Künstler galt es als verpönt, »Straßenkunst«, also Werbemittel, zu kreieren. Nur für die Bewerbung bedeutender Kunst-, Gewerbe- oder Technikausstellungen konnte man renommierte Künstler gewinnen. Frankreich setzte bei den illustrierten Werbeplakaten Akzente. Maler wie Pierre Bonnard und Henri de Toulouse-Lautrec sind die bekanntesten Vertreter der frühen französischen Plakatkunst.

In Deutschland verbreitete sich dieser Zweig der Gebrauchsgrafik zeitlich etwas verzögert. Um 1906 gab Richard Kropeit, der spätere Herausgeber der Zeitschrift »Die Reklame« und Vorsitzender des Verbands Deutscher Reklamefachleute, »Die Reklame-Schule« heraus, einen vierbändigen Leitfaden, der Interessierte in fünfzig Lektionen zum »Selbstunterricht im kaufmännischen Reklame-Inseraten-Plakat-Agitations-Ausstellungs- und Offertenwesen« anleitete.[171] Fachzeitschriften wie »Das Plakat« erschienen zwischen 1913 und 1921; sie diskutierten auf praktischer und theoretischer Ebene die Anforderungen an ein gelungenes Design.

Vertreter aller Strömungen der bildenden Kunst sind ab dieser Zeit als Plakatkünstler nachweisbar. Dabei ist deutlich zu beobachten, dass die grafische Gestaltung nicht nur die öffentliche Plakatwerbung betraf, sondern auch das Design von Unternehmen in seinen vielfältigen Formen: Briefbögen, Verpackungen, Firmenschriften. Eine zentrale Person war der Architekt und Maler Peter Behrens, der für die Allgemeine Elektricitäts-Gesellschaft (AEG) seit 1907 im großen Stil als »künstlerischer Berater« alle Werbemittel und Produkte entwarf und selbst auf die Planung von Fabrik- und Verwaltungsgebäuden der Firma Einfluss nahm.

92 Museumslogo von Otto Hupp, 1907.
Foto: Hans-Joachim Becker

Werbung fürs Museum

Die Entwicklung des Corporate Designs bei der AEG war dem Museumsgründer Oskar von Miller wohlbekannt, hatte er doch zwischen 1883 und 1889 als Technischer Direktor bei der Firma gearbeitet und auch nach seinem Ausscheiden mit der AEG verschiedene Elektrizitätsprojekte seines eigenen Ingenieurbüros realisiert. Er wusste, dass der Firmengründer Emil Rathenau großen Wert auf die Markenwerbung legte und schon 1888 mit einem Plakat von Louis Schmidt und dessen Allegorie der »Göttin des Lichts« eine einprägsame Werbung für die Firma AEG geschaffen hatte. Insofern verwundert es nicht, dass sich Miller kurz nach der Museumsgründung an den Münchner Kunstmaler, Heraldiker und Gebrauchsgrafiker Otto Hupp wandte und ihn um ein Wap-

171 Kropeit, Reklame-Schule, 1906.

93/94 Ludwig Hohlwein: Museumsplakate, 1925 und 1927.

pen für das Museum bat. Zu dieser Zeit war Hupp als Plakatkünstler noch wenig anerkannt. Erst später stieg er zu einem der produktivsten Plakatentwerfer mit internationalem Renommee auf. Das von ihm entworfene Signet für das Deutsche Museum fand in der Folgezeit bei Geschäftspapieren, Museumsführern, Plakaten und Vortragsankündigungen Verwendung. **| Abb. 92 |**

Die Idee stammte dabei von Miller selbst, der in einem solchen Logo die dem Museum zugrunde liegende Verbindung von Technik und Wissenschaft dargestellt wissen wollte. Im Januar 1904, also ein halbes Jahr nach der Gründung, kontaktierte Miller erstmals Hupp.[172] Schon einige Tage später legte dieser erste Entwürfe vor. Sein favorisierter Entwurf war eine leuchtende Flamme inmitten eines Wolkenkranzes, die symbolisch für den »zündenden Gedanken« stehen sollte. Miller zeigte sich wenig begeistert. Er schlug vor, in einem persönlichen Gespräch die Frage des Museumssignets weiter zu besprechen. Ergebnis dieser Unterredung war ein Entwurf, über den sich Miller »hocherfreut« zeigte und die Vermutung äußerte, dass dieser »allgemeinen Beifall« ernten werde. Das neue Logo symbolisierte das Programm des Museums in idealer Weise. Es zeigt ein halbes Zahnrad, auf dem eine Eule sitzt. Das Maschinenelement des Zahnrads steht dabei für die Technik im Allgemeinen, symbolisiert aber auch die direkte Verbindung zum Verein Deutscher Ingenieure (VDI), der an der Gründung des Museums beteiligt gewesen war und lange Zeit ein stilisiertes Zahnrad in seinem Logo führte. Die Eule der Minerva wiederum war als das klassische Symbol für Klugheit und Weisheit, im übertragenen Sinne für die Wissenschaft, sofort zu erkennen. Mit der Verknüpfung von Technik und Wissenschaft ver-

172 Zum Folgenden vgl. Füßl, Miller, 2005, S. 257f.

deutlichte Hupp die Zielrichtung des neuen Museums: Wissenschaft und Technik sollten im Museum gleichberechtigt gezeigt werden. Dem Künstler und erfahrenen Heraldiker gelang es, die Symbolik in der Darstellung noch auszubauen. Das Wappenschild mit Eule und Zahnrad wird zu beiden Seiten von zwei Löwen gestützt, eine Anspielung auf das bayerische Wappentier und die besondere Förderung des Museums durch das Königreich Bayern. Im Hintergrund beschirmt der Reichsadler das Deutsche Museum. Damit war die Neugründung als nationale Angelegenheit definiert. Der Hupp'sche Entwurf wurde seit 1904 als Briefkopf, als Exlibris, als Titelblatt für den ersten Museumsführer und für die Verwaltungsberichte verwendet.

Die ersten öffentlichen Plakate des Museums waren allerdings reine Schriftplakate, die über Öffnungszeiten und Führungen informierten; eine besondere grafische Gestaltung findet sich auf ihnen nicht. Dies änderte sich erst mit der Eröffnung des Museumsneubaus 1925. In dieser Zeit wurde eine Art »Corporate Design« für das Museum geschaffen. Verantwortlich war der Münchner Ludwig Hohlwein, der zu den bekanntesten und vielseitigsten Vertretern der Reklamekunst in Deutschland zählt.[173] Hohlwein rückte den Turm des Museums ins Zentrum seiner grafischen Gestaltung. Sein frühester Entwurf zierte das Cover einer Biografie von Eugen Kalkschmidt zu Oskar von Miller aus dem Jahr 1924.[174] An dieser Darstellung hielt Hohlwein bei seinen späteren Plakatentwürfen für das Deutsche Museum fest. **| Abb. 93/94 |** Diese sind ca. 1925 und 1927 entstanden. Bei beiden zeigt Hohlwein den Turm allerdings nicht mehr von einer südöstlichen

173 Vgl. Duvigneau/Götz, Hohlwein, 1996; Frenzel, Hohlwein, 1926.

174 Vgl. Kalkschmidt, Miller, 1924.

95 Eugen Cordier: Ausstellungsplakat »Fernsehen«, 1937.

Ansicht her, sondern aus der Fußgängerperspektive von Norden. Außerdem verwendet er ihn gemeinsam mit der Kuppel der Sternwarte, wodurch der Museumsturm nicht mehr so dominant wirkt. Aufgedruckt sind die Beschriftung »Deutsches Museum München« und der Hinweis auf die tägliche Öffnungszeit. Rechts unten ist das Künstlerzeichen Hohlweins zu erkennen, wie er es seit etwa 1914 verwendet hat. Beide Plakate setzen auf einen starken farblichen Kontrast zwischen dem dunklen, in den Einzelheiten kaum ausgearbeiteten Gebäude und dem gelben Hintergrund. Beim ersten Plakat sind die Typografie und das Museumslogo noch in einem antiquierten Stil gehalten. Der Druck von 1927 lässt das Hohlwein'sche Motiv unverändert, modernisiert aber die Schrift, verändert deren Farblichkeit und reduziert die Textzeilen. Auch das Logo – neu gestaltet von Eugen Cordier – ist wesentlich verändert; die Eule nimmt dabei die Rundung des halben Zahnrads auf, wodurch das Logo harmonischer wirkt. Von dieser Version des Plakats haben sich verschiedene Formate erhalten; das größte hat die Maße 59,3 × 83,8 cm.[175]

Bis weit in die Nachkriegszeit griff das Museum auf externe Plakatkünstler zurück. Eine wichtige Rolle spielte dabei Eugen Cordier, der für das Museum unterschiedliche Arbeiten anfertigte. Er hatte schon das Logo für das Plakat Hohlweins aus dem Jahre 1927 modernisiert. Cordier prägte vor allem in den 1930er-Jahren mit seinen Entwürfen das Erscheinungsbild des Museums,

175 Vgl. DMA, DM-PK 00079.

so mit den Plakaten zur Abteilung Kraftfahrwesen bzw. zu den Sonderausstellungen »Neue Werkstoffe« (1935), »Das Fernsehen« (1937) | **Abb. 95** | und »100 Jahre Photographie« (1939). Auch das Plakat zur Sonderschau »50 Jahre Dieselmotor«, mit der das Museum 1947 nach dem Zweiten Weltkrieg seine Pforten wieder für die Besucher öffnete, stammt von ihm.

Für das Jubiläumsjahr 1953 – das Museum feierte seinen 50. Geburtstag – war er für die Grafik eines Werbeplakats sowie für die Illustrierung des von dem Schriftsteller Eugen Roth gedichteten Hefts »Unser Deutsches Museum« verantwortlich.[176] Zum 100. Geburtstag Oskar von Millers wiederum gestaltete er eine 10-Pfennig-Briefmarke mit einem strengen Porträt des Museumsgründers. Im Laufe von mehr als drei Jahrzehnten hat Cordier im Auftrag der Museumsleitung das Logo des Hauses immer wieder behutsam verändert. In der Plakatsammlung sind viele dieser Entwürfe überliefert; auch verschiedene Exlibris für das Museum stammen von ihm.

Erst relativ spät – in den 1980er- und 1990er-Jahren –, als das Deutsche Museum eine eigene Grafikabteilung einrichtete, gestalteten Museumsgrafiker die Plakate zu hauseigenen Sonderausstellungen. Heute werden die meisten Ausstellungsplakate inhouse angefertigt. Praktisch alle Museumsplakate des 20. Jahrhunderts (inklusive zahlreicher von Hand angefertigter Entwürfe) befinden sich inzwischen im Archiv, während die aktuellen in der Registratur des Hauses aufbewahrt werden. Ebenfalls archiviert ist eine Serie der Plakate des Deutschen Museums Bonn aus der Zeit von 1995 bis 2001.

Aufgehängt: Wand-, Lehr- und Schautafeln

Vermutlich in Zusammenhang mit der Illustrierung der eigenen Ausstellungen begann das Deutsche Museum verschiedene Formen von Plakaten zu technischen, industriellen und wissenschaftlichen Themen zu sammeln. Ab wann genau die ersten Stücke ins Museum kamen, lässt sich aus den Zugangsbüchern nicht exakt erkennen. Offensichtlich wurden die ersten Fremdplakate zeitgleich mit der Eröffnung der provisorischen Ausstellungen im Alten Nationalmuseum 1906 eingeworben.

Heute besitzt das Archiv geschätzt 1500 Plakate in den Papierformaten DIN A4 bis DIN A0. Diese setzen sich aus Bild- und Schriftplakaten zusammen. Neben den schon erwähnten rund 400 museumseigenen Plakaten besteht der Hauptteil der Sammlung aus Werbeplakaten für Industrieprodukte verschiedener Firmen sowie aus Reiseplakaten für Eisenbahn, Flugzeug und Zeppelin.

Für die Einwerbung von Schau- und Lehrtafeln war vor allem deren informativer Aspekt zur Ergänzung der Ausstellungsobjekte im Deutschen Museum wichtig. Häufig hingen sie als erklärendes Medium neben den entsprechenden Maschinen in den einzelnen Abteilungen. Blättert man in den frühen Ausstellungsführern, lassen sich auf Raumansichten immer wieder Schautafeln erkennen. Auffällig ist, dass solche Tafeln nahezu ausschließlich bei zeitgenössischen Objekten angebracht waren. Das Deutsche Museum hat bis weit in die zweite Hälfte des 20. Jahrhunderts solche Schautafeln in seine Ausstellungen einbezogen, um die Funktionsweise von Maschinen, Instrumenten und Objekten zu erklären. Sofern gedruckte Lehrtafeln nicht zur Verfügung standen, wurden sie in den Werkstätten des Museums durch Mitarbeiter künstlerisch gestaltet und durch eigene Schriftenmaler um Texte ergänzt. Viele dieser Vorlagen sind noch heute im Archiv im Original oder als Fotodokumentation vorhanden. Die Serie der intern als »TA« bezeichneten Ausstellungstafeln umfasst einen mehrere hundert Exemplare zählenden Bestand, der ebenfalls Teil der Plakatsammlung ist.

Erhalten haben sich im Archiv mindestens 120 Lehrtafeln und Schautafeln. Dabei sind die Grenzen zwischen Plakaten, Schautafeln, Wand- und Lehrtafeln sowie Postern oft fließend und schwer zu definieren. Die technischen Lehrtafeln, wie sie heute im Archiv aufbewahrt werden, sind wichtige und interessante historische Anschauungsmedien. Sie vermitteln nicht nur technisches Wissen, sondern sie sind auch zeittypische Kulturdokumente. Während die verwandten Schulwandtafeln in den letzten Jahren in der Forschung zu den historischen Bildmedien zunehmend Beachtung gefunden haben, sind Schau- und Lehrtafeln mit technischem Inhalt bisher noch kaum systematisch untersucht. Ihre Funktion im öffentlichen Raum war begrenzt, da sie – im Gegensatz zu Plakaten – meist nicht im Straßenbild zu sehen waren.

Vieles scheint darauf hinzudeuten, dass das Deutsche Museum ebenfalls bereits in der Gründungszeit begonnen hat, Schau- und Lehrtafeln zu sammeln. Sie waren von Verlagen und Firmen speziell für Schulen, Universitäten, Ausbildungs- und Lehrwerkstätten konzipiert worden. Inhaltlich sind sie mit den Schulwandbildern und Schulwandtafeln eng verwandt. Wie diese wollten sie anschaulich Lerninhalte vermitteln. Bei den Schulwandbildern, Schau- und Lehrtafeln handelt es sich um großformatige Darstellungen, die häufig – um ihre Stabilität und Haltbarkeit zu erhöhen – auf verschiedene Materialien wie Leinwand, Lederpapier oder Karton gedruckt oder aufgezogen wurden; meist sind sie mit Holzleisten und Ösen versehen. Sie wurden also aufgehängt, um die Betrachtenden beim Lernen oder bei der Arbeit visuell zu unterstützen. Weit verbreitet waren historische, geografische, anatomische und biologische Lehrtafeln, die teilweise in hohen Auflagen gedruckt wurden. In der Regel sind sie pädagogisch aufbereitet und optisch attraktiv gestaltet.

176 Vgl. Roth, Museum, 1953.

96 Lehrtafel des Verlags F. E. Wachsmuth: »Die Glasbereitung«, ca. 1930.

Im Gegensatz zu den Schulwandbildern, die von Verlagen verkauft wurden, stammen Schautafeln mit technischen Inhalten in der Regel von den Unternehmen selbst. Dabei produzierten die Firmen zum Teil umfangreiche Serien, mit denen sie bei Messen und Ausstellungen für ihre Produkte warben und in Schulen bzw. Ausbildungsstätten deren technische Funktionen erläutern konnten. Im Archiv sind beide Arten von Lehrtafeln – Verlagsprodukte und Firmenplakate – überliefert.

Ein schönes Exemplar ist das Schulwandbild »Die Glasbereitung«. Es zeigt die einzelnen Schritte der Glasherstellung vom Schöpfen des geschmolzenen Glases (des sogenannten Postens) mit der Pfeife, dem Blasen und Modellieren des Hohlglases bis hin zum langsamen Abkühlen des Werkstücks im Kühlofen, der hinter den Glasbläsern steht. **| Abb. 96 |**

Das großformatige Blatt mit einem Maß von 65 × 130 cm stammt aus einer Serie von technologischen Tafeln, die der Verlag F. E. Wachsmuth in Leipzig seit ca. 1890 gedruckt hatte. Die Vorlage schuf der Dresdener Künstler Bruno Héroux. Wie viele dieser Schulwandtafeln verbreitet wurden und in welcher Auflage sie jeweils erschienen sind, ist nicht bekannt. Ab 1894 beauftragte der Verlag den Lehrer und Schriftsteller Max Eschner, für diese Tafeln ergänzende Lehrerhefte zu erstellen. Insgesamt erschienen von ihm drei Bändchen mit 25 Beschreibungen der einzelnen Bilder; aufgrund der großen Nachfrage publizierte sie der Verlag in vielen Auflagen, weit über Eschners Tod 1926 hinaus. Für die Tafel »Die Glasbereitung« lieferte Eschner im zweiten Heft auf immerhin zehn Seiten eine ausführliche Erläuterung der Glasherstellung: Prozess des Zusammenschmelzens verschiedener Rohstoffe, die eigentliche Produktion von Hohl- und Flachglas und die Beschreibung der Lehrtafel selbst.[177] Auch auf die Geschichte des Glases und die wichtigsten Herstellungsregionen ging Eschner ein. Von Eschners »Technologischen Tafeln« sind im Archiv darüber hinaus die Blätter »Buchdruckerei« und »Die Papierbereitung« vorhanden.[178]

Eine andere Serie von Wandtafeln produzierte etwa zeitgleich zu Eschner der österreichische Professor für Warenkunde an den Handelsakademien in Wien und später in Graz, Karl Hassack. Bekannt wurde er durch sein »Lehrbuch für Warenkunde« (1902). Von ihm sind mehrere Tafeln im Format von 64 × 96 cm in der Plakatsammlung überliefert. Sie gehören zu den 24 »Wandtafeln für Warenkunde u. Mikroskopie«, die er zwischen 1897 und 1902 in einem Wiener Verlag veröffentlichte. Hassack selbst stiftete diese Tafeln dem Archiv. Aufgrund seines großen Erfolgs gründete er später in Graz das »K.K. Lehrmittelbureau für kommerzielle Lehranstalten«.

Bei den Firmenplakaten und -schautafeln lassen sich von einzelnen Unternehmen teilweise größere Konvolute identifizieren. Allein von der Stuttgarter Firma Robert Bosch GmbH sind aus der Serie »Bosch-Lehrmittel« über 50 Beispiele archiviert, so zur Bosch-Batterie, zu Scheinwerfern, Schmier- und Einspritzpumpen, Bremsanlagen, Küchengeräten und zu elektrischem Werkzeug. Zudem sind Produkte der Firma, die in Kraftfahrzeugen (Omnibus, Lastkraftwagen, Motorrad, Pkw, Diesel-Schlepper) verbaut waren, in der Sammlung dokumentiert. Die meisten Tafeln lassen sich in die 1950er-Jahre datieren.

Eine andere Serie umfasst Lehrtafeln, die von der Firma Bayerische Motorenwerke (BMW) in München stammen. Es handelt sich um Lehrtafeln zu Motorrädern und Gespannen, die von 1941 bis 1953 gebaut worden waren. Eine Tafel zeigt das Motorradgespann BMW R 75, das zwischen 1941 und 1944 für die Wehr-

177 Vgl. Eschner, Erläuterungen, H. 2, 1930, S. 23–32.

178 Vgl. DMA, PK 00001 und PK 02080.

97 Produkte der Firma Robert Bosch, verbaut in einem Lastkraftwagen, 1955.

macht gefertigt wurde. Insgesamt produzierte BMW 16500 bis 18000 Einheiten. Mehrere andere Lehrtafeln bilden die Motorräder BMW R 25/2 bzw. BMW R 51/3 ab, die beide ab 1951 hergestellt wurden. Von diesen Typen wurden binnen drei Jahren rund 57000 Stück verkauft. Interessanterweise stammen die Lehrtafeln sowohl für die militärische als auch für die zivile Entwicklung vom gleichen Zeichner bzw. Grafiker, nämlich Herbert Schlenzig. Von ihm sind im Archiv der Bayerischen Motorenwerke fast 90 technische Zeichnungen und Originalposter zwischen 1937 und 1967 nachgewiesen.[179] Schlenzig, der schon in jungen Jahren zu BMW stieß, entwickelte dort für seine Schnittbilder einen markanten Stil. Die Illustrationen präsentieren detailreich das Innere der Maschinenteile und ihre Funktionsweise. Während die Lehrtafel für die Militärversion das Getriebe und die Schaltvorgänge noch in mehreren Detailzeichnungen veranschaulichte, hat sich der Stil Schlenzigs zehn Jahre später deutlich verändert. Die Farben sind ausgeprägter und kräftiger, die Texte stark reduziert und nur noch im Kopf und am Blattende als Über- oder Unterschriften vorhanden. Verbale Erläuterungen fehlen. Da sein Blick dem Antrieb gilt, ist nur dieser in der Schnittzeichnung in verschiedenen Farben dargestellt, während das Hinterrad mit Speichen und Mantel nur angedeutet ist. Diese Art der Gestaltung findet sich auf mehreren Tafeln der Nachkriegszeit. **| Abb. 97/98 |**

Bei BMW arbeitete Schlenzig u.a. mit dem Grafiker, Journalisten und Konstrukteur von Kleinstmodellmotoren Alexander Thusius zusammen, dessen Teilnachlass mit Korrespondenzen, Patenten und technischen Zeichnungen sich im Archiv des Deut-

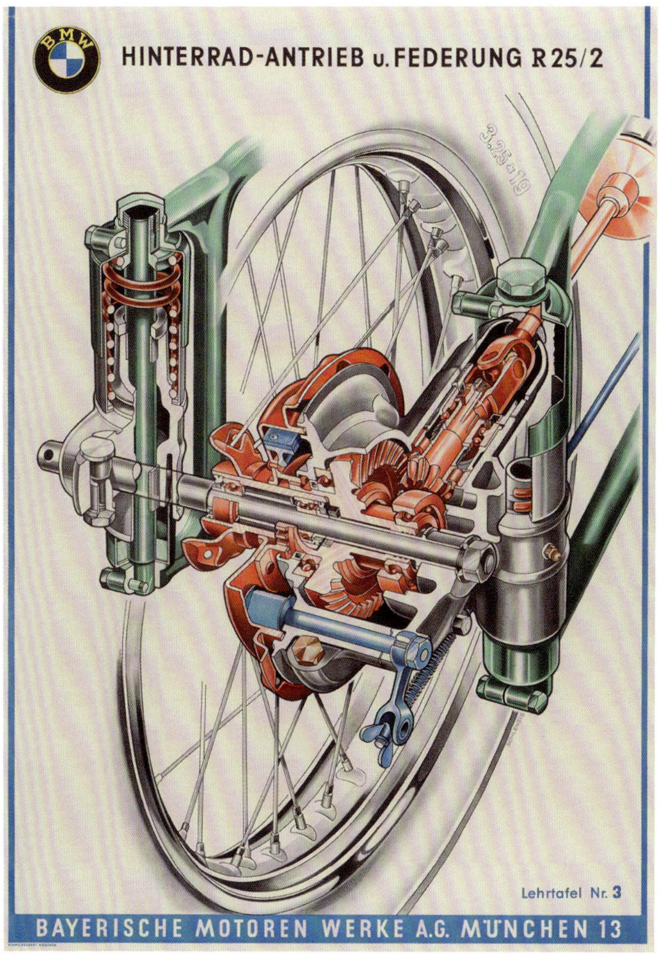

98 Herbert Schlenzig: Hinterradantrieb und Federung für das BMW-Motorrad R 25/2, 1951.

179 Vgl. BMW Group, Archiv, https://bmw-grouparchiv.de/research/search/ [Suchbegriff: Schlenzig] (22.5.2022).

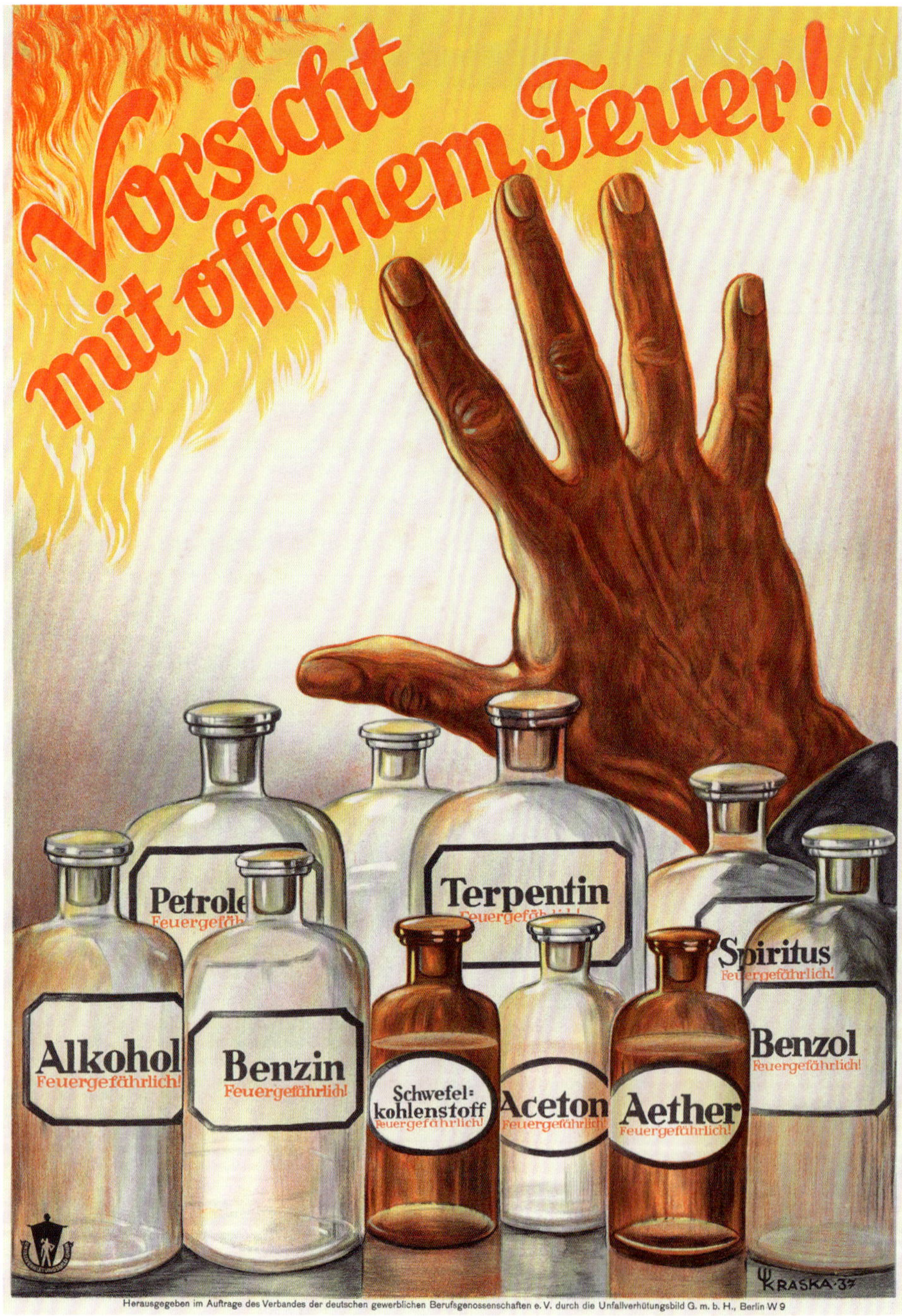

99 Willy Kraska: »Vorsicht mit offenem Feuer«, 1937.

schen Museums befindet.[180] Der klare Stil Schlenzigs beeinflusste auch den wohl berühmtesten Schnittzeichner der Automobiltechnik, Yoshihiro Inomoto, dessen unglaublich detaillierte Zeichnungen ihm den ehrenvollen Namen »The Cutaway King« einbrachten.[181]

Unfallschutz

Eine besondere Gruppe der Plakatsammlung bilden rund 170 Plakate, die auf vielfältige Weise für eine Unfallverhütung werben. Sie kamen um 1940 ins Archiv. Zeitlich entstanden sie schwerpunktmäßig von 1925 bis etwa 1940. Sie sind vor dem Hintergrund der Bismarck'schen Sozialgesetzgebung und der zwischen 1883 und 1889 erlassenen Schutzvorschriften für Arbeiter (Gesetzliche Krankenversicherung, Unfallversicherung, Alters- und Invalidenversicherung) zu interpretieren. Da in der Folge die Unfallversicherung durch eine Berufsgenossenschaft der Unternehmen finanziell getragen wurde, war das Interesse der Firmen groß, die Zahl der Arbeitsunfälle gering zu halten. Die Unfallstatistik und die damit verbundenen finanziellen Aufwendungen blieben trotzdem in den ersten Jahrzehnten des 20. Jahrhunderts hoch. So

180 Vgl. DMA, NL 166.

181 https://www.core77.com/posts/21421/masters-of-the-cutaway-part-3-yoshihiro-inomoto-21421 (22.5.2022).

100 Anonym: »Gesund, leistungsfähig und unfallsicher durch Sport«, ca. 1935/36.

mussten die Berufsgenossenschaften als Träger der Unfallversicherung allein im Jahr 1925 circa 122 Millionen Reichsmark für Entschädigungen zahlen. Daher beschlossen die Berufsgenossenschaften 1923, eine Initiative zur Bekämpfung der Unfallzahlen zu starten. Die dafür ein Jahr später gegründete Unfallverhütungsbild GmbH produzierte in den folgenden 20 Jahren Plakate, Filme, Kalender und Bücher. Allein zwischen 1924 und 1929 wurden insgesamt 282 unterschiedliche Motive mit Hinweisen zum Arbeitsschutz mit einer Auflage von rund vier Millionen Stück verteilt.

Die Warnungen betrafen alle Zweige des beruflichen Lebens, die Landwirtschaft ebenso wie das Bauhandwerk und die Fabrikarbeit. Bisweilen sprachen die Arbeitsschutzplakate auch allgemeine Gefahrenquellen an. Das Plakat »Vorsicht mit offenem Feuer« **| Abb. 99 |** des Berliner Grafikers Willy Kraska thematisierte die Gefahr verschiedener leicht entzündlicher und brennbarer Flüssigkeiten wie Spiritus, Terpentin, Alkohol und Benzol. Einige Plakate forderten Frauen auf, bei der Arbeit Kopftücher oder Hauben zu tragen, damit längere Haare nicht in gefährliche Maschinen hineingezogen würden. Wieder andere empfahlen geeignete Holztritte und Leitern oder mahnten: »Denk an Frau und Kinder und übe Vorsicht bei der Arbeit«.

Ebenso propagierten Plakate die sportliche Betätigung außerhalb des Berufs: »Gesund, leistungsfähig und unfallsicher durch Sport!« **| Abb. 100 |** Vermutlich ist dieses Plakat in Zusammenhang mit den Olympischen Spielen in Berlin 1935/36 entstanden.

101 Adolf-Ernst Wuttke: »Das deutsche Volk muss ein Volk von Fliegern werden«, 1941.

Hier lässt sich der Einfluss der nationalsozialistischen Ideologie deutlich erkennen, welche die körperliche Fitness als Teil der »Volksgesundheit« und der Wehrertüchtigung der Bevölkerung sah, Sport aber auch als eine regimeaffine Freizeitgestaltung interpretierte. Zudem wurde der sportlich trainierte Körper bewusst als Gegensatz zu propagandistisch verzerrten Rassenvorstellungen eingesetzt. In eine ähnliche Richtung zielten Plakate der Unfallverhütungsbild GmbH, die zu »Kameradschaft üben! Ja! Fürs ganze Leben!« aufforderten. Die Politisierung der Arbeitsschutzplakate im Sinne der NS-Ideologie und der sie gestaltenden Grafiker lässt sich also anhand der im Archiv des Deutschen Museums überlieferten Blätter zur Unfallverhütung deutlich nachvollziehen.

Etwa zur gleichen Zeit wie die Unfallverhütungsplakate übernahm das Deutsche Museum eine Serie eindeutig politischer Propagandaplakate. Sie warben für das Nationalsozialistische Fliegerkorps (NSFK), das 1937 ins Leben gerufen worden war, und traten offen für die militärische Ausbildung ein. In das NSFK überführt wurden auch ursprünglich zivile Segelflugvereine. Archiviert sind etwa 20 Blätter unterschiedlichen Formats zum NSFK und zu NS-Flugveranstaltungen. Die Zielrichtung der Plakatserie wird aus einem weit verbreiteten Textplakat von Adolf-Ernst Wuttke deutlich, der dafür ein Zitat Hermann Görings aufgriff: »Das deutsche Volk muss ein Volk von Fliegern werden«. **| Abb. 101 |** Das Blatt erschien in Zusammenhang mit der Luftwaffen-Werbewoche im März 1941. Aus den Plakaten wird

102 Jupp Wiertz: »In zwei Tagen nach Nord-Amerika!«, 1937.

offensichtlich, dass bereits Schüler für die Fliegerei und letztlich für die Luftwaffe begeistert werden sollten. Ansatzpunkte waren der scheinbar unpolitische Flugzeugmodellbau und der Segelflug.

Die Ferne lockt

Die heutige Sammlungspolitik hat die Erwerbung von Plakaten stark begrenzt. Für das Archiv interessant sind Drucke, die in Zusammenhang mit historischen Ausstellungen zu Wissenschaft und Technik verbreitet wurden. Bedeutsam sind zudem Plakate, die einen direkten Bezug zu Objekten des Deutschen Museums haben oder inhaltlich mit Unternehmen korrespondieren, von denen in der Firmenschriftensammlung Werbeschriften vorhanden sind. Dabei ist es heute kaum mehr möglich, durch Schenkungen an wichtige und typische Plakate zu kommen, weswegen vereinzelt Ankäufe in Antiquariaten erfolgen.

Einer dieser Ankäufe knüpft an die zahlreichen Plakate des Bestands zu den Themen »Luftverkehr« und »Fluggesellschaften« an. Es handelt sich um das Blatt »In zwei Tagen nach Nord-Amerika! Deutsche Zeppelin-Reederei«, das im Jahr 2020 erworben wurde.[182] **| Abb. 102 |**

Gestaltet hat es Jupp Wiertz 1937; der Druck erfolgte in der Leipziger Großdruckerei Eschenbach & Schaefer als Offset-Litho-

182 DMA, PK 2306.

grafie im Format 83 × 59 cm. Der Metzgerssohn aus Aachen stieg in den 1920er-Jahren zum »Star« der Berliner Grafik-Designer auf.[183] Seine Auftraggeber kamen aus allen Branchen: Verkehr, Kultur, Sport, Mode, Genussmittel. Für die vorliegende Arbeit orientierte sich Wiertz offensichtlich an einem zeitgenössischen Foto, auf dem ein Zeppelin über der New Yorker City schwebt. Die Skyline von Manhattan war für viele Europäer in dieser Zeit das Symbol des modernen Amerika. Wiertz spielt mit der fotografischen Vorlage und der Skyline, indem er die Großstadt mit einem fast undurchsichtigen, großflächigen, grauen Nebel überzieht. Nur das Empire State Building ragt aus einem markant blauen Wolkenloch heraus und wird von der Sonne in ein goldenes Licht getaucht – eine Hommage an das damals höchste Gebäude der Welt und an die moderne Architektur generell. Über der Spitze des Gebäudes scheint der Zeppelin gleichsam vor Anker zu liegen. Geschickt ist er im Zentrum des Wolkenlochs platziert, sodass er direkt von den Sonnenstrahlen erfasst wird. Der Schiffskörper leuchtet fast weiß, was einen starken Kontrast zu dem Blau und zu der grauen Hochhaussilhouette setzt. In dieses Grau hat der Künstler sein bogenförmiges Signet »Jupp Wiertz« in schwarzer Schrift am linken unteren Rand eingefügt. Unter dem Gesichtspunkt der Reisewerbung werden das lockende Ziel New York und das elegante Transportmittel Zeppelin gleichermaßen betont. Die kurze Reisedauer von zwei Tagen wird in den Plakattext verbannt. Ein ähnliches Konzept hat Wiertz für ein anderes Plakat des gleichen Auftraggebers (»In drei Tagen nach Süd-Amerika! Deutsche Zeppelin-Reederei«) verwendet. Auf dem Bild schwebt wieder ein Luftschiff – dieses Mal über einer in gelbrote Farben getauchten Insel. In vergleichbarer Weise verbinden sich Sehnsucht nach Fernreisen und das Schweben im Luftschiff mit der angenehm kurzen Reisedauer. Anders als beispielsweise Ottomar Anton, der fast zeitgleich (1932) für die Hamburg-Amerika-Linie das Plakat »Nach Südamerika in 3 Tagen!« gestaltet hatte,[184] konkretisierte Wiertz seine Reiseziele anhand des Empire State Buildings und der felsigen Trauminsel im Südatlantik, während sich Anton bei seinem Plakat auf die Umrisse der Kontinente Europa, Afrika und Südamerika beschränkte und die weite Entfernung durch das überdimensionierte Luftschiff »Graf Zeppelin« überdeckte.

Anders als bei Anton trägt der Zeppelin bei Wiertz keinen Namen und keine Typenkennzeichnung des Herstellers. Vorbild war aber sicherlich der LZ 129 »Hindenburg«, einer der größten jemals gebauten Zeppeline. Seine Jungfernfahrt war im März 1936. Schon 14 Monate später ging er bei der Landung in Lakehurst in Flammen auf und läutete damit das Ende des Flugverkehrs mit Luftschiffen ein. Auf dem Plakat von Wiertz sind an den Seitenrudern deutlich schwarze Hakenkreuze zu erkennen – auf weißem Grund, eingebettet in einen roten Rahmen. Diese Darstellung des Hakenkreuzes war schon 1920 zur Parteiflagge der NSDAP und seit 1935 zur Staatsflagge des Deutschen Reichs erhoben worden. Bei späteren Nachdrucken des Plakats fehlen diese NS-Symbole. Ob bewusst oder unbewusst: Durch die auffällige Kennzeichnung mit dem Hakenkreuz hat Wiertz das Starrluftschiff als deutsche Technik konnotiert und diese Technologie symbolisch über die amerikanische Baukunst erhoben. Damit schließt sich der Kreis zu der stark ideologisch geprägten Gestaltung verschiedener NS-Plakate von Wiertz, so zu der ebenfalls im Archiv des Deutschen Museums vorhandenen Werbung für die »Deutsche Kunstflugmeisterschaft 1937«, einem der zahlreichen NSFK-Plakate.

Das Zeppelin-Plakat taucht immer wieder im Handel auf. Auf einer Auktion bei Christie's in London wurde 2015 der unglaubliche Verkaufspreis von 13.750 britischen Pfund erzielt, nachdem schon ein Jahr zuvor ein Käufer für das gleiche Plakat bei Swann Galleries in New York 15.360 US-Dollar gezahlt hatte! Wie hoch der Kaufpreis für das Deutsche Museum war, sei hier nicht verraten. Allerdings war die Erwerbung im Vergleich zu den genannten Summen ein absolutes Schnäppchen!

Das Wiertz'sche Plakat führt aber auch hinein in eine andere Dimension. Es ist eine typische Zeiterscheinung der 1920er- und 1930er-Jahre, dass die Lichter der Großstadt, neuartige Verkehrsmittel – wie Zeppeline oder Flugzeuge – und Fernreisen die Menschen begeisterten. Die hoch über der Erde schwebenden Luftschiffe weckten Fantasien und führten zum Traum von einer Reise in ferne Länder – ein Wunsch, den sich allerdings nur wenige erfüllen konnten. Die Plakate für luxuriöse Fernreisen stehen beispielhaft für die Mobilität begüterter Reisender zwischen 1880 und 1939. Bestimmte um die Jahrhundertwende die Werbung für Luxusdampfer und Luxuszüge zu mediterranen oder orientalischen Zielen die Touristikbranche, so dominierte nach dem Ende des Ersten Weltkriegs die Interkontinentalreise mit neuartigen Verkehrsmitteln wie dem Flugzeug oder dem Zeppelin. Gleichzeitig spielte der Faktor Zeit eine immer größere Rolle, konnten doch im Luftverkehr größere Strecken deutlich schneller überwunden werden. Hatte eine Reklame von 1888 für eine Fahrt mit dem Orient-Express von Paris nach Konstantinopel noch mit einer Reisezeit von zwei Tagen geworben, überquerte man im Zeppelin jetzt in der gleichen Zeit den Atlantik auf dem Flug nach New York. Die Verschiebung von luxuriösen Transportmitteln wie den Salonwagen oder den prächtig ausgestatteten Ozeanlinern hin zur zeitsparenden Flugreise ist symptomatisch für die schnelllebigen 1920er-Jahre.

Eine weitere interessante Neuerwerbung der letzten Jahre ist das seltene Plakat zur ersten Elektrizitätsausstellung in Deutschland. | **Abb. 103** | Organisiert hatte sie 1882 der Gründer des Deutschen Museums, Oskar von Miller, inspiriert von seinen Er-

183 Vgl. Oellers/Rappmann, Femme, 2003, S. 7.

184 Vgl. Matthes/Prange, Hamburg, 2000, S. 105.

103 Ausstellungsplakat für die Internationale Electricitäts-Ausstellung in München, 1882.

fahrungen bei der Vorgängermesse in Paris ein Jahr zuvor.[185] Es handelt sich um ein Bild-Text-Plakat mit deutlichem Schwerpunkt auf dem Text, der detailliert auf den Inhalt der Ausstellung, die besonderen Highlights und die Anwendung der Elektrizität für die unterschiedlichsten Zwecke hinweist. Wer es gestaltet hat, ist aus den Akten nicht ersichtlich. Vermutlich handelt es sich nicht um einen Plakatkünstler, sondern um eine Person aus dem Umfeld des Verlagswesens. Gedruckt wurde es bei Jaeger & Schwabenthan, einer auf Chromolithografien spezialisierten Kunstanstalt in München. Glücklicherweise haben sich im Bestand des Polytechnischen Vereins in Bayern die Akten zu dieser Ausstellung erhalten. Aus ihnen geht hervor, dass insgesamt 6400 Plakate zu einem Gesamtpreis von 1040 Mark gedruckt wurden.[186] Offensichtlich war der Druckauftrag erst spät bei Jaeger & Schwabenthan eingetroffen, da in einem Brief der Firma davon gesprochen wird, dass es nur »mit Aufbietung aller Kräfte mit Heranziehung unseres gesammten Personals bei Tag & Nacht« möglich gewesen sei, den Auftrag fertigzustellen. Die letzte Teillieferung erfolgte am 15. September, also einen Tag vor der offiziellen Eröffnung! In der Rechnung heißt es weiter: »Da die Plakate effektvoll sind, wird der Zweck derselben auch financiell ein guter sein«. Die Verteilung erfolgte durch das »I. Dienstmann- & Plakat-Institut M. A. Hartl« in München, welches die Plakate in Deutschland, der

185 Zum Folgenden vgl. Füßl, Miller, 2005, S. 47–68.

186 Vgl. DMA, FA 004/0939.

Schweiz und in Österreich kleben oder – wie es damals hieß – »affichieren« ließ. Allein in Wien wurden 100 Exemplare verteilt, in Genf, Zürich und Luzern jeweils 30.[187]

Trotz der hohen Auflage und der internationalen Verteilung scheinen sich nur wenige Originalplakate erhalten zu haben. Das im Archiv des Deutschen Museums erhaltene Exemplar ist auf einen mit Leinwand kaschierten Karton aufgezogen. Zeitweise war es offensichtlich aufgehängt, wie ein ausgefranstes Loch am oberen Rand zeigt. Interessant ist eine handschriftliche Anmerkung zwischen dem schwarzen und roten Rahmen am unteren rechten Rand: »Herrle war mit seiner Schwester am 11ten und 12ten Oktober in dieser Ausstellung« heißt es hier. Wer sich hinter dem Namen »Herrle« verbirgt, konnte bisher nicht ermittelt werden.

Höhepunkt der Ausstellung war die Kraftübertragung von Strom über weite Strecken, nämlich von Miesbach nach München über 57 Kilometer, eine Entfernung also, die bis dahin als undenkbar galt. Miller hatte die Ausstellung bewusst nicht als Fachmesse für Elektrotechniker organisiert. Ihm ging es um die Popularisierung dieser jungen und weitgehend unbekannten Energieform und um ihren Einsatz. Dabei stand die Beleuchtung im Vordergrund. Sie ist auf dem Plakat durch eine überdimensionierte Glühlampe dargestellt. Im Hintergrund ist der Ausstellungsort, der Glaspalast in München, abgebildet, vor dem sich die Besucher drängen.

Die Ausstellung bedeutete für den damals 27-jährigen Miller den beruflichen Durchbruch. Seither galt er als einer der führenden Vertreter der Elektrifizierung in Deutschland. Schon ein Jahr später holte ihn Emil Rathenau als Technischen Direktor zu der eben erst gegründeten »Deutschen Edison-Gesellschaft für angewandte Elektricität« (DEG), dem Vorgänger der späteren Weltfirma AEG.

Erstmals beschäftigte sich Miller 1882 mit dem Gebiet des Ausstellungswesens, ein Experiment, das er bei der großen elektrotechnischen Ausstellung 1891 in Frankfurt am Main wiederholte. Schon in München 1882 dachte man nach der Messe daran, ein elektrotechnisches Museum zu errichten; dieser Plan wurde allerdings nicht verwirklicht. Während der Frankfurter Ausstellung 1891 spricht Miller in einem Brief an seine Frau Marie zum ersten Mal von seiner Idee, ein technisches Museum in München zu gründen. Dies ist der früheste Hinweis auf das spätere Deutsche Museum.[188]

Plakate	
Umfang	400 Museumsplakate ca. 1500 Fremdplakate ca. 200 historische Ausstellungstafeln
Zeitraum	1784–1991

187 Ebd.

188 Vgl. Füßl, Miller, 2005, S. 251.

Handwerkszeug des Ingenieurs

Pläne und technische Zeichnungen

In dem historischen Überblick zu Beginn des Buchs wurde erwähnt, dass die Plansammlung die Keimzelle des heutigen Archivs bildete und schon in der ersten Museumssatzung vom Dezember 1903 angesprochen worden war (vgl. Seite 14f.). Allerdings unterschied sich das damalige Verständnis fundamental vom gegenwärtigen Begriff. Die Museumsgründer benutzten »Plansammlung« meist als übergeordnete Abteilungsbezeichnung für den Bestand an technischen Zeichnungen, Grafiken, Plakaten, Fotografien und Firmenschriften;[189] dementsprechend sind in den Zugangsbüchern der »Plansammlung« auch solche Erwerbungen eingetragen. Heute dagegen ist die »Plansammlung« ein Teilbestand des Archivs, der fast ausschließlich historische technische Zeichnungen umfasst. Fotografien, Grafiken, Plakate und Firmenschriften sind inzwischen in eigenen Sammlungen zusammengezogen. Die »Plansammlung« archiviert über die technischen Zeichnungen hinaus Architekturpläne sowie Baupläne des Deutschen Museums, sofern sie historisch in dem Sinne sind, als sie den früheren Bauzustand der Ausstellungen im Alten Nationalmuseum bzw. des Neubaus auf der Insel und die früheren Museumsabteilungen dokumentieren. Wichtig sind dabei die Entwürfe und Wettbewerbsunterlagen für das Ausstellungsgebäude auf der Museumsinsel, den Bibliotheksbau und den ehemaligen Kongress-Saal. In Anbetracht der Tatsache, dass es im Bildarchiv gravierende Verluste bei Innenaufnahmen des Museums zu beklagen gibt, gewinnen die Pläne zur Ausgestaltung einzelner Säle mit Grundrissen, Längs- und Querschnitten, zur Aufstellung einzelner Objekte und Skizzen zu Wandabwicklungen etc. an Bedeutung. Gerade die Ideen zur Gestaltung von Museumsabteilungen zeigen die allmähliche Genese der Räume. In einer Reihe von Beispielen, so bei der Planung für das Bergwerk 1920 oder die Abteilung »Flugtechnik« für den Neubau auf der Insel, lassen sich im Vergleich zu den später realisierten Ausstellungen bemerkenswerte Unterschiede erkennen. In anderen Fällen dokumentieren die Pläne den Zustand von Abteilungen, die kurz darauf umgestaltet wurden. Unabhängig von den Bauzeichnungen der Plansammlung existiert im Deutschen Museum in der Zentralabteilung die sogenannte »Plankammer« mit den noch gültigen Museumsplänen.

Dem Museumsgründer und ausgebildeten Bauingenieur Oskar von Miller dürfte die Einrichtung einer Plansammlung im modernen Wortsinn ein besonderes Anliegen gewesen sein. Schon im Jahr 1891 hatte er anlässlich der von ihm organisierten Internationalen Elektrotechnischen Ausstellung in Frankfurt eine eigene Halle für technische Zeichnungen errichten lassen.[190] An verschiedenen Stellen hat Miller die Bedeutung einer Plansammlung immer wieder betont. Er betrachtete sie als wichtigen Bestandteil des musealen Volksbildungskonzepts. Walther von Dyck als Rektor der Technischen Hochschule München und Mitglied im dreiköpfigen Museumsvorstand hatte schon 1904 die Anforderungen an eine solche Sammlung formuliert. Sie sollte Skizzen aus Naturforschung und Technik beinhalten, desgleichen Originalzeichnungen historischer Maschinen, Abbildungen, Stiche, Dispositionspläne und Architekturzeichnungen. In seiner Rede vor dem Ausschuss 1904 definierte Dyck die Idee so:

> An die Bibliothek soll sich dann die Plansammlung anschließen; sie wird in dem hier beabsichtigten Umfange eine durchaus neue Einrichtung werden. Sie soll ein Archiv bilden für alle bedeutenderen ausgeführten und projektierten Werke der Technik, in dem sich der Techniker, der Industrielle, der Arbeiter, an der Hand von Plänen, Werkzeichnungen, Berechnungen, Voranschlägen immer wieder Rats erholen kann über die Konstruktionsbedingungen und die Durchführung einzelner Bauten, Anlagen, Maschinen usw. …[191]

Während Dyck bei dieser Verwendung des Begriffs »Plansammlung« der heutigen Definition sehr nahekommt, blieb dessen ursprüngliche Interpretation aber noch lange dem Bildungskonzept des Museums verhaftet. Miller betonte die besondere Stellung der Plansammlung 1925 erneut und bezeichnete sie als »ganz neues Forschungsmittel für den Ingenieur«.[192] Diese Rhetorik wurde im Museum über Jahrzehnte hinweg beibehalten und gepflegt. Die Sammlung war demnach primär nicht als Archiv für historische Pläne und Zeichnungen gedacht, sondern als Belehrungsmittel und Ideengeber für die zeitgenössischen Gewerbetreibenden, TechnikerInnen und IngenieurInnen. Das Problem war allerdings, dass Unternehmen und staatliche Behörden zögerten, dem Museum aktuelle Pläne und technische Zeichnungen zu stiften. Die Firmen wollten ihre Eigenentwicklungen patentrechtlich schützen und diese eben nicht der Allgemeinheit zum Nachbau zur Verfügung stellen. Im Verwaltungsbericht des Geschäftsjahres 1917/18 musste die Museumsleitung eingestehen, dass für die Sammlung von Plänen »die jetzige Zeit nicht günstig« sei.[193] Diese Aussage scheint aber nur die halbe Wahrheit zu beinhalten. Während man Zugänge in anderen Archivbereichen regelmäßig und prominent in den Verwaltungsberichten auflistete, fehlen entsprechende Angaben für die Plansammlung über viele Jahre, sodass die Forschung die genaue Entwicklung der Sammlung nur schwer nachvollziehen kann. Für 1905/06 werden 6000 Stücke genannt, für 1923/25 dann 13 500 und für 1931/32 47 882 Exemplare; für die dazwischenliegenden Jahre fehlt der Nachweis. Die Informatio-

189 Vgl. DMA, VA-Dru, Vorl. Nr. 0119, S. 7.

190 Vgl. Steen, Zeit, 1991, S. 168.

191 DMA, VA-Dru, Vorl. Nr. 0118/2, S. 32.

192 DMA, VA-Dru, Vorl. Nr. 0141, S. 29f.

193 DMA, VA-Dru, Vorl. Nr. 0131, S. 14.

104 Die Plansammlung in der Schwere-Reiter-Kaserne, 1926. Fotograf unbekannt

nen sind zudem insofern problematisch, als darunter Zeichnungen und Bilder (Fotografien, Drucke), aber auch Firmenschriftenkataloge subsumiert wurden. Ab 1932/33 spricht der Jahresbericht nur noch von »Objekten« oder »Einzelstücken«, ohne dass erkennbar ist, was sich hinter diesen Begriffen verbirgt.

Bis zum Jahr 1941 war die Zahl auf 63 000 Blatt angestiegen. Während des Zweiten Weltkriegs verblieb der Bestand im Museum, wurde also nicht ausgelagert. Die erste Nachkriegszählung aus dem Jahr 1947/48 nennt 58 000 Objekte. Der Schwund von 5000 Blatt im Vergleich zu 1941 ist jedoch nicht auf Kriegsverluste zurückzuführen, sondern auf Plünderungen in den Nachkriegsjahren, als – so eine Aktennotiz des damaligen Bibliotheksdirektors Friedrich Klemm vom 30. April 1947 – Mitglieder der im Museum einquartierten UNRRA in die Plansammlung einbrachen[194] und das Papier wohl zum Heizen verwendeten. In den Folgejahren stieg der Bestand bis 1975 auf 65 700 Exemplare an; fünf Jahre später wird der Umfang auf »ca. 60 000« ohne Angabe von Gründen reduziert, eine Zahl, die noch 1984 in den Verwaltungsberichten unverändert auftaucht. Ab diesem Zeitpunkt wurden keine Angaben mehr veröffentlicht, möglicherweise, weil die Zahlen durch die Übernahme großer Bestände im Bereich der Luftfahrt mit umfangreichen Plansätzen zu einzelnen Flugzeugtypen – so zur Messerschmitt Me 163 oder zum Senkrechtstarter VJ 101 des Entwicklungsrings Süd – zu unübersichtlich wurden. Heute geht man von einem Bestand von ca. 76 600 Blatt aus. Hinzu kommen knapp über 30 000 Überblicks- und Detailpläne im Bestand der Heeresversuchsanstalt Peenemünde sowie über rund 2000 technische Zeichnungen in verschiedenen Nachlassbeständen (u. a. Alban, R. Helmholtz, Gölsdorf, Reichenbach, Sörgel).

Als Fazit zur Geschichte der Plansammlung zwischen 1903 und 1984 muss konstatiert werden, dass die ursprüngliche Konzeption, mit der Sammlung von Plänen und technischen Zeichnungen BenutzerInnen geeignetes Anschauungsmaterial für eigene Arbeiten an die Hand zu geben, gescheitert ist. Die Nutzung blieb deutlich hinter den Erwartungen zurück. Während die Ausstellungen 1911 rund 300 000 BesucherInnen zählten, kamen in die Bibliothek 25 000 und in die Plansammlung lediglich 1000 Menschen. »Die Hoffnung auf Dutzende oder gar Hunderte von Besuchern, die gleichzeitig über historischen Plänen brüten, erfüllte sich nicht.«[195] Die Gründe dafür sind vielschichtig. Von Museumsseite wurden die Neuzugänge – ganz im Gegensatz zu bedeutenden Objekteinwerbungen – nicht in der Tagespresse kommuniziert. Auch war der Zugriff auf den Zeichnungsbestand gerade für Externe praktisch nicht möglich, da dieser wenig bekannt und von Menschen außerhalb Münchens nur bei hohen Reisekosten benutzbar war. Die von den Firmen überlassenen Zeichnungen waren zudem in der Regel veraltet und basierten auf überkommenen Werkstoffen; bisweilen drängt sich der Eindruck auf, als hätten sich die Unternehmen von überflüssigen Dokumenten entlasten wollen. Ihre neuesten Zeichnungen herauszugeben, zögerten sie. Der Eisenbahningenieur Karl Gölsdorf hatte dies schon 1886, fast 20 Jahre vor Gründung des Deutschen Museums, in einem Brief an seinen Kollegen Richard von Helmholtz treffend formuliert:

> Von einem Constructeur Zeichnungen und Pläne zu erlangen, ist ein etwas sonderbares Verlangen; denn die geistige Arbeit tischt man nicht dem Erstbesten auf, und ein Techniker, der sein Fach hochhält, bringt seine Aufgabe auch ohne fremde Hilfe zu Stande.[196]

194 Vgl. DMA, VA 0838/4.

195 Dienel, Tips, 1991, S. 24.

196 Gölsdorf an Helmholtz, 11.7.1886; DMA, NL 039II/012.

105 Blick in eines von fünf Archivmagazinen für Pläne und technische Zeichnungen. Foto: Hans-Joachim Becker

Die Ingenieure der großen Unternehmen gaben also ungern ihre neuesten Entwicklungen an das Museum ab. Bei ihren aktuellen Konstruktionsarbeiten waren sie umgekehrt nicht auf veraltete Pläne im Deutschen Museum angewiesen. Da sie auf eigene Werksbibliotheken und -archive zurückgreifen konnten, kamen sie nie nach München. Für Gewerbetreibende wiederum war ein Großteil des Bestands – technische Zeichnungen zum Brücken- und Maschinenbau – irrelevant.

Wenngleich also die Plansammlung die ihr ursprünglich zugedachte Funktion nicht erfüllen konnte, ist der Fundus heute einer der größten und bedeutendsten Bestände dieser Art in der Bundesrepublik. Solche Unterlagen, die an wenigen anderen Stellen gezielt gesammelt und mit den entsprechenden Verzeichnungen erschlossen werden, stellen eine spezifische technikhistorische Quelle dar. So sind technische Zeichnungen in Wirtschaftsarchiven selten zu finden, da dort meist die Überlieferung der unternehmerischen Tätigkeit, nicht jedoch die der technischen Konstruktion im Vordergrund steht. Das Archiv des Deutschen Museums übernimmt daher eine wichtige Funktion bei der Sicherung dieser Quellengattung. Dies umso mehr, als viele Unternehmen ihre historischen Planbestände in zwei Weltkriegen verloren oder in Folge von Rationalisierungsmaßnahmen dezimiert haben.

Die Sammlung an technischen Plänen und Zeichnungen im Archiv reicht bis in das 16. Jahrhundert zurück. Bei dem ältesten Stück handelt es sich um die Tuschezeichnung mit der Ansicht der Bergwerksanlage in Sankt Joachimsthal in Westböhmen aus der Zeit um 1560. Allerdings stammen nur etwa 200 Blatt aus der Zeit vor 1800, meist aus dem Berg- bzw. Hüttenwesen, der Bautechnik (Brücken, Kirchen, Soleleitungen) und der Papiertechnik. Der Schwerpunkt der Plansammlung liegt auf Stücken des 19. und 20. Jahrhunderts. Seine Bedeutung gewinnt der Bestand insbesondere dadurch, dass er sehr unterschiedliche Industriezweige beinhaltet. Er dokumentiert die technische Entwicklung im Maschinen- und Ingenieurbau, im Verkehrswesen und in der Optik. Besonders häufig vertreten sind Zeichnungen von Objekten aus dem Schienenverkehr, der Schifffahrt und der Luftfahrt. Gerade Konstruktionen von Lokomotiven wurden teilweise schon in der Museumsgründungszeit von staatlichen Eisenbahnverwaltungen und später von einigen Herstellerfirmen von Lokomotiven in großem Umfang gestiftet. **| Abb. 105 |**

Die vielfältigen Pläne dokumentieren die Konstruktion und Entwicklung technischer Gegenstände und Objekte, Maschinen, Werkstücke, Instrumente und Bauwerke und geben einen genauen Einblick in die inneren technischen Zusammenhänge. Sie erläutern Aufbau, Funktion und Zweck von Anlagen, Instrumenten und Maschinen.[197] Sie sind die Sprache des Ingenieurberufs. In

197 Vgl. Mayring, Plansammlung, 2000, S. 4.

ihnen konkretisieren sich theoretische Ideen für die praktische Umsetzung. Die Bandbreite reicht von der Illustration über Gesamtzeichnungen, Baugruppenzeichnungen bis hin zu Bauteilzeichnungen. Die Objekte werden gerade bei Vorlagen des späten 19. Jahrhunderts meist schematisch als Teil-, Halb- oder Vollschnitt dargestellt. Die verschiedenen Ansichten – Schnitt, Grundriss, Aufsicht oder Untersicht – dienen letztlich dazu, einen dreidimensionalen Gegenstand auf einem zweidimensionalen Blatt Papier zu veranschaulichen. Erst mit dem computergestützten technischen Zeichnen, dem CAD (Computer-Aided Design), und der dreidimensionalen Darstellung von Körpern am Rechner veränderten sich das Konstruieren und die Form der Zeichnung Ende des 20. Jahrhunderts entscheidend.

Während die Illustration stärker der künstlerischen Zeichnung verhaftet ist, dient die technische Zeichnung direkt der Herstellung eines wissenschaftlichen bzw. technischen Objekts oder der Ausführung eines Baus oder Bauelements. Je klarer die Angaben in der Vorlage festgelegt sind, umso unabhängiger vom Konstrukteur kann die Umsetzung erfolgen. Daher haben sich in der Geschichte des Technischen Zeichnens gewisse Normen herausgebildet, welche die eindeutige Kommunikation zwischen Entwerfer und Ausführenden erleichtern. Dazu gehört zum einen die klare Angabe des Maßstabs, zum anderen die genaue Datierung – bei veränderten Entwürfen musste die aktuellste Version eindeutig identifizierbar sein – und schließlich die Bemaßung selbst. Um Vorgaben allgemeinverbindlich zu machen, einheitliche Komponenten herstellen zu können und so eine optimierte Massenproduktion zu ermöglichen, wurde in Deutschland die DIN-Norm eingeführt. Die Normnummer 1 legte die Maße und Werkstoffe für Kegelstifte fest.

In der Technik-, Wissenschafts- und Allgemeinen Kulturgeschichte wird der Quellengattung der technischen Zeichnung bisher zu wenig Beachtung geschenkt, obwohl sie für Forschungen vielfältige Ansätze bietet. Ähnlich verhält es sich mit der Bildwissenschaft, die sich mit dieser sperrigen Gattung kaum beschäftigt hat.

Anhand des Bestands im Archiv lässt sich die Entwicklung des Technischen Zeichnens hervorragend nachverfolgen. Dabei bieten die hier vorhandenen Pläne und technischen Zeichnungen nicht nur Einblicke in die gewandelten Methoden des Zeichenprozesses selbst, sondern lassen auch die breite Skala der Zeichenwerkzeuge (Bleistift, Tusche, Radiergummi, Reißzeug, Lineal, Schablonen etc.) und der unterschiedlichen Zeichenpapiere sowie die mannigfaltigen Reproduktionsformen der Vorlagen an vielerlei Beispielen erkennen.

Abgetaucht

Ein Musterbeispiel für eine frühe technische Zeichnung ist ein Blatt des bayerischen Erfinders Wilhelm Bauer (1822–1875) zur Hebung eines gesunkenen Schiffes. Geboren in Dillingen lernte Bauer das Drechslerhandwerk, trat dann aber in bayerische Militärdienste.[198] An den Auseinandersetzungen zwischen Dänemark und dem Deutschen Bund wegen der dänischen Annexion Schleswigs und Holsteins 1848 nahm er als bayerischer Unteroffizier teil. In dieser Zeit entwickelte er erstmals die Idee eines Tauchboots. Dieses war ursprünglich dafür gedacht, unter der Wasserlinie unbemerkt Minen an gegnerischen Schiffen anzubringen und sie zu sprengen. Bauer konnte den *Brandtaucher,* wie er das Unterseeboot nannte, mit spärlichen finanziellen Mittel realisieren. Ein erster Tauchversuch am 1. Februar 1851 endete beinahe tragisch: Beim Tauchgang drang Wasser ein, der feste Ballast verrutschte und der Erfinder sank mit zwei Begleitern im Kieler Hafen auf eine Tiefe von rund 15 Metern. Mit Glück retteten sich die drei Personen. Das Tauchboot verblieb bis 1887 im Hafenbecken und kam nach seiner Bergung in das Berliner Museum für Meereskunde, nach dem Zweiten Weltkrieg nach Rostock; heute befindet sich der *Brandtaucher* im Kieler Stadt- und Schifffahrtsmuseum.

Bauer konstruierte in der Folge verschiedene Unterseeboote, wobei er immer wieder Rückschläge hinnehmen musste. Seine Präsentationen in München und im Hafen von Triest fanden bei der bayerischen bzw. österreichischen Regierung keine Unterstützung. Bei einem Tauchversuch in England vor dem Prinzgemahl Albert riss eine Leine, das Versuchsmodell ging verloren. In Russland absolvierte Bauer mit dem *Seeteufel* 133 Tauchgänge, bevor auch hier 1857 das Tauchboot sank. Bauer stellte entnervt seine weiteren Bootsentwicklungen ein und wandte sich anderen Erfindungen zu, u. a. einem mit zwei Propellerschrauben ausgestatteten Luftschiff, einer mit Gas angetriebenen Droschke, einem Unterwassergeschütz und einem Projekt zur Hebung gesunkener Schiffe. In Russland wurde Bauer zum »Submarine-Ingenieur« ernannt, ein Titel, mit dem er gerne seine Briefe unterzeichnete.

Der Titel »Submarine-Ingenieur« verdeckt, dass Bauer lediglich auf eine Handwerksausbildung zurückgreifen konnte, also in technischen Dingen Autodidakt war. Es ist nicht bekannt, was ihn zum Bau von Tauchbooten verleitet hat, auf welche Grundlagen er bei seinen Konstruktionen zurückgriff und welche Vorbilder ihm zur Verfügung standen. Als bayerischer, später schleswig-holsteinischer und russischer Soldat konnte er keine weitergehende technische Ausbildung vorweisen. Bauer besuchte keine Universität und keine der damals zahlreichen polytechnischen Schulen, die sich ab den 1850er-Jahren zu Technischen Hochschulen weiterentwickelten. Er war vielmehr der praktische Erfinder, der ohne

198 Vgl. Füßl, Schätze, 2009.

106 Zeichnung für Bauers englisches Patent Nr. 590 zur Hebung gesunkener Schiffe, 1860.

theoretisches Wissen seine Tauchboote konstruierte. Seine Zeichnungen, die sich im Nachlass im Archiv des Deutschen Museums erhalten haben, zeigen daher meist keine technischen Details. Sie sind bewusst als künstlerische Arbeiten gestaltet, im Künstlerduktus signiert und oft mit knappen Erläuterungen versehen. »Sie sind die gewollte Präsentation einer eigenständigen Ingenieurkunst und Ausdruck für Bauers Überzeugung von seinen konstruktiven Fähigkeiten …« urteilt der frühere Kurator für Schifffahrt am Deutschen Museum, Jobst Broelmann.[199] Ganz offensichtlich zielten Bauers Entwürfe darauf ab, den Betrachtenden mehr durch die dahinterstehende Idee und durch hübsche Kolorierung zu beeindrucken als durch technische Details. Die Technik ist meist nur soweit en détail gezeichnet als sie die Machbarkeit eines Projekts demonstrieren sollte.

Schon 1857 entwickelte der vielseitige Erfinder eine Methode zur Bergung des gesunkenen russischen Linienschiffs *Lefort*. Sie beruhte im Wesentlichen auf Kautschuksäcken, die mit Luft vollgepumpt werden und so das Schiff nach oben ziehen sollten. Da die russische Marineleitung seinen Vorschlag ablehnte, blieb das Projekt unausgeführt. Das Verfahren ließ sich Bauer in der britischen Patentschrift Nr. 590 vom 3. März 1860 patentieren.[200] Es kombinierte die Hebetechnik durch Luftsäcke mit seinen Erfahrungen beim Bau von Unterseebooten. Aus einem kleinen Tauchboot heraus sollten mit Hilfe mechanischer Greifarme die Ballone am Schiffsrumpf befestigt werden. **| Abb. 106 |**

Soweit Bauers patentierte Idee. Die Chance, eine Schiffshebung durchzuführen, bot sich ihm mit der Hebung der *Ludwig* aus dem Bodensee 1861. Die Ludwig war das erste Dampfschiff auf dem Bodensee mit einem eisernen Rumpf. Sie wurde zu Jahresbeginn 1838 in den Dienst der Dampfboot-Actien-Gesellschaft in Lindau gestellt. Gebaut hatte sie die englische Maschinenbaufabrik William Fairbairn in Millwall. Der Dampfer hatte eine Länge von 39,60 und eine Breite von 10,60 Metern. In Einzelteile zerlegt wurde er auf dem letzten Stück seiner Reise von England her mit Pferde- und Ochsengespannen durch den Schwarzwald transportiert. Am 11. März 1861 stieß der Dampfer *Stadt Zürich* mit der *Ludwig*, die an diesem Tag die Strecke zwischen Lindau und Rorschach bediente, vor der Schweizer Rheinmündung zusammen. Binnen weniger Minuten sank die *Ludwig*; 13 Menschen kamen bei dem Unglück ums Leben.

Ursprünglich glaubte die Verwaltung der Dampfboot-Actien-Gesellschaft, das Wrack ohne größeren Aufwand heben zu können, vor allem da Bauer eine kostengünstige und schnelle Variante vorschlug. Weil die Zeit drängte, entschloss sich Bauer zu einer gravierenden Abweichung von seinem englischen Patent. Bei dem Bergungsversuch ließ er durch Taucher starke Balken quer durch den Schiffsrumpf stoßen, an deren Enden rund 50 leere Fässer, sogenannte »Kamele«, befestigt waren. Die luftdicht verschlossenen Fässer wurden nun mit Pressluft gefüllt. Durch den Auftrieb der Luft wurde der Schiffskörper langsam nach oben gezogen.[201] Bereits am 27. Mai 1881 lag das Heck des Schiffes über dem

199 Broelmann, Unterseeboot, 2012, S. 90.

200 Patents, 1860, Nr. 590.

201 Eine zeitgenössische Schilderung findet sich in der Gartenlaube 1862.

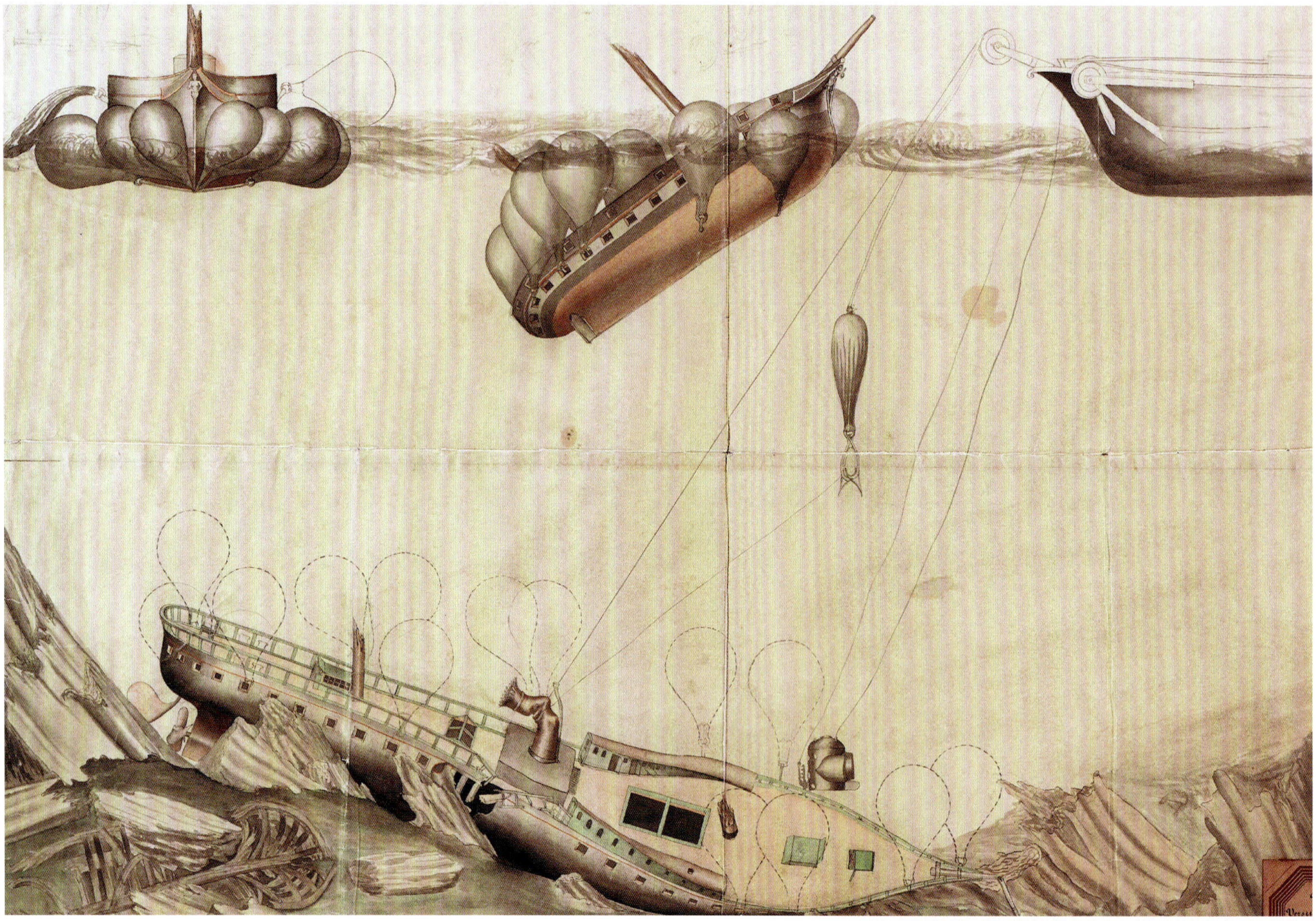

107 Wilhelm Bauer: Plan zur Hebung des gesunkenen Dampfschiffs *Ludwig,* 1857. Die kolorierte Zeichnung ähnelt stark der Skizze für das englische Patent.

Wasserspiegel. Ein aufkommendes Gewitter und hoher Wellengang führten allerdings dazu, dass die tragenden Fässer aneinanderschlugen und sich gegenseitig zertrümmerten. Die *Ludwig* sank. Zwei weitere Bergungsversuche brachten das Schiff jeweils wieder nach oben. Aufgrund von Problemen mit dem Schlepper, der das Wrack in den Hafen bringen sollte, sank das Schiff aber zweimal erneut auf den Grund des Bodensees.

Während die deutsche Presse über die missglückten Bergungsversuche Wilhelm Bauers feixte, sah dieser sich als Opfer von Intrigen. Hauptschuldiger war seiner Meinung nach die verantwortliche Schiffsgesellschaft, die ihm zu kleine und alte Fässer geliefert hätte. Ob diese auch für die Unzuverlässigkeit des Schleppers verantwortlich war, ist unklar. Immerhin ist bekannt, dass die Gesellschaft bereits ein neues Schiff angekauft hatte und auf eine erfolgreiche Bergung des schon 24 Jahre alten und stark beschädigten Dampfers wenig Wert legte.

Trotz seiner Fehlversuche gab Bauer nicht auf. Mit Vorträgen sammelte er mühsam Geld für eine neuerliche Bergung des jetzt herrenlosen Wracks. Nun griff er auf sein patentiertes Verfahren mittels Luftsäcken zurück. Ein vierter Versuch im November 1862 scheiterte erneut. Vermutlich hielten die Ballone dem Wasserdruck nicht stand, da sie nicht stabil genug abgedichtet waren. Soweit wir heute wissen, enthielt der gelieferte Kautschuk zu viel Harz, das sich im Wasser zersetzte. Möglicherweise lag der Misserfolg auch darin begründet, dass Bauer aus Kostengründen statt der ursprünglich dreilagig geplanten Leinwand, die zwei Zwischenschichten Kautschukplatten enthalten sollte, nur ein einfaches, mit Kautschuklösung bestrichenes Segeltuch verwendete. Am 15. August 1863 tauchte die *Ludwig* dank verbesserter Ballontechnik zum fünften Mal auf. Endlich konnte sie in einen Hafen, nach Rorschach in der Schweiz, geschleppt werden.

Zwar war die Bergung letztlich geglückt, doch konnte Bauer seine hohen Kosten nicht kompensieren und das Wrack lediglich zum Schrottwert von 18.500 Franken in die Schweiz verkaufen. Der Erlös reichte nicht einmal, um die aufgenommenen Kredite zurückzuzahlen. Immerhin hatte der Erfinder seinen stark angeschlagenen Ruf in der Öffentlichkeit gerettet.

Die im Archiv überlieferte Zeichnung **| Abb. 107 |** verdeutlicht Bauers Idee für den Hebeversuch mit Luftsäcken, wie er ihn im November 1862 erstmals durchführte. Außer dem unterhalb des Schiffs eingetragenen Maßstab zeigt das Blatt keine technischen Details. Vielmehr skizziert Bauer hier den Ablauf des Bergungsvorgangs. Von einem Begleitschiff aus (rechts oben) wird das Tauchboot – eher eine Tauchkammer – mit Leinen zum Wrack abgesenkt. Über Greifarme befestigen Taucher aus dem Boot heraus 14 Ballone am Schiffskörper. Diese sind an verschiedenen Stellen des Schiffsrumpfs über dicke Taue, die teilweise achtern über die Luken geführt sind, verbunden. Vom Begleitschiff werden die Ballone aufgepumpt; das Wrack steigt aufgrund ihres Auftriebs an die Wasseroberfläche (oben Mitte) und kann – absichert durch die Luftsäcke – schwimmend (links oben) vom Bergungsschiff in den Hafen gezogen werden.

Unverkennbar ist der Bergungsplan eine wohl für Geldgeber gedachte Präsentationszeichnung. Um sie besser handhaben zu können, war das Blatt auf Leinen kaschiert worden. Einige wichtige Details des Ablaufs bleiben allerdings verborgen. Der Vorgang des Aufpumpens der Ballone ist ebenso wenig dargestellt wie die Taucher, die für die Arbeit im Mini-U-Boot und für die Verbindung der Ballone durch die Taue notwendig waren. Auch die Machart der Luftkörper lässt Bauer im Unklaren. Verwunderung erzeugt die unterhalb des Wracks angebrachte Beschriftung: »Submarine Kameele[202] von Wilhelm Bauer Submarine Ingenieur. St Petersburg 11/1857«. Sie deutet darauf hin, dass die Zeichnung in Zusammenhang mit der Bergung des russischen Schiffs *Lefort* entstanden sein könnte. Allerdings ist das Datum erst nachträglich eingefügt worden. Der Tintenfleck davor verbirgt, was vorher dort noch gestanden hatte, nämlich den Zusatz »Lindau«. Vermutlich ist die Beschriftung der Zeichnung zu einem späteren Zeitpunkt ergänzt und verändert worden. Das später rechts unten angebrachte Etikett des Freien Deutschen Hochstifts, von dem der Plan Bauers nach München kam, greift die Datierung auf. Die Zahl »1859« bezieht sich auf die Gründung des Hochstifts. Seit 1994 wird die Zeichnung Wilhelm Bauers als Plakatmotiv des Archivs des Deutschen Museums verwendet. Sie soll symbolisieren, dass es hier vielfältige Schätze zu heben gilt.

Abgehoben

Ganz anders ein zweites Beispiel aus der Plansammlung des Archivs. Es handelt sich um eine frühe Zeichnung des Flugpioniers Otto Lilienthal (1848–1896) aus dem Jahr 1893. Sowohl von ihrer Ausbildung her als auch bezüglich der von ihnen verwendeten Konstruktionsprinzipien sind die beiden Erfinder Wilhelm Bauer und Otto Lilienthal grundverschieden. Lilienthal hatte bereits in seiner Kindheit mit seinem jüngeren Bruder Gustav an Flugapparaten experimentiert und mit 18 Jahren zwölf Monate als Praktikant in einer Berliner Maschinenbaufabrik technische Erfahrungen sammeln können.[203] 1867 schrieb er sich in der preußischen Hauptstadt am Königlichen Gewerbe-Institut für das Studium der Mechanik und des Maschinenbaus ein. Einer seiner Lehrer war Franz Reuleaux, der sich besonders um die Verbindung von praxisbezogenen technischen Kenntnissen mit exakter wissenschaftlicher Theorie verdient gemacht hat. Von diesen Erfahrungen geprägt versuchte Lilienthal, sich als Unternehmer selbstständig zu machen, was anfangs misslang. Gemeinsam mit seinem Bruder Gustav entwickelte er ein Kinderbaukastensystem, das sie an den Unternehmer Friedrich Adolf Richter verkauften. Dieser vertrieb es unter dem Namen »Anker-Steinbaukasten« und verdiente damit Millionen. Erst ein Patent Otto Lilienthals für einen Schlangenrohrkessel ermöglichte 1883 die Gründung einer eigenen Fabrik, in der erfolgreich kleine Dampfmaschinen produziert wurden.

Lilienthals Flugversuche basierten auf systematischen Experimenten zum Auftrieb an ebenen und gewölbten Flächen. Vorbilder waren ihm dabei die Flügel von Vögeln. 1889 gab er als Zusammenfassung seiner bisherigen Erkenntnisse das Buch »Der Vogelflug als Grundlage der Fliegekunst« heraus. Schon der Untertitel, der von einer »Systematik der Flugtechnik« spricht, verdeutlicht, dass Lilienthal lange, detailliert und auf wissenschaftlicher Basis seine Experimente durchgeführt hat. Viele Ergebnisse sind in exakten Messprotokollen und grafischen Darstellungen festgehalten, die heute im Archiv des Deutschen Museums aufbewahrt werden. Als ausgebildeter Maschinenbauer wandte er seine mathematischen Kenntnisse an, um seine experimentelle Aerodynamik in klare Formeln zu übersetzen. Hier erkennt man deutlich die Unterschiede zu dem rein praktisch arbeitenden Wilhelm Bauer.

Der Erstflug mit dem von ihm konstruierten Gleiter gelang Lilienthal 1891. Bis zu seinem tödlichen Absturz im August 1896 absolvierte er mehrere hundert Flüge mit unterschiedlichen Flugapparaten. Bei dem hier abgebildeten Fluggerät **| Abb. 108 |** handelt es sich um ein zusammenklappbares Modell. Diese Entwicklung war der Tatsache geschuldet, dass Lilienthal seine Gleiter mühsam auf einen Berg tragen musste, um von dort aus zu starten. Gemäß dem Spruch »Dem Ingenieure ist nichts zu schwere« des dichtenden Maschinenbauers Heinrich Seidel konstruierte Lilienthal eine klappbare Bauweise, die es ermöglichte, seine Flugapparate leichter zu transportieren und zu lagern.

Es handelt sich um eine Tuschezeichnung auf Karton mit den Maßen 72 × 110 cm. Links unterhalb der Überschrift findet sich ein kaum erkennbarer Stempel der Firma »Otto Lilienthal Maschinen- u. Dampfkesselfabrik Weißensee Berlin Gäblerstraße 39/40«. Dieser muss ganz offensichtlich deutlich später angebracht worden sein, da sich zu Lebzeiten Lilienthals seine Geschäftsadresse in der Köpenicker Straße in Berlin-Mitte befand. Erst nach dem Verkauf der Firma und deren Umzug nach Weißensee (ca. 1905) kann das Blatt demnach gestempelt worden sein.

Überschrieben ist der Plan mit »Zusammenklappbarer Flugapparat mit 14 qm Tragfläche. 1/10 der nat. Größe«. Daneben findet sich eine Bleistiftnotiz »Modell 93«. In der Forschung wird dieser Gleiter als »Maihöhe-Rhinow-Apparat 1893« bezeichnet. Er hatte eine Spannweite von 660 bis 700 cm und im zusammen-

202 Schiffskamel = Vorrichtung zu Anhebung und Hebung von Schiffen.

203 Zu Leben und Werk vgl. Heinzerling/Trischler, Lilienthal, 1991.

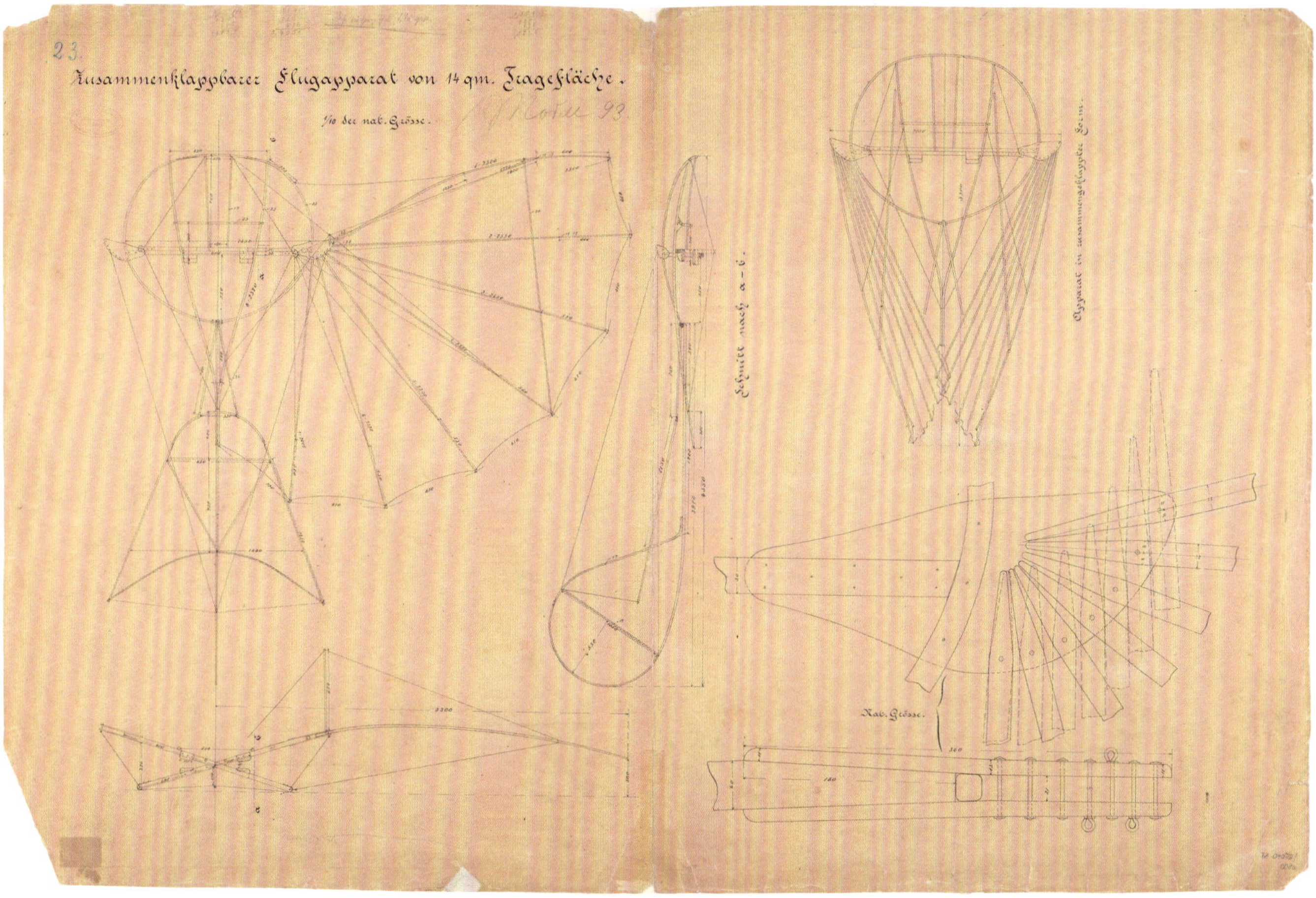

108 Zusammenklappbarer Flugapparat Otto Lilienthals, 1893. Foto: Hans-Joachim Becker

geklappten Zustand etwa die Maße 200 × 320 × 50 cm. Über der Beschriftung finden sich drei Multiplikationen und ein weiterer Bleistifteintrag »Fläche bei Herrn [oder Herm.] Sch 1,15 qm«. Die Namensabkürzung ist wohl mit »Hermann Schwach« aufzulösen, einem der Helfer Lilienthals. Von ihm findet sich im Handschriftenbestand des Archivs ein kleines Notizheft »Erinnerungen an den 1. Flieger seiner Zeit«,[204] in dem der Müllermeister, bei dem Lilienthal anfangs seine Flugapparate in einer Scheune eingestellt hatte, kurz seine Erlebnisse beschreibt. Die erwähnten 1,15 Quadratmeter könnten sich auf die Grundfläche beziehen, die der Gleiter im zusammengeklappten Zustand in der Scheune Schwachs benötigte.

Um den Gleiter falten zu können, musste seine Rippenstruktur verändert werden. Die Rippen waren bei diesem Modell in Gelenktaschen drehbar gelagert, zudem wurden Veränderungen des Tragflügelprofils vorgenommen. Die Zeichnung zeigt links einen aufgeklappten Gleiter ohne die linke Tragfläche, rechts die gefaltete und transportable Form, in der Mitte oben einen Schnitt durch die Gelenke. Man sieht, dass Lilienthal die Zeichnung exakt bemaßt hat (1:10 der natürlichen Größe). Der faltbare Apparat hatte aber auch Nachteile, da die Stabilität geringer war. Trotzdem scheint sich das Konzept bewährt zu haben. Lilienthal ließ es patentieren und bot die Konstruktion zum Kauf an.

Schon an den drei Multiplikationen kann man erkennen, dass es sich – anders als bei den Zeichnungen von Wilhelm Bauer – nicht um eine repräsentative Illustration handelt, sondern um eine Werkstattzeichnung. Möglicherweise hatte sie Lilienthal an eine Wand seiner Fabrik genagelt, da alle Ecken des Blatts abgebrochen sind. Der Zeichenkarton ist an mehreren Stellen eingerissen und wohl zeitgenössisch notdürftig geflickt. Ähnliche Beschädigungen finden sich ebenfalls an anderen technischen Zeichnungen Lilienthals. Übrigens: Auch die Rückseite des Blatts hat Lilienthal genutzt – für die Skizze eines Schlagflügelapparats und für verschiedene Berechnungen.

Exkurs Bestandserhaltung

Für Archivarinnen und Archivare bedeuten die meist großformatigen Pläne und technischen Zeichnungen eine große Herausforderung. In der Regel haben sie ein Format von DIN A1 (594 × 841 mm) oder DIN A0 (841 × 1189 mm). In einigen Fällen sind die Blätter sogar noch größer. Auch sehr lange Rollen kommen im Bestand vor. Daraus ergeben sich Probleme bei der Handhabung, Aufbewahrung und Ausleihe. Aufgrund ihres unhandlichen Formats und der Machart der Papiere reißen die Großformate leicht ein, verspröden oder lassen sich kaum entfalten. Viele Zeichnungen kamen bereits mit erheblichen Schäden ins Archiv.

204 DMA, HS 1949-193.

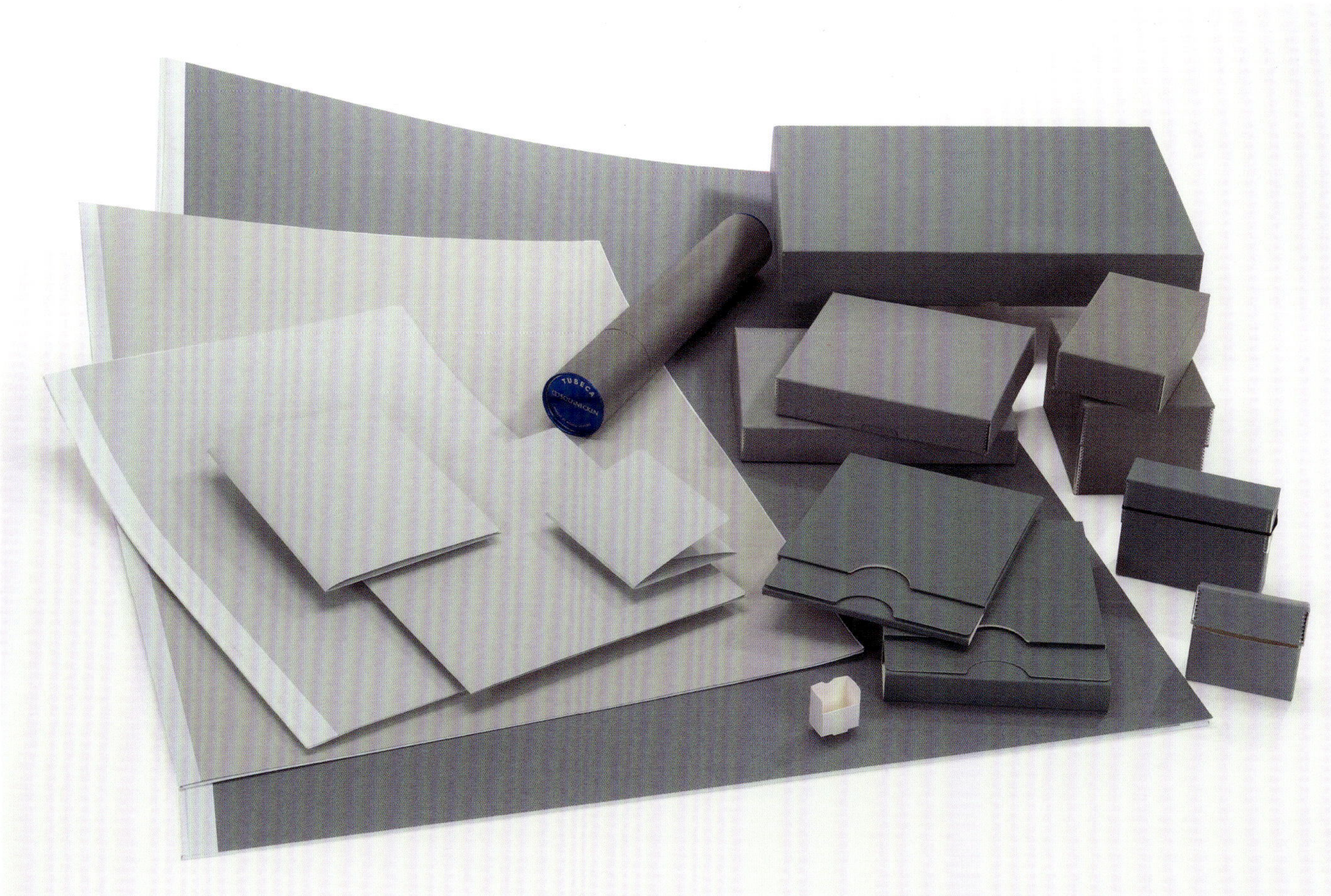

109 Im Archiv des Deutschen Museums eingesetzte Verpackungsmaterialien. Foto: Hans-Joachim Becker

Dies verwundert nicht, waren sie doch in ihrer Entstehungszeit Gebrauchsgegenstände, die von Hand zu Hand gingen.

Schäden an Archivalien beschränken sich jedoch nicht auf Großformate. Vielmehr finden sich in allen Quellengattungen Problemfälle, die unterschiedlicher Art sind, vielfältige Ursachen haben und daher passgenaue Maßnahmen erfordern. Dies führt in einen weiteren Arbeitsbereich von Archivarinnen und Archivaren und entsprechenden Fachkräften: die Bestandserhaltung von wertvollem Kulturgut. Zu den Kernaufgaben des Archivs des Deutschen Museums gehören also nach dem Sammeln, Erschließen, Bereitstellen und Digitalisieren auch die Konservierung und Restaurierung, die beide heute unter dem Stichwort »Bestandserhaltung« zusammengefasst werden.

Konservierung und Restaurierung beinhalten ein äußerst breites Arbeitsfeld, da sich am Archivgut sehr unterschiedliche Schäden zeigen können. Meist haben sie chemische Ursachen (Rost von Metallklammern, Tintenfraß, aus Folien austretende Weichmacher sowie mannigfaltige Schadensbilder bei Fotografien). Biologische Einwirkungen durch Schimmelpilze sind im Archiv des Deutschen Museums eher selten, da heute bereits bei der Übernahme nur solche Archivalien in den Bestand integriert werden, die keinen Befall zeigen. Ein Massenphänomen ist der Zerfall von holz- und säurehaltigen Papieren, wie sie seit Mitte des 19. Jahrhunderts verwendet wurden. Da die Archivalien im Museumsarchiv fast ausschließlich aus diesem Zeitraum stammen, ist dieses Problem hier besonders virulent. Im Verwaltungsarchiv wiederum ist gehäuft das Verblassen der Schrift bei Briefdurchschlägen und Faxen auf Thermopapier zu beobachten, was bis zum vollständigen Textverlust führen kann.

Bestandserhaltung ist also ein weites Feld. Dazu gehören die Schaffung geeigneter Räumlichkeiten mit Klimaverbesserung, passende Lichtausstattung, Überwachung der Magazinräume durch ein Integrated Pest Management (Schädlingsüberwachung), archivgerechte Regale und Schränke (hohe Brandschutzklasse zum Schutz vor Feuer) sowie die optimale Verpackung. Aber auch die Beteiligung des Archivs des Deutschen Museums am Münchner Notfallverbund ist ein Teil des Konzepts zur Bestandserhaltung für den Fall einer massiven Beeinträchtigung des Archivguts durch Feuer oder Wasser.

Im Zusammenhang mit dem Kontext »Archivische Bestandserhaltung« sollen an dieser Stelle nur zwei Aspekte herausgegriffen werden: die präventive Maßnahme der Verpackung von Archivalien und die Restaurierung von Archivgut. Das Archiv des Deutschen Museums hat in den letzten Jahrzehnten gerade bei der Verpackung große Anstrengungen unternommen, um eine nachhaltige Lagerung zu gewährleisten und äußere Gefährdungen durch

Licht, Schmutz, Mikroorganismen und Schädlinge zu minimieren. Da in früheren Zeiten die Bedeutung des Verpackungsmaterials nicht bekannt war, wurden damals in den Museumswerkstätten optisch attraktive, handgefertigte Archivboxen aus Sperrholz hergestellt und das Archivgut in ebenfalls eigens produzierte und bedruckte, aber säurehaltige Archivmappen gelegt. In den letzten Jahrzehnten hat sich das Wissen um geeignete Verpackungen erheblich verbessert. Es existieren inzwischen von der Fachcommunity erarbeitete Standards, die als Arbeitshilfe dienen.[205]

Archivmappen und -schachteln entsprechen heute im Archiv längst diesen Anforderungen. Schon zu Beginn der 1990er-Jahre

110 Neuentwicklung von Tonbandschachteln für das Archiv des Deutschen Museums. Foto: Hans-Joachim Becker

wurde auf säurefreie Mappen (pH-Wert zwischen 7,5 und 10) mit einer alkalischen Pufferung umgestellt. Da diese aus einem Karton gestanzt oder geschnitten werden, ist keine Leimung von Einzelteilen erforderlich. Ein nicht unwichtiger Aspekt ist, dass die Oberflächen der Mappen und Schachteln stark wasserabweisend sein müssen, damit eventuell auftretendes Wasser ablaufen kann und den Karton nicht schnell durchfeuchtet. Das Archiv verfügt inzwischen über eine breite Palette unterschiedlicher Mappen- und Schachtelgrößen, je nach Größe der Vorlage und des Archivmaterials. **| Abb. 109 |**

Vieles konnte über den Fachhandel bezogen werden. Teilweise wurde aber auch die Entwicklung neuer Schachteltypen angestoßen und Firmen wurden mit der Herstellung beauftragt. So produzierten diese z. B nach Vorgaben der Archivleitung für besonders schwere Alben passgenaue Schachteln mit einer zusätzlichen, integrierten »Hebehilfe«, welche das problemlose Herausheben des Archivales erleichtert und dieses vor mechanischen Schäden schützt. Ebenfalls eigens geschaffen wurden im Rahmen des Sala-Projekts neue Tonbandschachteln, nachdem eine weltweit durchgeführte Sichtung von Mustern keine befriedigende Lösung ergab, die heutigen Standards entsprach. **| Abb. 110 |**

Die heutigen Tonbandboxen bestehen aus Alphazellulose ohne Verwendung von Recyclingfasern, sie sind lignin- und säurefrei und haben einen Calciumcarbonatpuffer; die Leimung ist synthetisch neutral und entspricht dem üblichen Photographic Activity Test (P.A.T.) und der DIN 6738 (höchste Alterungsbeständigkeit). Da Tonbänder im Archiv stehend aufbewahrt werden, musste die Neukonstruktion diese Anforderung adäquat umsetzen. Die Abbildung zeigt den Schuber mit einer mittig montierten runden Halterung für die Stabilisierung des Bands. Sie bewirkt, dass das Tonband in der Box hängt und nicht verrutschen kann. Zusätzlich liegt es auf einem weiteren Karton, der beim Herausnehmen als »Hebehilfe« benutzt wird. Diese elegante Lösung hat sich inzwischen bestens bewährt. Allerdings musste die runde Halterung für den Bobby später durch eine ergänzende Lage aus Wellpappe erhöht werden, um das unerwünschte Verrutschen absolut zu verhindern. Jede Neuentwicklung hat dann doch ihre Tücken!

Für Fotografien, Negative, Dias und Glasplatten gelten für die Lagerung eigene Richtlinien. In Zusammenarbeit mit einer renommierten Fotorestauratorin wurde Anfang der 1990er-Jahre nach einer genauen Bestandsanalyse für den Fotobestand im Archiv ein Maßnahmenkatalog entwickelt, der seitdem sukzessive umgesetzt wird. In diesem Zusammenhang darf nicht unerwähnt bleiben, dass damit verbundene Umbettungsarbeiten einen erheblichen Zeitaufwand und hohe Materialausgaben erfordern. Verpackungen für fotografisches Material müssen den P.A.T. nach dem ISO-Standard 18916 erfüllen, d. h. es muss gesichert sein, dass keine Weichmacher, alkalische Reserven oder Metallpartikel mit dem Objekt in Berührung kommen. Man sieht, dass archivische Verpackung inzwischen ein Spezialgebiet geworden ist, das teilweise hohe Kosten verursacht, aber letztlich einem großen Ziel dient: dem Erhalt von Kulturgut.

Fachgerechte Lagerung verhindert Schäden an Archivalien. Häufig sind aber Einzeldokumente schon bei der Übergabe oder im Laufe der Zeit so beschädigt, dass sie eine umfassende Restaurierung benötigen. Die Bandbreite der Schäden ist groß, wie einige Beispiele zeigen: **| Abb. 111–113 |**

205 Vgl. https://www.bundeskonferenz-kommunalarchive.de/empfehlungen/Arbeitshilfe_Verpackung_2012-12-01.pdf 22.5.2022).

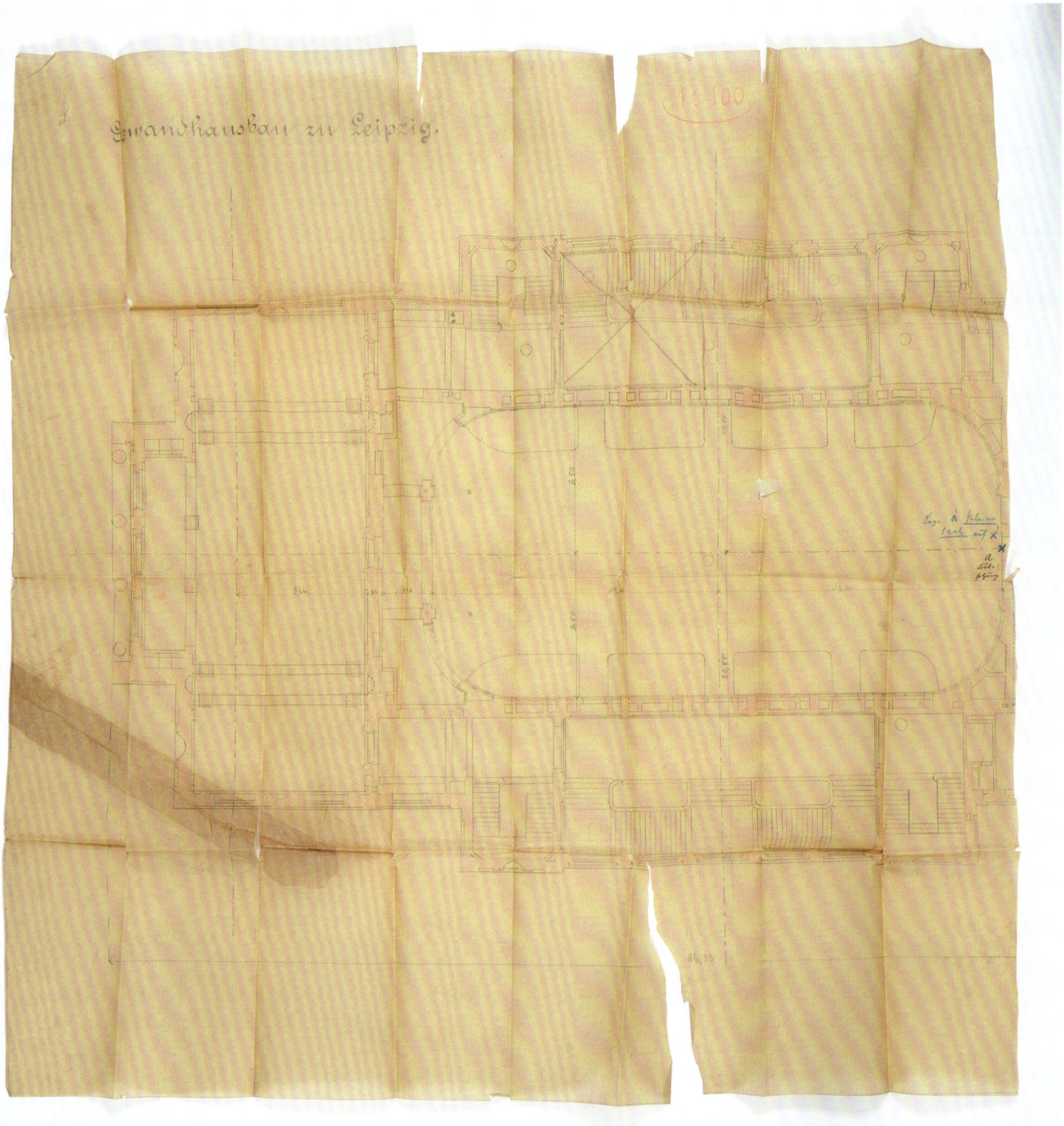

111 Einrisse, Bruch- und Fehlstellen, alte Klebungen und Schäden durch achtfache Faltung bei der Transparentzeichnung »Gewandhaus zu Leipzig«, ca. 1883/84. Foto: Hubert Czech

112 Alchemistische Handschrift von 1780 vor der Restaurierung, 2009. Foto: Hans-Joachim Becker

113 Alchemistische Handschrift von 1780 nach der Restaurierung, 2021. Foto: Hans-Joachim Becker

Gerade im Bestand der Buchhandschriften, in der Plansammlung sowie bei den Firmenschriften finden sich viele stark bis erheblich beschädigte Stücke. Während bei den Handschriften in den letzten Jahrzehnten sukzessive die wichtigsten Exemplare restauriert werden konnten, ist eine ähnliche Maßnahme bei Plänen und technischen Zeichnungen nach wie vor ein Desiderat, da eine große Anzahl an Blättern bearbeitet werden muss. Obwohl das Archiv seit einigen Jahren auf eine ausgebildete Fachkraft zurückgreifen kann, übersteigt der Bedarf die Kapazitäten bei Weitem. Daher können nur besonders wertvolle Stücke oder solche, die für eine externe Ausleihe vorgesehen sind, einer restauratorischen Behandlung unterzogen werden. Bedauerlicherweise sind heute manche Vorlagen für BenutzerInnen aus konservatorischen Bedenken heraus nicht mehr einsehbar. Einen Ersatz bieten Papierausdrucke (mit einer Einheitsgröße von DIN A4) von rund 5000 ausgewählten Zeichnungen der Plansammlung, die im Zuge eines Projekts der Volkswagenstiftung in den Jahren 1979 bis 1982 mikroverfilmt werden konnten und heute im Lesesaal des Archivs zur Verfügung stehen.[206] Allerdings sind die Mikrofilmaufnahmen schwarz-weiß, sodass farbige Veränderungen auf dem Original bei der Rückvergrößerung nicht zu erkennen sind.

Für die Beschäftigten im Archiv ist es immer wieder ein schönes Gefühl, ein frisch restauriertes Archivale ins Magazin zurücklegen zu können.

Pläne und technische Zeichnungen	
Umfang	ca. 76 600 Blatt
Zeitraum	ca. 1560–2001
Schwerpunkte	Ingenieur-, Eisenbahn-, Flugzeug- und Maschinenbau, Elektrotechnik

206 Vgl. DMA, VA-Dru, Vorl. Nr. 0191, S. 10 und VA-Dru, Vorl. Nr. 0194, S. 14.

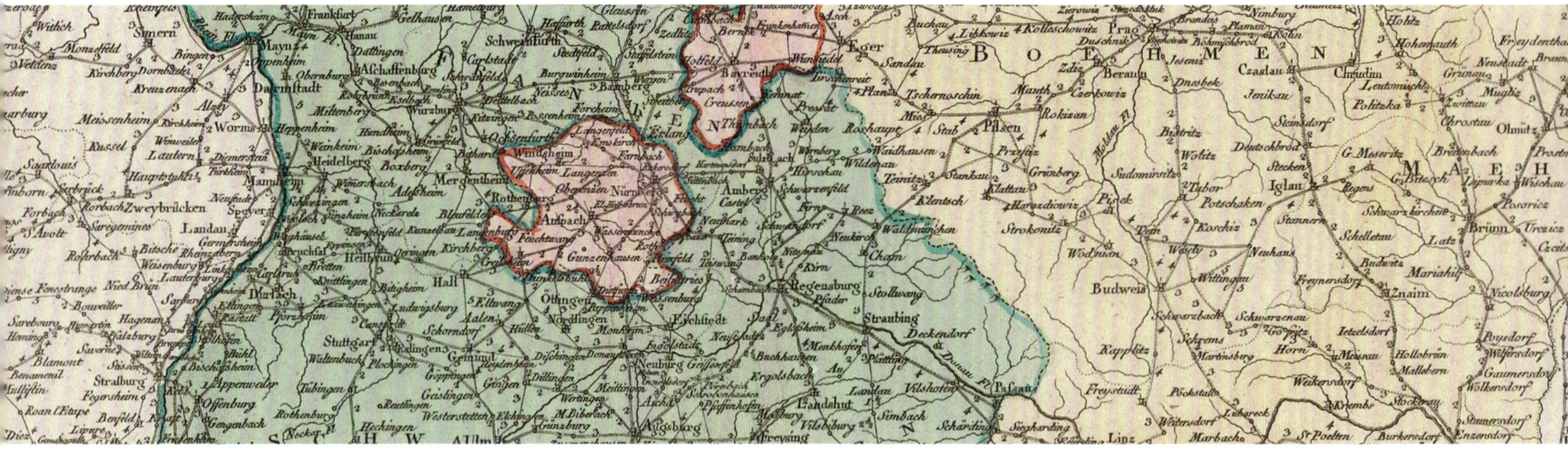

B O E H M E N
M A E H
Frankfurt
Mayntz
Darmstadt
Aschaffenburg
Wurzburg
Bamberg
Bayreuth
Eger
Prag
Pilsen
Heidelberg
Mannheim
Mergentheim
Rothenburg
Anspach
Nürnb
Amberg
Regensburg
Straubing
Stuttgart
Ulm
Augsburg
Landshut
Passau
Budweis
Iglau
Znaim
Brünn
Olmütz
Strasburg
Offenburg
Worms
Landau
Durlach
Hall
Eichstedt
Neuburg
Ingolstadt
Linz

Vermessen

Kartensammlung

Nahezu alle Archive und Fachbibliotheken verfügen über einen eigenen Bestand an Karten. Ältere Sammlungen gehen bis in das 16. Jahrhundert zurück, wobei sie Flur-, Grenz-, Militär- und Straßenkarten umfassen. Viele der frühen Exemplare sind handgezeichnete Unikate. Häufig entstanden sie vor dem Hintergrund prozessualer Auseinandersetzungen, so vor dem Reichskammergericht, in dessen Akten sich zahlreiche Grenzkarten finden – selbstverständlich jeweils gezeichnet unter dem Blickwinkel und den Rechtsansprüchen der einen oder der anderen Partei.

Die häufigste Art ist die topografische Karte. Sie basiert auf einer genauen Vermessung des Geländes und zeigt in einem bestimmten Maßstab die räumliche Situation, Geländeformen, Gewässer und Bodenbedeckungen mit Wald, Wiesen, Feldern bzw. Bebauungen durch Ortschaften oder Straßen. Sie dient also der allgemeinen Orientierung. Die ersten amtlichen topografischen Kartenwerke entstanden als Ergebnis der Landesvermessungen Anfang des 19. Jahrhunderts, hinter denen sich häufig steuerliche Interessen der Landesherren verbargen. Sie werden noch heute in den Bundesländern von eigenen Spezialbehörden, den Landesvermessungsämtern, erstellt. Dabei ist die historische Vor-Ort-Vermessung im Gelände mit ihrer Distanz- und Höhenvermessung inzwischen längst der analogen oder digitalen stereoskopischen Auswertung von Luftbildern gewichen.

Die Bestandsgeschichte der Kartensammlung im Archiv des Deutschen Museums ist aus den Akten praktisch nicht nachzuvollziehen.[207] Sicher ist, dass seit der Gründung des Museums Karten erworben wurden. Dabei scheint der Fokus darauf ausgerichtet gewesen zu sein, sie in den Ausstellungen zu präsentieren, da viele Exemplare ursprünglich in den Objektsammlungen inventarisiert waren. Seit den 1930er-Jahren überführte man einige in den Bibliotheksbestand. Trotzdem finden sich im Objektbestand nach wie vor vereinzelt thematische Karten, so z.B zur Verteilung von Nadel- und Laubhölzern im Deutschen Reich.[208] Relativ spät – erst im Jahr 1991 – wurde die Kartensammlung von der Bibliothek an das Archiv abgegeben.[209] Sie umfasste damals 14 Planschränke.

In den Ausstellungen des Deutschen Museums spielten Karten von Beginn an eine große Rolle. Frühe Museumsführer belegen, dass zahlreiche Reproduktionen und Originalblätter in der Abteilung »Geologie« und in der Ausstellung »Geodäsie« präsentiert wurden. Im ersten Führer von 1907 ist z.B eine kleine Ausstellungseinheit zur »Entwicklung der geologischen Karten« beschrieben. Zu sehen waren u.a. zwei Karten von Bayern, hergestellt von Mathias von Flurl und Carl Wilhelm von Gümbel, sowie zwei Karten mit der Darstellung Europas aus den Jahren 1857 und 1881. Ein Stockwerk höher zeigte die Abteilung »Geodäsie« Karten unter dem Aspekt der verbesserten Landvermessung, aber auch Beispiele für unterschiedliche Methoden der Höhenmessung und -darstellung in älterer und neuerer Zeit.[210] Im Museumsführer von 1925 sind Exemplare aus dem Altertum bis in das 19. Jahrhundert hinein genannt.[211] Dabei wurden sie gemeinsam mit Objekten präsentiert, so mit der Nachbildung des Erdglobus von Martin Behaim, einem kleinen originalen Erdglobus von Caspar Vopelius sowie mit Reliefkarten und Kupferplatten zum bayerischen topografischen Atlas. Die 1951 wiedereröffnete Abteilung »Geodäsie« verzichtete dagegen vollständig auf originale Karten.

114 Georg Philipp Finckh: »S. Rom. imperii circuli et electoratus Bavariae tabula chorographica« – eine kartografische Landesaufnahme Bayerns, 1684.

207 Zum Bestand vgl. Mayring, Kartensammlung, 2004.

208 Vgl. z.B DMO, Inv.-Nr. 16515 und 16516.

209 Vgl. DMA, VA-Dru, Vorl. Nr. 0203, S. 48f.

210 Vgl. Deutsches Museum, Führer, 1907, S. 13 und S. 59.

211 Vgl. Deutsches Museum, Führer, 1925, S. 319f.

115 Ausschnitt aus der Finckh'schen Karte: Gebiet um Amberg in der Oberpfalz, 1684.

Unabhängig vom Objektbestand finden sich in den Zugangsbüchern der Plansammlung zahlreiche Karten. Das Archiv des Deutschen Museums besitzt heute die drittgrößte historische Kartensammlung in München. Wie andere Einrichtungen sammelte es ursprünglich auch topografische Karten, hat diese Aktivität aber inzwischen eingestellt, da im Münchner Raum neben dem Bayerischen Landesamt für Digitalisierung, Breitband und Vermessung mehrere Archive und Bibliotheken ebenfalls topografische Karten verwahren und verzeichnen. Damit sollen eine Doppelarchivierung und der Arbeitsaufwand für eine Mehrfacherschließung identischer Vorlagen vermieden werden. Heute beschränkt sich das Archiv auf die Sammlung »thematischer Karten«.

Es ist bemerkenswert, dass die erste im Archiv nachgewiesene Karte aus dem Besitz des Museumsgründers Oskar von Miller selbst stammt. Im Zugangsbuch ist sie mit Datum »1. Mai 1904« unter der niedrigen Nummer 52 eingetragen. Es handelt sich dabei um ein Blatt des Freisinger Fürstbischöflichen Rats, Hofsekretärs und Kartografen Georg Philipp Finckh, der in der zweiten Hälfte des 17. Jahrhunderts auf der Basis der »Chur-Baierischen Land-Tafeln« Philipp Apians von 1566 das bayerische Staatsgebiet neu gezeichnet hatte. Finckh erweiterte die Apian'sche Vorlage um die Oberpfalz und das nördliche Franken. Allerdings waren seine Karten gegenüber Apian deutlich kleiner. Bis zum Jahr 1663 schuf Finckh insgesamt 28 Einzelblätter im Maßstab von etwa 1 : 265 000. Für diese erstellte er zusätzlich eine Übersichtskarte. Bis 1671 ging er alle Teile nochmals revidierend durch. Veröffentlicht hat Finckh seine Landaufnahmen allerdings nur in wenigen Probeexemplaren. Erst sein gleichnamiger Sohn ließ sie 1684 nach dem Tod des Vaters in Kupfer stechen und drucken. **| Abb. 114 |**

Die Arbeit von Finckh ist historisch insofern besonders interessant, als bei ihm im Kartenfeld zahlreiche Orte, die bei Apian noch genannt sind, fehlen, also wohl in der Zwischenzeit abgegangen waren, d. h. nicht mehr bewohnt wurden. Solche Ortschaften sind beispielweise im Gebiet um Amberg in der Oberpfalz die Dörfer Gebereh, Hag, Neumil, Läb, Riedlhofen und Tindterfeldt.[212] **| Abb. 115 |** Andererseits fügte Finckh Namen von Waldgebieten und Bergen ein, die bei seinem Vorgänger nicht erwähnt waren. Neu ist, dass er in einer eigenen Inskription die Zahl der Städte, Märkte, Landklöster, Dörfer, Flüsse, Bäche, Seen und Weiher, Forste und Wälder angibt. So zählte er 1671 für Bayern insgesamt 11 704 Dörfer und Einöden sowie 1510 Seen und Weiher.

Von dem in Abbildung 114 gezeigten Blatt, das aus der 1684 veröffentlichten Serie der Karten stammt, gab es im Archiv bereits vor 1908 ein Exemplar. Dieses ist heute allerdings nicht mehr nachweisbar. Vermutlich wurde es wegen eines schlechteren Zustands ausgesondert, als Ende Februar 1908 der Aschaffenburger Hofgärtner Max Weiß ein identisches Blatt schenkte.[213] Dieses Exemplar ist noch heute erhalten. Die Sammelkarte ist in 56 Segmente geteilt und auf Leinen aufgezogen. Von dieser Finckh'schen Landesaufnahme aus dem Jahr 1684 existieren im Archiv noch weitere Gesamt- oder Teilkarten.

Im Gegensatz zu den topografischen Karten fokussieren sich thematische Karten auf ein meist im Titel formuliertes Thema. Auf der Basis geografischer Grunddaten wie Länderumrissen werden raumbezogene Sachdaten in die Vorlage eingebettet. Dabei ist der Begriff »thematische Karte« noch nicht sehr alt, taucht er doch in Deutschland erstmals 1934 auf.[214] Allerdings gab es schon lange vorher Karten, die besondere fachliche Aspekte betonten. Militär-, Flur-, Grenz- oder Bergbaukarten sind dafür frühe Beispiele. Seit Mitte des 19. Jahrhunderts ist allerdings eine zunehmende Ausweitung der thematischen Kartenproduktion festzustellen. Heute sind historische, administrative, geologische, bodenkundliche oder Wetterkarten am häufigsten.

Im Archiv finden sich unterschiedliche Formen dieser Gattung: Straßen-, Verkehrs-, Wander-, Reise-, Pilger-, Postrouten-, Maut-, Zoll-, Wirtschafts-, Bevölkerungs- und Militärkarten sowie geologische, bodenkundliche, hydrografische, hypsometrische, geophysikalische, statistische und phytogeografische Blätter. Diese – hier sogar verkürzte – Aufzählung verdeutlicht die Vielfalt des thematischen Kartenspektrums. Insgesamt verfügt das Archiv über rund 8000 Exemplare. Zeitlich reichen sie in das 16. Jahrhundert zurück. Anfang der 1990er-Jahre wurden sie durch einen Spezialisten detailliert in einer Datenbank beschrieben.

Das Archiv konnte in den vergangenen Jahren seinen Bestand an Karten kontinuierlich ausbauen, wobei Einzelstücke gestiftet oder angekauft wurden. Bei Ankäufen galt der Fokus besonders Blättern, welche die Erschließung und Veränderung von Landschaften im Laufe der vergangenen Jahrhunderte dokumentieren. Ein Schwerpunkt gilt dabei Vorlagen, welche die Entwicklung der Flussverläufe in Deutschland oder die Veränderung der Küsten zeigen. Mit Blick auf Archivbestände, welche sich mit der Arktis und Antarktis beschäftigen, wurden Karten zu den Polargebieten übernommen. Ein besonderer Glücksfall für das Archiv war die Räumung von Planschränken am Lehrstuhl für Geographie und geographische Fernerkundung der Ludwig-Maximilians-Universität München. In der Folge übergab man 2011/12 dem Archiv des Deutschen Museums rund 500 historische Karten aus dem Zeitraum vom 18. Jahrhundert bis in die 1970er-Jahre, die für den laufenden Lehrbetrieb nicht mehr benötigt wurden, für das Archiv aber einen wertvollen Zuwachs bedeuteten. Besonders spannend sind dabei Karten zur ersten deutschen Südpolar-Expedition (Gauß-Expedition) 1901 bis 1903, in die der Münchner Geograf und Expeditionsleiter Erich von Drygalski handschriftlich seine Anmerkungen eingetragen hat – ein hervorragendes Zeugnis für die Arbeit vor Ort. Gleichzeitig sind sie eine wertvolle Erweiterung des Bestands zu den Polargebieten.

Die zunehmend vernetzten Infrastrukturen dokumentieren Karten, die den Ausbau der Postrouten, der Eisenbahnverbindungen und der Elektrizitätsnetze im Laufe verschiedener Jahrhunderte zeigen. Dabei gilt das Sammlungsinteresse nicht einer möglichst großen Vollständigkeit. Vielmehr sollen – ähnlich wie in der Firmenschriftensammlung – Veränderungen in Zeitabschnitten, meist in Zehnjahresschritten, festgehalten werden. Eine andere Sammlungsperspektive zielt darauf ab, Karten zu erwerben, die als Ergänzung und zu einem erweiterten Verständnis anderer Bestände dienen können. So gibt es Zugänge, welche anhand von Kartenmaterial die Reisen des Alpinisten und Asienforschers Gottfried Merzbacher im Kaukasus erläutern. Andere veranschaulichen das in der Mitte des 19. Jahrhunderts noch kaum erschlossene Australien, dessen Landesinnere der Deutsche Ludwig Leichhardt erforschte und dies mit seinem Leben bezahlte. Seine Briefe an die Eltern und Geschwister sind im Handschriftenbestand des Archivs überliefert.

Ein Beispiel für die zunehmende Vernetzung der Infrastrukturen im Laufe der Jahrhunderte ist die »Neueste Post Karte von Deutschland und dessen angrenzenden Laender« von 1803. **| Abb. 116 |** Hergestellt hat sie der Augsburger Verleger Johann Walch. Er hatte sich 1785 in Augsburg, damals eines der Zentren der europäischen Kartenproduktion, niedergelassen und kurz darauf die älteste Tochter des bekannten Kupferstechers und Verlegers Johann Martin Will geheiratet. Durch geschickte Ankäufe hatte der Verlag Will weiteres Landkartenmaterial der Augsburger Matthäus Seutter und Gustav Conrad Lotter erworben. Nach dem Tod von Will standen Walch dementsprechend viele Kupferplatten für die Kartenproduktion zur Verfügung. Geschickt verstand er es, seine Karten ohne übermäßigen Aufwand aktuell zu halten. Allein von seinen Polenkarten aus der Zeit der Polnischen Teilungen in der zweiten Hälfte des 18. Jahrhunderts sind 13 unter-

212 Vgl. Aretin, Handbuch, 1810, S. 156.

213 DMA, KT 00928 (Zugangs-Nr. der Plansammlung: 06061).

214 Vgl. Kupčik, Mappae, 1995, S. 11.

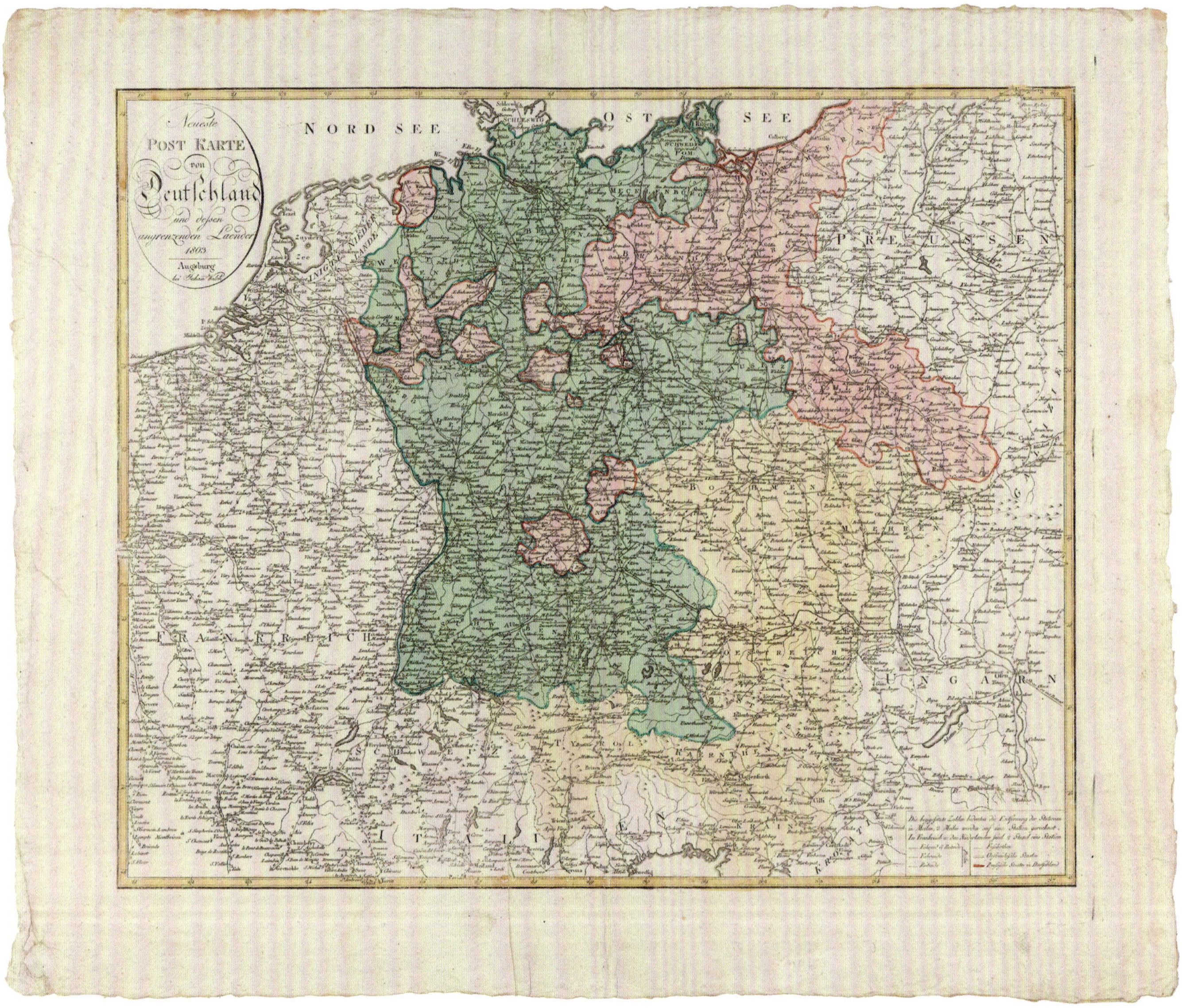

116 Johann Walch: Postroutenkarte von Deutschland und angrenzenden Ländern, 1803.

schiedliche Ausgaben bekannt. Walch reagierte schnell auf politische Veränderungen und passte seine Vorlagen den neuen Gegebenheiten an. Diese Aktualität seiner Drucke sicherte ihm eine hohe Anerkennung seiner Zeitgenossen und einen entsprechend florierenden Absatz.

Die Postroutenkarte von 1803 ist ein weiteres Beispiel für die Flexibilität Walchs. Schon einige Jahre zuvor hatte er eine ähnliche Karte herausgegeben. In den Jahren 1807 und 1815 modifizierte er die Vorlage erneut. Es lohnt sich, den Druck von 1803 näher anzusehen. Gezeigt wird Deutschland mit seinen Straßen, die von Postreitern und Postkutschen benutzt wurden. In der Titelkartusche links oben wird das Thema angesprochen, die Legende findet sich unten rechts. Die Entfernung der Stationen ist in Meilen angegeben, und die Meilenzahl zwischen zwei Orten ist jeweils neben der Verbindungslinie notiert. In der Legende ist grafisch aufgeschlüsselt, ob eine Strecke durch Fußboten, reitende oder fahrende Posten bedient wurde. Sehr deutlich lassen sich zentrale Knotenpunkte erkennen. In Bayern sind dies vor allem Würzburg, Augsburg und Nürnberg.

Bemerkenswert ist die Grenzkolorierung des Kupferstichs. Die linksrheinischen deutschen Gebiete sind – entsprechend den territorialen Verschiebungen im Zuge der napoleonischen Kriege – bereits Frankreich zugeschlagen, ebenso die von Österreich im Frieden von Campo Formio 1797 abgetretenen österreichischen Niederlande. Die Reichsstädte, fast alle geistlichen Hoch- und Erzstifte sowie die kleineren weltlichen Territorien erscheinen

nicht mehr als souveräne Gebiete. Damit bildet die Karte bereits die im Reichsdeputationshauptschluss vom März 1803 gebilligten Kompensationen für die an Frankreich im Zuge der Revolutionskriege abgetretenen Gebiete ab. Die einzelnen deutschen Territorien sind farblich nicht abgegrenzt. Mit lindgrüner Farbe werden lediglich die Grenzen Deutschlands umrissen, wobei das Königreich Preußen nicht als Teil Deutschlands gesehen wird, da das preußische Territorium – einschließlich der binnendeutschen Gebiete – rot umrandet ist. Zudem wird die österreichisch-ungarische Monarchie nicht als Teil Deutschlands interpretiert. Damit nimmt die Postrouten-Karte die politische Auflösung des Heiligen Römischen Reiches Deutscher Nation im Jahr 1806 vorweg.
Die Walch'sche Karte geht also über ihr eigentliches Thema – die Beschreibung der Postverbindungen weit hinaus. Sie ist keinesfalls eine inhaltlich korrekte kartografische Darstellung Deutschlands oder eine objektive Visualisierung der Postrouten. Vielmehr ist sie in ihrer Darstellung der Ergebnisse des Reichsdeputationshauptschlusses aus dem gleichen Jahr hochaktuell und letztlich eine durch und durch politische Karte.

Kartensammlung	
Umfang	ca. 8000 Karten
Zeitraum	16. bis 20. Jahrhundert
Schwerpunkte	Thematische Karten
Tipps zum Weiterlesen	Kupčík, Ivan: Mappae Bavariae. Thematische Karten von Bayern bis zum Jahr 1900. Sonderausstellung des Deutschen Museums München. Weißenhorn 1995 (Veröffentlichungen aus dem Archiv des Deutschen Museums 2).

Über den Wolken
Luft- und Raumfahrtdokumentation

Die Luftfahrt hat im Deutschen Museum eine lange Tradition. Schon zur Zeit der Museumsgründung spielte sie als damals höchst aktueller und innovativer Technikbereich eine große Rolle. Für diese Sammlungsgruppe entstand bereits 1905 eine erste sog. »Wunschliste« für mögliche Exponate.[215] Auch im Archivbereich war das Museum früh aktiv. Mit der Erwerbung der luftfahrthistorischen Ballonsammlung des späteren Generals Karl von Brug, eines Freunds des Museumsgründers Oskar von Miller, konnte das Museum eine der bedeutendsten deutschen Luftfahrtsammlungen für sich gewinnen, die Bücher, Grafiken, Porträts und Medaillen umfasste. Kontinuierlich erweiterte das Archiv seine luftfahrthistorischen Bestände, meist durch Nachlässe bedeutender Pioniere auf diesem Gebiet.

117 Das »Römer-Archiv« im Deutschen Museum, ca. 1971. Fotograf unbekannt

Bestandsgeschichte

Obwohl die Luft- und Raumfahrtdokumentation (LRD) mit ca. 13 000 Einheiten und rund 1,1 Regalkilometern vom Umfang her der zweitgrößte Bestand des Archivs ist, weist sie eine relativ kurze Geschichte auf.

Ihre Anfänge lassen sich bis in die Zeit um 1971 zurückverfolgen. In November dieses Jahres konnte das Museum das Luftfahrtarchiv von Botho und Hans von Römer erwerben,[216] | **Abb. 117** | Zwillingsbrüdern, die seit ihrem 17. Lebensjahr vorwiegend Unterlagen und Prospekte zur Luftfahrt – aber auch zur Schifffahrt, zu Kraftfahrzeugen und Kraftmaschinen – gesammelt und in den folgenden Jahrzehnten passende Privatarchive und Fotosammlungen zugekauft hatten. Als Grafiker, Ingenieure und Schriftsteller betrieben sie von 1924 bis 1970, dem Todesjahr von Hans von Römer, das weithin bekannte »Atelier für künstlerische und technische Propaganda«. Bei seiner Übergabe an das Deutsche Museum bestand dessen umfangreiches Archiv aus über 500 Ordnern, meterweise Büchern und einem Planschrank mit großformatigen Zeichnungen.[217] Nachdem im Zweiten Weltkrieg das bis dahin größte deutsche historische Archiv zur Luftfahrt beim Reichsluftfahrtministerium zerstört worden war, galt das »Römer-Archiv« als die bedeutendste Luftfahrtsammlung der Nachkriegszeit.

Ihren Fundus an Sammlungsgut erweiterten die Brüder von Römer um eigene Fotografien und vor allem um eigens für Publikationen angefertigte Illustrationen. Ebenso waren sie im Auftrag renommierter Autoren tätig. So fertigten sie spektakuläre Zeichnungen für die Veröffentlichungen der Raumfahrtpioniere Hermann Oberth und Max Valier. Besonders häufig arbeiteten sie mit dem ebenfalls in München ansässigen Wissenschaftsjournalisten Otto Willi Gail bei dessen Publikationen zusammen.

Durch ihren spezifischen Stil sind die Arbeiten der Brüder von Römer leicht zu erkennen. Zudem haben sie einen Großteil ihrer Bilder mit dem Zusatz »Zeichnung: H.u.B.v.Römer« oder mit »v. RÖMER: München« versehen. | **Abb. 118** | Typisch sind die mit Schreibmaschine getippten oder handschriftlichen Erläuterungen unter den Zeichnungen oder auf deren Rückseite. Teilweise griff das Brüderpaar auf Bild- und Grafikmaterial Dritter zurück, überzeichnete und retuschierte dieses oder fügte es collagenartig nach eigenen Bedürfnissen zusammen. Dieses Privatarchiv wurde im Deutschen Museum nach Firmen und Flugzeugtypen neu geordnet, was einen schweren Eingriff in die ursprüngliche Struktur bedeutete.

Einen erheblichen Zuwachs erfuhr der Bestand der Luft- und Raumfahrtdokumentation durch eine umfassende Schenkung der Firma Messerschmitt-Bölkow-Blohm (MBB) im Jahr 1974, als diese einige Teilarchive der zum Unternehmen gehörenden Junkers Flugzeug- und Motorenwerke und der Messerschmitt-Werke in Augsburg ebenfalls dem Museum übergab. Fast zur gleichen Zeit – 1973 – kaufte MBB das sogenannte Avicentra-Archiv des Luftfahrtjournalisten Wolfgang Wagner aus Köln an, das im Kern auf einem von Hugo Junkers begonnenen Presse-Archiv basierte; dieses wurde 1976 geschenkt. Im Jahr 1997 konnte das Deutsche Museum dann von Wagner den zweiten Teil seiner Sammlung für das Archiv erwerben. In den 1980er-Jahren wurde noch das große Luftfahrtarchiv von Walter Zuerl mit rund 50 000 Fotografien vom Medienkonzern Ringier erworben. Damals kamen auch die

215 Vgl. Füßl, Konstruktion, 2003, besonders S. 45–48.

216 Vgl. DMA, VA-Dru, Vorl. Nr. 0183, S. 16.

217 Vgl. Gurra, Flugarchive, 1974; Lochner, Archiv, 1981; Casser, Propaganda, 2007.

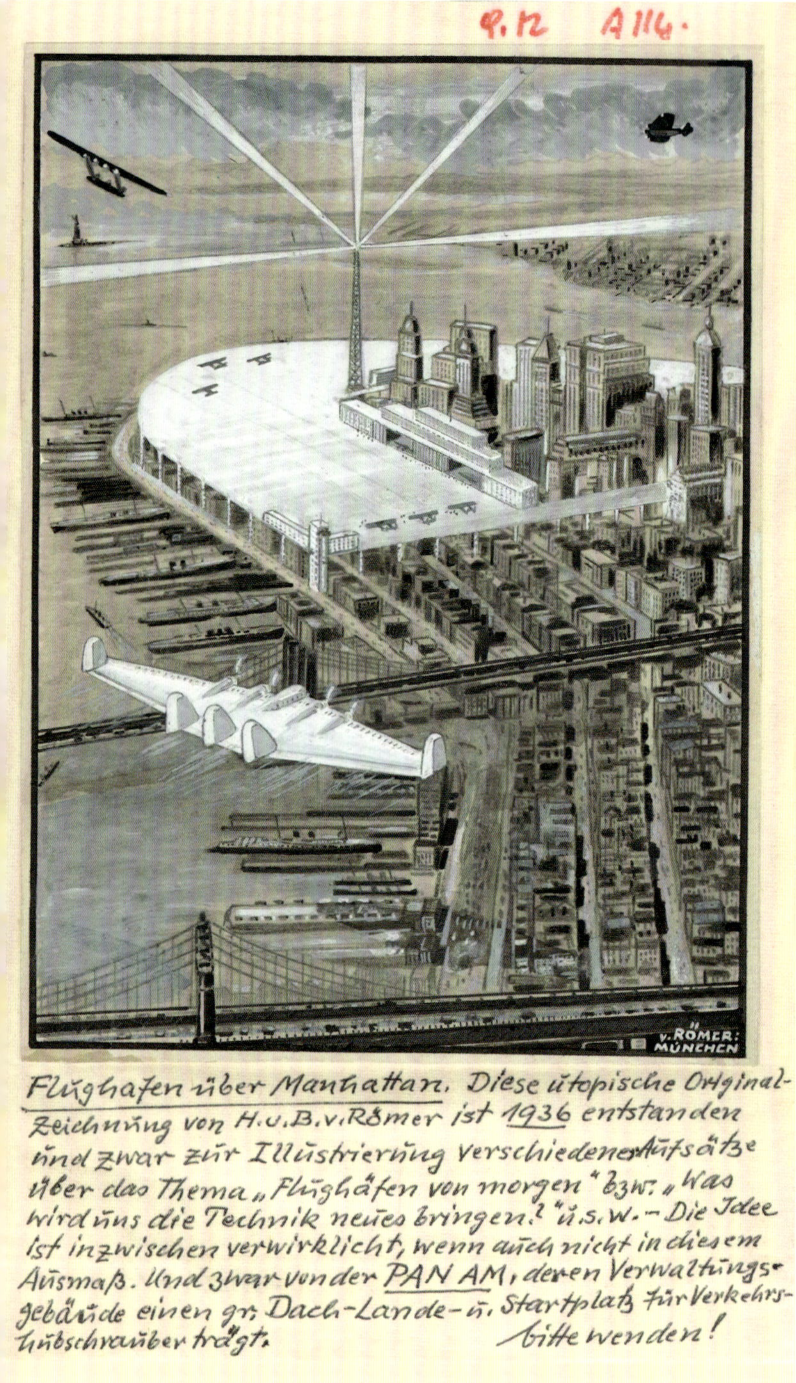

118 Zukunftsvision aus dem »Römer-Archiv«: Flughafen über den Hochhäusern von Manhattan, 1936.

fast 1000 Ordner bzw. Mappen und Tausende von Fotos und Dias umfassende Sammlung des Raumfahrtjournalisten Werner Büdeler sowie einige kleinere Privatarchive hinzu.

Der Ausbau einer thematisch orientierten Luft- und Raumfahrtsammlung im Archiv lief parallel mit dem Bemühen des Deutschen Museums, die wachsende Bedeutung der deutschen Luft- und Raumfahrtindustrie im musealen Bereich abzubilden. Ein besonderer Förderer war Ludwig Bölkow, der seit 1965 in verschiedenen Gremien des Deutschen Museums saß. Er ist eine Symbolfigur für die Blüte der deutschen Luftfahrtindustrie seit den 1960er-Jahren. Unter ihm entwickelte sich München zu einem der führenden deutschen Standorte in dieser Branche. Gemeinsam mit dem CSU-Vorsitzenden und späteren bayerischen Ministerpräsidenten Franz Josef Strauß setzte sich Bölkow für den Bau einer neuen Luftfahrthalle auf der Museumsinsel ein. Diese wurde von 1978 bis 1984 errichtet. Eine nochmalige räumliche Erweiterung brachte die 1992 eröffnete Flugwerft Schleißheim, die eine Vergrößerung der Luft- und Raumfahrtausstellungen um ca. 7000 m² darstellte. Parallel dazu findet sich in den Quellen zwischen 1975 und 1990 immer wieder die Absichtserklärung, das Deutsche Museum als »Nationales Zentrum für die Geschichte der Luft- und Raumfahrt« zu etablieren. Dieser Ansatz zielte neben einer breiten Ausstellung von Objekten auch auf eine archivische Sammlung von Quellen. Erneut war Bölkow ein wichtiger Förderer, indem er die angesprochenen Firmenteilarchive von Junkers und Messerschmitt dem Museum übergab, teilweise Finanzmittel zum Ankauf von Luftfahrtsammlungen zur Verfügung stellte und sogar Personal zur Ordnung der neuen Luft- und Raumfahrtdokumentation bezahlte.

Die vielfältigen und unterschiedlichen Luftfahrtarchive und -sammlungen wurden von Beginn an im Sinne einer *Dokumentation* angelegt, d. h. sie wurden nach Sachbegriffen aufgestellt und geordnet. Statt die Neuzugänge nach dem Provenienzprinzip, also nach Herkunfts- und Entstehungszusammenhängen zu erschließen, wie dies im Archivwesen üblich ist, wurden die Luft- und Raumfahrtunterlagen nach dem Pertinenzprinzip, also einer Sachsystematik, zusammengeführt. Man vermischte demnach Unterlagen verschiedener Registraturbildner (Firmenarchive, Nachlässe etc.) und gab somit die ursprüngliche Zugehörigkeit auf. Dies führte arbeitstechnisch zu einem enormen Mehraufwand, da alle Bestände der damaligen »Sondersammlungen« nach Bezügen zur Luft- und Raumfahrt durchsucht und die einzelnen Archivalien in die jeweils passenden Systemstellen der Dokumentation eingefügt werden mussten. Der Aufwand war aber letztlich so groß, dass Bölkow das von ihm bezahlte Personal wieder abzog, bevor die Umsortierung abgeschlossen war. Nun standen die Beschäftigten des Archivs einem Ordnungstorso gegenüber. Anfang der 1990er-Jahre wurde die Pertinenzmethode gestoppt. Seitdem gilt bei Neuerwerbungen strikt das Provenienzprinzip. Die Aufgabe der kommenden Jahre wird sein, die ursprünglichen Provenienzen und Zusammenhänge – soweit möglich – wiederherzustellen, um geschlossene Archivbestände wie Firmenteilarchive und Nachlässe von reinem Dokumentationsmaterial systematisch zu trennen.

Für den Laien hat die systematische Aufstellung den Vorteil, dass er sich in kurzer Zeit einen schnellen Überblick zu einem Thema verschaffen kann. Für in historischen Zusammenhängen denkende FachhistorikerInnen ist eine solche Aufteilung mehr als hinderlich, da Originalakten zerlegt und mit Zeitungsausschnitten, Kopien und Sekundärmaterial anderer Provenienzen und aus unterschiedlichen Zeiten vermischt sind.

Trotz dieser kritischen Anmerkungen zur Entstehung des Bestands »Luft- und Raumfahrtdokumentation« ist dieser ein herausragender Fundus für die Geschichte der Luftfahrt weltweit. Die ersten rund 1900 Nummern der Datenbank informieren über die Anfänge des Flugwesens, die ersten Ballone und Luftschiffe, über Pioniere der Luftfahrt, Wettbewerbe, Rekordflüge, historische wie aktuelle Flughäfen, die Luftfahrtindustrien und Luftverkehrsgesellschaften in verschiedenen Ländern sowie über Flugantriebe. Ein umfangreicher Komplex dokumentiert die Flugzeug-, Motoren- und Triebwerksentwicklungen der unterschiedlichen Firmen, von A wie »Argus« bis Z wie »Zeppelin«. Für den Bereich der Raumfahrt finden sich Unterlagen von den frühen Raketenentwicklungen in Deutschland bis hin zur internationalen bemannten und unbemannten Raumfahrt. Einen großen Umfang nehmen die Kuratorenakten für die große Ausstellung »Mensch und Weltraum« ein, die 1969 im Deutschen Museum gezeigt wurde. Diese Schau bildete den Grundstein für die spätere Weltraumausstellung des Hauses, die 1984 eröffnet wurde. Im Vorfeld der Sonderausstellung trugen die Kuratoren jahrelang umfangreiches Dokumentations- und Bildmaterial zur weltweiten Entwicklung der Raumfahrt zusammen, sammelten Literatur und wissenschaftliche Berichte, befragten Zeitzeugen und warben Originalobjekte und Archivalien ein. Teilweise haben sich die Texte zur Ausstellung in den Ordnern erhalten.

Dem Bestand angegliedert ist eine rund 7300 Namen zählende Reihe von »Persönlichkeiten«, welche berühmte, aber auch weniger bekannte Personen umfasst. Manchmal sind ausführliche Informationen zu Leben und Werk vorhanden, bisweilen nur spärliche biografische Daten. Immerhin sind in der Serie ca. 340 Frauen vertreten, die als Ballonfahrerinnen, Segelfliegerinnen, Pilotinnen, Astronautinnen und teilweise als Ingenieurinnen und Flugzeugmechanikerinnen belegt sind. In dieser Dichte gibt es deutschlandweit keine vergleichbare Dokumentation zu Personen aus dem Luft- und Raumfahrtbereich. Hervorragende Ergänzungen finden sich in der »Sammlung von Isolde Wördehoff zu deutschen Pilotinnen«, die im Jahr 2018 von der Pilotin und bestens vernetzten, langjährigen Präsidentin des Luftsportverbandes Bayern übernommen werden konnte.[218]

Luftbildfotografie im Ersten Weltkrieg

Die Breite des in der Luft- und Raumfahrtdokumentation vorhandenen Materials ist enorm, da nicht nur deutsche, sondern auch internationale Luftfahrt- und Raumfahrtentwicklungen abgebildet werden. Immer wieder finden sich für Interessierte in den zahlreichen Ordnern wunderbare Einzelstücke. An dieser Stelle sei ein Beispiel aus dem Ersten Weltkrieg herausgegriffen. Der Erste Weltkrieg war erstmals auch ein Krieg der Bilder, genauer gesagt: ein Krieg, in dem erstmals das Medium der Fotografie massenhaft eingesetzt wurde. Schon der von der deutschen Bevölkerung teilweise begeistert gefeierte Abmarsch der Truppen Anfang August 1914 wurde in unzähligen Aufnahmen dokumentiert. Dabei war die Bildberichterstattung stark der Zensur unterworfen. Alle Kombattanten hatten zu Beginn des Kriegs oder kurz danach eigene Presse- oder Propagandabüros eingerichtet. Die Kriegsberichte und Fotografien wurden fast ausschließlich unter propagandistischen Aspekten eingesetzt; viele Situationen der angeblichen Front waren zudem gefälscht bzw. in der Heimat nachgestellt worden. Andererseits blieben die Kriegsfotografien nicht mehr auf Bildjournalisten, professionelle Fotografen und Propagandaabteilungen beschränkt. Viele Soldaten besaßen inzwischen Kameras und dokumentierten ihre Kriegserlebnisse mit eigenen Apparaten und unter persönlichen Blickwinkeln.

Der Erste Weltkrieg war die erste europäische Auseinandersetzung, in der Luftstreitkräfte zum Einsatz kamen. Ihre Aufgaben waren die Feindaufklärung aus der Luft, die Erkundung feindlicher Ziele, die Schussbeobachtung und -korrektur der eigenen Artillerie und schließlich die aktive Bekämpfung von gegnerischen Luft- und Bodenstreitkräften. Eingesetzt wurden Ballone, Luftschiffe und Flugzeuge. Und erstmals wurden zu unterschiedlichen Zwecken im nennenswerten Umfang Luftbilder aufgenommen.

Die frühesten Luftaufnahmen stammen von dem französischen Fotografen Nadar, der im Jahr 1858 Fotografien aus einem Fesselballon anfertigte. Noch vor der Jahrhundertwende testeten die neu geschaffenen Luftschifferabteilungen in Preußen oder in Bayern Kameras auf ihre militärische Tauglichkeit.[219] Zunehmend wurden dabei verschiedene Aufnahmetechniken entwickelt: die Schrägaufnahme, die Senkrechtaufnahme, das Reihenbild und das Raumbild, zusammengesetzt aus Stereobildern. Die Fotografien hatten dabei häufig eine erstaunliche Brillanz, bedenkt man, wie empfindlich und schwer die Glasnegative waren, die Formate von 9 × 12 cm bis 18 × 24 cm umfassten.

Im Archiv des Deutschen Museums finden sich aus der Zeit des Ersten Weltkriegs zahlreiche Fotografien. Häufige Motive sind Gruppenaufnahmen vor dem eigenen Flugzeug oder die propagandistisch weit verbreiteten Bilder von abgeschossenen bzw. abgestürzten Flugzeugen der Kriegsgegner. Immer wieder abgelichtet sind die eigene Flugzeugflotte und deren Besatzungen. Neben den militärischen Aufnahmen sind aber auch private Szenen des Soldatenlebens festgehalten.

Ein interessantes Album stammt aus dem Besitz des als »Fliegerdichters« bezeichneten Schriftstellers Peter Supf, dessen umfangreicher Nachlass sich im Archiv des Deutschen Museums befindet. Durch Zufall konnte eine Serie von Fotoalben in der Luft-

218 Vgl. DMA, KE 049.

219 Vgl. Braun, Übungsflüge, 1993/1994.

119 Erfrierungen eines Fliegers, aufgenommen kurz nach der Landung, 1916. Fotograf unbekannt

und Raumfahrtdokumentation seinem Nachlass zugeordnet werden, nachdem sich aus dem Album eine Aufnahme gelöst hatte und genau dieses Bild auf der Rückseite eine Widmung an Supf trug! Supf war Jagdflieger im Ersten Weltkrieg. Viele Aufnahmen zeigen dementsprechend die Flugzeuge und Bewaffnung seiner Einheit, Flugplätze und abgeschossene Flugzeuge. Eines der Alben hält darüber hinaus zahlreiche Eindrücke aus dem Ersten Weltkrieg fest, wobei Fotografien von privaten Feiern, Kegelabenden und Weihnachtsfeiern dominieren. Bemerkenswert ist, dass sich darin auch eher ungewöhnliche Fotografien wie Luftbilder finden. Solche wurden in der Regel zwischen 1000 und 2000 Metern über den Zielobjekten angefertigt, um die Flugzeuge vor Attacken der feindlichen Artillerie zu schützen. Nur selten kam es vor, dass Aufklärungskampagnen in noch größere Höhen führten. Bei einem dieser Flüge im Dezember 1916 auf rund 5000 Meter erlitten zwei Flieger schwere Gesichtserfrierungen, als sie Aufnahmen der Front schossen. Betroffen waren dabei die Gesichtspartien, die nicht von der Fliegerbrille und dem Helm geschützt waren. **| Abb. 119 |**

Im Album von Peter Supf findet sich darüber hinaus eine seltene Aufnahme von der Ausstattung einer mobilen Dunkelkammer der Bayerischen Fliegerabteilung 286.[220] Wie aus den französischsprachigen Grafiken an der Wand zu erkennen ist, war sie in einem beschlagnahmten Gebäude in Belgien oder Frankreich untergebracht. Der Raum ist provisorisch, aber technisch ausreichend eingerichtet. Zentral steht ein großer Projektionsapparat mit Lampenhaus, Balgen und Frontplatte, links davon der für die Entwicklung der Fotografien zuständige Soldat. Vor ihm sind in ein Holzgestell die Glasplatten eingeschoben. Um dieses herum gruppieren sich Schalen mit den verschiedenen Entwicklerflüssigkeiten. Die ausfixierten Papierabzüge sind mit Wäscheklammern an Schnüren aufgehängt, die quer durch den Raum gespannt sind. Auf einem Schränkchen rechts von der Kamera sieht man einen kleinen Ventilator für die raschere Trocknung der Nassabzüge, ein Hinweis darauf, dass das Gebäude immerhin schon elektrifiziert war. **| Abb. 120 |**

Die Fotografie der Entwicklungskammer lenkt den Blick auf die technische Ausstattung, die der Luftaufklärung im Ersten Weltkrieg zur Verfügung stand. Zum Einsatz kamen Fliegerkameras unterschiedlicher Hersteller. In der Regel handelte es sich um Apparate mit einer Glasplattengröße von 13 × 18 cm. Die Wechselkassetten enthielten fast durchgängig sechs Platten. In den Anfängen der militärischen Luftbildfotografie hatte man sich mit dem Format 9 × 12 cm und Brennweiten von 15 bzw. 18 cm begnügt. Nachdem aber insbesondere die Abwehrfeuer der Artillerie Flughöhen über 2000 Metern erforderten, musste man die Apparate auf 25 und 30 cm Brennweite und größere Glasplattenformate umstellen. Für die Handhabung der Kameras war keine fotografische Ausbildung notwendig. Das Entwickeln der Platten übernahmen professionelle Fotografen.

In einem »Lehrbehelf« stellte der österreichisch-ungarische Oberleutnant der Reserve Alfred Thiel die wichtigsten Fliegerkameras vor, die in Deutschland und Österreich eingesetzt wurden.[221] Behandelt werden im Einzelnen:

1. Lechner-Fliegerkamera (13 × 18 cm);
2. Goldmann-Fliegerkamera (13 × 18 cm);
3. Ica-Fliegerkamera (9 × 12 cm und 13 × 18 cm);
4. Zeiss-Fliegerkamera (9 × 12 cm und 13 × 18 cm);
5. Goerz-Kamera (9 × 12 cm und 13 × 18 cm);
6. Ernemann-Fliegerkameras (13 × 18 cm);
7. Voigtländer-Fliegerkameras (13 × 18 cm);
8. Reihenbilder der Firma Messter, Berlin;
9. Stereo-Herzig-Kameras.

220 Vgl. DMA, LR 02118.

221 Vgl. Thiel, Lehrbehelf, 1916; DMA, LR 00387.

120 Entwicklung von Luftaufnahmen in der Fotokammer der Bayerischen Fliegerabteilung 286 während des Ersten Weltkriegs, September 1915. Fotograf unbekannt

In die Informationsschrift Thiels sind Tafeln mit eingeklebten Originalfotografien zu »Orthochromatischen Platten« und zu »Lichthoffreien Platten« eingefügt. Betrachtet man die Publikation näher, zeigt sich, dass der zunehmende Einsatz der Fotografie im Krieg eine neue Ausbildung der Soldaten erforderte, welche die Aufnahmen anfertigen und die Luftbilder auswerten konnten. Dies führte zu einem enormen Anstieg der militärischen Fotofachliteratur; einige dieser Bücher sind in der Museumsbibliothek vorhanden.[222]

Große militärische Bedeutung hatten Luftaufnahmen der gegnerischen Stellungen. Das Beispiel zeigt ein Luftbild vom 20. Oktober 1916. **| Abb. 121 |** Es stammt aus einem Album in der Luft- und Raumfahrtdokumentation des Archivs. Erhalten sind Fotografien von der deutschen Westfront aus der Gegend um Thiaumont, Douamont, Bras-sur-Meuse und Vacherauville, also von einem Gebiet nördlich von Verdun. Das ausgewählte Luftbild

222 Vgl. Kempf, Fotografie, 2018.

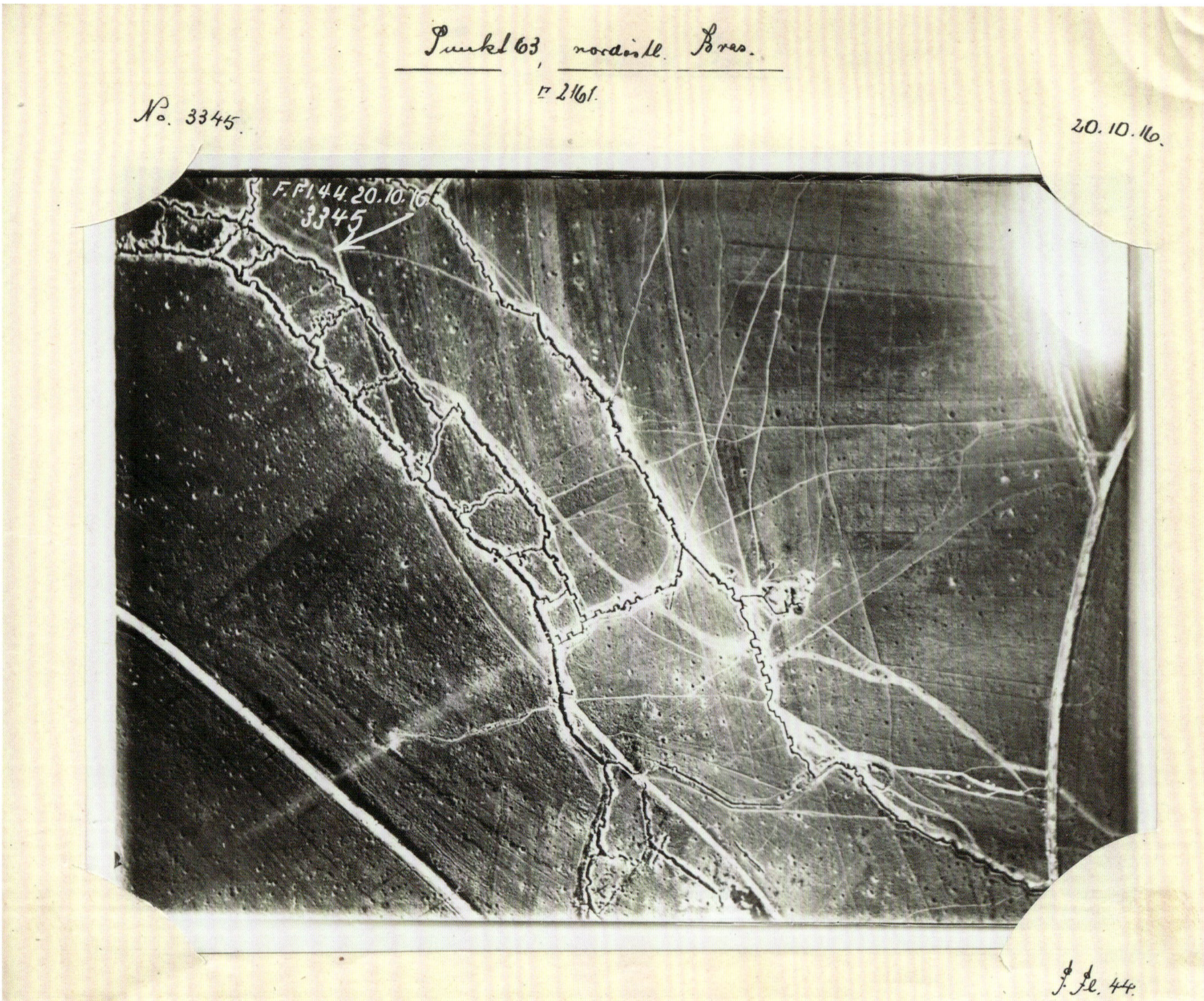

121 Luftaufnahme der Stellung um Bras-sur-Meuse, 20.10.1916.

wurde von der Fliegerabteilung 44 aufgenommen. Deutlich zu sehen ist die vorgeschobene Befestigungsanlage in der Mitte des Bilds. Dahinter ist eine doppelte Festungslinie erkennbar. Vermutlich wurde die Aufnahme in Zusammenhang mit der Beschießung durch die deutsche Artillerie angefertigt, um den Erfolg des Beschusses zu messen. Die zu Hunderten auf dem Abzug deutlich erkennbaren Bombentrichter führen eindringlich vor Augen, mit welchem Materialeinsatz im Ersten Weltkrieg um kleinste Geländevorteile gerungen wurde.

Luft- und Raumfahrtdokumentation	
Umfang	13 030 Schachteln und Mappen
Fotografien	ca. 500 000 Aufnahmen, ca. 1870–2000
Schwerpunkte	Geschichte der Luftfahrt, Herstellerfirmen A–Z, zivile und militärische Luftfahrt, bemannte und unbemannte Raumfahrt, Handbücher, Firmenschriften, Modellbaupläne
Reihe »Persönlichkeiten«	Biografisches Material zu Frauen und Männern aus der Geschichte der Luft- und Raumfahrt (ca. 7300 Einheiten)

Die weiße Kunst

Papierhistorische Sammlungen

Lesende und Forschende interessieren sich meist dafür, was darauf gemalt, geschrieben oder gedruckt ist. Selten ist der Beschreibstoff, also das Papier selbst, der zentrale Gegenstand einer Forschung. Dabei sind seine Geschichte, seine Herstellung und seine vielfältigen Formen ein immer wieder faszinierendes Thema. Heute denken wir mit Schrecken an die zahllosen Bäume, die für die Produktion von Zeitungen, Büchern und die Schriftstücke öffentlicher Verwaltungen und Unternehmen oder für die eigenen Computerausdrucke gefällt werden müssen. Auf der anderen Seite bildete die massenhafte industrielle Produktion von Papier einen entscheidenden Schritt zur Überwindung des weltweiten Analphabetismus – waren es im Altertum und im Mittelalter doch nur wenige privilegierte Personen, die ihre Gedanken auf ein teures Stück Papyrus bannen oder darauf ihre Herrschafts- und Besitzansprüche dokumentieren konnten. Mit günstig hergestelltem Papier bekamen immer mehr Schülerinnen und Schüler die Möglichkeit, schreiben und lesen zu lernen. Trotzdem dauerte es Jahrhunderte, bis der Besitz dieses Beschreibstoffs kein Luxus mehr war.

Es soll hier nicht die Geschichte des Papiers von der frühen Erfindung in China über die allmähliche Ausbreitung der Papiermacherkunst in der islamischen Welt bis zu der ersten deutschen Papiermühle in Nürnberg Ende des 14. Jahrhunderts erzählt werden. Aus den Anfängen der Papiergeschichte liegen nämlich im Archiv des Deutschen Museums nur vereinzelte Zeugnisse vor. Die »weiße Kunst«, wie die Papierherstellung auch genannt wird, ist hier seit dem Ende des 15. Jahrhunderts mit interessanten Beispielen belegt.

Ähnlich wie bei anderen Bestandsgruppen sind die papierhistorischen Sammlungen des Archivs eng mit den Museumsausstellungen verknüpft. Dabei spielte die Papiergeschichte in den ersten Ausstellungen des Deutschen Museums 1906 noch keine Rolle. Zwar beschäftigten sich mehrere Abteilungen mit Schreib-, Mal- und Drucktechnik, der Beschreibstoff selbst und seine Entwicklung kamen aber nicht vor, obwohl es in Deutschland an der Wende zum 20. Jahrhundert eine große und ausdifferenzierte Papierindustrie gab. Erst ab 1925 befassten sich drei Räume im dritten Obergeschoss des neu eröffneten Museumsbaus mit der Papierfabrikation.[223]

Buntpapier

In der Zwischenzeit hatte das Museum einige Erwerbungen zur Papiergeschichte machen können. Die erste bedeutende Sammlung stammte von dem Leipziger Verleger Felix Hübel, Inhaber der seit 1875 bestehenden und international renommierten Großbuchbinderei Hübel & Denck. Hübel hatte sich am 8. Dezember 1913 überraschend an das Deutsche Museum gewandt und diesem seine Buntpapiersammlung als Stiftung angeboten.[224] Dabei bezeichnete er sie als eine der vollständigsten seiner Zeit, die einen Wert zwischen 12.000 und 15.000 Mark habe.

Im ersten Jahrzehnt des 20. Jahrhunderts florierte die Buntpapierindustrie in Deutschland; ihre Produkte fanden weltweit einen hohen Absatz.[225] Buntpapiere werden hergestellt, indem man das primär erzeugte Rohpapier einem weiteren, veredelnden Prozess unterzieht, bei dem es unterschiedlich eingefärbt und bearbeitet wird. Viele Kunstgewerbetreibende und KünstlerInnen begeisterten sich zu dieser Zeit für die Gestaltung von Buntpapieren. Daher sind viele bekannte Namen auch in der Sammlung im Archiv vertreten.

Aus dem Briefwechsel geht hervor, dass Felix Hübel seine Sammlung ursprünglich dem Germanischen Nationalmuseum in Nürnberg übergeben wollte; durch eine Audienz bei König Ludwig III. von Bayern während eines Besuchs in Leipzig sei er aber auf das Deutsche Museum hingewiesen worden. Diese Tatsache ist insofern bedeutsam, als König Ludwig – damals noch Kronprinz – seit der Gründung des Hauses im Jahr 1903 als dessen «Protektor«, also als dessen Schirmherr fungierte. Dank der königlichen Fürsprache wurde Hübels Sammlung in erstaunlich kurzer Zeit nach München transferiert. Binnen zwei Monaten kam sie in drei Lieferungen mit einem Bücherwagen ins Museum. Vorher hatte Hübel die einzelnen Exemplare auf feste Manila-Kartons montieren lassen und sie in 45 eigens angefertigten Kästen archiviert. Diese waren »denkbar stabil hergestellt und mit abwaschbarem Doppelstoff-Granitol überzogen«.[226] Sie wurden mit lithografiertem Papier mit Flächenmuster aus Ornamentreihungen der jungen Dresdener Künstlerin Annemarie Hoffmann, die 1908 noch als Schülerin der dortigen Kunstgewerbeschule nachweisbar ist,[227] ausgekleidet. In der Buntpapiersammlung Hübels findet sich ein Vergleichsstück, das mit einem Vermerk auf dem Trägerkarton auf die Künstlerin und die Boxen hinweist.[228] Die Ordnung der Sammlung hatte Hübel persönlich vorgenommen und dem Museum einen Übersichtskatalog übersandt. Noch während der Verhandlungen mit dem Deutschen Museum hatte er zudem seine Stiftung durch einen Dublettentausch mit dem Deutschen Buchgewerbemuseum in Leipzig und durch den Ankauf eines weiteren Bestands in Paris erheblich vergrößern können. Dadurch umfasse diese – so Hübel – jetzt die Zeit von etwa 1600 bis in die jüngste Gegenwart. Gewachsen sei sie in einem Zeitraum von 20 Jahren.

223 Vgl. Deutsches Museum, Führer, 1925, S. 330–332.
224 Zum Folgenden vgl. DMA, VA 1945/2, VA 1948/2 und VA 1949/3.
225 Vgl. Rinck, Buntpapiersammlung, 2012.
226 DMA, VA 1945/2.
227 Vgl. Kunstgewerbeblatt, Neue Folge 19 (1908), S. 203.
228 Vgl. DMA, Buntpapiersammlung Hübel, Nr. 04180.

122 Kleisterpapier von Lilli Behrens, ca. 1910. Foto: Hans-Joachim Becker

Auch nach der Übergabe ergänzte Hübel die Sammlung. So schickte er im Oktober 1914 weitere Buntpapiere nach München und finanzierte zwei Jahre später den Ankauf von rund 1000 Blättern, die das Antiquariat Ludwig Rosenthal dem Deutschen Museum im Dezember 1915 angeboten hatte. Der Verkäufer hatte diese Sammlung als eine der größten und reichhaltigsten nach der von Erich Seegers im Buchgewerbemuseum Leipzig – die allerdings über 11 500 Muster umfasst – zum Preis von 1200 Mark angepriesen.[229] Zu diesem Zeitpunkt leistete Hübel seinen freiwilligen Militärdienst ab, der ihn daran hinderte, die Sammlung weiter auszubauen. Nach dem Ersten Weltkrieg übersandte Hübel weitere Stücke – zuletzt in seinem Todesjahr 1922, als er dem Museum eine Auswahl moderner Buntpapiere zukommen ließ.[230] Für seine mehr als großzügige Stiftung wurde Hübel in den Ausschuss des Deutschen Museums aufgenommen, wobei die Erwähnung seines Namens im Verwaltungsbericht mit »Felix Hübel, Leipzig, für die Überweisung einer Buntpapiersammlung« eher dürftig ausfiel.[231]

Die Sammlung Hübels umfasst heute 14 477 Einzelstücke, die 2009/10 von der Spezialistin für Buntpapiere, Julia Rinck, detailliert erschlossen wurden.[232] Durch ihre Arbeit bekam die Sammlung einen neuen Stellenwert im Archiv des Deutschen Museums, da sie belegen konnte, dass Hübel »eine der umfangreichsten und bedeutendsten europäischen Buntpapiersammlungen« aufgebaut hatte.[233] Dass der Buchbinder Hübel Buntpapiere sammelte, lag nahe, da man viele Sorten für Buchbindearbeiten, Vorsatzpapiere, Kartonagen und selbst für die Auskleidung von Koffern benutzte. Seine Sammlung deckt alle Techniken ab, von Kleister-, Sprenkel-, Tropf-, Batik- und Brokatpapieren bis zu marmorierten, lithografierten, bedruckten und reliefierten Exemplaren sowie verschiedenen Formen von Kombinationstechniken. Auch Imitationen von Holz, Stein, Elfenbein oder Pelz finden sich hier.[234]

Wie erwähnt, hatte Hübel seine Buntpapiere für das Museum auf einen hellbraunen Spezialkarton, einen Manila-Karton, montieren lassen und dafür eigene Boxen angefertigt. Unter konservatorischen Bedingungen ist die Leimung auf den Manila-Karton sehr bedenklich, da dieser nicht säurefrei ist. Da die Buntpapiere heute allerdings nicht mehr ohne massive Beschädigungen vom Karton zu lösen sind, wird dieser Zustand belassen, wenngleich

229 Vgl. DMA, VA 1947/2 (Beilage zu Brief an Hübel).

230 Vgl. DMA, VA 1952/3.

231 DMA, VA-Dru, Vorl. Nr. 130, S. 5.

232 Vgl. Röschner, Buntpapiersammlung, 2010.

233 Rinck, Buntpapiersammlung, 2012, S. 480.

234 Vgl. Mayring, Bestände, 2001, S. 18.

die Gefahr besteht, dass der Kleber die ursprüngliche Farblichkeit verändert. Immerhin konnten parallel zur Neuverzeichnung des Bestands die alten Schachteln gegen neue, säurefreie und passgenau gefertigte Boxen ausgetauscht werden. Außerdem wurden zwischen die einzelnen Buntpapiere säurefreie Trennblätter aus Seidenpapier gelegt.[235]

Mindestens ebenso interessant wie die Vielzahl der verschiedenen Techniken ist die lange Liste der Namen bedeutender KünstlerInnen, die Julia Rinck identifizieren konnte. Von den über 60 bekannten EntwerferInnen sind fast ein Drittel Frauen. In keinem anderen Bestand im Archiv des Deutschen Museums ist der Frauenanteil so hoch. Neben Charlotte Anger oder Margarete Bartsch ist vor allem Lilli Behrens zu nennen. Sie hatte sich als Zeichnerin und Textilkünstlerin einen Namen gemacht. Ab 1902 widmete sie sich dem Entwurf handgearbeiteter Kleisterpapiere. Laut dem »Allgemeinen Lexikon der bildenden Künstler« konnte sie über 10 000 Blätter an Verlage, Museen und Sammler verkaufen.[236] Verheiratet war sie mit dem berühmten Architekten und Maler Peter Behrens, der u. a. für die AEG tätig war. Allein von Lilli Behrens stammen 88 Buntpapiere, meist Kleisterpapiere in verschiedenen Kombinationstechniken.[237] Solche Kleisterpapiere entstehen durch die Verformung des eingefärbten Kleisters mit Hilfe verschiedener Werkzeuge wie Pinsel, Rollen, Stempel, Kämme etc. Die Entstehungszeit der Papiere von Lilli Behrens ist um 1910 anzusetzen. Für diese Datierung spricht, dass ein älterer Katalogeintrag als Wohnort »Potsdam-Neubabelsberg« anführt. Dort hatte Peter Behrens 1907 für sein Atelier und für seine Familie ein großes Haus angemietet. Die Datierung ist ein Hinweis darauf, dass sich Hübel für seine Sammlung sehr um zeitgenössische Beispiele bemüht hat.

Bei dem hier abgebildeten Kleisterpapier von Lilli Behrens | **Abb. 122** | handelt es sich um ein mehrfach gestrichenes Papier mit einem Verdrängungsdekor aus Streifenmustern, Blüten, Blättern und Stielen, die teilweise mehrfach übermalt sind und sehr plastisch wirken.

Eine andere wichtige Künstlerin ist Clara Möller, die dem Familiennamen ihren fränkischen Geburtsort anfügte und so unter dem Namen »Möller-Coburg« bekannt wurde. Ähnlich wie Lilli Behrens profilierte sie sich als Werbe- und Gebrauchsgrafikerin und führte Textilarbeiten aus. Von ihr und ihrem Ehemann Fritz Helmuth Ehmcke, dem Mitbegründer der avantgardistischen »Steglitzer Werkstatt«, finden sich in der Sammlung Hübel fast 60 verschiedene Blätter, die ebenfalls in die Zeit zwischen 1900 und 1910 zu datieren sind.

In dem Bestand sind auch prominente Namen männlicher Buchkünstler und Grafiker vertreten, so der englische Illustrator Walter Crane, der Leipziger Grafiker Carl Hermann Holzhey oder der Zeichner des Satireblatts »Simplicissimus«, Thomas Theodor Heine, der für dieses die berühmte rote Dogge als Logo entworfen hat. Ebenso sind von Emil Orlik einige Entwürfe vorhanden, die seine Reiseerfahrungen nach Japan in Form von Swastika, Ornamenten oder Pfauen widerspiegeln. Orlik, Mitglied der Wiener und später der Berliner Sezession und Professor an der Staatlichen Lehranstalt des Kunstgewerbemuseums in Berlin, ist durch zahlreiche Porträts bekannt, so u. a. von Albert Einstein. Er war eng mit dem Berliner Arzt János Plesch befreundet. Der Verfasser dieses Buches konnte vor Jahren dessen Sohn Peter H. Plesch in seiner englischen Seniorenresidenz besuchen und dort auch zahlreiche Zeichnungen Orliks bewundern, die der Chemiker Peter H. Plesch von seinem Vater übernommen hatte. Hintergrund des Besuches war dabei die Einwerbung der wissenschaftlichen Unterlagen des Chemikers Plesch, die sich heute im Archiv befinden. Auch von dem vielseitigen Gebrauchsgrafiker Otto Hupp, der das erste Logo des Deutschen Museums entworfen hatte (vgl. Seite 126–127), sind über 70 Buntpapiere überliefert. Interessanterweise wandte sich Hupp 1916 an das Deutsche Museum mit der Bitte, ihm für seine eigene Sammlung Dubletten aus dem Bestand Hübels zur Verfügung zu stellen – ein Ansinnen, das das Haus unter Verweis auf die Kriegszeiten ausweichend beantwortete.[238] Betrachtet man also die Künstlernamen in der Sammlung Hübel, so finden sich zahlreiche Bezüge zu anderen Archivbeständen.

Affichen- und Zigarettenpapier

Der umfangreichste Teil der papierhistorischen Bestände im Archiv kam 1973 von der Forschungsstelle Papiergeschichte aus Mainz.[239] Diese, im Jahr 1938 unter dem Namen »Forschungsstelle für Papiergeschichte und Wasserzeichenkunde« gegründet, war als das zentrale Archiv für Papiermuster und Wasserzeichen geplant. Gleichzeitig galt der Arbeitsauftrag dem Nachweis der bestehenden und historischen Papiermühlen und -fabriken im deutschsprachigen Raum, der möglichst vollständigen Sammlung neuzeitlicher Papiersorten, der Dokumentation der einschlägigen Hersteller und ihrer Arbeitsmethoden, der historischen Entwicklung der Arbeitsprozesse und der relevanten Literatur zum Thema. Soweit sinnvoll, sollten Originalapparaturen für Ausstellungszwecke eingeworben werden. Dieser breiten Aufgabenstellung stand eine eher magere personelle Ausstattung gegenüber. Träger war der Verein der Zellstoff- und Papier-Chemiker und -Ingenieure (»Zellcheming«); angesiedelt war die Forschungsstelle am Stadt-

235 Vgl. Röschner, Buntpapiersammlung, 2010, S. 4.

236 Vgl. Thieme/Becker, Lexikon 1, 1907, S. 206.

237 Vgl. DMA, Buntpapiersammlung Hübel, Nr. 1964–2051.

238 Vgl. DMA, VA 1948/5.

239 Vgl. Kühn, Mainz, 1975; Mayring, Bestände, 2001, besonders S. 18f.

museum, später am Gutenberg-Museum in Mainz. Die Absatzschwierigkeiten der fördernden deutschen Papierindustrie Anfang der 1970er-Jahre führten dazu, dass diese beschloss, die Mainzer Einrichtung mit ihrem Bestand an Objekten, Büchern, Archivalien und Wasserzeichen dem Deutschen Museum zu übergeben; in München sei mit der Bayerischen Staatsbibliothek, dem Bayerischen Hauptstaatsarchiv und den dortigen Universitäten ein optimales Forschungsumfeld und mit dem Deutschen Museum ein renommierter Ausstellungsort gewährleistet.

Nach der Eigentumsübertragung 1973 teilte das Museum den Gesamtbestand auf die Objektsammlungen, die Bibliothek und das Archiv auf. Das Archiv erhielt von der Forschungsstelle Papiergeschichte (FPG) deren Korrespondenz aus den Jahren 1938 bis 1973, Vertragsunterlagen, Inventarlisten, Originalmanuskripte (Handschriften, Rezeptbücher etc.), Finanzakten (Finanzierung, Rechnungen über An- und Verkäufe), die Tätigkeitsberichte, eine Sammlung von Kopien bzw. Abschriften aus unterschiedlichen Quellen mit Bezug auf Papierherstellung und -mühlen sowie Dokumentationsmaterial zu verschiedenen Papiermachern wie Kurzbiografien und Genealogien. Eine hervorragende Quelle bildet die Fotosammlung mit über 2700 Bildern zu Papiermühlen und -fabriken weltweit, zur Papierherstellung – vor allem im asiatischen Raum (China, Japan, Indien) – sowie Porträts bedeutender Persönlichkeiten der Papiergeschichte. Darunter finden sich historische Originalaufnahmen, aber auch zahlreiche Reproduktionen. Der umfangreiche Bestand an Musterbüchern und Katalogen einschlägiger Hersteller ist heute in der großen Firmenschriftensammlung des Archivs mit der Kennzeichnung »Sammlung FPG« katalogisiert; insgesamt sind 624 Nummern der Forschungsstelle nachgewiesen.[240] Dabei handelt es sich nicht nur um Kataloge deutscher oder deutschsprachiger Hersteller; 15 Prozent des Firmenschriftenbestands stammen von ausländischen Unternehmen. Diese Zahl deutet an, dass sich die Mainzer Einrichtung als Dokumentationsstelle der Papierproduktion weltweit verstand, wenngleich der Zugriff auf einheimische Firmen und deren Papiere natürlich deutlich unkomplizierter möglich war.

Ein unglaublicher Schatz sind die ebenfalls nach München transferierten Karteien mit Literaturnachweisen zur Papiergeschichte, zu Papiermachern und Papiermühlen. Selbst entlegene Aufsätze und Kurzbeiträge aus der Zeit bis etwa 1970 sind darin akribisch erfasst. Eine ebenso fantastische Quelle bildet die riesige Korrespondenz des ersten Leiters der Forschungsstelle, Alfred Schulte. Schulte war papiergeschichtlich vorbelastet, stammte er doch aus einer alten Mülheimer Papiermacherfamilie, die seit dem 17. Jahrhundert in der Branche tätig war. Dementsprechend verfügte er über exzellente Verbindungen, die ihm beim Aufbau der Mainzer Forschungsstelle enorm behilflich waren. Er selbst brachte seine umfangreiche Wasserzeichensammlung mit rund 10000 Beispielen und seine Fachbibliothek in das Mainzer Forschungsarchiv ein. Zudem konnte er früh mit den Sammlungen der Papiergeschichtsforscher Ernst Kirchner, Edmund von Marabini und Friedrich von Hößle die Unterlagen der wichtigsten Vertreter ihres Fachs übernehmen. Dabei blieb ihm für seine Aufgabe nur wenig Zeit, da er von 1939 bis 1940 und von 1941 bis zu seinem Tod in Russland 1944 Kriegsdienst leisten musste. Immerhin konnte seine Ehefrau Antonie (Toni) sein Werk nach dem Krieg noch bis 1963 weiterführen.

Wer durch die Unterlagen der Forschungsstelle Papiergeschichte blättert, ist erstaunt über die Fülle und vielfältigen Formen der Papiere. Allein die Produktkataloge der hier vertretenen Hersteller weisen über 20000 unterschiedliche Papiere nach. Wie viele Papiersorten in der Forschungsstelle insgesamt dokumentiert sind, ist unbekannt, da noch keine detaillierte Zählung erfolgt ist. Enthalten sind Papiere von A (Affichenpapier) über J (Japanpapier) bis Z (Zigarettenpapier). Es finden sich Büttenpapiere und Riesumschläge aus Deutschland und seinen Nachbarstaaten, Banknoten, Briefmarken und Lebensmittelmarken aus verschiedenen Ländern, technische und synthetische Papiersorten genauso wie viele Formen von Bunt- und Dekorpapieren. Das Spektrum scheint unerschöpflich. Wer mehr über flammfeste Papiersorten, Metallfolienprägungen, geklebte Handpapiere aus Nepal, Glasfaserpapiere oder über das »Spionagepapier« des Fremawerks Martini & Co. in Augsburg – ein Produkt, das sich in Wasser binnen einer Minute auflöste bzw. angezündet unter totaler Verkohlung verbrannte und daher u.a. beim Bundesnachrichtendienst in Pullach zum Einsatz kam[241] – wissen will, ist bei der Sammlung der Forschungsstelle Papiergeschichte genau richtig. Bemerkenswert ist, dass gerade bei modernen Papieren der 1960er-Jahre häufig Begleitbriefe der Hersteller beiliegen, die über die Art der Herstellung Auskunft geben.

Ein interessantes Beispiel für sogenannte »Pseudopapiere« liegt ebenfalls im Bestand der Forschungsstelle Papiergeschichte. Diese unterscheiden sich von den »echten« Papieren durch die Art der Herstellung, da im Gegensatz zu diesen die Fasern nicht mit Wasser aufgeschlossen, verdünnt, gesiebt, geschöpft und getrocknet werden. Vielmehr werden die pflanzlichen Fasern solange geklopft, bis sie sich zu einem Faserverband zusammenfügen. Zu den Pseudopapieren gehören auch der Papyrus oder die in Süd- und Mittelamerika von Azteken und Mayas aus Rinden hergestellten Beschreibstoffe.

Eine besondere Form papierähnlichen Materials ist das »Wurmpapier«. | **Abb. 123** | Es stammt von den Larven der im Nordwesten Mexikos beheimateten Schmetterlingsart *Eucheria socialis westwoodi*. Sie produzieren über ihre Drüsen eine Proteinfaser, mit der sie einen Beutel oder Kokon formen, der letztlich aus

240 Vgl. Röschner, Firmenschriften, 2013.

241 Vgl. DMA, FPG, Vorl. Nr. 0436/05.

123 »Wurmpapier«, ca. 1955. Foto: Hans-Joachim Becker

mehreren, wasserundurchlässigen Lagen besteht. In diesen Seidenbeuteln sammeln sich die Larven bis zur Reife. Bevorzugte Siedlungsorte sind Erdbeerbäume, weshalb die Larve auch »gusano del madroño«, »Wurm des Erdbeerbaums«, bezeichnet wird.[242]

Die ovalen, seidenartigen Beutel sind schneeweiß und bestehen aus verschiedenen Seidenschichten, von denen die innere als Schreibstoff verwendet wurde. Diese ist so glatt, dass sie zum Schreiben nicht weiterberarbeitet werden musste. Schon die Azteken griffen auf das Wurmpapier zurück.

Im Bestand der Forschungsstelle Papiergeschichte ist ein Exemplar vorhanden, das allerdings im Laufe der Jahrzehnte gelblich geworden ist. Vermutlich stammt es aus der Zeit Mitte der 1950er-Jahre. Beigefügt ist eine Beschreibung, die wahrscheinlich ein Literaturexzerpt zu den frühesten Nennungen des Wurmpapiers, so u.a. bei Alexander von Humboldt, ist. Verfasser war wohl der deutschstämmige und damals in Mexiko lebende Papierhersteller und -forscher Hans Lenz (auf dem Blatt abgekürzt »HL«), der ein Buch über »El papel indigena mexicano« verfasst hat. Schon Humboldt habe die Seidensäckchen gekannt, wenngleich seine taxonomische Einordnung der produzierenden Schmetterlingsraupen nicht korrekt sei. Das Exzerpt zitiert aus einem Brief von Salvador Lara Lópex aus Mexiko, den dieser seiner Tochter auf eben diesem Naturpapier geschrieben hatte. Lenz kündigte in seinem Schreiben auch an, dass er sich um ein Seidennest bemühen und es der Forschungsstelle schicken wolle. Vermutlich handelt es sich dabei um das überlieferte Exemplar.

Allerdings trübt mehr als ein Tropfen Wasser im Wein die Begeisterung über den hervorragenden Bestand der Mainzer Institution im Archiv des Deutschen Museums. Die von Schulte in die Forschungsstelle eingebrachte Wasserzeichensammlung und die später dazu erworbenen Exemplare wurden auf Beschluss des Generaldirektors des Museums 1992 in ihrer Gesamtheit an das Deutsche Buch- und Schriftmuseum der Deutschen Bücherei in Leipzig (heute Teil der Deutschen Nationalbibliothek) abgegeben, obwohl sich die Archivleitung gegen ein solches Vorgehen ausgesprochen hatte. Rund 150 000 Wasserzeichenbelege wanderten dabei nach Leipzig. Die Einzelblätter sind heute im Online-Katalog der Deutschen Nationalbibliothek nach Orten, Ländern und Zeitabschnitten recherchierbar.[243]

Statt einer eindrucksvollen und umfangreichen Wasserzeichensammlung verfügt das Archiv des Deutschen Museums deshalb heute nur über geringe Bestände in diesem Bereich. Im Wesentlichen handelt es sich um zwei Sammlungen: die von Ernst Kirchner und die von Herman Anders Krüger. Beide decken etwa die Zeit vom 14. bis zum 19. Jahrhundert ab. Wasserzeichen sind Bild- oder Textmarken, die auf dem Drahtgeflecht eines Schöpfsiebs angebracht sind und – ursprünglich – zur Kennzeichnung einer bestimmten Papiermühle oder Papierfabrik verwendet wurden. Die Markierung hinterlässt im Papier einen Abdruck in der Faserschicht, die an dieser Stelle dünner und lichtdurchlässiger und so als »Wasserzeichen« zu erkennen ist. Für die Forschung sind Wasserzeichen eine hervorragende Quelle für die Datierung von Schriftstücken. Da die Siebe etwa alle zwei Jahre verbraucht waren und erneuert werden mussten, kann man – bei entsprechendem Vergleichsmaterial – eine relativ exakte Datierung von Dokumenten vornehmen. Auch Fälschungen sind über den Vergleich von Wasserzeichen gut nachzuweisen.

242 Vgl. https://ethnobiomed.biomedcentral.com/articles/10.1186/1746-4269-7-2/tables/1, sub Nr. 18 (22.5.2022).

243 Vgl. https://www.dnb.de/DE/Sammlungen/DBSM/PapierhistorischeSammlungen/_content/wasserzeichensammlungPapiergeschichte_akk.html (22.5.2022).

Die Sammlung Kirchner umfasst insgesamt 1046 Originalblätter. Sie stammen aus Deutschland, Österreich, Schweiz, Italien, Frankreich, Holland, England, Spanien und Portugal. Das früheste Wasserzeichen wurde im italienischen Fabriano hergestellt und ist auf das Jahr 1333 datiert, die jüngsten Exemplare sind im 19. Jahrhundert angefertigt. Zusammengetragen hatte sie der Papieringenieur und Professor an der Königlich Technischen Lehranstalt Chemnitz, Ernst Kirchner. Er hatte vor seiner Berufung nach Sachsen bei verschiedenen Papierfabriken im In- und Ausland gearbeitet. Neben seiner Lehrtätigkeit war er fast drei Jahrzehnte Herausgeber der renommierten Zeitschrift »Wochenblatt für Papierfabrikation«. Wie der Leiter der Forschungsstelle Papiergeschichte, Alfred Schulte, 1929 an das Deutsche Museum schrieb, hatte sein Vater Emil Schulte vor dem Ersten Weltkrieg aus dem Altpapier, das in seiner Fabrik einging, eine Reihe von Wasserzeichen, hauptsächlich aus dem Rheinland und aus Westfalen, retten können und diese Kirchner für dessen Sammlung gestiftet.[244] Kirchners Wasserzeichensammlung war 1914 von der Papiermacher-Berufsgenossenschaft unter dem Vorsitzenden der Sektion 1, Julius Haerlin, angekauft und dem Deutschen Museum gestiftet worden. Dort wurde sie unter der Inventarnummer 44 285 in den Büchern der Objektsammlung verzeichnet. Haerlin, selbst Inhaber einer Papiermühle in Gauting bei München und Besitzer des dortigen Schlosses Fußberg, hatte dafür Geldspenden unter seinen Berufskollegen eingeworben. In zehn Pappkästen wurde die Sammlung angeliefert, nachdem Kirchner selbst sie noch geordnet hatte.[245] Haerlin war es auch, der zwei Jahre später als Ergänzung zum Kirchner'schen Bestand dem Museum weitere 126 alte Papiermuster zur Verfügung stellte. Diese hatte er zum Teil selbst gesammelt, teils von dem Wiener Physiologen Sigmund Exner gestiftet bekommen und teils angekauft.[246]

Papierhistorische Sammlungen (wichtige Einzelbestände)	
Forschungsstelle Papiergeschichte (Akten, Dokumente, Fotografien, Firmenschriften)	ca. 42 lfm
Buntpapiersammlung Felix Hübel	ca. 14 700
Wasserzeichensammlung Ernst Kirchner	ca. 1050 Blatt
Wasserzeichensammlung Herman Anders Krüger	ca. 1530 Blatt

244 Vgl. DMA, VA 1964/4.
245 Vgl. DMA, VA 1947/2.
246 Vgl. DMA, VA 1948/2.

Flug über die Atome

Kleine Erwerbungen

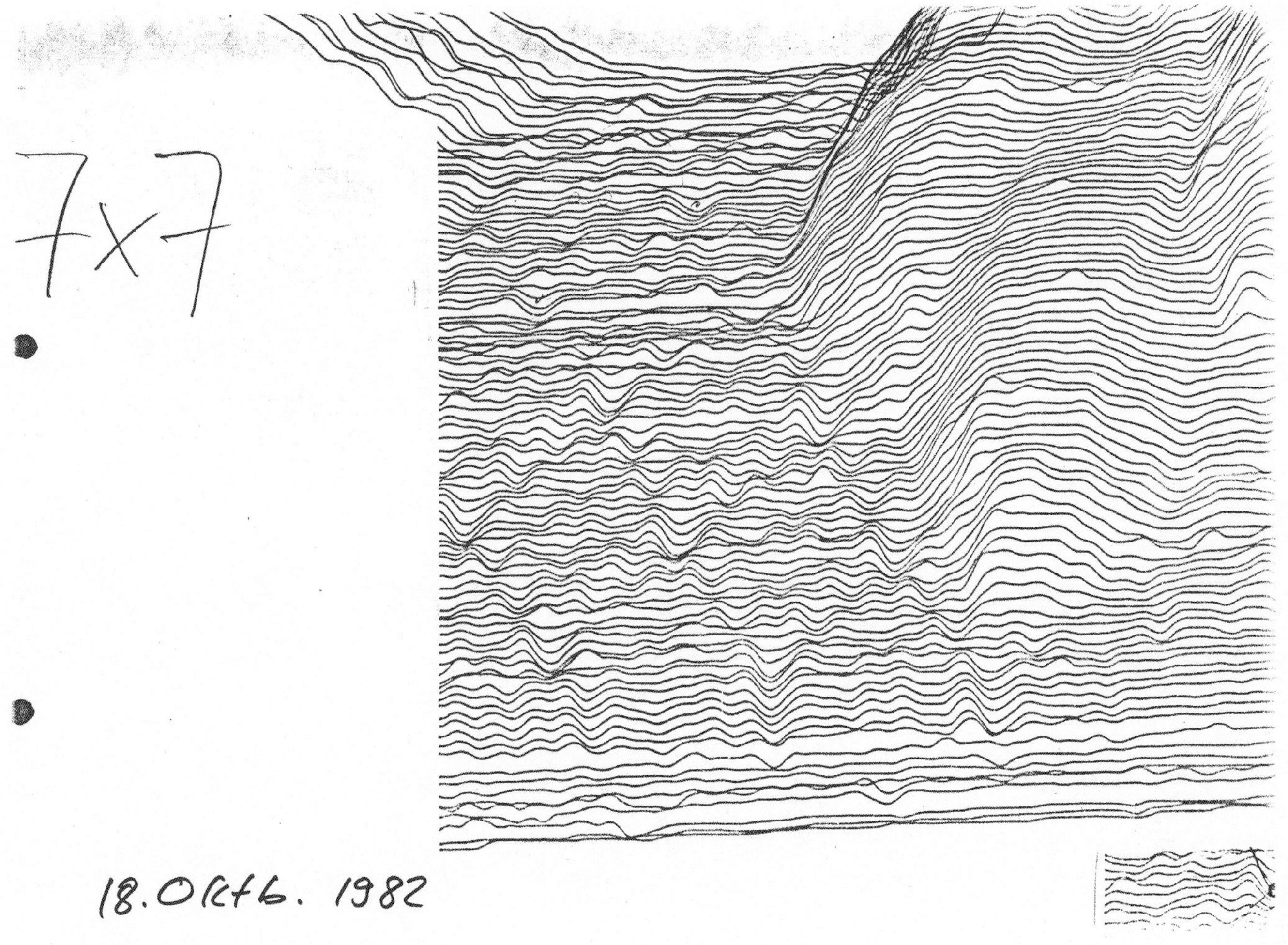

124 Die Messung der atomaren Struktur an »Si(111) 7×7 Reproduktion« durch Gerd Binnig, 1982.

In den Findmitteln der meisten Archive findet sich eine Systemstelle »Sammlungen«, die unterschiedliche Klein- und Kleinstbestände umfasst. Im Archiv des Deutschen Museums sind Zugänge, die sich nicht einer der Hauptgruppen zuordnen lassen, in den »Kleinen Erwerbungen« verwahrt. Hier entdeckt man Archivalien, die bisweilen nur aus wenigen Archivnummern bestehen, oft aber interessante Dokumente aus der Wissenschafts- und Technikgeschichte enthalten.

Eine solche Entdeckung ist der Bestand »KE 001: Sammlung Johannes Zeltner«. Hinter diesem Namen verbirgt sich ein Nürnberger Geschäftsmann, der 1838 die erste Ultramarinfabrik in Bayern begründete. Diese ging nach seinem Tod in den Vereinigten Ultramarinfabriken auf. Zeltner profilierte sich als Multiunternehmer, der auch an Kammspinnereien und Eisenwerken beteiligt war. Bleibende historische Bedeutung gewann Zeltner durch die Tatsache, dass ihm am 2. Juli 1877 das erste deutsche Patent beim neu geschaffenen Kaiserlichen Patentamt für sein »Verfahren zur Herstellung einer rothen Ultramarinfarbe« erteilt wurde – das »D.R.P. 1«, also das allererste Patent des Deutschen Reiches. Leider hat sich genau dieses nicht in der Sammlung erhalten. Überliefert sind einige Fotografien von Zeltner und seiner Familie sowie spätere sekundäre Unterlagen zur Familiengeschichte. In zweiter Ehe war er mit Käthe (Katharina) Scharrer verheiratet, der Tochter von Johannes Scharrer – Nürnberger Unternehmer, Gemeindebevollmächtigter und einer der Protagonisten der ersten deutschen Eisenbahn von Nürnberg nach Fürth. Von ihm finden sich einige Dokumente in den Kleinen Erwerbungen (KE 002).

Durch eine hausinterne Übergabe kamen rund 100 Dokumente und Fotografien mit Bezug zum Kalibergbau ins Archiv.[247] Stifterin war Ruth Gassner-Hirsch, eine Enkelin von Georg Eichler, des ersten Direktors des Deutschen Kalisyndikats. Sie hatte 1989 dem Deutschen Museum einen dreiteiligen Tafelaufsatz

247 Vgl. DMA, KE 038.

übereignet, der Eichler als Ehrengeschenk zu seinem 20-jährigen Dienstjubiläum überreicht worden war. Gleichzeitig stiftete sie eine dünne Mappe mit Fotografien ihres Großvaters sowie einige Werbemittel zu Kali. Ruth Gassner-Hirsch war mit dem bekannten expressionistischen Künstler und Schriftsteller Karl Jakob Hirsch verheiratet, dessen umfangreicher Nachlass heute in der Universitätsbibliothek München verwahrt wird. Um ihre enge Verbundenheit mit ihrem Mann zu zeigen, benutzte sie für ihre Korrespondenz den Familiennamen in Verbindung mit seinem Pseudonym (Joe) Gassner.

Inhaltlich umfassen die »Kleinen Erwerbungen« ganz unterschiedliches Material. So findet sich darin eine seltene Rechnerdokumentation zum Höchstleistungsrechner »SUPRENUM«, einem deutschen Parallelrechner aus den 1980er-Jahren, der zwar für die Informatik-Forschung von großer Bedeutung war, sich aber auf dem Markt nicht etablieren konnte. Ebenfalls mit einer Computer-Entwicklung beschäftigt sich die Sammlung zu den Telefunkenrechnern TR 4/TR 440 mit Betriebshandbüchern und Programmieranweisungen, aber auch mit kritischen Protokollen der Anwender dieser Rechner. Von internationaler Bedeutung in den »Kleinen Erwerbungen« sind umfangreiche Akten zur Arktisforschung, nämlich zur Expédition Glaciologique Internationale au Groenland. Diese Unterlagen ergänzen hervorragend einen Parallelbestand im Archiv für deutsche Polarforschung am Alfred-Wegener-Institut in Bremerhaven.

Einige besonders spannende Unterlagen vermittelte der Wissenschaftshistoriker Jochen Hennig dem Archiv des Deutschen Museums. Sie bilden den Bestand »KE 014: Sammlung Thomas«. Hennig hatte sich in seiner Dissertation mit der Bildpraxis in der frühen Nanotechnologie beschäftigt und war dabei in Kontakt mit dem Physiker und Nobelpreisträger Gerd Binnig und dessen Mitarbeitern gekommen.[248]

Wir alle sind heute mit wissenschaftlichen Fotografien vertraut, die mit farbigen Aufnahmen unser Bildwissen prägen: fremde Galaxien, das schwarze Loch, Blutgerinnsel, Muskelfasern, neuronale Zellen. Ganz selbstverständlich akzeptieren wir diese Bilder als objektive Wahrheiten, obwohl sie lediglich digital erstellt und keineswegs Abbild des für uns Unsichtbaren, sondern eine bewusste Angleichung an unser traditionelles Bildverständnis sind. Nicht viel anders verhält es sich mit einer Aufnahme aus der Sammlung Thomas, die durch das Internet und viele Publikationen geistert: die erste »Nanofotografie«.

Diese Darstellung hängt mit einer sensationellen Messung zusammen. Durchgeführt hatte sie der deutsche Physiker Gerd Binnig. Gemeinsam mit dem Schweizer Heinrich Rohrer hatte er 1981 am Forschungslabor der IBM in Rüschlikon bei Zürich das Rastertunnelmikroskop entwickelt. Für diese Leistung wurden beide – zusammen mit Ernst Ruska – im Jahr 1986 mit dem Nobelpreis für Physik ausgezeichnet.

125 Die bearbeitete und veröffentlichte Messung Binnigs als Pappmodell.

Am 18. Oktober 1982 gelang Binnig mit dem Rastertunnelmikroskop eine damals heftig diskutierte Messung der atomaren Struktur an »Si(111) 7×7 Reproduktion«. Gemeint ist damit die Abtastung der Oberflächeneinheitszelle einer besonderen Form des Siliziums (Si), die sich durch ihre Größe von jeweils sieben Atomabständen (daher 7×7 Reproduktion) von anderen Oberflächenrekonstruktionen deutlich unterschied. Die Messergebnisse konnte Binnig über ein Oszilloskop und einen einfachen Schreiber ausgeben. **| Abb. 124 |**

Dieser erste »Ausdruck«, von dem sich eine Kopie im Archiv befindet, wurde von Binnig allerdings nie publiziert, obwohl sich die von ihm erwartete atomare Struktur der Siliziumoberfläche deutlich zeigte. Vielmehr hat Binnig zur Demonstration seiner Messung den Ausdruck des Schreibers vielfach kopiert, deren Einzellinien ausgeschnitten, sie zu einem dreidimensionalen Papiermodell zusammengefügt, es unter spezieller Beleuchtung fotografiert und erst dann diese Aufnahme veröffentlicht. **| Abb. 125 |** Heute ist das Bild ein Klassiker geworden und im World Wide Web vielfach reproduziert. Das Ergebnis der Bearbeitung Binnigs war eine Darstellung, die dem Betrachter den Eindruck einer atomaren Landschaft mit Bergen und Tälern vermittelte, also Sehgewohnheiten aus unserer Umwelt auf die Oberfläche des Siliziums projizierte.

Während Binnig in den beiden folgenden Jahren nach 1982 aus unterschiedlichen Gründen keine weiteren Messungen durchführte, beschäftigte sich der Mathematiker und Programmierer

248 Zum Folgenden vgl. Hennig, Bildpraxis, 2011, besonders S. 140–147.

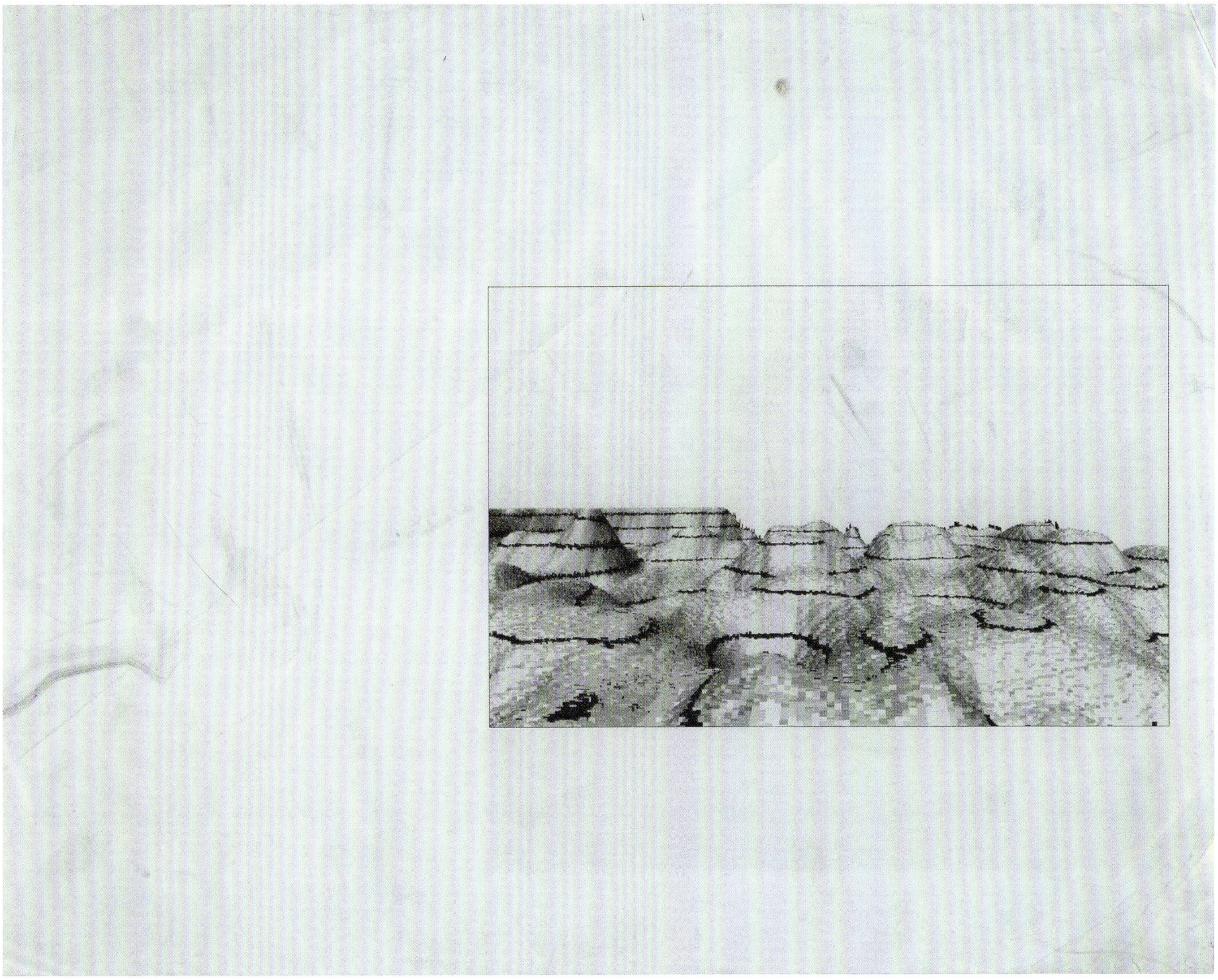

126 Frühe computergrafische Umsetzung der Messung von Binnig durch Hartwig Thomas.

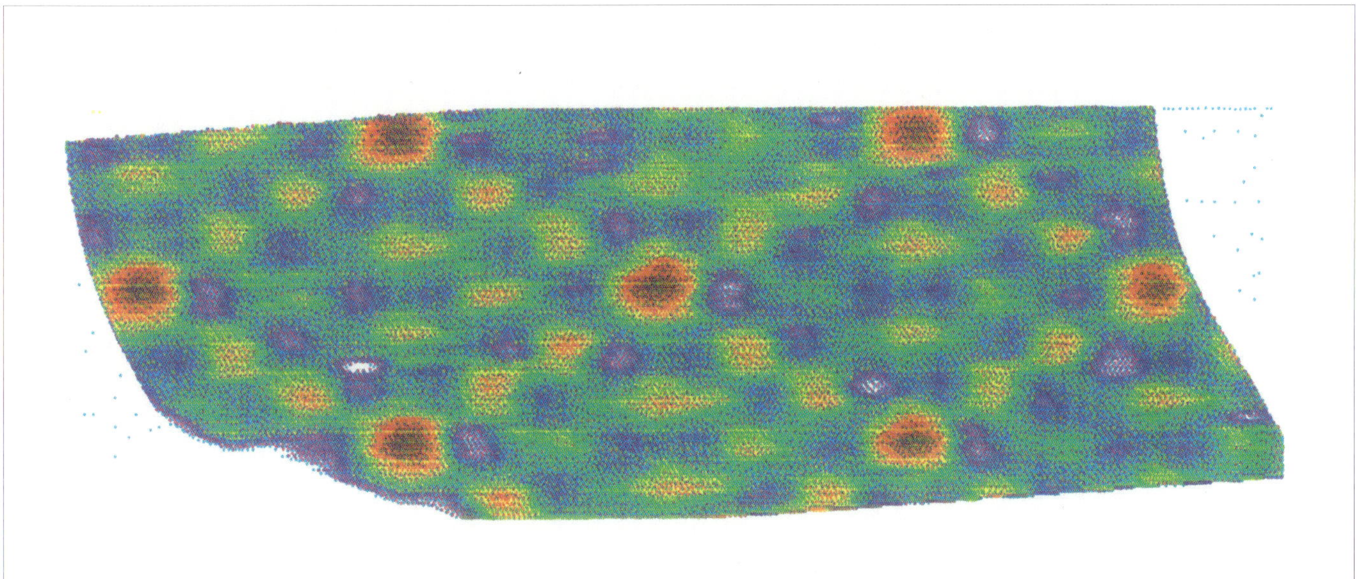

127 Farbig interpretierte Computergrafik von Hartwig Thomas zur Messung Binnigs.

Hartwig Thomas mit einer neuen Form der visuellen Darstellung dieser Messung. Er scannte den ersten Ausdruck ein und bearbeitete ihn am Computer weiter. Dabei stand ihm keine serienmäßige Software zur Verfügung, sondern er musste damals jeden einzelnen Arbeitsschritt mühsam programmieren. Bemerkenswert an seiner Vorgehensweise war, dass Thomas keine zeichnerischen Ergänzungen, Schatten oder farbige Markierungen in sein Programm einfügte. Vielmehr baute er seine Computergrafik strikt auf einer mathematischen Logik auf. Natürlich interpretierte auch er die Oberfläche des Siliziums flächig in dem Sinne, dass er die höchsten und niedrigsten Punkte als Positionspunkte abbildete, die jedoch nicht wie bei Binnig auf einer Geraden lagen, sondern gekrümmt angeordnet waren. Das Ergebnis war zuerst ebenfalls eine Berg-und-Tal-Landschaft. | **Abb. 126** |

In den folgenden Jahren realisierte Thomas unter erheblichem Programmieraufwand farbige Ausdrucke der Messung, in der die Tiefenpunkte (Minima) braun, die mittleren Lagen in Grüntönen und die Maxima blau und violett aufscheinen. Im Farbbild lassen sich die beiden gleichseitigen Rauten des Siliziumatoms an der Verbindung der großen bräunlich-orangefarbigen Bildpunkte gut erkennen. | **Abb. 127** |

Die von Hartwig Thomas entwickelte Methode der Computergrafik zur Darstellung einer Messung mit dem Rastertunnelmikroskop von Binnig und Rohrer bildet einen Bruch in der Bildwelt der Atomphysik. Nicht mehr »künstlerisch-zeichnerische« Eingriffe bestimmen das Endprodukt, sondern mathematisch erzeugte Einzelpunkte. Wir sehen nicht die Wirklichkeit der Siliziumoberfläche, sondern die mathematische Interpretation der Messergebnisse.

Im Übrigen lohnt es sich, bei den ersten Aufnahmen Binnigs die Rückseite des Diagramms zu beachten. Diese führt nämlich zurück in die Frühzeit von Aufzeichnungsverfahren, die noch unabhängig von flüssigen oder festen Farben, von chemischen oder mechanischen Methoden und auf fotografischem Weg arbeiteten. Auf dem Blatt finden sich hinten Aufdrucke wie »Bosch«, »RMP« etc. Bei der Identifizierung des seltenen Papiers hilft die Firmenschriftensammlung des Archivs weiter. Hier ist eine Produktbeschreibung des Unternehmens Bosch mit dem Titel »Metallpapier Registrierverfahren« aus dem Jahr 1968 archiviert.[249] Bei dem RMP handelt es sich um eine spezifische Papiersorte, bei der unter der silbrig-glänzenden Metallschicht mit einer Dicke von ca. 0,1 µm ein schwarzpigmentierter Lackfilm liegt. Beim Registrieren auf dem Papier wurde durch die Elektroden des Schreibers eine geringe Gleichspannung angelegt, das Metall verdampfte in der nächsten Umgebung der Schreibelektrode und erzeugte so die schwarze Schreibspur. | **Abb. 124** | Beim Brennen entwickelten die Metalldämpfe einen charakteristischen Geruch, da durch den Lichtbogen Stickoxide freigesetzt wurden. Ein interessanter Rückblick in die Geschichte der Schreib- und Drucktechnik!

Kleine Erwerbungen		
Umfang	53 Einzelbestände	50 lfm.
Wichtige Bestände	Astronomische Bildersammlung von Oswald Thomas	8 lfm.
	Expédition Glaciologique Internationale au Groenland	4 lfm.
	Projekt Höchstleistungsrechner SUPRENUM	1 lfm.
	Rechnerdokumentation zu TR 4/TR 440	5,5 lfm.
	Sammlung von Hartwig Thomas zu Rastertunnelaufnahmen	0,1 lfm.
	Sammlung von Helmuth Albrecht zur Laserforschung	5 lfm.
	Zentraler Artikelkatalog der Volkswirtschaft der DDR (ZAK)	1,5 lfm.
Tipps zum Weiterlesen	Hennig, Jochen: Bildpraxis. Visuelle Strategien in der frühen Nanotechnologie. Bielefeld 2011	

249 Vgl. DMA, FS 505110.

In Form gegossen

Medaillen, Denkmünzen, Plaketten, Abzeichen

Fällt das Wort Medaille, winken die meisten Menschen ab. »Langweilig«, »wertlos«, »historisch uninteressant« sind nur einige Attribute, die man zu hören bekommt. Von Bedeutung scheinen nur die Gold-, Silber- und Bronzemedaillen zu sein, die eine Nation bei einer Olympiade oder Weltmeisterschaft errungen hat.

Das Deutsche Museum sammelt bereits seit den Gründungsjahren Medaillen. Im Verwaltungsbericht des Jahres 1906/07 wird davon gesprochen, dass im Ehrensaal »auch Medaillen mit den Bildnissen hervorragender Förderer der Naturwissenschaft und Technik sowie Denkmünzen zur Erinnerung an wissenschaftliche Forschungen und an Werke der Ingenieurkunst ausgestellt« werden sollten.[250] Die hier getroffene Unterscheidung von Medaille – für Personen – und Denkmünze – für Ereignisse – entspricht nicht dem heutigen Sprachgebrauch. Denkmünzen (oder: Gedenkmünzen) werden aktuell geprägt, um an historische Persönlichkeiten, Ereignisse oder Jubiläen zu erinnern. Im Gegensatz zu Medaillen sind sie aber reguläre Zahlungsmittel, wenngleich sie in vielen Ländern zu einem höheren Preis herausgegeben werden als die eingeprägte Wertangabe besagt. Denkmünzen zielen daher in erster Linie auf Sammler. Demgegenüber haben Medaillen keinen Kurswert, sind also keine Zahlungsmittel. Hintergrund ist, dass sie nicht nur von offiziellen staatlichen Stellen, sondern auch von Unternehmen, Vereinen und Gesellschaften – ja selbst von Privatpersonen – hergestellt werden dürfen.

Das Wort »Medaille« stammt ursprünglich aus dem Mittellateinischen »medallia«, wo es eine kleine Münze bezeichnete. Diese bestand nicht aus Edelmetall, sondern aus einfachen Metallsorten und wies damit keinen reellen Zahlungswert auf. Ähnlich wie Denkmünzen bilden Medaillen bedeutende Persönlichkeiten ab und dokumentieren durch symbolische Darstellungen wichtige Ereignisse, Leistungen, Erfindungen oder Veranstaltungen. In vielen Fällen sind Medaillen nicht zeitgenössisch entstanden; meist erinnern sie an historische Begebenheiten, vor allem an Jubiläen.

Ein dritter, inhaltlich ähnlicher Sammlungsgegenstand ist die Plakette. Im Gegensatz zur Medaille und zur Denkmünze ist sie in der Regel nur auf einer Seite reliefartig gestaltet, während die Medaille auf Vorder- und Rückseite – »Avers« und »Revers« genannt – Motive und Schrift aufweist. Plaketten sind im Format häufig deutlich größer als Medaillen, da mit der Größe auch die Bedeutung der dargestellten Person oder des Ereignisses zum Ausdruck kommen sollte. So verwundert es nicht, dass von den im Archiv vorhandenen ca. 140 Plaketten ziemlich genau die Hälfte größer als 10 Zentimeter ist. Alle diese Darstellungen zeigen fast ausschließlich bekannte männliche Naturwissenschaftler, Techniker, Erfinder und Ingenieure, darunter Johannes Gutenberg, Alfred Krupp, Werner von Siemens, Ferdinand Graf von Zeppelin, Robert Koch und Emil Fischer. Wie in vielen anderen Fällen fehlen Plaketten zu Frauen und deren Leistungen nahezu völlig.

Eine vereinfachte und damit deutlich kleinere Form der Plakette ist das Abzeichen, das beispielsweise als Anstecknadel zu Veranstaltungen, als Leistungsabzeichen oder als Ehrennadel für besondere Verdienste verbreitet ist.

Alle genannten Formen (Medaillen, Denkmünzen, Plaketten und Abzeichen) finden sich in der »Medaillensammlung« des Deutschen Museums. Sie zählt heute auf dem Gebiet der Naturwissenschaften und der Technik zu den bedeutendsten Sammlungen europaweit. Insgesamt umfasst sie rund 4400 Objekte, wobei hier zahlreiche Doppelstücke eingerechnet sind.[251] Die Ankündigung Oskar von Millers, dass die Medaillen im Ehrensaal ausgestellt werden sollten, um so ihre Bedeutung zu unterstreichen, wurde allerdings nie verwirklicht. Nur vereinzelt kamen große, repräsentative Stücke, meist Plaketten, in die einzelnen Abteilungen, um dort Erfinderpersönlichkeiten und deren Werk zu illustrieren. Ganz allmählich aber wurden diese dekorativen Erinnerungsstücke aus den Ausstellungen entfernt und in die archivischen Sammlungen integriert. Dies hatte auch zur Folge, dass die Zahl der Stiftungen abnahm und der Umfang des Bestands – abgesehen von einigen größeren Schenkungen – stagnierte. Gerade in der Zeit nach dem Zweiten Weltkrieg spielten Medaillen keine Rolle mehr. Es kam nur noch eine geringe Stückzahl ins Archiv, meist im Jahresdurchschnitt zwischen 20 und 30 Objekte. Erst Rudolf Heinrich, der Leiter der »Sondersammlungen« in den Jahren 1976 bis 1992, widmete den Medaillen wieder besondere Aufmerksamkeit und bemühte sich aktiv um Zuwächse. In seiner Zeit wurden in verschiedenen Münzhandlungen regelmäßig Ankäufe getätigt. Zwischen 1976 und 1988 vermehrte sich der Bestand um 964 Stücke. Heinrich war es auch, der im Jahr 1990 die umfangreiche Medaillensammlung des Chemikers und Wissenschaftsjournalisten Anthony R. Michaelis mit rund 1500 Stücken ankaufte. Heute wächst die Medaillensammlung nur durch Einzelschenkungen. Im Sammlungskonzept des Archivs wird sie als illustrierender Bestand klassifiziert, für den keine Haushaltsmittel aufgewendet werden.

Überblickt man die Medaillensammlung des Deutschen Museums, fällt auf, dass sie – ganz im Gegensatz zu der sonstigen Fokussierung auf den deutschsprachigen Raum – sehr stark von einer Internationalität der Einzelobjekte geprägt ist. Selbstverständlich dominieren die Medaillen der großen Industrienationen Deutschland, England, Frankreich, Italien und USA. Aber auch Personen und Ereignisse der Wissenschafts- und Technikgeschichte anderer europäischer und außereuropäischer Länder sind vertreten. Aus Rumänien ist die Hafenerneuerung in Braila 1872 ebenso belegt wie der Durchbruch des Teliu-Tunnels 1926,

250 Vgl. DMA, VA-Dru, Vorl. Nr. 0120, S. 6.

251 Vgl. Mayring, Medaillen, 2007. Die Gesamtzahl hat sich inzwischen leicht erhöht.

des längsten Eisenbahntunnels des Landes. Aus Peru stammen 19 Medaillen, die vorwiegend den Ausbau des Eisenbahnnetzes zwischen 1868 und 1872 in den Bergregionen der Anden thematisieren. Der schwierige Bau von Bahnstrecken und Brücken in oft unwegsamem Gelände diente beispielsweise der Erschließung von Bodenschätzen rund um die Silberstadt Punto oder dem Zugang zur Region Pasco als wichtigem Bergbauzentrum Perus.

Thematisch gruppiert sich die Sammlung um Fachgebiete, die sich in den Ausstellungen des Deutschen Museums finden. Schwerpunkte sind Schifffahrt, Schiffbau und Hafenanlagen mit rund 370 Exemplaren, Luft- und Raumfahrt (309), Bergbau (306) und Eisenbahnwesen (301). Auch Erinnerungsmedaillen zu bedeutenden Welt- und Industrieausstellungen im In- und Ausland sind vorhanden. Auffällig ist, dass Darstellungen zur Geschichte der Technik und ihren verschiedenen Anwendungsbereichen dominieren, während Abbildungen zu Wissenschaft und Forschung zahlenmäßig geringer vertreten sind. Insgesamt ist die Breite der Themen erstaunlich groß. Nicht nur Personen und wichtige Begebenheiten in Wissenschaft und Technik finden Eingang in Medaillenprägungen. Die Sammlung des Archivs beinhaltet einige unerwartete Erinnerungsstücke an das »Deutsche Bundes- und Jubiläumsschießen 1887« ebenso wie die undatierten Abbildungen eines Murmeltiers im Alpenzoo Innsbruck oder eines Dreirad fahrenden Elefanten des Staatszirkus der Deutschen Demokratischen Republik. Selbst zu eher traurigen Anlässen wie den Luftangriffen auf Augsburg und Hannover im Jahr 1944 erfolgten Prägungen.

Die Medaillensammlung hatte zwischen 1918 und 1923 eine bedeutende Bearbeiterin: Mathilde Hertz, zweite Tochter des Physikers Heinrich Hertz.[252] Nach dem frühen Tod des Vaters, dem Abitur in Bonn und einer künstlerischen Tätigkeit – u. a. für den Ehrensaal des Deutschen Museums – kam sie kurz vor Ende des Ersten Weltkriegs nach München, wo sie in der Museumsbibliothek beschäftigt war. Laut einem Arbeitszeugnis hat Hertz die Medaillensammlung selbstständig geordnet sowie die Urkundensammlung gesichtet und katalogisiert. Als 1920 die Urkunden, Handschriften, Medaillen, Porträts und technischen Zeichnungen organisatorisch von der Museumsleitung aus- und in die Bibliothek eingegliedert wurden, machte sich Mathilde Hertz zumindest vorübergehend Hoffnung auf die Leitung dieser Abteilung. In einem langen Schreiben an Oskar von Miller vom August 1920 führt sie aus, dass eine Frau mit ihrer Vorbildung sehr wohl in der Lage sei, die neue Abteilung zu führen. Dieser Vorschlag wurde brüsk zurückgewiesen. Die Stelle müsse ein Mann innehaben, der mit seinem Gehalt eine Familie ernähren müsse, während eine alleinstehende Frau – gemeint war Hertz – nur für sich selbst sorgen müsse und daher weniger Einkommen benötige. Man erkennt an dieser Argumentation, wie weit die Museumsleitung vom Gedanken einer Gleichberechtigung von Mann und Frau entfernt war.

Überhaupt scheint es Mathilde Hertz im Museum schwer gehabt zu haben. Ihre Vorstöße, die Sammlung an Urkunden und Handschriften für Veröffentlichungen zu nutzen, blieben unbeantwortet. Für einen weiteren Vorschlag, aus der Urkundensammlung einen romanhaften biografischen Film zu entwickeln, der geeignet wäre, »volkserzieherisch und bildend in jeder Beziehung zu wirken und für das Deutsche Museum erfolgreich Propaganda zu machen«, hatte Miller nur die knappe Randnotiz übrig: »Frl. Hertz soll zunächst eine Skizze des Films entwerfen«. Der Plan wurde nicht weiterverfolgt.

Nachdem sie parallel zu ihrer Arbeit im Museum Vorlesungen und Übungen in Geologie, Anthropologie, Vorgeschichte und Philosophie an der Ludwig-Maximilians-Universität besucht hatte, kündigte sie im April 1924 – vermutlich desillusioniert – ihre Stelle im Museum. Im Jahr 1925 schloss sie ihre Promotion in Biologie ab und wirkte dann in München und Berlin, wo sie 1929 ihre Habilitation einreichte. Später emigrierte sie nach England und arbeitete an der Cambridge University im Department of Zoology.

Eine Goldmedaille und ihr Medailleur

Ein besonders spannendes Exemplar der Sammlung ist eine auf den ersten Blick unscheinbare Medaille auf den Chemiker Carl Graebe (1841–1927). Verliehen wurde sie ihm im Jahr 1903. Sie ist aus Gold, hat ein Format von 52 × 70 mm und ein Gewicht von 179 Gramm. Archiviert ist sie unter der Signatur »MD 02786«. **| Abb. 128/129 |**

Interessanterweise ist im Bestand die gleiche Medaille auch in Silber vorhanden (MD 00380); sie hat die identischen Maße, ist aber nur 108 Gramm schwer. Dieses Stück hat das Deutsche Museum von der Frankfurter Münzenhandlung Sally Rosenberg angekauft. Die Silbermedaille wurde nur dreimal geprägt. Sie war ein Erinnerungsgeschenk an die Chemiker Marcelin Berthelot, Adolf von Baeyer und Carl Alexander von Martius. Welcher dieser drei Personen das Exemplar im Archiv gehörte, lässt sich nicht mehr feststellen.

Graebe hatte gemeinsam mit Carl Liebermann 1868 die chemische Struktur des Farbstoffs Alizarin entdeckt und ein Jahr später diesen Stoff gemeinsam mit dem Industriechemiker Heinrich Caro erstmals synthetisiert und zum Patent angemeldet. Zusammen mit der Entdeckung des Indigos bedeutete die Synthetisierung von Alizarin den Durchbruch für die Farbenproduktion im 19. Jahrhundert und begründete die Vormachtstellung der deutschen Farbenchemie. Es ist eine merkwürdige Parallelität der Wis-

252 Zum Folgenden vgl. DMA, VA, PA 0819.

128/129 Goldmedaille auf Carl Graebe, 1903. Fotos: Hans-Joachim Becker

senschaftsgeschichte, dass in England die Herstellung von Alizarin nahezu zeitgleich für Graebe und Liebermann und für ihren englischen Kollegen William Henry Perkin patentiert wurde. Nur ein Tag lag zwischen den beiden Patenten!

Nach einer kurzen Station als Privatdozent in Leipzig bekleidete Graebe von 1870 bis 1877 die Professur für Chemie in Königsberg, bevor er 1878 nach Genf wechselte, wo er bis zu seiner Emeritierung 28 Jahre lang forschte und lehrte. Graebe war international hoch angesehen und erhielt eine Vielzahl von Auszeichnungen. Seine Frau Albertine Graebe schenkte seinen umfangreichen wissenschaftlichen Nachlass dem Deutschen Museum. Diese Stiftung ergänzte sie um verschiedene Medaillen, die ihr Ehemann im Laufe seines Lebens gesammelt hatte. Unter diesen sind Erinnerungsstücke auf Marcelin Berthelot, Armand Gautier, Emile C. Jungfleisch, Carl Liebermann, Jean Louis Prévost und Theodor Zincke, nicht zuletzt mehrere Medaillen auf Graebe selbst.

Die besagte Goldmedaille aus dem Jahr 1903 wurde zum 25-jährigen Dienstjubiläum Graebes an der Université de Genève angefertigt und ihm anlässlich der 75. Versammlung der Gesellschaft Deutscher Naturforscher und Ärzte in Kassel überreicht. Da diese Gesellschaft zu den ältesten, bedeutendsten und angesehensten in Deutschland gehörte und die Teilnahme an ihren Versammlungen als ein »Muss« für etablierte Wissenschaftler wie Nachwuchsforscher galt, war gesichert, dass zahlreiche Fachkollegen anwesend sein würden. Bei der Veranstaltung in Kassel wurde zu einer eigenen Graebe-Feier eingeladen, in deren Verlauf ihm das goldene Exemplar der Medaille verliehen wurde.[253] Genau dieses singuläre Stück hat sich im Archiv des Deutschen Museums erhalten. Anschließend gab es ein opulentes Essen, u.a. mit »Mockturtle-Suppe«, Rheinsalm mit zerlassener Butter, Rebhuhn nach Montgelas, Stangenspargel, Französischen Masthühnern und Kaiser-Bombe. Für die Ehrenpräsidenten der Feier (Berthelot, von Baeyer, von Martius) wurden die drei silbernen Medaillen geprägt, während für die Festgäste und die an der Geldsammlung beteiligten Personen insgesamt 304 Exemplare aus Bronze vorgesehen waren. Über die Hintergründe und die Motivation für die Herstellung sind wir durch zahlreiche Briefwechsel im Archiv bestens unterrichtet.[254] Die Chemiehistorikerin Elisabeth Vaupel hat schon vor Jahren darüber berichtet.[255]

Die Vorderseite der Medaille zeigt ein Brustbild des Chemikers von rechts mit dem Text »CARL GRAEBE« und »CASSEL XX. SEPT. MDCCCCIII«. An diesem Tag fanden in Kassel die angesprochene Graebe-Feier und die Verleihung der Medaille statt. Graebe ist als älterer Mann dargestellt – ein Hinweis darauf, dass er für ein Lebenswerk geehrt werden sollte. Der Revers stellt

253 Vgl. Graebe-Feier, 1903; der entsprechende Druck und die Speisekarte finden sich in DMA, HS 1976-029/L1.

254 Vgl. ebd.

255 Vgl. zum Folgenden Vaupel, Wolken, 1986.

130 Der Chemiker Carl Graebe an der Tafel seines Laboratoriums, 1903. Foto: Jean Lacroix

den Wissenschaftler, der als engagierter Hochschullehrer bekannt war, während einer Vorlesung an der Tafel dar. Dort sind einige Formeln für seine Konstitutionsaufklärung des Naphthalins aufgeschrieben. Mit dieser Arbeit hatte sich Graebe habilitiert. Gleichzeitig umging man mit dieser Auswahl des Motivs das Problem, dass man bei seiner eigentlich prägenden Entdeckung des Alizarins auch den Namen seines Kollegen Carl Liebermann hätte nennen müssen. Vor Graebe stehen auf dem Pult verschiedene Laborgerätschaften, darunter ganz links der von ihm entwickelte und nach ihm benannte Graebe'sche Chlorentwicklungsapparat. Über der Tafel ist – umrahmt von Lorbeerblättern – reliefartig Graebes Geburtsstadt Frankfurt am Main mit dem entsprechenden Text zu sehen. Unterhalb des Labortisches sind die Städte genannt, in denen er studiert bzw. gelehrt hat: Heidelberg – Marburg – Berlin – Leipzig – Königsberg – Zürich – Genf.

Die differenzierte, selbst auf eventuelle Empfindlichkeiten des Mitentdeckers Liebermann Rücksicht nehmende Gestaltung der Medaille lässt die Vermutung aufkommen, dass der Künstler bei der Ausführung nicht unabhängig agieren konnte. Die verschiedenen Briefwechsel zwischen Heinrich Caro und dem damaligen Assistenten Graebes in Genf, Fritz Ullmann, zeigen tatsächlich, dass sich insbesondere Caro in die Konzeption der Medaille kräftig eingemischt hat. Nach einigem Hin und Her zeigte sich Caro letztlich begeistert: »Man kann Sie zu der Wahl des Künstlers beglückwünschen! Unzweifelhaft macht die Platte den Eindruck eines sinnvoll erdachten, seinem Zweck vollauf entsprechenden und prächtig ausgeführten Kunstwerks. Es ist ein schöner Gedanke, den Meister bei seinem Werke darzustellen.«[256] Elisabeth Vaupel hat darauf hingewiesen, dass die Formelschreibweise an der Tafel derjenigen zu Beginn des 20. Jahrhunderts entspricht, nicht aber der, wie Graebe sie in seinen Aufzeichnungen zu Naphthalin 1868 verwendet hatte. Die Formeln wurden also in einer modernen Darstellung umgesetzt. Dazu passt, dass Graebe auf der Medaille ebenfalls nicht als junger Mann, sondern in einem Alter von gut 60 Jahren präsentiert wird.

Der ausführende Künstler war Hans Frei (1868–1947), dessen Name am rechten Rand des Avers eingeprägt ist.[257] Geboren in Basel, absolvierte er dort eine Ausbildung als Graveur. Nach einer längeren Wanderschaft durch Deutschland und Österreich sowie einem mehrjährigen Aufenthalt in Genf und Paris kehrte Frei 1898 in seine Heimatstadt zurück, wo er bis zu einem Schlaganfall 1941, der ihn halbseitig lähmte, arbeitete. Bis 1908 unterhielt er ein Zweitatelier in Paris. Frei war ein international anerkannter Medailleur, der rund 450 Plaketten und Medaillen geschaffen hat. Er gilt als einer der führenden Vertreter seines Fachs um 1900. Frei stellte zudem zahlreiche Rundplastiken, Grabmäler sowie Gold-schmiede- und Ziseleurarbeiten her. Die Medaille auf Carl Graebe stammt aus einer frühen Phase seiner Tätigkeit. Frei war bei der Weltausstellung 1900 in Paris mit einer Goldmedaille für sein

256 DMA, HS 1976-029/L1.

257 Zu Frei vgl. Aeppli, Medailleur, 1966.

131 Fotografie des Entwurfs von Hans Frei für die Graebe-Medaille, 1903.

künstlerisches Œuvre ausgezeichnet und so europaweit bekannt geworden. Später schuf er zahlreiche weitere Chemiker-Medaillen, u.a. für Georg Lunge zum 70. Geburtstag oder zu den 25-jährigen Dienstjubiläen von Carl Duisberg und René Bohn (alle 1909). Diese Exemplare sind ebenso in der Medaillensammlung des Archivs vorhanden wie die beiden Porträts des Baseler Farbstofffabrikanten Johann Rudolf Geigy-Merian (1904) oder des Mitbegründers der Sulzer AG, Johann Jakob Sulzer-Hirzel (1906). Auch ein Stück zur Eröffnung des Elbe-Trave-Kanals im Jahr 1900 ist in der Sammlung vertreten.

Die Auftragsarbeit zu Graebe zeigt den Spagat des Künstlers zwischen freier Gestaltung und den Wünschen der Auftraggeber. Anhand der Medaille und ihrer gut überlieferten Entstehungsgeschichte lässt sich allgemein die Arbeitsweise von Medailleuren nachvollziehen. Eindeutig standen Hans Frei Fotografien als Vorlage zur Verfügung, die von dem bekannten Genfer Fotografen Jean Lacroix aufgenommen wurden. Eine Aufnahme im Porträtbestand des Museums zeigt den Wissenschaftler in verblüffend ähnlicher Pose wie auf der Medaille. **| Abb. 130 |** Graebe steht an der Tafel, mit einer Kreide in der einen Hand Formeln schreibend, während die andere lässig in die Westentasche verhakt ist.[258] Auf dem Tisch vor ihm sind ähnliche Laborgeräte zu sehen. Zufälligerweise findet sich in der Porträtsammlung eine weitere Fotografie, die in direktem Zusammenhang mit der Entstehungsgeschichte der Medaille steht. **| Abb. 131 |**

Möglicherweise hat Frei im Juli 1903 genau diese Aufnahme an Fritz Ullmann übersandt, der sie am 17. Juli an den Mitorganisator der Graebe-Feier, Heinrich Caro, weiterleitete. Sie gibt einen Entwurf von Hans Frei wieder. Während das Hauptfeld Carl Graebe bereits in der gleichen Pose wie auf der Medaille zeigt, sind im linken oberen Viertel die für Graebes Leben wichtigen Städte aufgezählt, die auf der Medaille unten eingearbeitet sind. Rechts oben ist die Silhouette seiner Heimatstadt Frankfurt grob angedeutet. Um den Hinweis auf die Stadt Kassel und das Datum in einen sinnvollen Zusammenhang zu stellen, hatte Frei im unteren Textfeld den lateinischen Text »IN MEMORIAM JVBILEI« eingefügt.[259] Diese »eigenmächtige« Textveränderung missfiel Ullmann und dem späteren Ehrenpräsidenten der Graebe-Feier, Adolf von Baeyer, gleichermaßen und wurde kurzerhand von ihnen gestrichen. Eine spätere Variante Freis »seine Schüler, seine Freunde« fand bei den Organisatoren ebenfalls keinen Anklang. Aus der Fotografie wird deutlich, dass die spätere Medaille ursprünglich als Plakette geplant war. Es sollten also alle Motive in einer einzigen Darstellung ohne Rückseite gezeigt werden. Erst nach verschiedenen Vorschlägen des Künstlers entstand die Medaille in der überlieferten Form. Dass Graebe dem Künstler für den Entwurf persönlich Modell sitzen musste, dürfte aufgrund der überlieferten Porträtfotografien ausgeschlossen sein.

Diese Fotografie vermittelt einen interessanten Einblick in die Arbeitsweise des Künstlers in seinen ersten Jahren als Medailleur. Wie fast alle anderen Berufsgenossen hat Frei seinen nicht überlieferten zeichnerischen Entwurf in einem geschmeidigen Material, hier in Wachs (oder Ton), nachgebildet. Vom fertigen Modell wurde ein hartes Positiv fabriziert. Um die positive Abbildung für die Medaille verwenden zu können, benötigte er aber einen negativen Prägestempel. Diesen erhielt der Künstler durch das sogenannte »Umsenken« auf Stahl. Dabei wurde das Stahlstück mit dem Positiv gehärtet, ein anderes Stahlstück weichgeglüht und anschließend unter hohem Druck in den weichen Stahl gepresst. Bisweilen musste dieser Vorgang mehrfach wiederholt und das Negativ immer wieder nachgeglüht werden. Nach der Umsenkung wurde dann der Prägestempel zur gewünschten Härte gebracht und poliert. In späteren Jahren hat Frei auf den Schritt, die Vorlage in Wachs oder Ton zu modellieren, verzichtet und diese direkt in Silber, Kupfer oder Messing getrieben.[260] Dies erforderte eine absolute Beherrschung des Ziseleurhandwerks, ähnlich den Kupferstechern oder Radierern, zeigt also die herausragenden Qualitäten des Künstlers. Seine Graebe-Medaille ließ Frei bei der französischen Münzprägeanstalt Monnaie de Paris herstellen. Die Wahl der Prägeanstalt ist wohl darauf zurückzuführen, dass er mit

258 DMA, PT 01210/03.

259 Vgl. den Briefwechsel zwischen Ullmann und Caro; DMA, HS 1976-029/L1.

260 Vgl. Aeppli, Medailleur, 1966.

132/133 Medaille zur Eröffnung des Nord-Ostsee-Kanals: Brustbild mit Kaiser Wilhelm II.; auf Revers die Hochbrücke bei Grünenthal, 1895. Durchmesser: 89 mm. Fotos: Hans-Joachim Becker

seinem dortigen Atelier über die notwendigen Kontakte verfügte. Welches Honorar Frei für seine Arbeit erhielt, ist nicht genau bekannt. Es dürfte aber nach einer Gegenüberstellung der eingesammelten Geldspenden und der geschätzten Ausgaben bei etwa 1000 Franken gelegen haben.[261]

Der Nord-Ostsee-Kanal als Nationalsymbol

Wie die meisten Stücke in dieser Sammlung des Archivs ist die Graebe-Medaille aus (Edel-)Metall hergestellt, also aus Bronze, Silber oder Gold. Auch billigere Materialien wie Eisen, Kupfer, Nickel, Messing, Zink, Zinn oder verschiedene Legierungen sind nachgewiesen. In der Sammlung finden sich zudem rund 70 Exemplare aus weißem Biskuitporzellan bzw. braunem Böttgersteinzeug. Die meisten von ihnen wurden in der Porzellanmanufaktur Meißen gefertigt.

Bei einer systematischen Durchsicht des Bestands fällt ein nahezu geschlossenes Konvolut zum Nord-Ostsee-Kanal auf.[262] Dieses bezieht sich ausnahmslos auf die Eröffnung des Kanals am 20. Juni 1895, zu der insgesamt 29 Stücke vorhanden sind. Soweit aus der Fachliteratur bekannt, wurden in Deutschland vermutlich insgesamt 45 Medaillen zu diesem Ereignis geprägt,[263] sodass immerhin ein Großteil in München überliefert sein sollte.

Die Eröffnung des Kanals nach nur acht Jahren Bauzeit war ein nationales Ereignis ersten Ranges. An der Veranstaltung nahmen 3494 (!) geladene Gäste teil.[264] Auch die wohl älteste dokumentarische Filmaufnahme Deutschlands entstand bei dieser Begebenheit. Kaiser Wilhelm II. selbst weihte den Kanal ein. In den Jahren vor dem Baubeginn 1887 war in den Reichstagsreden immer wieder die wirtschaftliche Bedeutung des Kanals hervorgehoben worden, wobei die wohl größte Motivation für den Bau sicherlich der militärische Aspekt war. Durch die enorm verkürzte Fahrtzeit von der Nord- zur Ostsee sollte im Kriegsfall die deutsche Flotte je nach Bedarf in eines der beiden Krisengebiete verlegt und so das Kriegsgeschehen entscheidend beeinflusst werden können – eine Annahme, die sich in den folgenden Jahrzehnten als unzutreffend erweisen sollte.[265] Es erscheint geradezu als Paradoxon, dass der Kaiser die Eröffnung als »Weltfriedensfest« ankündigte, dann aber seine Panzerschiffflotte paradieren ließ. Insofern wurde die Kanaleröffnung zum Symbol der militärischen Stärke des Deutschen Reiches, zu einem »Nationalsymbol« schlechthin.[266]

Die gewaltige Ingenieurs- und Arbeitsleistung – der Kanal hatte 1895 eine Breite von 67 Metern und eine Fahrrinnentiefe von neun Metern, wofür rund 80 Millionen Kubikmeter Erdreich bewegt worden waren – wurde in der Gestaltung der Medaillen zum Nord-Ostsee-Kanal mit dem imperialen Machtanspruch des Hauses Hohenzollern zusammengezogen. Die Mehrzahl der Medaillen zeigt auf der Vorderseite Kaiser Wilhelm II., häufig in Uniform, allein oder mit seiner Frau Auguste Viktoria, manchmal mit seinen beiden Vorgängern, dem 99-Tage-Kaiser Friedrich III. und Kaiser Wilhelm I., der 1887 den Grundstein gelegt hatte. Auf dem Revers ist meist der Kanal dargestellt, der von einem Schiff durchfahren wird. Im Hintergrund sind mehrfach die verschiedenen Hochbrücken bei Grünenthal und (Kiel-)Levensau abgebildet,

261 Vgl. DMA, HS 1976-029/L1.

262 Vgl. DMA, MD 01084, 01088–01109, 01111–01113.

263 Vgl. https://www.dithmarschen-wiki.de/Medaillen_von_Kaiser_und_Kanal 22.5.2022).

264 Vgl. Salewski, Bedeutung, 1995, S. 341.

265 Vgl. ebd., S. 342.

266 Vgl. Alberts, Traum, 2014.

134 Medaille zur Eröffnung des Nord-Ostsee-Kanals mit Darstellung der früheren Passage durch das Skagerrak und der neuen Kanaldurchfahrt, 1893. Durchmesser: 39 mm.
Foto: Hans-Joachim Becker

welche den Kanal überspannten und als Meisterwerke der Brückenbaukunst gefeiert wurden. Bemerkenswert ist, dass auf den Medaillen ausschließlich große Segel- oder Dampfschiffe dargestellt sind. Damit sollten der zivile Charakter des Kanals und seine Bedeutung für die Wirtschaft betont werden, wie es Kaiser Wilhelm II. mit seinem »Weltfriedensfest« vorgegeben hatte. Der militärische Aspekt wurde in der Konzeption der Medaillen vollständig hintangestellt. **| Abb. 132–134 |**

Zum Nord-Ostsee-Kanal gibt es weitere Medaillen, die als Erinnerungsstücke an die anwesenden Festgäste und an die europäischen Königshäuser gedacht waren. So gibt es Objekte mit der englischen Herrscherin Queen Victoria, dem Kaiser der Doppelmonarchie Österreich-Ungarn Franz Joseph I., dem russischen Zaren Nikolaus II., dem italienischen König Umberto I. und dem damals neunjährigen spanischen Monarchen Alfonso XIII. Die Vereinigten Staaten von Amerika wurden durch eine Medaille mit der Aufschrift »God save the American Marine« in die Eröffnungsfeierlichkeiten einbezogen.

Es entbehrt nicht einer gewissen Pikanterie, dass alle Medaillen zur Eröffnung im Text die Aufschrift »Nord-Ostsee-Kanal« tragen. Unter diesem Namen war das Projekt geplant und realisiert worden. Kaiser Wilhelm II. taufte aber schon einen Tag nach der Eröffnung, also am 21. Juni 1895, den Kanal zu Ehren seines Großvaters Wilhelm I. in »Kaiser-Wilhelm-Kanal« um, eine Bezeichnung, die bis 1948 Gültigkeit hatte, bevor auf den ursprünglichen Namen zurückgegriffen wurde. Die beteiligten Medailleure Oskar Bergmann, Ernst Herter, Wilhelm Mayer, Otto Oertel, Otto Schultz sowie die Münzanstalten Lauer, L. Ostermann vorm. G. Loos und. W. Beyenbach hatten von diesem Sinneswandel des Kaisers bei der künstlerischen Gestaltung ihrer Medaillen natürlich keine Ahnung.

Reverdy als Sammler

Mit Blick auf die Medaillensammlung ist offensichtlich, dass diese nicht auf einer Sammlungstradition des Deutschen Museums beruht, sondern vielmehr das Produkt einiger weniger Sammlerpersönlichkeiten ist, die ihre Bestände dem Haus übereignet haben. Während z.B bei Autografen, Kunst- und Kunstgewerbeobjekten im deutschsprachigen Raum viele bedeutende Sammlungen zusammengetragen und später häufig auch öffentlichen Einrichtungen überlassen worden sind, gab es im 19. und 20. Jahrhundert nur wenige Menschen, die Darstellungen aus Naturwissenschaft und Technik in Form von Medaillen oder Plaketten als Sammlungsziel sahen. Einer dieser Sammler war u.a. der bayerische General der Infanterie und Pionier des bayerischen Fliegerkorps Karl von Brug (1855–1923). Er hatte zeitlebens eine beachtliche Anzahl an Grafiken zur Ballongeschichte zusammengetragen, die er um einige Medaillen ergänzte. Brug übereignete seine Sammlung im Dezember 1905 dem Deutschen Museum. Welchen Umfang sie genau hatte, lässt sich aufgrund fehlender Archivalien nicht mehr genau feststellen. In den Zugangsbüchern sind mindestens 56 Medaillen mit dem Stifternamen »Brug« verbunden. Eine andere größere Stiftung kam von dem Münchner Professor für Numismatik Heinrich Buchenau ins Museum. Er schenkte diesem 89 sogenannte »Rechenpfennige« aus Deutschland, Frankreich, Italien und Spanien. Der Rechenpfennig ist weder Medaille noch Münze, sondern eine Metallmarke, die seit dem 13. Jahrhundert in Gebrauch war und zum Rechnen mit dem Rechenbrett oder -tuch benutzt wurde. Je nach seiner Position auf der Unterlage definierte sich der rechnerische Wert. Da Rechenpfennige keinerlei Münzwert hatten, wurden sie als dünne Plättchen geprägt. Erst durch das schriftliche Rechnen wurden die Rechenpfennige überflüssig. Nach Buchenaus Tod wurde seine über 2000 Stück zählende Sammlung mit seiner Spezialbibliothek versteigert.[267]

Die aber wohl größte und bedeutendste Medaillensammlung in den ersten 85 Jahren der Museumsgeschichte stammt von dem Bauingenieur, Ministerialdirektor und Vorstand der Bayerischen Obersten Baubehörde, Richard von Reverdy. **| Abb. 135 |** Er hatte eine Karriere im Staatsdienst begonnen, sich aber anschließend von 1887 bis 1895 für den Bau des Nord-Ostsee-Kanals beurlauben lassen. Nachdem er kurzzeitig wieder in bayerische Dienste getreten war, wechselte er wenige Jahre danach zu der Baufirma Heilmann & Littmann. Im Jahr 1909 wurde er zum Leiter der Obersten Baubehörde berufen. Kurz vor seinem Tod 1915 wurde er pensioniert. Während seiner Münchner Jahre engagierte er sich

267 Vgl. den Auktionskatalog der Firma Otto Helbing Nachf. von 1931; https://digi.ub.uni-heidelberg.de/diglit/helbing_nachf1931_12_10/0003 (22.5.2022).

135 Porträtfotografie von Richard von Reverdy, 1900. Mit handschriftlicher Widmung an den Bauingenieur Max Schmidt. Foto: Friedrich Müller.

intensiv im Münchner Architekten- und Ingenieurverein; mehrfach wurde er zu dessen Vorsitzenden gewählt. Tausende von Schreiben in seinem Nachlass zeugen davon, wie ernst er diese Aufgabe nahm.[268]

Testamentarisch hatte Reverdy verfügt, dass sein Nachlass und sein Medaillenbestand dem Deutschen Museums übereignet werden sollten. Laut Zugangsbuch kamen so fast 900 Exemplare ins Haus. Der Verwaltungsbericht des Museums von 1916/17 dokumentiert die Breite seiner Sammlung: Medaillen zu Rhein- und Donaubrücken, aus der Zeit Cäsars bis zu den frühen Weltumsegelungen, zum Bau von Schiffen, Häfen, Werften, Kanälen, Eisenbahnen, zur Entwicklung der Dampfmaschine, des Telegrafenwesens und der Luftschifffahrt.[269] Sie stammen überwiegend aus der Zeit von 1650 bis 1913. Allerdings bieten weder Reverdys Nachlass noch sonstige Quellen Einblick in die Hintergründe und Motivationen seiner Sammlertätigkeit. Reverdy hat sich nie öffentlich – in Publikationen oder Vorträgen – dazu geäußert. Aus seiner Biografie und seinem Berufsweg kann man auf eine hohe Affinität zum Ingenieurwesen, zum Brücken-, Schiff- und zum Kanalbau schließen, zumal Medaillen aus diesen Themenfeldern besonders häufig vertreten sind. Das angesprochene Konvolut zum Nord-Ostsee-Kanal, an dessen Bau Reverdy selbst beteiligt war, stammt im Übrigen ebenfalls aus seinem Besitz. Allerdings reicht seine Sammlung weit über Deutschland hinaus. Reverdy interessierte sich offensichtlich für den Ingenieurbau weltweit und ergänzte sie in diesem Sinne. So lassen sich beispielsweise die weiter oben erwähnten Medaillen zum Eisenbahnbau in Peru seiner Sammlung zuordnen.

Mit der Sammlung Reverdys verbinden sich zahlreiche, nicht lösbare Fragen. Wieso er sich auf die Sammlung von Medaillen zur Geschichte der Naturwissenschaft und der Technik spezialisiert hat, bleibt im Dunkeln. Ebenso ist unbekannt, von wem er sie geschenkt bekam oder bei welchen Münzhandlungen er sie angekauft hat. Ein Verzeichnis seiner Stücke hat sich nicht erhalten. Auch sein Nachlass im Umfang von 27 Archivschachteln bietet dafür keine Hinweise. Letztlich dokumentiert sich sein Sammlungsinteresse lediglich in dem heute noch vorhandenen Medaillenbestand.

Medaillensammlung	
Umfang	ca. 4400 Medaillen 140 Plaketten
Bedeutende Teilbestände	Sammlung Michaelis Sammlung Reverdy

268 Vgl. DMA, NL 073.
269 Vgl. DMA, VA-Dru, Vorl. Nr. 0130, S. 7f.

Film ab!

Audiovisuelle Medien

Die Bewunderung ist deutlich zu spüren: Die logische Anordnung der Räume im Deutschen Museum sei bemerkenswert, ebenso die Möglichkeit des Berührens von Objekten, die Heranführung an Eigenversuche, die Schnittmodelle, um Arbeitsvorgänge zu demonstrieren. Die bedeutendste Errungenschaft sei aber die großzügige Benutzung von Kinofilmen, Diapositiven, Lichtbildern.

> Die größten Abteilungen haben automatische Kinoeinrichtungen mit einem großen Vorrat an kurzen betriebstechnischen Filmen. Die Filme werden unter Benutzung der modernsten Kinoeinrichtungen vorgeführt.[270]

Der Schreiber dieser Zeilen war der Russe A. D. Beresin, der wohl 1931 in Zusammenhang mit dem geplanten Bau eines technischen Museums in Moskau das Münchner Haus besucht und auf eine mögliche Vorbildfunktion examiniert hat. Wiewohl strammer Kommunist, konnte er seine Begeisterung für das Deutsche Museum nicht verbergen.

Oskar von Miller selbst scheint ein Freund des Kinos gewesen zu sein. Schon früh warb er um die Stiftung von Filmen für das Deutsche Museum. Ein erster Hinweis auf eine Filmsammlung findet sich im 15. Verwaltungsbericht 1917/18, in dem ohne nähere Angaben von einer »Lichtbilder- und Filmsammlung« gesprochen wird.[271] Ausführlicher ist die Rede Millers 1921 vor dem Ausschuss des Museums, in der er darauf hinwies, dass eine »Sammlung von lehrreichen Films [sic!] auf technischem und naturwissenschaftlichem Gebiet« begonnen worden sei.[272] Offensichtlich hatte sich das Museum gegen Ende des Ersten Weltkriegs und in den ersten Friedensjahren bei Unternehmen aktiv um Stiftungen bemüht; belegt sind Neuzugänge der Firmen Krupp (Essen), Borsig (Berlin), Zimmermann (Düsseldorf) und des Deutschen Kalisyndikats (Berlin).[273] Diese Filme wurden im Anschluss an die Abendführungen gezeigt. In den Folgejahren listen die Verwaltungsberichte weitere Stiftungen auf, so von der Vereinigung deutscher Lichtbild-Gesellschaften e. V., der Actien-Gesellschaft für Anilin-Fabrication, der Decla-Bioskop-Gesellschaft (alle Berlin) sowie erneut von der Firma Krupp. 1925 ist ein Bestand von 83 technisch-wissenschaftlichen Filmen belegt.[274] Allerdings hat sich aus diesen frühen Jahren kein Filmmaterial erhalten. Auch die Stumm- oder Tonfilme des Filmpioniers Oskar Messter, die dieser 1931/32 dem Museum zusammen mit Objekten, Urkunden, Fotografien und Dias geschenkt hatte, lassen sich heute weder in den Objektsammlungen des Museums noch im Archiv nachweisen. Überliefert sind immerhin frühe Filmaufnahmen aus dem Jahr 1906, welche die Ankunft Kaiser Wilhelms II. in München anlässlich der Grundsteinlegung des Museums dokumentieren, ebenso Aufzeichnungen des Festzugs durch die Stadt München am Tag der Eröffnung des Museumsneubaus auf der Insel am 5. Mai 1925. Sie existieren heute als hochwertige Filmkopien.

Die Filmsammlung, dies lässt sich feststellen, wurde unter Millers Nachfolger Jonathan Zenneck weiterhin betrieben. Der Aspekt lag dabei auf dem technischen Film. Diese nahezu ausschließlich von Unternehmen produzierten Streifen sollten das Verständnis für technische und wirtschaftliche Vorgänge wecken und so die Ausstellungen ergänzen.

Im Jahr 1934 wurde an das Deutsche Museum ein überraschender Vorschlag herangetragen. Damals bat das Bayerische Ministerium für Unterricht und Kultus um eine Stellungnahme, inwieweit die Gründung eines neuen Filmmuseums in Deutschland in enger Verbindung zum Museum sinnvoll sei. Auslöser war wohl eine entsprechende Zeitungsnotiz über ein Treffen des Reichsverbands deutscher Schriftsteller in Frankfurt, auf dem ein solches nationales Filmmuseum gefordert wurde.[275] Zenneck zeigte sich reserviert. Das Deutsche Museum sammle seit 15 Jahren Filme, welche der abendlichen Vorführung dienten. Das Interesse des Hauses richte sich auf die Entwicklung der Apparatetechnik und auf den technischen Film, nicht auf ein eigenes Spezialmuseum für die Geschichte des Films und eine eigene Filmsammlung. Zennecks Vorschlag ging dahin, ein solches Filmmuseum mit der kurz zuvor in Berlin-Dahlem gegründeten Reichsfilmkammer zu vereinen.[276] Dies war eine sehr fadenscheinige Empfehlung, dürfte Zenneck doch bewusst gewesen sein, dass die Reichsfilmkammer als NS-Behörde zur Kontrolle der Filmproduktion in Deutschland installiert worden war und keinerlei museale Zwecke verfolgte. Obwohl sich das städtische Kulturamt hinter die Idee eines Filmmuseums in München stellte und bereit war, das Projekt finanziell zu fördern, verlief es im Sand.

Der Filmbestand, der bis 1945 auf 489 Einheiten angewachsen war, unterlag nach Ende des Zweiten Weltkriegs im Rahmen der alliierten Militärgesetzgebung den entsprechenden Kontroll-, Zensur- und Lizenzvorschriften. In diesem Zusammenhang wurde der Filmbestand des Museums beschlagnahmt und überprüft. Im Januar 1949 wurden 440 Filme freigegeben und ins Deutsche Museum zurückgebracht; 49 Filme hingegen wurden als NS-Propaganda eingestuft und zurückbehalten.[277] Ob das Museum allerdings wirklich alle Filme abgeliefert hatte, ist fraglich, da in einer späteren internen Auflistung Filme genannt sind, die zwar von der Militärregierung verboten, aber trotzdem vorhanden waren,

270 DMA, VA 2842.
271 DMA, VA-Dru, Vorl. Nr. 0131, S. 14.
272 DMA, VA-Dru, Vorl. Nr. 0132, S. 23.
273 Vgl. ebd., S. 11.
274 Vgl. DMA, VA-Dru, Vorl. Nr. 0134, S. 6.
275 Vgl. DMA, VA 0487/4.
276 Vgl. DMA, VA 0877/5.
277 Vgl. Bayerisches Hauptstaatsarchiv, München, MK 50944.

so »Die Straßen Adolf Hitlers«, »Gesunde Frau – gesundes Volk« und »Altgermanische Bauernkultur«.

Zur Zeit der Gründung der Bundesrepublik besaß das Museum eine überschaubare Zahl an Filmen. In den folgenden zwei Jahrzehnten wuchs die Sammlung nur wenig. Im Jahresbericht 1972 wird der Bestand auf 464 Einheiten beziffert.

Das Jahr 1971 bedeutete für das Filmarchiv des Deutschen Museums eine entscheidende Wende. Nach einem internen Beschluss des Vorstands startete die Bibliothek, in deren Zuständigkeit das Filmarchiv damals lag, am 1. November mit einem breiten Beschaffungsprogramm für Industriefilme.[278] Treibende Kraft war offensichtlich Theo Stillger, seit 1970 erster Generaldirektor des Museums. In seinem ausführlichen Bericht für das Jahr 1973 begründete er unter der Überschrift »Audio-visuelle Medien als Sammlungsgut?« die Notwendigkeit, Bild- und Tondokumente gezielt zu akquirieren. Das Museum sollte dabei als »dokumentarisches Industriefilmarchiv« agieren.[279] Nach einem schwungvollen Start – bis 1980 konnte der Bestand auf 801 Nummern aufgestockt werden – waren die Zuwächse fortan gering. Vermutlich zeigte das 1965 revidierte »Gesetz über Urheberrecht und verwandte Schutzrechte« Wirkung, das zwar Privatkopien wieder erlaubte, insgesamt aber eine Verschärfung der Urheberrechtsbestimmungen beinhaltete, so die Verlängerung der Schutzfrist auf 70 Jahre nach dem Tod des Urhebers. Dies hatte zur Folge, dass das Museum solche Lehr- und Unterrichtsfilme nicht – wie geplant – an Schulen und Ausbildungsstätten weitergeben bzw. verleihen konnte.

Für das Deutsche Museum bestand und besteht nach wie vor das Problem darin, dass Firmen zwar Kopien ihrer Industriefilme stifteten, aber nur im beschränkten Umfang auch Nutzungsrechte übertrugen. So steht das Filmarchiv heute vor der Misere, über 1835 inventarisierte Filme zu verfügen, die wenigsten aber nutzen zu können. Viele Kopien sind Belegexemplare oder frühe Wochenschauberichte, für die keine Rechte vorliegen. Heute lässt sich die Rechtslage nur noch unter sehr großem Aufwand klären, da die Museumsakten dafür meist keinerlei Hinweise liefern.

An dem Befund zeigt sich, dass das Deutsche Museum in seiner Geschichte keine kontinuierliche Filmsammlung betrieben und es zudem versäumt hat, deren Verwendung rechtlich abzusichern. Die Erwerbungen waren zufällig und sind meist nur mäßig dokumentiert. Der heutige Bestand beruht zum überwiegenden Teil auf Industrie- oder Wirtschaftsfilmen und Aufzeichnungen von Veranstaltungen aus dem eigenen Haus. Trotzdem finden sich einige »Schmankerl«, von denen hier zwei herausgegriffen werden sollen.

Schöpfung ohne Ende

Unter den im Archiv verwahrten Filmen gibt es eine ganze Reihe, die mit bedeutenden Preisen ausgezeichnet wurde. Einer davon ist der Streifen »Forschung und Leben. Schöpfung ohne Ende« aus dem Jahr 1956.[280] Die Deutsche Film- und Medienbewertung würdigte ihn im gleichen Jahr mit dem Prädikat »Besonders wertvoll«, 1957 wurde er mit dem Deutschen Filmpreis prämiert, er erhielt das Filmband in Gold als bester abendfüllender Kulturfilm und das Filmband in Silber für die beste Farbfilmkamera.

Der Streifen hat in mehrfacher Hinsicht eine besondere Beziehung zum Deutschen Museum. Die wissenschaftliche Beratung hatte der damalige Museumskurator für Chemie Dr. Rudolf Sachtleben. Die Musik zum Film und die ganz unterschiedlichen Geräusche schuf Oskar Sala, ein Pionier der elektronischen Musik, der mit dem künstlich geschaffenen, durchdringenden Gekrächze von Tausenden Vögeln in Hitchcocks Klassiker »Die Vögel« berühmt wurde. Die Makro- und Mikroaufnahmen zum Film wiederum stammen von Fritz Brill, ursprünglich Maler und Grafiker, später Inhaber eines Studios zur »Photoanalyse«. Heute befinden sich die Nachlässe von Sachtleben, Sala und Brill im Archiv des Deutschen Museums, weswegen man die Entstehung des Films anhand verschiedener Archivquellen aus unterschiedlichen Perspektiven detailliert nachvollziehen kann. Und schließlich wurde der Film im Deutschen Museum uraufgeführt.

»Schöpfung ohne Ende« – so der gebräuchliche Kurztitel – existiert in zwei Fassungen. Das Original hat eine Filmlänge von 1981 Metern und eine Spieldauer von 72 Minuten. Gedreht wurde er auf einem 35mm-Agfacolor-Farbfilm im Format 1:1,33 in Mono. Die Kurzfassung dauert 35 Minuten.

Der Film ist der Gattung der »Kulturfilme« zuzuordnen. Darunter versteht man populärwissenschaftliche Filme, die in der Regel in Kinos als Vorprogramm zum Hauptfilm liefen. Durch sie sollten der Bevölkerung Themen aus Naturwissenschaft, Technik, Medizin, Kunst und Geschichte nahegebracht werden. Es wäre ein Missverständnis, Kulturfilme mit dem Genre der Industrie- oder Wirtschaftsfilme gleichzusetzen, die in der Regel von Firmen oder Interessenverbänden finanziert wurden und entsprechend tendenziöse Botschaften aussandten. Allerdings sind die Grenzen fließend. Teilweise stellten Industrieunternehmen Gelder auch für Kulturfilme zur Verfügung, wobei die Regisseure auf ihre künstlerische Freiheit pochten und sich nicht von einer Unternehmenspolitik vereinnahmen lassen wollten.

278 Vgl. DMA, VA-Dru, Vorl. Nr. 0183, S. 33.

279 DMA, VA-Dru, Vorl. Nr. 0185, S. 23.

280 Vgl. DMA, AV-F 0335.

Die Blütezeit des Kulturfilms lag in der Weimarer Republik. Während der Zeit des nationalsozialistischen Regimes wurde er weitgehend propagandistisch umfunktioniert. In den Anfangsjahren der Bundesrepublik erlebte er eine neue, aber kurze Blüte. Zu Beginn der 1960er-Jahre galt der Kulturfilm bei den jungen deutschen Filmemachern als »Opa-Kino«. Die Tendenz ging hin zum gut recherchierten Dokumentarfilm, zum pädagogisch geprägten Lehrfilm oder zum reinen Industriefilm.

Der Text im Titelvorspann zu »Schöpfung ohne Ende« verdeutlicht die Intention des Films. Hier heißt es:

> Die Geschichte einer Wissenschaft ist ein Teil der Geschichte des menschlichen Geistes. Ein Teil der Naturwissenschaft ist die CHEMIE. Einige Fenster aufzutun zu dem was Chemie ist und was sie vermag, versucht der Film.

Die Anregung für die Produktion hatten die Farbenfabriken Bayer AG Leverkusen gegeben. Der chemiefreundliche Textvorspann zeigt, dass »Schöpfung ohne Ende« nicht unabhängig von Industrieinteressen war, wenngleich der Name »Bayer« im Film selbst keine Rolle spielt. Unstrittig aber ist, dass dieser die Leistungsfähigkeit der bundesdeutschen chemischen Industrie demonstrieren sollte.

»Schöpfung ohne Ende« thematisiert, wie die moderne Chemie bei ihrer Arbeit zahlreiche Vorgänge in der Natur imitiert und verbessert. Ein Stilmittel ist die Gegenüberstellung von Vorgängen in der Natur und Prozessen in einer modernen chemischen Fabrik. So beginnt der Film mit gekonnt gedrehten Luftaufnahmen rund um das Mittelmeer, zeigt verschiedene chemische Verfahren und Industrieaufnahmen oder Szenen aus der landwirtschaftlichen Produktion mit einer heute seltsam anmutenden Verklärung des Einsatzes von Pestiziden, der eine reiche Ernte ermögliche. Eine Passage führt in das München der 1950er-Jahre zum Viktualienmarkt mit seinem überbordenden Angebot an Lebensmitteln. Die Spinndrüsen der Spinne werden mit der Produktion von Kunstfasern gleichgesetzt, welche der Damenwelt eine elegante Mode eröffnet. Die Farben der Blumen und der prähistorischen Höhlenmalereien konkurrieren mit den synthetischen Farben der Industrie.

Für die Produktion von »Schöpfung ohne Ende« hatte die Firma Bayer die Gesellschaft für Bildende Filme in München gewonnen. Sie gehörte dem Kameramann und Regisseur Otto Martini, der so bedeutende Streifen wie »Aluminium – Porträt eines Metalls« (1958) oder »Das magische Band« (1959) produziert hat. Martini arbeitete bei seinen Filmen gerne mit einem eingespielten Team zusammen. Bei allen drei Filmen führte Willy Zielke die Kamera. Zielke hatte 1935 mit »Das Stahltier«, einem avantgardistischen Film zum 100-jährigen Jubiläum der Eisenbahn in Deutschland, Aufsehen erregt und war in der Folge mit Leni Riefenstahl in Verbindung gekommen. Nach den Aussagen Zielkes kam es aber mit ihr zu einem Zerwürfnis, weswegen er verhaftet und in die Psychiatrie in München-Haar eingeliefert worden sei. Dort war Zielke fünfeinhalb Jahre eingesperrt. Hier wurde eine angebliche Schizophrenie diagnostiziert, er selbst in der Folge zwangssterilisiert. | **Abb. 136** |

Die Musik komponierte in allen Fällen der schon mehrfach erwähnte Oskar Sala, auf dessen reiches Schaffen bereits in Zusammenhang mit der Nachlass-Sammlung hingewiesen wurde (vgl. Seite 25–37). Das Drehbuch stammte sowohl bei »Schöpfung ohne Ende« als auch bei »Das magische Band« von Ernst von Khuon, einem Wissenschaftsjournalisten, der durch seine Reportagen zu den amerikanischen Raumflügen berühmt geworden ist.

Die fachliche Beratung von »Schöpfung ohne Ende« lag bei Dr. Fritz Schmidt von den Farbenfabriken Bayer und bei Dr. Rudolf Sachtleben. Letzterer stammte aus einer Industriellenfamilie. Er hatte Chemie studiert und war am Deutschen Museum Konservator für Chemie geworden. In seinem Nachlass findet sich der Hinweis, dass ursprünglich die ersten Szenen des Films »Schöpfung ohne Ende« im Museum spielen sollten. Dieser Vorschlag wurde aber nicht verwirklicht. Immerhin fand die Uraufführung 1957 – nach einer internen »Preview« bei der Firma Bayer im Oktober 1956 – auf der Museumsinsel statt.

Für die Geschichte des Wissenschaftsfilms ist »Schöpfung ohne Ende« von hoher Bedeutung. Es sind die zahlreichen Makro- und Mikroaufnahmen, die das damalige Publikum begeisterten. Verantwortlich dafür war Fritz Brill. Er hatte autodidaktisch das Fotografieren erlernt und 1950 in Hofgeismar das »Institut für Photoanalyse« eröffnet. Sein Spezialgebiet war die wissenschaftliche Fotografie im Mikrobereich, wo er durch seine Aufnahmen technische und biologische Vorgänge sichtbar machte. Es zeigte sich jedoch, dass die Methode einer seriellen Fotoanalyse nur eingeschränkt tauglich war. Daher setzte Brill bald auf das Medium des Films und die Hochgeschwindigkeitskinematografie. In der Folge entstanden erstaunliche Filme für verschiedene Auftraggeber. Berühmt geworden sind seine Beiträge für die Filme »Seidenraupen« (1951), »Aus eigener Kraft« (1953), »Impulse unserer Zeit« (1959) und »Schach den Motten« (1960/61). Unvergesslich ist die Backszene aus dem für die Firma Oetker produzierten Film »Das Steckenpferd der Hausfrau«, in der Brill die Wirkung von Hefe beim Kuchenbacken visualisierte. | **Abb. 137** |

Nicht weniger bekannt ist eine Szene in »Schöpfung ohne Ende« mit der Aufnahme einer Spinne beim Erzeugen von Spinnfäden – einem Vorgang, der 1956/57 erstmals in einem Film gezeigt werden konnte. Brill hatte schon bei den Vorbesprechungen für die Drehs die enormen Probleme für die Makro- und Mikroaufnahmen erkannt. Für die Szene mussten eigene Filmlampen entwickelt werden. Die Spinne wurde am Rücken fixiert, und

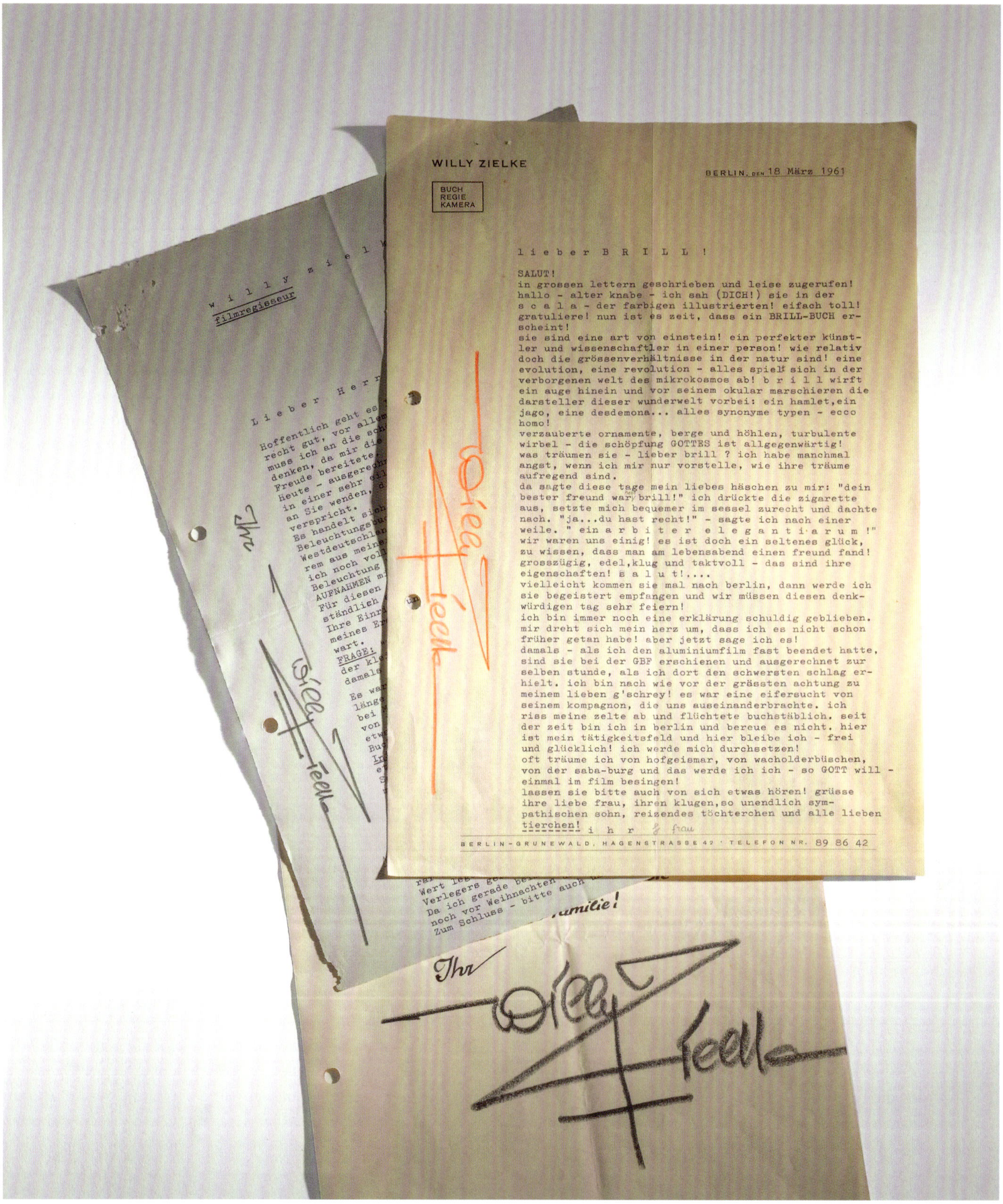

WILLY ZIELKE

BUCH
REGIE
KAMERA

BERLIN, DEN 18 März 1961

l i e b e r B R I L L !

SALUT!
in grossen lettern geschrieben und leise zugerufen!
hallo - alter knabe - ich sah (DICH!) sie in der
s c a l a - der farbigen illustrierten! eifach toll!
gratuliere! nun ist es zeit, dass ein BRILL-BUCH er-
scheint!
sie sind eine art von einstein! ein perfekter künst-
ler und wissenschaftler in einer person! wie relativ
doch die grössenverhältnisse in der natur sind! eine
evolution, eine revolution - alles spielt sich in der
verborgenen welt des mikrokosmos ab! b r i l l wirft
ein auge hinein und vor seinem okular marschieren die
darsteller dieser wunderwelt vorbei: ein hamlet,ein
jago, eine desdemona... alles synonyme typen - ecco
homo!
verzauberte ornamente, berge und höhlen, turbulente
wirbel - die schöpfung GOTTES ist allgegenwärtig!
was träumen sie - lieber brill ? ich habe manchmal
angst, wenn ich mir nur vorstelle, wie ihre träume
aufregend sind.
da sagte diese tage mein liebes häschen zu mir: "dein
bester freund war brill!" ich drückte die zigarette
aus, setzte mich bequemer im sessel zurecht und dachte
nach. "ja...du hast recht!" - sagte ich nach einer
weile. " e i n a r b i t e r e l e g a n t i a r u m !"
wir waren uns einig! es ist doch ein seltenes glück,
zu wissen, dass man am lebensabend einen freund fand!
grosszügig, edel,klug und taktvoll - das sind ihre
eigenschaften! s a l u t!....
vielleicht kommen sie mal nach berlin, dann werde ich
sie begeistert empfangen und wir müssen diesen denk-
würdigen tag sehr feiern!
ich bin immer noch eine erklärung schuldig geblieben.
mir dreht sich mein herz um, dass ich es nicht schon
früher getan habe! aber jetzt sage ich es!
damals - als ich den aluminiumfilm fast beendet hatte,
sind sie bei der GBF erschienen und ausgerechnet zur
selben stunde, als ich dort den schwersten schlag er-
hielt. ich bin nach wie vor der grässten achtung zu
meinem lieben g'schrey! es war eine eifersucht von
seinem kompagnon, die uns auseinanderbrachte. ich
riss meine zelte ab und flüchtete buchstäblich. seit
der zeit bin ich in berlin und bereue es nicht. hier
ist mein tätigkeitsfeld und hier bleibe ich - frei
und glücklich! ich werde mich durchsetzen!
oft träume ich von hofgeismar, von wacholderbüschen,
von der saba-burg und das werde ich ich - so GOTT will -
einmal im film besingen!
lassen sie bitte auch von sich etwas hören! grüsse
ihre liebe frau, ihren klugen,so unendlich sym-
pathischen sohn, reizendes töchterchen und alle lieben
tierchen!
i h r

BERLIN-GRUNEWALD, HAGENSTRASSE 42 · TELEFON NR. 89 86 42

136 Briefe des Kameramanns Willy Zielke, die er an den befreundeten Fotografen Fritz Brill richtete und mit seiner markanten Unterschrift signierte, 1961. Foto: Hans-Joachim Becker

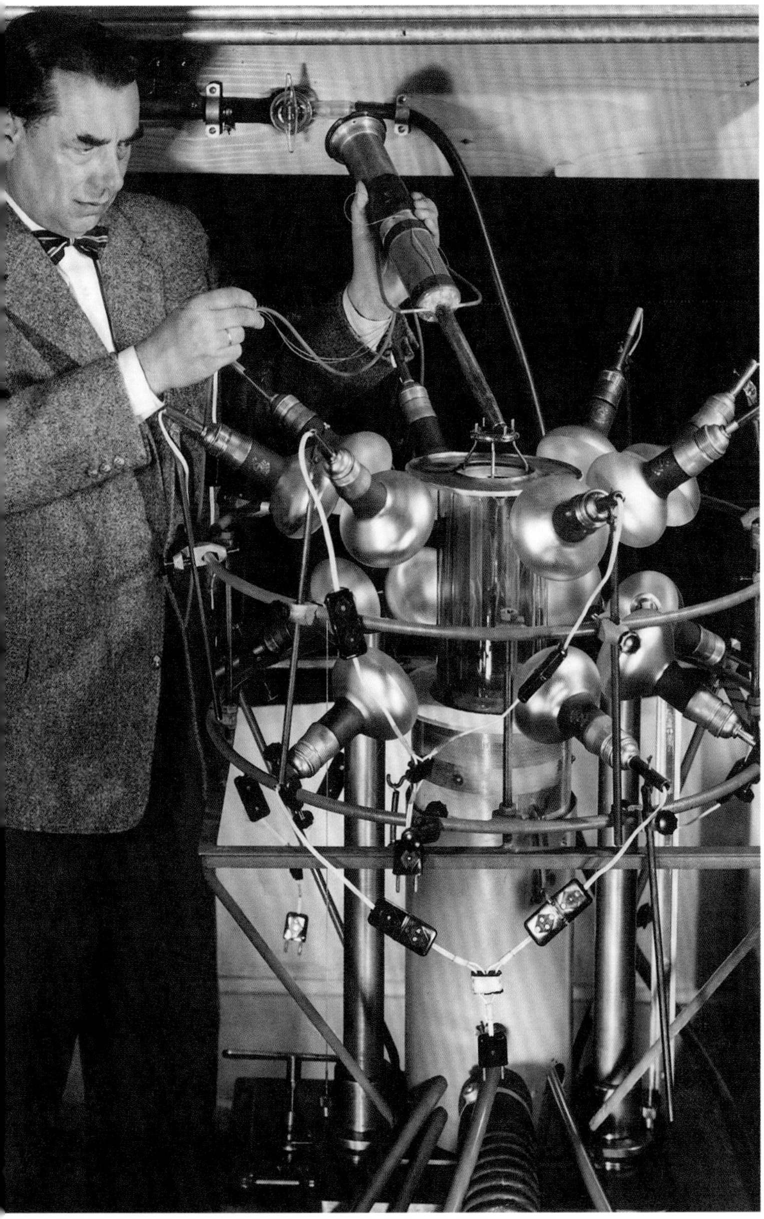

137 Fritz Brill mit einer eigens konstruierten Aufnahmeapparatur (vermutlich für den Film »Alle Fäden laufen zusammen«), 1957.

dann wurden die Fäden aus ihrer Spinnwarze herausgezogen. Außerdem bekam sie in den Drehbüchern sogar einen Vornamen: »Klaus«. Nur, wie viele »Kläuse« es insgesamt gegeben hat, ist nicht überliefert. Die Scheinwerfer brachten die Temperatur im Glaskasten auf ca. 80 Grad. Daher musste Brill ein eigenes Kühlsystem entwickeln, damit eine Spinne die Szene überhaupt überleben konnte. Dieses wurde von der Firma Zeiss gebaut. Ein monatelanger Vorlauf also für eine Szene von rund 20 Sekunden!

Fritz Brill wurde für seine Foto- und Filmarbeiten vielfach ausgezeichnet, u. a. mit dem Bundesfilmpreis 1957 für »Schöpfung ohne Ende« und drei Jahre später mit dem Kulturpreis der Deutschen Gesellschaft für Photographie. Müßig zu sagen, dass sich sein Nachlass seit 2011 ebenfalls im Archiv befindet!

Fake: Otto Lilienthal im Film

Ein merkwürdiger Streifen findet sich im Filmarchiv unter der Nummer »AV-F 0372« mit dem ebenso seltsamen Titel »Das Flugzeug Otto Lilienthals«. Durch die Medien geistern daraus immer wieder Filmszenen, in denen Lilienthal während eines Flugs gezeigt wird. Nun sind zwar Fotografien von seinen Flugversuchen mit verschiedenen Gleitern zwischen 1891 und 1896 bekannt, so von Ottomar Anschütz und Alex Krajewsky, nicht jedoch ein Bewegtfilm. Prinzipiell wäre dies möglich gewesen, da Ende 1895 in Paris und Berlin fast zeitgleich die Brüder Lumière und das Brüderpaar Skladanowsky erstmals Filme vorgeführt hatten. Denkbar also, dass so ein Streifen mit Flugversuchen Lilienthals noch vor seinem Tod 1896 gedreht wurde. Die Archivnummer »AV-F 0372« wäre demnach eine Sensation. | **Abb. 138** |

Aber die Hoffnungen auf ein solch spektakuläres Zeitdokument mussten begraben werden, als sich die Aufnahmen bei Nachforschungen als »Fake-Film« herausstellten.[281] Recherchen eines früheren Mitarbeiters des Archivs, Herbert Studtrucker, in den Verwaltungsakten des Deutschen Museums pulverisierten die angebliche Sensation. Der vermeintlich authentische Film mit Otto Lilienthal entpuppte sich als rund 30 Jahre nach dessen Tod gedrehter Streifen.

Der Film kam im Jahr 1936 durch den Schauspieler Hans Richter ins Haus. Er hatte sich lange Jahre mit der Person Lilienthals und dessen Flügen beschäftigt und eigene Hängegleiter konstruiert. Im Ersten Weltkrieg diente er als Pilot. 1923 erwarb er die Lizenz, als Einziger Lilienthal-Gleiter nachbauen zu dürfen. Exemplare davon bot er verschiedenen Museen an, u. a. dem Deutschen Museum. In seinem Buch »Deutscher Flug-Almanach« von 1925 schreibt er, dass er mit den Konstruktionen 1924 Gleitflüge in den Stöllner Bergen bei Rhinow unternommen habe. Dokumentiert seien diese durch die von ihm übersandte Filmkopie »Otto Lilienthal, der Altmeister der Flugkunst« (Länge: 3:25 min.).[282] Hier ist allerdings kein realer Flug zu sehen, sondern lediglich der Aufbau des Gleiters, dessen Montage, der Transport, eine Person mit dem Gleiter auf einer Wiese bei starkem Wind sowie einige Startanläufe. Im Filmarchiv gibt es zu diesem Streifen eine weitere, 108 Sekunden lange Sequenz, die zum Teil mit dem Hauptfilm identisch ist.[283] Der gravierende Unterschied ist aber, dass man einen Mann anlaufen, abspringen und scheinbar

281 Zum Folgenden vgl. Studtrucker, Richter-Lilienthal, 2009; Richter, Flug-Almanach, 1925, S. 18; DMA, VA 1448/4 und VA 1444/5. Die Datenbank »filmportal.de« verzeichnet den Streifen unter dem gleichen Titel wie Richter, ohne weitere Angaben zum Film zu liefern.

282 Eine gekürzte Fassung findet sich online unter: https://lilienthal-guide.museumnet.eu/de/027?language=de (22.5.2022).

283 DMA, AV-F 0372.

138 Standbild aus dem Film »Das Flugzeug Otto Lilienthals«, 1924. Foto: Hans-Joachim Becker

fliegen sieht. Man muss schon genau hinsehen, um festzustellen, dass durch geschickte Schnitte das eigentliche Abheben nicht gezeigt wird. Die Person springt in der Sequenz etwas hoch, dann folgt der Schnitt und man sieht einen Gleiter fliegen. Allerdings ist der Hintergrund plötzlich anders – ganz offensichtlich eine Kulisse! Es ist also kein echter Gleiter zu sehen, sondern lediglich ein Modell, das langsam aus dem Bild fliegt. Letztendlich also doch keine kinematografische Sensation!

Den geforderten Kaufpreis für den Film reduzierte Richter 1936 nach Bedenken des Deutschen Museums von 120 auf 60 Mark. Dabei lieferte er in einem Brief die Entstehungsgeschichte gleich mit. Er habe damals einen Nachbau des Lilienthal-Gleiters gefertigt, sich selbst als Lilienthal kostümiert, eine Maske aufgesetzt und alles – wohl mit Hilfe eines Assistenten – auf 125 Meter Zelluloid gebannt.[284] Eine ähnliche Darstellung findet sich in seinem Buch »Deutscher Flug-Almanach«. Die Filmüberlieferung zeigt also nicht Otto Lilienthal selbst, sondern Hans Richter. Fazit: Einen echten Film über einen Lilienthal-Flug gibt es nicht.

Der Film ist nicht das einzige Fake zu Lilienthal. Alex Krajewsky, der Lilienthal damals wirklich fotografierte, hat ein Bild »produziert«, das Lilienthal fliegend über der Stadt Spandau an der Havel zeigt. Dort ist Lilienthal aber nie geflogen. Betrachtet

284 Vgl. DMA, VA 1448/4.

man diese Fotografie, die leider nicht im Bestand des Deutschen Museums vorhanden ist, genauer, kann man erkennen, dass der Hintergrund rund um den Gleiter eine andere Helligkeit als der restliche Himmel aufweist – es wurde also manipuliert. Das Original der Lilienthal-Aufnahme entstand am Hauptmannsberg bei Stölln. Wahrscheinlich hat Krajewsky zwei unterschiedliche Motive für Reklamezwecke zusammengefügt.[285]

Exkurs High explosive

Blättert man die Datenbank zum Filmbestand des Deutschen Museums durch, fällt auf, dass ein großer Block von über 250 Filmdosen nicht auf der Museumsinsel, sondern im Bundesarchiv deponiert ist. Dabei handelt es sich durchgängig um den älteren Filmbestand des Hauses.

Eine Begründung für die externe Unterbringung ist schnell geliefert. Bei all diesen Streifen handelt es sich um historische Aufnahmen, die auf »Cellulosenitratfilm« (oder: Nitrat-, Nitro-, Celluloid-, Zellhorn- oder Nitrocellulosefilm) gedreht wurden. Dieses Material wurde praktisch seit den Anfängen des bewegten Films in der Mitte der 1880er-Jahre verwendet. Durch das Hinzufügen von Kampfer als weichmachendem Zusatzstoff zu Cellulosenitrat erhielt man das leichte, biegsame und bruchfeste Zelluloid als neuen Schichtträger für den Bewegtfilm. Die Entwicklung von Cellulosenitratfilmen ermöglichte erstmals die Massenproduktion von Filmmaterial. Die flexiblen Filme erlaubten es, lange, günstige und platzsparende Filmrollen herzustellen Die Nachteile waren aber erheblich. Die Filme sind bei Hitze leicht entzündlich, ebenso zersetzt sich das Trägermaterial im Laufe der Zeit von selbst. Waren im 19. Jahrhundert das Gaslicht und die leicht entflammbaren Requisiten die Ursachen für teilweise verheerende Theaterbrände, entwickelten sich später die Nitrofilme in den Lichtspieltheatern der Welt zu einer permanenten Gefahr. Nitrofilme sind beim Abspielen einer starken Wärmeentwicklung durch die Projektionslampen ausgesetzt, weswegen es zwischen 1895 und 1940 immer wieder zu gefährlichen Bränden kam. Da Filme mit Cellulosenitrat fast explosionsartig verbrennen und kaum zu löschen sind, werden sie heute dem Bundessprengstoffgesetz zugeordnet. Daher darf Nitrofilmmaterial nur in speziellen Filmarchiven gelagert werden, die bestimmte Lagerbedingungen erfüllen müssen.

Das Archiv des Deutschen Museums konnte die Bedingungen für diese strikten Vorgaben nicht erfüllen. Daher wurde der Nitrofilmbestand 1967 unter dem Vorbehalt des Eigentums beim Bundesarchiv deponiert. Im Jahr 1999 lieferte die Archivleitung dort rund 30 weitere Filme ab, die 1991 bei einer Auktion angekauft worden waren und sich als Cellulosenitratfilme herausstellten.

Mit der Deponierung der Filme ist allerdings eine öffentliche Nutzung nicht mehr möglich. Das Deutsche Museum kann auf solches Filmmaterial nur dann zurückgreifen, wenn es beim Bundesarchiv eine Umkopierung bzw. Digitalisierung beauftragt und bezahlt. Bisher ist eine komplette Duplizierung der eingelagerten Filme an den hohen Kosten gescheitert. Dabei wäre der Bestand ein hervorragender Fundus für die Erforschung des Genres »Wissenschaftlicher Film«. Mit den digitalisierten Kopien wäre es möglich, die unterschiedlichen Spielarten von Filmen zu Naturwissenschaft und Technik im Wandel des vergangenen Jahrhunderts systematisch in Forschungsprojekten zu untersuchen. Sicherlich könnte bei der Auswahl auf eine Reihe von Titeln verzichtet werden, da manche für den engeren Forschungszusammenhang nicht relevant sind. Mit der Umkopierung müsste jedoch eine vertiefte Dokumentation der Filme einhergehen. Eine große Aufgabe für die Zukunft.

Haste Töne?

Im Gegensatz zur gut geplanten und konsequent verwirklichten Sammlung von Objekten, Handschriften, Fotografien, Plänen und Nachlässen hatten die Museumsväter beim Aufbau eines Schallarchivs keine glückliche Hand.[286] Erstmals findet sich im Verwaltungsbericht des Deutschen Museums aus dem Jahr 1908/09 eine entsprechende Bemerkung. Darin heißt es, dass man mit der Eröffnung der Bibliothek und des Archivs im Januar 1908 eine breit angelegte Sammlungsaktion für Tondokumente starten wolle. Allerdings stand dabei – wie in anderen Sammlungsbereichen des Archivs auch – nicht ein systematischer Aufbau eines kulturellen Fundus im Vordergrund als vielmehr die enge Verknüpfung mit der Ausgestaltung der 1906 eröffneten Ausstellungen. Die Idee war, eine »Phonographenplattensammlung« in die Abteilung »Akustik« zu integrieren, um dort mit Phonographen und Grammophonen ausgewählte Hörbeispiele zu präsentieren. Geplant war, Reden bedeutender Persönlichkeiten, Lieder berühmter Sänger, aber auch aussterbende Sprachen und Dialekte aufzunehmen. Vorbildhaft wirkte das 1899 von der Wiener Akademie der Wissenschaften gegründete Phonogrammarchiv, das weltweit viele ähnliche Vorhaben beeinflusste. Da fast zeitgleich (1900) in Berlin von Carl Stumpf ein Phonogramm-Archiv gegründet worden war, schien es für das Deutsche Museum an der Zeit, sich selbst dieser nationalen Aufgabe anzunehmen. In en-

285 Vgl. https://www.ndr.de/geschichte/Foto-des-schwebenden-Lilienthals-ist-ein-Fake,lilienthal248.html (1.9.2021).

286 Vgl. Füßl, Medien I, 2006; Müske, Archiv-Phonograph, 2018, besonders S. 42–44.

gem Kontakt mit Kollegen in Wien kam es immerhin zu einem Kostenvoranschlag für den Aufbau eines Archivs gesprochener Worte. Aufgenommen werden sollten bedeutende Wissenschaftler, Techniker und Ingenieure. Gedacht war an Oskar von Miller, Wilhelm von Siemens, Ferdinand Graf von Zeppelin, Wilhelm Conrad Röntgen und Albert Einstein, also Personen, die überwiegend aus dem Umfeld des Museums stammten. Allerdings verpuffte die Initiative wirkungslos, auch weil in Berlin die von der Reichspolitik geförderte Verbindung des Phonogrammarchivs mit dem Museum für Völkerkunde bald erste Erfolge zeitigte. Zudem war die personelle und finanzielle Ausstattung des Museums und darüber hinaus das intellektuelle Know-how für ein derartig umfangreiches Arbeitsgebiet, das gerade hinsichtlich aussterbender Sprachen ausgedehnte Forschungsreisen erfordert hätte, nicht vorhanden. Als international agierende Forschungseinrichtung – vergleichbar mit der Smithsonian Institution – war das Deutsche Museum nicht konzipiert und finanziell auch nicht aufgestellt. Die Idee verpuffte schnell. Den angefragten Persönlichkeiten musste peinlicherweise wieder abgesagt werden.

In den folgenden Jahresversammlungen wurde nicht mehr über das »Schallarchiv« gesprochen; stillschweigend begrub man das Vorhaben. Für die später in »Stimmportraits« umbenannte Sammlung gab es kaum Zuwachs. Anlässlich der Jahresversammlung 1921 plante man, die Stimmen zahlreicher Prominenter aufzuzeichnen. Obwohl über 20 der angeschriebenen Gremienmitglieder, darunter Erich von Drygalski, Walther von Dyck, Hugo Junkers, Carl von Linde, Arnold Sommerfeld, Wilhelm Wien und Richard Willstätter, ihre Zustimmung signalisiert hatten, konnte dieses Projekt wegen der Kürze der Zeit, den schwierigen Verhandlungen mit verschiedenen Schallplattenfirmen und den durch die Inflation extrem angestiegenen Preisen nicht verwirklicht werden. So verfügte das Archiv bis 1932 über einen kaum nennenswerten Bestand; lediglich 28 Stimmaufnahmen waren damals vorhanden.

Ein erneuter Anlauf zu einer umfassenden Sammlung von Stimmporträts erfolgte im Zuge der Eröffnung der Bibliothek 1932. In seinem Bericht vor den Gremienmitgliedern anlässlich der Jahresversammlung gab Oskar von Miller dieser Idee eine neue Dimension. Selbstkritisch stellte er fest, dass er vor 20 Jahren auf den weiteren Ausbau verzichtet habe,

> … da ich mich persönlich davon überzeugt hatte, dass diese Stimmporträts keinen großen Wert besaßen. Nicht nur hatten sie meist einen sehr unbedeutenden sachlichen Inhalt […] auch die Aufnahmetechnik war noch nicht so weit, daß sie die Eigenart der Stimme getreu genug wiedergab.[287]

Jetzt wollte er ein nationales Schallplattenarchiv im Deutschen Museum anstoßen. Bemerkenswert ist seine damals angesprochene Einschätzung der Bedeutung von Tonaufzeichnungen. Dazu ein längeres Zitat:

> Die Schallplatte stellt heute nicht nur eine wichtige Urkunde dar, sondern hat auch als Forschungsmittel die größte Bedeutung erlangt, z. B für das Studium der Vorgänge bei der Tonerzeugung, der Zusammensetzung der Klänge von den verschiedensten Musikinstrumenten, für das Studium der Akustik von Räumen u. dgl. Weiter ist es möglich, auf solchen Platten die Sprachen aller Völker festzuhalten. Auf diese Weise können Experimente, die sonst nur im Laboratorium, im Vortragssaal, auf Forschungsreisen usw. auszuführen sind, auch einem Laienpublikum jederzeit zugänglich gemacht werden. Wir beabsichtigen deshalb in dem Schallplattenraum etwa 50 Wiedergabeapparate aufzustellen, an denen jeder Besucher die nach dem Katalog ausgewählten Platten hören kann. Im Plattenraum selbst sind leicht 12 000 Platten in gleicher Weise wie die Bücher einer Handbibliothek aufzubewahren, während im Magazin eine bedeutend größere Plattenzahl gespeichert werden könnte. Wir sind der Überzeugung, daß das geplante Schallplatten-Archiv nicht nur für den Historiker von größter Bedeutung ist, sondern auch ein ausgezeichnetes Bildungsmittel zur Verbreitung naturwissenschaftlicher Kenntnisse in den weiteren Volkskreisen darstellt.[288]

Allerdings blieb die vollmundige Ankündigung eines solchen Archivs reine Rhetorik. In den folgenden Jahrzehnten finden sich in den Verwaltungsberichten keine Angaben zum Schallarchiv. Erst 1973 – zu diesem Zeitpunkt wurde die Zuständigkeit für die AV-Medien dem Archiv übertragen – liefert der Verwaltungsbericht Zahlen zum Bestand. Damals waren 270 Tonbänder und 103 Schallplatten archiviert. Mit der bereits erwähnten, durchaus bemerkenswerten Initiative von Generaldirektor Theo Stillger zur Bedeutung von »Audio-visuellen Medien als Sammlungsgut« wurde die Programmatik Millers wieder aufgegriffen, blieb aber genauso ohne Schwung wie in den Jahrzehnten zuvor. Die Reaktion auf die Initiative Stillgers war deprimierend. Die Sammlung von Tonträgern wuchs nur unwesentlich: Die Zahl der Schallplatten stieg von 103 im Jahr 1973 auf 187 im Jahr 1982 an, die der Tonbänder erhöhte sich nur um rund 70. Schon ab 1983 wurden die Schallaufnahmen nicht mehr eigens gezählt.

287 DMA, VA-Dru, Vorl. Nr. 0141, S. 30.

288 Ebd.

139 Aufgeklappte Schmuckkassette mit zwei identischen Schallplatten der Rede Zeppelins, 1908. Foto: Hans-Joachim Becker

Das heutige Schallarchiv umfasst die Kategorien »Schallplatten« (313 Einheiten), »Tonbänder« (1533), »Kompaktkassetten« (1389) und »Audio-Digitalträger« (179). Während die Schallplatten eine eher bunte Mischung von Sprachaufnahmen, Musik, Vorträgen etc. beinhalten, ist die Sammlung der Tonbänder bestimmt von Mitschnitten diverser Veranstaltungen des Deutschen Museums (Jahrestagungen, Vorträge, Ausstellungseröffnungen, Betriebsfeiern, Musikvorführungen). Sie sind eine wichtige Quelle zur Geschichte des Museums, besonders seit den 1970er-Jahren. Insgesamt umfassen die museumsbezogenen Tonträger rund ein Drittel des Gesamtbestands. Wissenschaftshistorisch bedeutsam sind die Aufzeichnungen von Tagungen der Nobelpreisträger in Lindau. Auf über 235 Bändern sind Vorträge zahlreicher Nobelpreisträger seit der zweiten Tagung 1952 dokumentiert. Andere Serien umfassen Mitschnitte von Vorträgen der Versammlungen Deutscher Naturforscher und Ärzte (GDNÄ), die gemeinsam mit dem Archiv der Gesellschaft dem Deutschen Museum übergeben wurden (130 Bänder und 140 Kompaktkassetten). Ergänzt wird der Bestand durch Aufzeichnungen von Interviews, die im Rahmen eines Projekts zur Geschichte der Festkörperphysik entstanden sind. Zudem finden sich in verschiedenen Nachlässen Tonaufzeichnungen, so rund 50 Schallplatten, Tonbänder und Kompaktkassetten im Nachlass des Pioniers der elektronischen Musik Friedrich Trautwein, fast 700 Audio-Datenträger im Bestand des Raumfahrtjournalisten Werner Büdeler (meist Mitschnitte und Pressematerial) oder im Nachlass des Fernsehpioniers Walter Bruch (ca. 125 Einheiten). Ein nicht unbeträchtlicher Teil der Audio-Sammlung umfasst die Eigenproduktionen des Museums für Ausstellungen, so Hintergrundmusik (z. B für das Planetarium) und Aufnahmen für Ausstellungen (gesprochene Texte und Hintergrundgeräusche). Eine herausragende Sammlung an originalen Aufzeichnungen findet sich in dem bereits mehrfach angesprochenen Nachlass des Pioniers der elektronischen Musik Oskar Sala mit rund 1800 Tonträgern.

Läuse im Archiv

Auf dem ältesten Tonträger des Archivs ist eine Rede von Ferdinand Graf von Zeppelin vom 24. August 1908 festgehalten: »Ein Wort des Grafen Zeppelin an das deutsche Volk« (Signatur: DMA, AV-S 001). **| Abb. 139 |** Sie ist auf zwei Schallplatten gepresst, die in einer Schmuckkassette aufbewahrt sind, welche innen mit Samt bezogen und außen mit vergoldeten Verschlüssen gesichert ist.

Der Durchmesser beträgt zwölf Zoll oder 30,5 cm; abzuspielen sind sie mit einer Geschwindigkeit von 78 Umdrehungen in der Minute. Aufgezeichnet wurden rund 4:10 Minuten. Auf der Rückseite der Platten ist ein Brustbild des Flugpioniers mit eingeprägtem Datum und Zeppelins markanter Unterschrift zu sehen. Hergestellt wurde die Aufnahme von der Schallplatten-Fabrik Favorite GmbH in Hannover-Linden. Es handelt sich dabei um »Schellackplatten«, die ab ca. 1895 Verbreitung fanden und Vorläufer der späteren Vinylplatten sind. Schellack ist eine harzige Substanz, die aus den Ausscheidungen der Lackschildlaus gewonnen wird. Die weiblichen Läuse schützen ihre abgelegten Eier mit diesem Saft, der sich zu einer harten Masse um die Eier verfestigt. Während die geschlüpften Jungtiere sich aus diesem »Lack« befreien und entfernen, enthält der für die Schellackherstellung geerntete Rohstoff auch die in das Harz eingebetteten, toten Muttertiere. In der Schallplattenproduktion wurde Schellack als Bindemittel eingesetzt. Läuse in dieser Form dürften wohl die einzigen Tierchen sein, die in Archiven hochwillkommen sind!

Eine Besonderheit der Zeppelin-Platte liegt darin, dass es sich bei ihr um eine sogenannte Inside-outside-Platte handelt. Das heißt, die Nadel tastet die Rillen von innen nach außen ab – also genau umgekehrt im Vergleich zu üblichen Schallplatten, bei denen der Tonarm außen angesetzt wird und sich nach innen bewegt. Da die Rillen bei Schellackplatten breiter sind als bei Vinylplatten, ist zum Abspielen ein dafür geeigneter Tonabnehmer mit einer etwas dickeren Nadel erforderlich.

Bei der aufgezeichneten Ansprache Zeppelins handelt es sich um eine Dankrede auf die »Zeppelinspende des deutschen Volkes«. Hintergrund war der Absturz seines Starrluftschiffs LZ 4 bei Echterdingen am 5. August 1908, der die weiteren Entwicklungen zu stoppen drohte. Durch einen anonymen Aufruf für eine »Zeppelinspende«, welche die Fortführung des Zeppelinbaus gewährleisten sollte, kamen letztlich sechs Millionen Mark zusammen. Sie ermöglichten dem Grafen den Bau weiterer Luftschiffe.
In der Rede bedankte sich Graf Zeppelin für die großzügigen Spenden und versprach eine Eroberung der Luft durch seine Zeppeline:

> Meine Luftschiffe werden bald zu den betriebssichersten Fahrzeugen zählen, mit welchen weite Reisen bei verhältnismäßig geringster Gefahr für Leib und Leben der Insassen ausführbar sind. Mit froher Zuversicht darf das deutsche Volk demnach annehmen, dass es sich mit seiner hochherzigen Spende einen gangbaren Weg zur wahrhaftigen Eroberung des Luftmeeres aufgetan hat.

Die Vision des Grafen sollte sich erfüllen. In den folgenden drei Jahrzehnten stiegen die Zeppeline zu einem interkontinentalen Transport- und Reisemittel auf. Die Fahrten mit einem Luftschiff bildeten für Fernreisende einen besonderen Luxus. Die Atmosphäre dieser außergewöhnlichen Art zu reisen, fand auch in herausragenden Plakaten aus dieser Zeit ihren Niederschlag (vgl. Seite 135–136).

Ebenfalls auf Schellack gepresst ist die Rundfunkserie »Deutsche Not, deutsche Hoffnung«. Sie entstand auf Anregung der Deutschen Welle, die seit 1931 aus dem Berliner Haus des Rundfunks sendete. Hintergrund war die Massenarbeitslosigkeit, die nach der Weltwirtschaftskrise 1929 im Winter 1931/32 ihren Höhepunkt erreichte. In Anlehnung an die »Reden an die Deutsche Nation«, die der Philosoph Johann Gottlieb Fichte 1807/08 als Aufruf gegen die napoleonische Herrschaft veröffentlicht hatte, sollten verschiedene Persönlichkeiten in sechs Reden die Ursachen der Krise beschreiben und gleichzeitig Hoffnung für die zukünftige Entwicklung vermitteln. Die Aufnahmen entstanden zwischen dem 15. Januar und dem 2. Februar 1932. Da diese Reden nicht »im Äther verklingen« sollten, wurden sie im gleichen Jahr auch gedruckt herausgegeben.[289]

Einer der Vortragenden war Oskar von Miller.[290] Er sah die Ursache der Krise nicht in einer Mangelwirtschaft, sondern in einem Mangel an Opferwilligkeit und Gemeinsinn. Weltweit würden genügend Waren produziert, die Technik ermögliche den Warenaustausch; Kapital und Arbeitskräfte seien ausreichend vorhanden. Wichtig sei die gemeinsame Arbeit aller Bevölkerungsschichten an einem Wiederaufbau unter Hintanstellung von Eigeninteressen. Miller verwies dabei auf den Erfolg des Deutschen Museums, das seit seiner Gründung von allen Bevölkerungsschichten gefördert worden sei. Bei allem Respekt vor Miller – dieser Vergleich des Museumsprojekts mit der Weltwirtschaftskrise hinkte gewaltig.

Audiovisuelle Medien	
Umfang	ca. 1600 Filme ca. 1550 Tonbänder ca. 1400 Kompaktkassetten 313 Schallplatten ca. 300 Videokassetten ca. 800 Digitale Speichermedien

289 Deutsche Not, 1932.

290 Vgl. ebd., S. 7–11.

Aufgeklebt

Exlibris, Reklamemarken, Briefmarken, Siegelmarken

Zu den sehr überschaubaren Sammlungen im Archiv des Deutschen Museums gehören die Exlibris, Reklamemarken, Briefmarken und Siegelmarken. Sie alle zeichnen sich dadurch aus, dass sie in der Regel aufgeklebt wurden, auf Postsachen oder in Bücher. Das Museum hat in seiner langen Geschichte allen vier Gattungen kaum Bedeutung beigemessen, wohl deshalb, weil die Exemplare in der Regel sehr klein und somit für die Dauerausstellungen wenig attraktiv sind. Daher wurden und werden sie nicht aktiv gesammelt; die Bestände rekrutieren sich durchgehend aus Schenkungen.

Anders als im Deutschen Museum sind diese kleinen bedruckten Papiere sonst begehrte Sammlerstücke. Alle Formen sind künstlerisch gestaltet und der populären Druckgrafik zuzurechnen. Allerdings fallen unter diesem Begriff auch Zigaretten-, Sammel-, Andachts- und Oblatenbilder, Etiketten, Banderolen, Spielkarten und Zündholzschachtelaufkleber. Vermutlich lässt sich die Aufzählung noch fortsetzen. Berühmt sind die Liebig-Sammelbilder. Ihr Name ist mit dem Chemiker Justus Freiherr von Liebig verbunden, der 1852 erstmals eine Frühform des nach ihm benannten Fleischextrakts herstellte. Der deutsche Ableger der 1865 mit Sitz in London gegründeten Firma »Liebig's Extract of Meat Company« gab seit 1872 bunte, scheinbar unpolitische Bildchen mit den unterschiedlichsten Motiven – eben die Liebig-Sammelbilder – heraus, die den Produktpackungen beigefügt waren. Sie waren anfangs als Einzelbilder erhältlich, später wurden ganze Serien verlegt. Angeblich sollen weltweit über 7000 Serien gedruckt worden sein.[291]

»ex libris«

Bei den Exlibris unterscheidet man streng genommen zwischen eigens angefertigten Sammlerexemplaren und den tatsächlich als Buchbesitz- bzw. Bucheignerzeichen von Einzelpersonen, Klöstern, Bibliotheken und sonstigen Institutionen eingeklebten Exemplaren. Aus dieser Verwendung erklärt sich auch der Name, der sich vom Lateinischen »ex libris« ableitet und die Bedeutung »aus den Büchern« hat, womit auf die Besitzenden der Bücher hingewiesen werden soll. Meist handelt es sich um kleinformatige, verzierte Zettel, die auf das vordere »Anpappblatt« – eines der Vorsatzblätter eines Buchs – geklebt sind. Während Exlibris für Bibliotheken in großer Auflage gedruckt wurden, gibt es auch viele, meist nur in kleinerer Zahl für andere Auftraggebende gefertigte künstlerische Exemplare. Nicht selten besaß die gleiche Person verschiedene Buchbesitzzeichen, da man gerne den Eigentumsnachweis dem jeweiligen Zeitgeschmack anpasste. Die Blütezeit der Exlibris lag im 16. und 17. Jahrhundert.[292] In dieser Zeit bildeten sich die formalen Grundmuster mit Schrift, Bild und Dekor heraus, die meist heraldische, allegorische und typografische Elemente umfassten. Zwischen 1880 und 1920 lässt sich eine zweite Welle feststellen, die sich dadurch auszeichnet, dass der ursprüngliche Funktionszusammenhang mit dem Buch oft aufgegeben wurde und das Exlibris als Sammler- und Tauschobjekt ein Eigenleben entwickelte. Besonders beliebt waren im »Langen 19. Jahrhundert« die Jugendstil-Gestaltungen. 1891 bildete sich sogar ein eigener Verein, der »Exlibris-Verein zu Berlin«, der als »Deutsche Exlibris-Gesellschaft« bis heute fortbesteht. Die Exlibris sind inzwischen ein wichtiges Mittel für die Provenienzforschung, da sie Hinweise auf Vorbesitzer geben, wenngleich deren Name auf den Bücherzeichen oft überhaupt nicht erscheint.

Riesige Sammlungen verwahren das Frederikshavn Kunstmuseum og exlibrissamling mit rund 450 000 (!) Originalen, das Internationale Exlibris-Zentrum Mönchengladbach mit knapp 150 000 Objekten oder das Gutenberg-Museum in Mainz mit 120 000 Exlibris. Dagegen ist der Bestand im Archiv des Deutschen Museums klein. Ein Album kam von Marie Wiepert aus Berlin. Es ist mit dem Datum »22.4.1940« versehen – vermutlich dem Zeitpunkt der Stiftung. Die Stifterin sammelte offensichtlich ohne Schwerpunktsetzung, da sich neben sehr alten Buchbesitzzeichen – z. B des Klosters Polling von 1744 – viele moderne Belege bekannter Persönlichkeiten und Künstler finden. Die Entstehungszeit reicht vom 18. bis zum 20. Jahrhundert. Das Wiepert-Album enthält rund 254, meist aufgeklebte Einzelstücke, die alphabetisch nach den Buchbesitzern geordnet sind.[293] Darunter sind die Exlibris verschiedener Bibliotheken, wie die der Notgemeinschaft der deutschen Wissenschaft und die des Deutschen Museums, sowie bekannte Persönlichkeiten. Zu nennen wären u. a. der Schulreformer und Münchner Stadtschulrat Georg Kerschensteiner, der Verleger Carl Langenscheidt oder der Ingenieur Franz Reuleaux.

Ein weiterer kleiner Teilbestand mit rund 71 Exlibris scheint von einem versierten, auf den künstlerischen Aspekt der Buchbesitzzeichen spezialisierten Sammler zu stammen. Dafür spricht, dass diese nicht ausgeschnitten wurden, sondern meist das vollständige Blatt erhalten ist; mehrere Blätter sind zudem handsigniert. Vertreten sind u. a. die Maler, Illustratoren und Radierer Willi Geiger, Arnold Meermann, Joseph Sattler, Karl Schmoll von Eisenwerth, Franz von Stuck, Otto Ubbelohde, William Unger und Erhard Ludewig Winterstein.

Überliefert sind zwei Radierungen des Malers und Grafikers Oscar Graf. Ein Exlibris hatte er für den umstrittenen Kunsthändler Wolfgang Gurlitt angefertigt, eine nackte Frau vor einer idylli-

291 Vgl. Artikel „Justus von Liebig"; https://de.wikipedia.org/wiki/Justus_von_Liebig (22.5.2022.

292 Vgl. Kudorfer, Exlibris, 1983.

293 Vgl. Röschner, Sammlungen, 2010.

140/141 Zwei Exlibris des Künstlers Oscar Graf für Wolfgang Gurlitt und für Mirza Jung.

schen Landschaft. **| Abb. 140 |** Ein ähnliches Motiv – weiblicher Akt auf einer Anhöhe in eine Flusslandschaft blickend – stellte er für Mirza Jung her. **| Abb. 141 |** Die Radierung auf Büttenpapier mit einer Plattengröße von 96 x 82 mm ist unter der Abbildung monogrammiert. Da der Künstler und seine Frau Cäcilie das gleiche Motiv als Neujahrsgruß für das Jahr 1906 versandten, kann eine Entstehungszeit des Exlibris um 1906 angenommen werden. Aus der Literatur und dem Auktionsmarkt sind zahlreiche weitere Exemplare dieses Exlibris bekannt. Mirza Jung, deren Exlibris hier abgebildet ist, stammte im Übrigen aus einer bekannten Salzburger Familie und war mit dem Inhaber des dortigen »Hotel de l'Europe«, Georg Jung (1856-1899), ihrem Cousin, verheiratet. Nach dessen Tod gab sie die Leitung des Hotels an ihren gleichnamigen Bruder weiter.

Oscar Graf fertigte übrigens auch eine Radierung vom Rohbau des Bibliotheks- und Kongress-Saals, welche deren Stahlkonstruktion zeigt. Sie wurde anlässlich des Richtfests am 7. Mai 1930 den beteiligten Firmen und einigen leitenden Persönlichkeiten übergeben.[294] Auch ein Porträt des Mitbegründers des Museums, Walther von Dyck, ist von seiner Hand.[295]

Das Deutsche Museum hat schon 1904 ein Exlibris für seine Bibliothek in Auftrag gegeben. Dieses stammt von dem Maler, Heraldiker und Grafiker Otto Hupp, der das erste Signet des Museums gestaltet hat. Es ist eines von über 200 Exlibris, die der Künstler im Laufe seines Lebens geschaffen hat. Es zeigt die Eule und ein halbes Zahnrad, Symbole für Wissenschaft und Technik. **| Abb. 142 |** Das Museum ließ den Entwurf bei den Graphischen Kunstanstalten und Kunstdruckereien Meisenbach, Riffarth & Co. in München in einer Auflage von 10 000 Stück auf gelbes Büttenpapier zweifarbig und ungummiert drucken.[296] Weitere 7000 Exemplare erhielten den Zusatz »Gestiftet von« oder den Aufdruck »gestiftet v. Herausgeber« bzw. »gestiftet v. Verlag«. Dieses Exlibris findet sich in zahlreichen Büchern der Bibliothek, teilweise auch in Firmenschriften des Archivs. Andere Buchbesitzzeichen für das Museum entwarfen die Münchner Künstler und Gebrauchsgrafiker Eugen Cordier und Hermann Virl.[297] Heute sind die Exlibris in der Bibliothek des Deutschen Museums aus der Mode gekommen. Stattdessen sind die Bücher heute mit einem einfachen Bibliotheksstempel versehen.

294 Vgl. DMA, GS 00348/1-2; VA-Dru, Vorl. Nr. 0139, S. 25.

295 Vgl. DMA, PT 00784/02-03 GF.

296 Vgl. DMA, VA 0022/3.

297 Vgl. DMA, VA 6149.

142 Exlibris des Deutschen Museums, entworfen von Otto Hupp, 1904.

Ganz unabhängig von der kleinen Exlibris-Sammlung finden sich in anderen Archivbeständen ebenfalls Buchbesitzzeichen, so in den Nachlässen von Wilhelm Bölsche, Eugen Diesel und Stephan Kekulé von Stradonitz.

Plakatkunst en miniature

Eine besondere Form der Druckgrafik sind Reklamemarken (auch Werbemarken oder Propagandamarken genannt). Im Unterschied zu Briefmarken, denen sie aufgrund des viereckigen Formats, der Gummierung und des gezahnten Rands ähneln, waren sie nicht zur Freimachung von Postsendungen gedacht. Grundsätzlich sind sie etwas größer als diese, tragen aber keinen amtlichen Wertaufdruck und sind in der Form variabler gestaltet. So gibt es auch drei- oder vieleckige Werbemarken. Wichtig war eine gute grafische Gestaltung, da sie für ein Produkt, ein Unternehmen, eine Institution, für Vereine und sogar für Parteien werben sollten. In ihrer Funktion sind sie also mit den großformatigen Plakaten vergleichbar, weswegen auch der Begriff »Plakatkunst en miniature« auftaucht.[298] In beiden Fällen wurden häufig renommierte Künstler beauftragt, die Motive zu gestalten. Nicht selten gab es ein Plakat und dazu die entsprechende Reklamemarke. Während öffentlich aufgehängte Plakate nach kurzer Zeit mit neuen überklebt wurden, blieben die kleinformatigen Reklamemarken in vielen privaten Sammlungen erhalten. Sie sind damit ein wichtiges Zeugnis künstlerischen Schaffens und der Gebrauchskunst im Allgemeinen, aber auch für die Wirtschafts-, Konsum- und Mentalitätsgeschichte und sogar für bildungshistorische Ansätze im Besonderen.

Die Blütezeit der Reklamemarken bildeten – ähnlich wie für die Exlibris – die Jahre von 1890 bis 1920.[299] Zwischen 1910 und 1915 sollen allein in Deutschland 100 000 verschiedene Reklamemarken gedruckt worden sein. Einzelne Motive erreichten bisweilen Millionenauflagen. In München fand vom 10. bis 12. Oktober 1912 sogar die erste »Propagandamarkenausstellung« statt – selbstverständlich mit mehreren eigenen Werbemarken. Ab dem gleichen Jahr erschien zudem die Fachzeitschrift »Der Propaganda-Marken-Sammler«, die allerdings nur in wenigen Heften gedruckt wurde. Aus dem Titel lässt sich ablesen, dass sich Reklamemarken zu einem eigenständigen Sammelgebiet entwickelt hatten, das von Firmen gefördert wurde. Daher legten die Unternehmen häufig Serien auf, deren letzte Marke man nur beim Kauf einer größeren Packung des Produkts oder – am Beispiel des Schuhwarenhauses Speier – beim Kauf von einem Paar Schuhen erhielt.[300] Die Beliebtheit der Werbemarken in der Öffentlichkeit war zeitweise so groß, dass eine Firma es sich kaum leisten konnte, keine Reklamemarken zu führen.

Dabei standen die Produkte der Firmen oder zumindest der Unternehmensname im Vordergrund. Häufig nutzten die Firmen und Institutionen die Begeisterung der Bevölkerung für neue Technologien wie das Automobil, das Luftschiff oder das Flugzeug, um sich selbst als moderner Betrieb zu präsentieren. Bisweilen ist es für den Betrachtenden auf den ersten Blick nicht ersichtlich, inwieweit Firmenname und Motiv eine gemeinsame sinnvolle Botschaft bilden. Wieso ließ der Bayerische Verkehrsbeamten-Verein seinen Schriftzug auf dem Motiv eines Postfliegers abdrucken? Oder wieso zeigt die auf Kakao und Schokolade spezialisierte Firma Berger ihren Namen auf einer Marke mit einem Zeppelin? Dies sind nur zwei beliebig herausgegriffene Beispiele.

Der Bestand an Reklamemarken im Archiv basiert im Wesentlichen auf drei Provenienzen, die durch kleinere zusätzliche Erwerbungen ergänzt wurden. Eine thematisch geschlossene Sammlung wurde von Charlotte Maier 1993 gestiftet. Sie übergab im Anschluss an die Sonderausstellung »Aufbruch zum Himmel. Reklamemarken der Luftfahrt – Plakate en miniature« (1992/93), die in der neu eröffneten Flugwerft Schleißheim präsentiert wurde, eine Auswahl von über 300 Motiven zur Luftfahrt-

298 Vgl. Maier, Reklame-Schau, 1984.

299 Zum Folgenden vgl. http://sammler.com/bm/reklamemarken.htm (22.5.2022).

300 Vgl. ebd.

143 Reklamemarke des »Luftfahrerdank« e.V., hier die Serie XIV »Ausländische Wasserflugzeuge«, ca. 1913.

geschichte.[301] Diese zeigen u.a. Bilder zum Thema »Leichter als Luft«, also Mongolfièren, Charlièren, Ballone und Zeppeline. Bemerkenswert ist dabei, dass viele dieser Motive mit dem Namen der Münchner Brauerei »Gerner Bräu« versehen sind. Auch hier ist die Kombination mit Luftfahrt nicht unbedingt naheliegend. In der Kategorie »Schwerer als Luft« fallen besonders Marken auf, die den Aufdruck »Luftfahrerdank« tragen und mit römischen und arabischen Ziffern durchgezählt sind. **| Abb. 143 |** Sie führen hinein in ein trauriges Kapitel der Luftfahrtgeschichte. In der Frühzeit gab es außerordentlich viele Flugzeugunfälle und -abstürze, bei denen zahlreiche Piloten schwer verletzt wurden oder ihr Leben verloren. Da sich Versicherungen weigerten, solche Schäden abzudecken, bildete sich der gemeinnützige Verein »Luftfahrerdank« in Verbindung mit der »Luftfahrerdank GmbH« in Berlin mit dem Ziel, Spenden einzuwerben und durch wirtschaftliche Unternehmen Gewinne zu erzielen. Mit den Erlösen sollten verunglückte Flugzeugführer und deren Familien finanziell unterstützt werden. Eine diese Werbemaßnahmen war eine Serie von 120 Sammelmarken aus der Luftfahrt. Nicht alle sind in der Sammlung Maier überliefert. Später erschienen weitere Serien mit dem Aufdruck »Wohlfahrtsmarke«. Der Verein »Luftfahrerdank« bestand von 1913 bis ca. 1924, die GmbH ging noch vor Kriegsende im Jahr 1918 in Konkurs. Die abgebildete Marke zeigt aus der Serie »Ausländische Wasserflugzeuge« ein Luftfahrzeug des Franzosen Louis Breguet, das wegen seiner vielen Metallteile mit dem Spitznamen »Blechpfeife« belegt worden war.[302] Zahlreiche andere Reklamemarken der Sammlung Maier warben für die in der Öffentlichkeit äußerst beliebten Flugveranstaltungen und Ausstellungen im In- und Ausland, so für die »Internationale Luftschiffahrt-Ausstellung (ILA)« 1909 in Frankfurt, die Prinz-Heinrich-Flüge 1913 und 1914 sowie für die Veranstaltungen »Rund um Berlin«, »Flug ,Rund um München'« und die Flugschau »Flugplatz Johannisthal. Herbstflugwoche«, alle 1913.[303] **| Abb. 144/145 |**

144/145 Reklamemarken für den Prinz-Heinrich-Flug und den Flug »Rund um München«, 1913.

301 DMA, Zugangs-Nr. 1993-5008.
302 Maier, Aufbruch, 1982, S. 39.
303 DMA, Zugangs-Nr. 1993-5008.

Die gezeigten Marken stammen aus der immens großen Sammlung des Vaters von Charlotte Maier, des Bankbeamten Hans König. Dieser hatte bereits als Jugendlicher Reklamemarken gesammelt und zu Beginn seines Ruhestands den Bestand eines österreichischen Adeligen, der selbst rund 50 Jahre lang diesem Hobby verfallen war, angekauft.[304] Im Laufe seines Lebens hatte Maier etwa 50 000 Marken und unzählige Postkarten zusammengetragen. Nach seinem Tod erbte Charlotte Maier diesen Bestand, den sie – wie sie selbst schreibt – viele Jahre lang nach ihrem »System« ordnete.[305] In verschiedenen Ausstellungen und mehreren Publikationen hat sie dabei einzelne Teile immer wieder präsentiert. Schon 1987 realisierte sie im Museum die Sonderausstellung »Weiter – höher – schneller. Verkehrsgeschichte auf Marken und Medaillen«, gemeinsam mit dem damaligen Archivleiter Rudolf Heinrich. Bereits ein Jahr später vermeldete ein Artikel in der Zeitschrift »Postmagazin«, die komplette Sammlung werde zu einem späteren Zeitpunkt dem Deutschen Museum übergeben[306] – eine Meldung, die sich letztlich nicht bewahrheitet hat. Lediglich einige Marken mit dem Motiv »Deutsches Museum« wurden von ihr später noch gestiftet.

Der größte Zugang an Werbemarken besteht aus einem Album mit rund 950 Exemplaren, das 2004 von einer hausinternen Forscherin dem Archiv übergeben wurde.[307] Es ist in seiner Art ein typisches Sammlerstück. Die Marken zu Schifffahrt, Chemie, Sport, Persönlichkeiten, Veranstaltungen, Firmen, Konsumartikeln etc. sind thematisch geordnet und in ein gekauftes Album mit Blankoseiten und der Aufschrift »Reklamemarken« geklebt. Die Vielfalt des Albums spiegelt gut die Breite der Gattung wider. **| Abb. 146/147 |**

Eine weitere Sammlung an Werbemarken war schon 1993 von Siegfried Michl, einem ausgewiesenen Sammler auf diesem Gebiet, angekauft worden.[308] Dabei wurden aus einem größeren Angebot einige wenige Stücke zur Wissenschafts- und Technikgeschichte ausgewählt. Diese Marken beschäftigen sich mit dem noch jungen Thema »Elektrizität«. Dabei fällt auf, dass nicht nur die Hersteller von Elektrogeräten mit Reklamemarken warben, sondern dass sich auch viele andere Firmen dieses Themas bedienten. Während um 1890 – der Anfangszeit der Elektrifizierung in Deutschland – nur wenige Unternehmen in dieser Branche aktiv waren, veränderte sich das Bild um 1910. Nun boten nicht nur die Hersteller Elektrogeräte an, sondern auch kleine Waren- und Kaufhäuser. **| Abb. 148 |**

Ein Beispiel dafür ist die Münchner Firma Eduard Rau, deren Spezialgeschäfte für Haushaltswaren in der Schüssel-Passage und in der Kaufingerstraße ansässig waren. Von dem Kaufhaus sind mindestens 36 verschiedene Reklamemarken bekannt,[309] darunter eine Buchstabenserie mit 12 Motiven von Chippendale-Gläsern. Während die erste Marke nur mit Waren der Marke Chippendale bedruckt war, zeigten die anderen elf Motive jeweils einen Buch-

146/147 Werbemarken der Firmen AEG und Philips.

304 Mündliche Mitteilung von Charlotte Maier, 1992.
305 Maier, Weiter, 1993, S. 37.
306 Vgl. Vander, Kleindarsteller, 1998, S. 25.
307 DMA, Zugangs-Nr. 2004-5067.
308 DMA, Zugangs-Nr. 1993-5069.
309 Vgl. die Zusammenstellung im Veikkos-Archiv, https://www.veikkos-archiv.com/index.php?title=Kaufhaus_Eduard_Rau (22.5.2022)

148 Hans Bertle: Werbemarke für das Kaufhaus Eduard Rau, ca. 1910.

staben des Namens »Chippendale« sowie weitere unterschiedliche Kristallgläser und -schalen der Produktlinie. Ganz bewusst zielte die Markenkombination auf den Sammler ab, der selbstverständlich die komplette Serie in seinem Album haben wollte. Das Geschäft gab zudem eine 18 Marken umfassende Serie zur Geschichte des Beleuchtungswesen heraus, beginnend mit einer antiken griechischen Fackel bis hin zu einer elektrischen Glühlampe. Beide Serien hatte der Münchner Grafiker Alois (Louis) Gruber gestaltet. Bemerkenswert ist, dass die Marken auf der Rückseite mit Erläuterungen zum jeweiligen Objekt bedruckt waren. Hier wird deutlich, dass die Reklamemarken nur zum Teil auf Postsendungen aufgeklebt werden sollten; sie waren vielmehr aufgrund ihres Reihencharakters als Sammlerstücke gedacht. Während die Glasserie vermutlich der Tatsache geschuldet war, dass das Kaufhaus als Niederlassung der niederbayerischen Theresienthaler Kristallglasfabrik agierte, sollte der Markensatz »Beleuchtung« den Verkauf der von Rau vertriebenen Lampen fördern. Das hier abgebildete Motiv des mit einem großen Vorschlaghammer auf die Glühbirne einschlagenden Kindes **| Abb. 148 |** sollte zum einen den »Unzerbrechlichkeit« der von Rau angebotenen Drahtlampe verdeutlichen, zum anderen das moderne Warenangebot der Firma demonstrieren. Die Werbemarke hatte der Grafiker Hans Bertle um 1910 entworfen. Vom gleichen Motiv ist auch ein großformatiges Plakat nachgewiesen;[310] die Zuschreibung an den Künstler erfolgte aufgrund seiner Signatur auf dem Plakat.

Wie bei den neuen Verkehrsmitteln verband sich mit der Elektrizität ein Fortschrittsoptimismus, der durch den Ersten Weltkrieg abrupt gestört wurde, als die scheinbaren Fortschritte in Wissenschaft und Technik zur massenhaften Tötung von Menschen führten. Mit den Jahren 1914 bis 1918 lässt die Begeisterung für Werbemarken nach. In den folgenden Jahrzehnten ging das öffentliche Interesse der jungen und älteren Sammlerinnen und Sammler markant zurück. Insofern sind die Werbemarken ein interessanter Gradmesser für wirtschaftlichen Aufschwung und politische Krisen.

Briefmarken

Viele Briefmarkensammler würden über die Bestände im Deutschen Museum vermutlich nur schmunzeln. Weder von der Zahl noch von der Thematik her ist die Sammlung besonders relevant. Da sie lediglich durch zufällige Schenkungen zustande gekommen ist, fehlt ihr eine inhaltliche Geschlossenheit. Auffälligster Teilbestand ist eine Sammlung von Lufthansa-Erstflugbriefen. Das Museum bekam diese – nicht ganz vollständige – Serie aus den Jahren 1980 bis 1989 von der Fluggesellschaft gestiftet. Seit 1955 betrieb die Lufthansa die Aerophilatelie. Die Belege dokumentieren neue Flugziele und Fluggerätumstellungen der Lufthansa. Bei neuen Routen gab es in der Regel zwei Umschläge, jeweils mit Marken des Abflug- und des Rückfluglands. Die Erstflugbriefe verdeutlichen ansatzweise die Zunahme der vom Flughafen Frankfurt am Main aus bedienten Reiseziele und sind so Zeugnisse des weltweit gestiegenen Tourismus seit den 1980er-Jahren. Das hier abgebildete Beispiel **| Abb. 149 |** dokumentiert den Erstflug der Boeing 747 mit der Nummer LH 723 auf der Strecke von Peking über Bahrain nach Frankfurt.

Eine andere Sammlung mit vier Alben und etwa 2000 Briefmarken, von denen allerdings der Großteil »Allerweltsmarken« und Dubletten sind, ist gezielt unter dem Aspekt der Technik-, Wissenschafts- und Architekturgeschichte angelegt. Die Marken stammen aus aller Herren Länder und bieten einen schönen Überblick über die Vielfalt einschlägiger Motive. Thematisch umfassen sie Eisenbahnwesen, Schifffahrt, Luftfahrt, Weltraumfahrt, Architektur, Brückenbau, Erfindungen und Persönlichkeiten aus diesen Bereichen.

Das Deutsche Museum selbst und sein Museumsgründer Oskar von Miller boten in der Vergangenheit immer wieder Anlass zur Herausgabe von Sondermarken. So würdigte die Deutsche Bundespost den 100. Geburtstag Millers mit einer 10-Pfennig-Marke (1955) und gab zum 50., 75. und 100. Jahrestag der Museumsgründung Sondermarken heraus (1953, 1978 und 2003). Umge-

310 Vgl. Spilker, Unbedingt, 2001, S. 202, Nr. VIII/5.

149 Aerophilatelie der Lufthansa, 1987. Foto: Hans-Joachim Becker

kehrt lieferte das Haus mit seinen vielen Unikaten in den Objektsammlungen und im Archiv immer wieder Motive für den Druck von Briefmarken. Die von dem Physiker Joseph von Fraunhofer entdeckten und nach ihm benannten Fraunhoferlinien im Sonnenspektrum bildeten beispielsweise 1987 und 2012 jeweils das Motiv für eine Sonderbriefmarke; das Originalblatt ist im Museum archiviert. Jüngstes Beispiel ist das Laufrad von Karl Drais, das sich in den Sammlungen des Museums befindet. Im Jahr 2017 diente es als Vorlage für eine Gedenkmünze und die Sonderbriefmarke »200 Jahre Fahrrad – Karl Drais 1817«. Passenderweise wurde sie im Verkehrszentrum des Deutschen Museums vorgestellt. Wie oft die Briefmarke gedruckt wurde, ließ die Deutsche Post offen, da üblicherweise die Auflagen nicht mehr veröffentlicht werden. Eine Ausnahme war der Druck des Sonderpostwertzeichens zum Beethovenjahr 2020, das in einer Rekord-Erstauflage von 625 Millionen Stück ausgegeben wurde, der höchsten Auflage seit Bestehen der Deutschen Post AG. Bei dieser Auflage dürfte die Marke keine philatelistische Rarität werden!

Brief und Siegel

Ein anderes beliebtes Teilgebiet der Philatelie, das Sammeln von Siegel-, Stempel- oder Verschlussmarken, spielt im Archiv des Deutschen Museums ebenfalls nur eine unbedeutende Rolle. Die meist runden Aufkleber mit einem Durchmesser von wenigen

150 Beispiele aus der Siegelmarkensammlung des Deutschen Museums. Foto: Hans-Joachim Becker

Zentimetern dienten als Briefverschlussmarken und sollten die Unversehrtheit einer Sendung gewährleisten. Sie wurden auf der Rückseite von Briefen über die Verschlussklappe des Umschlags geklebt. Die Siegelmarken lösten die Lack- oder Wachssiegel ab. Zwischen 1850 und 1945 waren sie weit verbreitet. Häufig wurden sie nicht nur gedruckt, sondern auch geprägt, um ein ähnliches Erscheinungsbild wie die historischen Lacksiegel zu vermitteln. **| Abb. 150 |**

Nach und nach etablierten sich ovale, dreieckige und vieleckige Formen; manche waren wie Briefmarken gezähnt. Das Erscheinungsbild war vom Wappen der siegelnden Person oder Behörde bestimmt. Der Name selbst wurde in der Regel in ein umlaufendes Schriftband gedruckt. In der über 850 Stück zählenden Sammlung des Archivs finden sich Marken von Behörden, Gerichten, militärischen Gruppierungen, Banken, Versicherungen, Kirchen, Schulen und vielen Berufszweigen, die meisten aus dem sächsischen Raum. Nur sehr wenige sind »frisch«, waren also nicht aufgeklebt; die Mehrzahl wurde von gelaufenen Postsendungen abgelöst. Die einzelnen Siegelmarken sind schwer zu datieren. Klar erkennbar ist nur der Übergang zur republikanischen Staatsform, da ab 1918/19 die Herrscherkronen auf amtlichen Siegeln wegfallen. Und ebenso zeitlich bestens einzuordnen sind Siegelmarken wie »Nordseebad Norderney ist judenfrei«. Sie stammt aus dem Jahr 1933. Man merkt, dass die ideologische Durchdringung der NS-Propaganda auch vor diesem Medium nicht Halt machte. Diese Marke ist allerdings im Bestand des Archivs nicht vorhanden.

Exlibris, Reklamemarken, Briefmarken, Siegelmarken	
Exlibris	ca. 330 Stück
Reklamemarken	ca. 1650 Exemplare
Briefmarken	ca. 2500 Marken; 700 Ersttagsbriefe und -stempel
Siegelmarken	ca. 850 Stück

Ungedruckt

Wissenschaftliche Berichte

Wissenschaftliche Berichte werden heute – ähnlich wie Firmenschriften – der »Grauen Literatur« zugerechnet. Sie stammen von VerfasserInnen, einem AutorInnenkollektiv, Behörden, Parteien, Unternehmen, Universitäten oder einer Forschungseinrichtung, sind nicht im wissenschaftlichen Verlagswesen veröffentlicht und werden oft nur in den jeweiligen Institutsreihen in geringer Anzahl vervielfältigt. Während in Verlagen publizierte Bücher oder Zeitschriften eine ISBN- bzw. eine ISSN-Nummer haben, fehlt diese bei der Grauen Literatur. Aufgrund dieser Tatsache sind diese Werke meist nicht in öffentlich zugänglichen Bibliothekskatalogen nachgewiesen. Ein Kriterium der Grauen Literatur ist also eine erschwerte Zugänglichkeit, während der wissenschaftliche Anspruch durchaus erfüllt sein kann.

Dazu ein Beispiel: Der Physiker, spätere Computerpionier und Erbauer der Göttinger Elektronenrechner G 1 bis G 3, Heinz Billing, verfasste 1943 bei Hans Georg Küssner am Institut für instationäre Vorgänge der Aerodynamischen Versuchsanstalt Göttingen (AVA) einen 19-seitigen, geheimen Bericht mit dem Titel »Angefachte Schwingungen des Seiles einer vom Flugzeug geschleppten Sonde«, dem mehrere Fotografien beigefügt waren. Der Bericht ist weder im Karlsruher Virtuellen Katalog noch im WorldCat noch in der Deutschen Digitalen Bibliothek recherchierbar. Dabei war er in einer Veröffentlichungsreihe der AVA unter der Nummer »43/J/4« und in der »Zentrale für wissenschaftliches Berichtswesen über Luftfahrtforschung« (ZWB) unter der Signatur »FB 1772« durchaus einsehbar. Ursprünglich war die Abhandlung zwar als geheim eingestuft und höchstens in wenigen Exemplaren vervielfältigt, trotzdem ist sie in verschiedenen deutschen Archiven und Bibliotheken vorhanden.

Im Archiv des Deutschen Museums ist dieser Bericht Billings zwei Mal – unter den angegebenen Nummern – in der umfangreichen Sammlung überliefert. Der Gesamtbestand der ZWB, wie er durch eine Datenbank nachgewiesen ist, listet rund 12 440 Titel auf, von denen knapp 8000 im Archiv zur Verfügung stehen. Zeitlich stammen die Forschungsunterlagen aus der Zeit von 1933 bis 1945; rund 110 Titel datieren aus den Jahren davor oder aus der Zeit nach Kriegsende.

Die Gründung der ZWB beruhte auf einer Initiative des einflussreichen Forschungsreferenten in verschiedenen Reichsministerien, Adolf Baeumker, der damit 1933 die divergierenden Forschungen zentral zusammenfassen wollte. Der Plan war, der Zersplitterung der deutschen Luftfahrtforschung entgegenzuwirken und eine Effizienzsteigerung zu erzielen. Die ZWB sollte das deutsche Schrifttum zusammenführen und verfügbar machen, relevante ausländische Literatur auswerten und gegebenenfalls übersetzen sowie regelmäßige Bibliografien erstellen.[311] In der ZWB erschlossen wurden einschlägige Berichte zur Luftfahrt und aus benachbarten Disziplinen, welche von Forschungseinrichtungen und Industrieunternehmen erstellt worden waren. In der Regel handelte es sich um interne, oft nur in Kleinstauflagen verbreitete Abhandlungen, die meist auf praktischen Forschungen beruhten und häufig mit Originalfotografien, Diagrammen und Skizzen ergänzt waren. Hinzu kamen Beiträge und Dissertationen der verschiedenen Hochschulen. Die ZWB war aber nicht nur eine Dokumentationsstelle, sondern sie griff auch in die Genehmigung zur Veröffentlichung wissenschaftlicher Arbeiten ein, was insbesondere militärtechnisch wichtige Untersuchungen betraf.

Der Großteil der bis 1945 entstandenen Forschungsberichte wurde nach Kriegsende in die USA gebracht und dort ausgewertet. Daher finden sich in den Heften häufig eingeklebte englischsprachige Kurznotizen, welche den jeweiligen Inhalt zusammenfassen. Wahrscheinlich gaben die amerikanischen Behörden die Dokumente 1954 im Zusammenhang mit der Neugründung der Zentralstelle für Luft- und Raumfahrtdokumentation und -information (ZLDI) in München zurück. Diese Einrichtung wurde 1969 in die Deutsche Forschungs- und Versuchsanstalt für Luft- und Raumfahrt (DFVLR) integriert. Dort war bis 1977 die Zahl der Einzelberichte auf 30 000 angewachsen. Mit dem geplanten Umzug der DFVLR nach Karlsruhe bot man dem Deutschen Museum den historischen Teil der Sammlung an; gut ein Drittel wurde übernommen. Eine Ergänzung erfuhr der Bestand im Jahr 2010, als vom Bundesamt für Wehrtechnik und Beschaffung mehrere hundert ZWB-Berichte gestiftet wurden. Wenngleich die Zahl der neuen Titel (233) gering war, konnten durch diesen Zugang einige beschädigte Altexemplare ausgetauscht werden.

Die Dokumente der Zentrale für Wissenschaftliches Berichtswesen über Luftfahrtforschung sind in verschiedener Hinsicht von hoher Bedeutung. Zum einen ergänzen sie die Unterlagen vorhandener Nachlässe aus dem Bereich der Luftfahrt (Theodor Benecke, Eugen Sänger, Hubert Schardin etc.) sowie die Luft- und Raumfahrtdokumentation ganz hervorragend. Zum anderen vermitteln sie einen Einblick in den Stand der deutschen Luftfahrtforschung zwischen 1933 und 1945 und bieten einen ebenso tiefen Blick in die vielfältigen, akribischen und detailreichen theoretischen wie praktisch-technischen Entwicklungen der deutschen Luftfahrt und der dazugehörigen Ausrüstung in dieser Zeit. Gleichzeitig sind die ZWB-Berichte eine fundamentale Quelle für biografische Forschungen von WissenschaftlerInnen und IngenieurInnen in diesem Bereich. Hunderte von Personen waren hier beschäftigt, wobei der Anteil der Frauen als Verfasserinnen verschwindend gering war. Soweit die Namen – vielfach ist kein Vorname oder nur der erste Buchstabe davon abgedruckt – erkennen lassen, befinden sich lediglich sieben Frauen darunter: die berühmte Pilotin und Versuchsfliegerin Hanna Reitsch, Irene Sänger-Bredt, promovierte Physikerin und zweite Ehefrau des Raumfahrtspezialisten Eugen Sänger, die Mathematikerin und Aero-

311 Zum Folgenden vgl. Mayring, Berichte, 2004.

dynamikerin Irmgard (Flügge-)Lotz, von der allein 19 Berichte stammen, sowie schließlich Elisabeth Schaefer, Ursula Schütze und Sieglinde Brauns-Verberne, alle drei im Bereich der Luftfahrtmedizin tätig. Von Letzterer stammt der Bericht über »Zusammenhänge zwischen Menstruation und Unfällen in der Frauensegelflugschulung«.[312]

Die Erwähnung der Namen von Schaefer, Schütze und Brauns-Verberne erfolgt in Zusammenhang mit den ZWB-Berichten nicht zufällig. Die Luftfahrtforschung umfasste eben nicht nur technische Aspekte, sondern auch medizinische. Schon 1934 war ein Ausschuss für Flugmedizinische Forschung gegründet worden. In diesem fanden sich etablierte Ärzte wie die Physiologen Hermann Rein und Theodor Benzinger und NS-Karrieristen wie die Mediziner Sigmund Rascher und Siegfried Ruff zusammen. Das Forschungs-»Interesse« richtete sich auf Unterdruckkammer-, Auskühlungs- und Meerwasserexperimente, da die Kriegsführung die Piloten zu immer größeren Flughöhen und – damit verbunden – zu größeren Anforderungen und Gefährdungen zwang. Von zahlreichen Ärzten, die an luftfahrtmedizinischen Versuchen beteiligt waren, finden sich im Archiv umfangreiche Untersuchungen, so von Benzinger 22, von Rein 18 oder von Ruff 37 Berichte. Insgesamt sind allein aus dem luftfahrtmedizinischen Sektor über 200 Abhandlungen nachgewiesen. Dieses Thema wird im nächsten Kapitel ausführlicher behandelt.

Eine zweite große Gruppe wissenschaftlicher Berichte, die inhaltlich hervorragend zu den ZWB-Forschungen passt, ist die Serie der CIOS-, BIOS- und FIAT-Berichte.[313] Hinter diesen Abkürzungen verbergen sich die von den alliierten Nachrichtendiensten erhobenen Informationen zur deutschen Forschung und Industrie in der unmittelbaren Nachkriegszeit. Das »Combined Intelligence Objectives Sub-Committee« (CIOS) war 1944 von US-Amerikanern und Briten gegründet worden und sollte ursprünglich die deutsche Rüstungstechnologie durchleuchten. Dafür wurden relevante Objekte (»targets«) – Industriebetriebe, Forschungseinrichtungen, Behörden etc. – listenmäßig erfasst und sukzessive abgefragt. Zusammen mit dem »British Intelligence Objectives Sub-Committee« (BIOS) und dem »Field Information Agency, Technical« (FIAT), das unter dem Kommando der amerikanischen Armee stand, wurden bis Juni 1947 rund 12 000 Ziele erforscht und in 994 CIOS-, 1875 BIOS- und 1324 FIAT-Berichten dokumentiert. Hinzu kamen einige Sonderserien.[314] Alle »Final Reports«, verfasst in maschinenschriftlicher Form, wurden in der britischen Staatsdruckerei vervielfältigt und veröffentlicht.

Der heutige Bestand im Archiv lässt sich auf einen Ankauf von Dubletten vom Imperial War Museum in London im Jahr 1990 zurückführen. Er umfasst nach einer inzwischen durchgeführten Dublettenbereinigung 3608 Hefte, rund 86 Prozent des ursprünglichen Gesamtbestands.

Die Forschungsberichte basierten auf alliierten Inspektionen der »targets« vor Ort, auf Befragungen leitender MitarbeiterInnen und ForscherInnen und auf beschlagnahmten Dokumenten. Erstellt wurden sie zum größten Teil von amerikanischen und englischen SpezialistInnen. Die Alliierten führten für ihre »targets« eine Liste mit 33 Kategorien, in der diejenigen Bereiche definiert waren, in denen man einen technologischen Vorsprung Deutschlands vermutete, also Radar, Flugzeug- und Raketentechnik, Düsenantriebe, Chemie, Elektrotechnik, Maschinenbau, Ersatzstoffe, wissenschaftliche Instrumente etc. Dementsprechend beginnt die CIOS-Serie mit einem Bericht über Radar und Lenkflugkörper. Dabei spiegeln die ersten »targets« die militärische Lage kurz nach der Landung der Alliierten in der Normandie wider, da zuerst Objekte in Frankreich, in den Niederlanden und in Belgien beschrieben und dann – mit der zunehmenden Besetzung Deutschlands – auch reichsdeutsche Einrichtungen erfasst wurden. In ihrer Fülle sind diese Darstellungen faszinierende Zeugnisse zum Stand der deutschen Technik und Forschung in der Endphase des Zweiten Weltkriegs. Gerade aufgrund des sehr breiten Interesses der Alliierten, die zum Teil oft randständige Produktionen wie z.B die von Teppichen, die Flussspatindustrie in der Oberpfalz oder das Design in der deutschen Konsumgüterindustrie begutachteten,[315] sind die Reports eine Fundgrube für die Wissenschafts- und Technikgeschichte.

Auch die Luftfahrtmedizin wird in einem zusammenfassenden CIOS-Bericht »Miscellaneous Aviation Medical Matters« von Major Leo Alexander untersucht.[316] Der gebürtige Wiener war 1927 in Berlin promoviert worden und hatte sich anschließend auf die Psychiatrie spezialisiert. Aus rassischen Gründen musste er Deutschland verlassen und ließ sich in den Vereinigten Staaten nieder. Im Zweiten Weltkrieg war er bei der amerikanischen Luftwaffe in England stationiert. Nach Kriegsende erhielt er den Auftrag, die deutsche medizinische Forschung auszuwerten. Er war zudem an den Nürnberger Ärzteprozessen beteiligt.

Eine seiner frühesten Auswertungen von Menschenversuchen ist die angesprochene CIOS-Publikation. Alexander stützte sich dabei auf einen Geheimbericht des Arztes Sigmund Rascher über »Versuche zur Rettung aus großen Höhen«,[317] die dieser gemeinsam mit Hans-Wolfgang Romberg 1942 im Konzentrationslager Dachau mit Häftlingen durchgeführt hatte. Ziel der Versuche war es, die Überlebenschancen eines Menschen unter dem plötzlichen Druckabfall nach dem Sprung aus einem Flugzeug, das

312 Vgl. DMA, ZWB, UM 673.

313 Vgl. Mayring, Berichte, 2004.

314 Vgl. Werth-Mühl, CIOS, 2001, S. 40.

315 Vgl. DMA, BIOS 0952; Sudrow, Geheimreport, 2012.

316 Alexander, Matters, 1945; DMA, CIOS XXIX-21.

317 Abgedruckt in: ebd., S. 139–163.

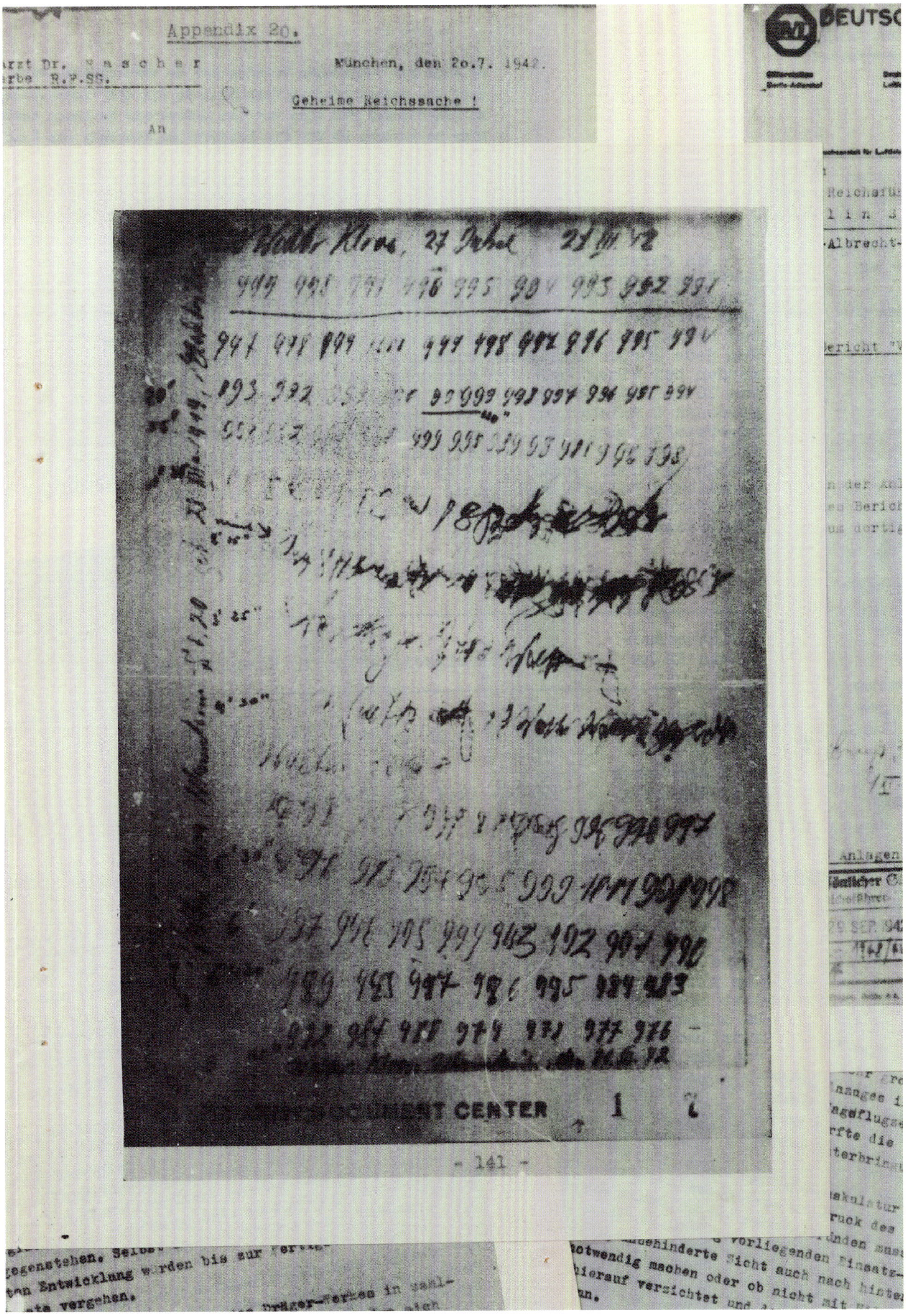

151 Dokumentation von Unterdruckversuchen an Häftlingen des Konzentrationslagers Dachau, 1942.
Foto: Hans-Joachim Becker

sich in großer Höhe befindet, zu ermitteln. Dabei wurden die Versuchspersonen in eine Unterdruckkammer gesetzt und das Verhalten jeweils bei der Simulation eines Sinkflugs (mit Fallschirm) bzw. eines Fallflugs (ohne Schirm) untersucht. Gleichzeitig wurden beide Experimentreihen sowohl mit Sauerstoffversorgung als auch ohne diese durchgeführt. Im abgebildeten Fall sollte der 27-jährige Proband während des simulierten Sinkflugs aus einer Höhe von 10 000 Metern die Zahlen ausgehend von 999 abwärts zählend (999, 998, 997, 996, ...) aufschreiben. Schon nach zwei Minuten – in einer angenommenen Höhe von 8,6 km – trat die Höhenkrankheit auf, die sich in der Schriftprobe in einem unleserlichen Gekritzel niederschlug. | **Abb. 151** | Im vorliegenden Fall trat keine Bewusstlosigkeit ein. Der Bericht beschreibt in der Folge einen anderen Probanden und dessen Reaktionen bei einem Sinkflug; dieser habe Krämpfe, schreie, beiße sich in die Zunge und sei nach der simulierten Landung nicht ansprechbar gewesen. Todesfälle erwähnte Rascher nicht, obwohl solche durch Autopsien an ermordeten Versuchspersonen unstrittig belegt sind. In seiner Zusammenfassung der Dachauer Versuche dokumentierte Alexander einige Zeugenaussagen über die extremen Torturen, welchen die Häftlinge während der Druckversuche ausgesetzt waren, und forderte, dass man die beiden Ärzte als Kriminelle behandeln müsse.[318]

Ein neuerer Zugang ist der Bestand »Amerikanische Atomforschungsberichte«. Er umfasst 2618 Abhandlungen von 1942 bis 1986 mit insgesamt 18 Regalmetern. Die Serie kam nach dem Tod von Fritz Weigel 1987 ins Archiv. Dieser hatte sich als Chemiker in München habilitiert und war 1978 zum Professor am Institut für anorganische Chemie der LMU München berufen worden. Seine Sammlungstätigkeit begann offensichtlich 1957, als er am berühmten Radiation Laboratory der University of California in Berkeley gearbeitet hatte.

Der Bestandsname ist etwas irreführend, da zahlreiche Forschungen außeramerikanischer Einrichtungen enthalten sind, welche jedoch häufig in Co-Autorenschaft mit US-WissenschaftlerInnen entstanden sind. Nur sehr wenige – insgesamt 50 – Untersuchungen entstanden im Rahmen des geheimen Forschungsprogramms »Manhattan Project«, das zur Entwicklung der ersten Atombombe führte. Im Wesentlichen handelt es sich um Berichte aus der Zeit des Kalten Kriegs, insbesondere aus den 1950er- und 1960er-Jahren; inhaltlich überwiegen Forschungen zur Kernchemie. Es dominieren Arbeiten der United States Atomic Energy Commission, die mit mehr als 1000 Nennungen vertreten ist. Andere wissenschaftliche Einrichtungen, die hier mit einer Vielzahl an Berichten auftauchen, sind verschiedene Laboratorien der University of California in Berkeley bzw. der Iowa State University (Ames Laboratory) und zwei heute vom amerikanischen Energieministerium betriebene große Forschungsinstitute – das Oak Ridge National Laboratory im Bundesstaat Tennessee und das Argonne National Laboratory südlich von Chicago. Diese waren schon im Manhattan Project aktiv und haben seitdem kontinuierlich und in großem Stil Atomforschung betrieben. Immer wieder finden sich in den Berichten gemeinsame Forschungsergebnisse mit den Laboratorien großer Unternehmen wie General Electric, Monsanto Research Corporation und Union Carbide and Carbon Corporation.

Wissenschaftliche Berichte	
Zentrale für wissenschaftliches Berichtswesen über Luftfahrtforschung (ZWB)	47 lfm.
Amerikanische Atomforschungsberichte	19 lfm.
Reports on German Industry (BIOS, CIOS, FIAT)	14 lfm.

318 Vgl. ebd., S. 13f.

Rück- und Ausblick

… und ein großer Dank

In diesem Band wurden rund 50 Einzelstücke aus dem Archiv des Deutschen Museums vorgestellt, ein winziger Prozentsatz aus den Abermillionen von Dokumenten, AV-Medien und Digitaldaten, die hier in realen Magazinen und auf elektronischen Speichermedien archiviert sind. Viele andere Objekte hätten es aufgrund ihrer Bedeutung sicherlich ebenfalls verdient, präsentiert zu werden. Daher war die Auswahl für den Autor das größte Problem. Einerseits sollten Relevanz und Vielfalt der Bestände aufgezeigt werden. Andererseits war auch beabsichtigt, dem Leser einzelne Objekte nahezubringen und sogar auf scheinbare Nebensächlichkeiten aufmerksam zu machen – so den versteckt angebrachten Namen eines Franz Xaver Weinzierl, die Rückseite des Porträts von James Gibbs, die Hintergründe des Stempels »A.R.« oder simple Karteikarten. Oft erschließt sich erst beim genauen Hinsehen eine zusätzliche Information und führt zu einer spannenden Geschichte. In jedem Fall ist es von Vorteil, das Original eines Archivales anzusehen und nicht eine Kopie oder einen Scan.

Das Stichwort »Original« führt hinein in eine neue Dimension der archivischen Überlieferung im 21. Jahrhundert. Was ist bei einem mehrfach geänderten digitalen Dokument das »Original«? Die Diskussion ist in der Fachcommunity nicht neu und wird seit Jahren geführt; sie muss daher an dieser Stelle nicht weiter vertieft werden. Auf die grundsätzliche Fragestellung soll hier jedoch deutlich hingewiesen werden. Wahrscheinlich ist dieses Thema in seiner Gesamtheit stärker denn je ein wichtiger Bestandteil unserer demokratischen Gesellschaft, die auf eine unabhängige und transparente Wissenssicherung Wert legt. Elektronische Informationen müssen in den Archiven vertrauenswürdig und authentisch gespeichert und nachträgliche digitale Manipulationen und Datenverluste unbedingt vermieden werden.

Unstrittig ist, dass sich die Rolle von Archiven im Informationszeitalter verändert hat. Allerdings wäre es falsch zu glauben, dass damit die Kernaufgaben von Archivarinnen und Archivaren – Übernahme, Bewertung, Ordnung, Erschließung, Erhaltung und Nutzbarmachung von Archivgut – komplett entfallen. Selbstverständlich ist es notwendig, diese Aufgaben zu modifizieren und den modernen Gegebenheiten und Erfordernissen anzupassen. Bei der Masse an digitalen Unterlagen gewinnt die Auswahl, also die Bewertung, zunehmend an Gewicht. Angesichts der erheblichen Kosten für die Archivierung elektronischer Daten muss parallel dazu die finanzielle Ausstattung – auch des Archivs des Deutschen Museums – angepasst werden. Viele Aufgaben lassen sich zudem nur in Kooperation mit der eigenen IT oder mit Rechenzentren lösen. Außer Frage steht, dass Verbünde neu definiert oder neu geschaffen werden müssen, zwischen Archiven, Bibliotheken und Museen, aber auch mit Kompetenzzentren von Forschungseinrichtungen und der Wirtschaft. Die Sicherung überlieferungswürdiger Unterlagen ist nur gemeinsam mit Partnern zu stemmen, um die Vielfalt unserer heutigen Gesellschaft für die Zukunft zu überliefern. Die vom Archiv des Deutschen Museums angestoßene Initiative des »Sammelns im Verbund« wird mit Sicherheit in den nächsten Jahren an Bedeutung gewinnen. Dabei geht es um die Archivierung nichtstaatlichen Archivguts, das eine unverzichtbare Ergänzung der Unterlagen öffentlicher Verwaltungen ist. Ebenso wird sich der Kontakt zu Forscherinnen und Forschern verändern. Viele Recherchen erfolgen schon jetzt – ohne Einbeziehung des Archivpersonals – auf elektronischem Wege. Mit den veränderten Nutzungsmethoden muss die archivische Erschließung Schritt halten. Dafür ist Voraussetzung, Archivdaten so zu strukturieren, dass Forschende bei einer Internetrecherche bestandsrelevante Zusammenhänge zwischen den einzelnen Treffern ihrer Suche erkennen können. Das Online-Findbuch ist für Archivarinnen und Archivare längst zum Standardinstrument geworden, für Nutzerinnen und Nutzer in vielen Fällen noch nicht.

Elektronische Daten eines Archivs im Internet – das ist eine zentrale Aufgabe – dürfen nicht isoliert stehen, sondern müssen mit möglichst vielen anderen Einrichtungen vernetzt sein, entweder in Archivportalen oder in der Deutschen Digitalen Bibliothek. Bestände- und archivübergreifend suchen zu können, ist eine wichtige Forderung aller Interessierten. Damit eine Vernetzung auch unabhängig von einer Institution möglich ist, müssen Namen, Körperschaften und Orte formal über Normdaten wie die der Gemeinsamen Normdatei der Deutschen Nationalbibliothek und durch Geodaten automatisch vernetzbar sein. Eine Aufgabe für die Zukunft wird es zudem sein, im Internet die semantische Texterschließung zu fördern und Daten zum maschinellen Lernen bereitzustellen.

Auch wenn die größten Herausforderungen und Entwicklungsmöglichkeiten für ein Archiv wohl im digitalen Bereich liegen, behält das analoge Archivgut nach wie vor seinen Wert. Als kostbarer Kulturschatz muss es ebenso für die Nachwelt erhalten werden wie elektronische Daten. Spannende Zeiten für die Archivarinnen und Archivare im Deutschen Museum!

Am Ende jeder Veröffentlichung steht nicht zufällig immer der Dank. In mehr als dreißig Jahren habe ich mit vielen Personen zusammengearbeitet. Für die vorliegende Publikation war dies nicht anders. Leider können viele, die zum Gelingen des Buchs beigetragen haben, nicht auf dessen Cover stehen. Hervorheben möchte ich zuallererst den Leiter des Fotoateliers im Deutschen Museum, Hans-Joachim Becker. Er hat sich auf das Experiment eingelassen, gemeinsam mit mir einen neuen Blick auf die ausgewählten Objekte des Archivs zu werfen und für das vorliegende Buch eine eigene Bildsprache zu schaffen. Seine Fotografien ziehen Leserinnen und Leser gleichsam in den Text hinein, weil sie mehr über das abgebildete Archivale wissen möchten. Es hat unglaublich Spaß gemacht, zu sehen, was ein Meisterfotograf aus der »Flachware« und aus meinen begleitenden Erzählungen gemacht hat. Die meisten Fotografien wurden für diesen Band neu aufgenommen – sie sind unschwer zu erkennen.

Danken möchte ich allen Kolleginnen und Kollegen im Archiv. Natascha Jelen hat wie immer viele Korrekturarbeiten und Recherchen übernommen, Anna Krutsch die Fotoaufträge erledigt. Andere haben mir Berge an Archivsignaturen herausgesucht. Viele Ideen zu dem Buch sind in persönlichen Gesprächen mit allen ArchivmitarbeiterInnen gereift – dafür im Nachhinein herzlichen Dank. Von der Idee zum Druck ist es ein weiter Weg. Toni Schmid hat als Lektor manche Unebenheit beseitigt. Die Verlagsleiterin des Deutschen Museums Kathrin Mönch hat sich schnell für das Projekt begeistern lassen und den Band in das Verlagsprogramm aufgenommen. Ihre Kollegin Jutta Esser wiederum hat sich der Herausforderung nach einem bestens gestalteten Satz perfekt gestellt. Danke, es ist ein schönes Buch geworden!

Schon im Jahr 1994 hatten Eva A. Mayring und ich die kleine, 22 Seiten umfassende Broschüre »Eine Schatzkammer stellt sich vor« publiziert. Geplant war ursprünglich eine Neuauflage, die Frau Mayring leider nicht mehr erlebt hat. Viel zu früh ist sie verstorben. Ihre letzte Veröffentlichung war der großartige Katalog zum Gemäldebestand im Deutschen Museum, der kurz vor ihrem Tod erschienen ist und für den sie posthum mit dem Publikationspreis des Deutschen Museums ausgezeichnet wurde. Die damit verbundene Preissumme hat ihre Familie dem Archiv gestiftet. Sie wurde jetzt für die Teilfinanzierung des Buchs investiert, ein Verwendungszweck, der Eva Mayring sicher gefallen hätte.

Ganz am Ende steht der Dank an meine Frau Uschi. Sie hat wie so häufig mitgeholfen, den Text lesbarer zu machen und Unschärfen im Text zu glätten. Sie hat aber darüber hinaus mein gesamtes Berufsleben mit Interesse und viel, viel Geduld begleitet, mir die Freiräume gelassen, die meine historische Neugierde und meine Schreiblust benötigt haben. Dafür möchte ich in besonderer Weise danken und ihr diese Publikation widmen.

Anhang

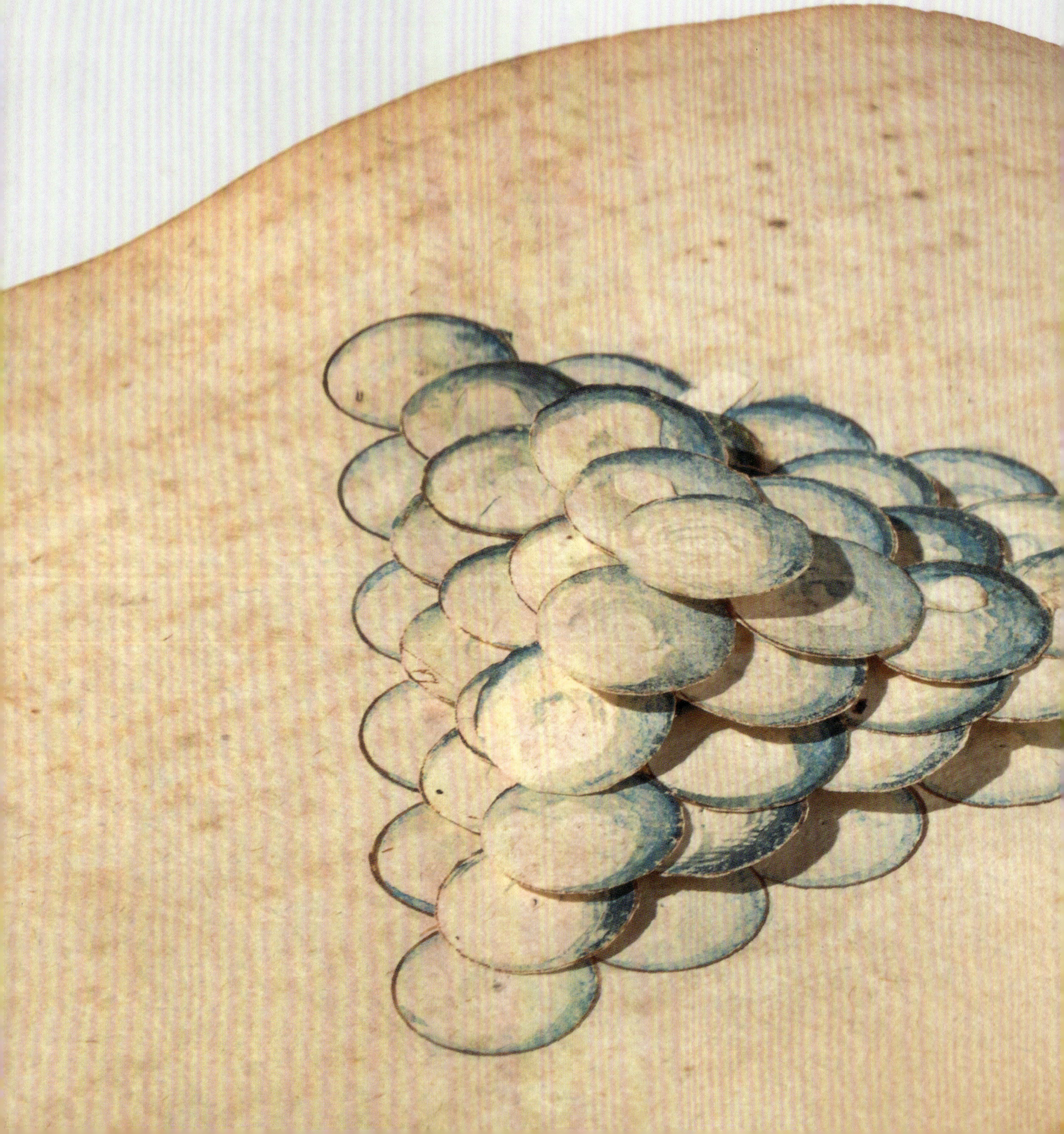

Abbildungsverzeichnis

Im Abbildungsverzeichnis wird auf die Bildnummern und die Signatur des Archivales verwiesen (DMA, ...). Die Fotografennamen sind im Text jeweils bei den Abbildungen genannt. Alle anderen Aufnahmen sind Reproscans des Fotoateliers des Deutschen Museums.

Abb. 1 CD 60201, Foto: Hans-Joachim Becker

Abb. 2 CD 65459, Foto: Hans-Joachim Becker

Abb. 3 CD 85297, DMA, HS 04996, Foto: Hans-Joachim Becker

Abb. 4 CD 73026, DMA, VA-Dru, Vorl. Nr. 0916

Abb. 5 CD 85300, DMO, Inv.-Nr. 2021-307 Foto: Hans-Joachim Becker

Abb. 6 CD 85426, DMA, VA-Dru, Vorl. Nr. 0237, Foto: Hans-Joachim Becker

Abb. 7 L_0507a_42, Foto: Georg Schedele

Abb. 8 Screenshot Homepage

Abb. 9/10 CD 65485 und CD 79149 Fotos: Hans-Joachim Becker

Abb. 11/12 CD 85551 und CD 85552, DMA, NL 185/017, Fotos: Hans-Joachim Becker

Abb. 13 CD 85566, DMA, NL 169/013, Foto: Wulf-Diether Graf zu Castell

Abb. 14 CD 63957, DMA, PT 10254, Foto: Hans-Joachim Becker

Abb. 15 CD 55678, DMA, NL 174/1094

Abb. 16 CD 85560, DMA, NL 174/37444 Foto: Hans-Joachim Becker

Abb. 17 BN 50081, Foto: Hans-Joachim Becker

Abb. 18 CD_L 6256_02, Foto: Hans-Joachim Becker

Abb. 19 CD 61727, Foto: Hans-Joachim Becker

Abb. 20 CD 85289, DMA, NL 218/1571 Foto: Hans-Joachim Becker

Abb. 21 Foto: Nadja Wallaszkovits

Abb. 22 Foto: Nadja Wallaszkovits

Abb. 23 Foto: Nadja Wallaszkovits

Abb. 24 CD 85456 b, DMA, HS 03311

Abb. 25 CD 85550, DMA, NL 272/076, Foto: Hans-Joachim Becker

Abb. 26 CD 85290, DMA, HS 1968-612, Foto: Hans-Joachim Becker

Abb. 27 CD 85423, DMA, HS 1970-24, Foto: Hans-Joachim Becker

Abb. 28 CD 85447, DMA, HS 1949-258, Foto: Hans-Joachim Becker

Abb. 29 CD 85446, DMA, HS 1949-258 Foto: Hans-Joachim Becker

Abb. 30 CD 85287, DMA, HS 1960-015, Foto: Hans-Joachim Becker

Abb. 31 CD 85288, DMA, HS 1960-015, Foto: Hans-Joachim Becker

Abb. 32 CD 85627, DMA, VA-Dru, Vorl. Nr. 0982a, Fotograf unbekannt

Abb. 33 CD 85549, DMA, o. Nr., Foto: Hans-Joachim Becker

Abb. 34 BN 40575, Fotograf unbekannt

Abb. 35 CD 55708, DMA, VA 4044

Abb. 36 BN 32776, DMA, Registratur, Nr. 11/11

Abb. 37 CD 82809, DMA, VA 2399, Foto: Hans-Joachim Becker

Abb. 38 CD 85680, DMA, VA 2399, Foto: Hans-Joachim Becker

Abb. 39 CD 85681, DMA, VA 2399, Foto: Hans-Joachim Becker

Abb. 40 CD 82739, DMA, Registratur, Nr. 11/12, Blatt 7, Fotograf unbekannt

Abb. 41 BN 61491, DMA, FA 006/1005, Fotograf unbekannt

Abb. 42 CD 85555, DMA, FA 004/0700, Foto: Hans-Joachim Becker

Abb. 43 CD 85619, DMA, FA 004/6153, Foto: Hans-Joachim Becker

Abb. 44 CD 85449, DMA, FA 002/0395

Abb. 45 CD 85448, DMA, FA 002/0221, Foto: Hans-Joachim Becker

Abb. 46 CD 85450, DMA, FA 002/0501

Abb. 47 CD 85451, DMA, FA 002/0501

Abb. 48 CD 85367, DMA, FS 001265/2, Foto: Hans-Joachim Becker

Abb. 49 CD 85294, DMA, HS 1949-285 Foto: Hans-Joachim Becker

Abb. 50 CD 85301, DMA, FS 505119

Abb. 51/52 CD 85431 und CD 85429, DMA, HS 2014-001, Fotos: Hans-Joachim Becker

Abb. 53 CD 85374, DMA, FS 505266 GF, Foto: Hans-Joachim Becker

Abb. 54 CD 85375, DMA, FS 505266 GF, Foto: Hans-Joachim Becker

Abb. 55 CD 85372, DMA, FS 004126/3 GF, Foto: Hans-Joachim Becker

Abb. 56 CD 85373, DMA, FS 004126/3 GF, Foto: Hans-Joachim Becker

Abb. 57 CD 85370, DMA, FS 504921

Abb. 58 CD 85378, DMA, FS 505400 GF, Foto: Hans-Joachim Becker

Abb. 59 CD 85381, DMA, FS 505400 GF, Foto: Hans-Joachim Becker

Abb. 60 CD 85295, DMA, NL 228/0840 GF, Foto: Hans-Joachim Becker

Abb. 61 CD 85460, DMA, BA-S 00008/0254, Foto: Georg Schedele

Abb. 62 CD L 7616_065, DMA, BA-Rar 0003, Foto: Hubert Czech

Abb. 63 CD 85443, DMA, BA 0298, Foto: Hans-Joachim Becker

Abb. 64 CD 85452, DMA, VA 5041

Abb. 65 CD 85302, DMA, BA-S 00003/003

Abb. 66 CD 85428, DMA, BA-S 00019, Foto: Hans-Joachim Becker

Abb. 67 CD 85462, DMA, BA-Firm 059, Foto: Albert Renger-Patzsch

Abb. 68 CD 85463, DMA, BA-E 0009380, Foto: George Willis Ritchey

Abb. 69 CD 74070, DMA, BA 108, Foto: Otto Bütschli

Abb. 70 CD 74071, DMA, BA 108

Abb. 71 CD 85625, DMA, PT 02150/02b

Abb. 72 CD 85548, DMA, PT 02272/01, Foto: Hans-Joachim Becker

Abb. 73 CD 65484, DMA, PT 02537/36 GF, Foto: Heinrich Traut

Abb. 74 CD 85369, DMA, PT Krause-Album 3752, Foto: Hans-Joachim Becker

Abb. 75 CD 85291, DMA, PT Krause-Album, Bd. 2, Foto: Hans-Joachim Becker

Abb. 76 CD 85365, DMA, PT Krause-Album, Bd. 2, Foto: Hans-Joachim Becker

Abb. 77 CD 85562, DMA, PT 00042/03

Abb. 78/79 CD 85453 und CD 85478, DMA, PT 01128/01

Abb. 80 CD 85427, DMA, BA-Rar 0013, Foto: Hans-Joachim Becker

Abb. 81 CD 85477, DMA, PT 00826/01 GF

Abb. 82 CD 85366, Foto: Hans-Joachim Becker

Abb. 83 www.digiporta.net (Screenshot)

Abb. 84 www.digiporta.net (Screenshot)

Abb. 85 CD 85565, DMA, GS 00954

Abb. 86 CD 85624, DMA, GS 00856

Abb. 87 Privatbesitz, Fotograf unbekannt

Abb. 88 CD 75155, DMA, PT 15848, Foto: Hans-Joachim Becker

Abb. 89 BN 36596, DMA, GS 00023

Abb. 90 Library of Congress Prints and Photographs Division Washington, D.C. 20540 USA, https://lccn.loc.gov/94508310

Abb. 91 CD 77712, DMA, GS 01246

Abb. 92 CD 85296, DMA, HS 4996, Foto: Hans-Joachim Becker

Abb. 93/94 BN 45915 und BN 66396, DMA, DM-PK 00077 und DM-PK 00079

Abb. 95 BN 56483, DMA, DM-PK 00233

Abb. 96 CD 85467, DMA, PK 00043

Abb. 97 CD 85468, DMA, PK 01712

Abb. 98 CD 85561, DMA, PK 01636

Abb. 99 CD 85471, DMA, PK 01950

Abb. 100 CD 85472, DMA, PK 01934

Abb. 101 CD 85470, DMA, PK 00268

Abb. 102 CD 77066, DMA, PK 02306

Abb. 103 CD 75712, DMA, PK 00007

Abb. 104 BN 10604, Fotograf unbekannt

Abb. 105 CD 85635, Foto: Hans-Joachim Becker

Abb. 106 BN 56421, DMB, ZB 403, Bd. 10

Abb. 107 BN 47257, DMA, NL 004/ Vorl. Nr. 0154 Plan

Abb. 108 CD 85683, DMA, TZ 004078/008a, Foto: Hans-Joachim Becker

Abb. 109 CD 85466, Foto: Hans-Joachim Becker

Abb. 110 CD 60771, Foto: Hans-Joachim Becker

Abb. 111 CD_L_7233_037, DMA, NL 174/4123 PLAN, Foto: Hubert Czech

Abb. 112 CD 61520, DMA, HS 1968-612, Foto: Hans-Joachim Becker

Abb. 113 CD 85682, DMA, HS 1968-612, Foto: Hans-Joachim Becker

Abb. 114 CD 85473, DMA, KT 00928

Abb. 115 CD 85474, DMA, KT 00928 (Ausschnitt)

Abb. 116 CD 85621, DMA, KT 01719

Abb. 117 CD 59678, Fotograf unbekannt

Abb. 118 CD 58547, DMA, LR 00257

Abb. 119 CD 68013, DMA, LR 02118, Fotograf unbekannt

Abb. 120 CD 68338, DMA, LR 02118, Fotograf unbekannt

Abb.121 CD 68014, DMA, LR 02118/01

Abb. 122 CD 65408, DMA, Buntpapiersammlung Hübel, Nr. 02041, Foto: Hans-Joachim Becker

Abb. 123 CD 85422, DMA, FPG, o. Nr., Foto: Hans-Joachim Becker

Abb. 124 CD 63592, DMA, KE 014

Abb. 125 BN 61091, DMA, KE 014, Fotograf unbekannt

Abb. 126 CD 61681, DMA, KE 014

Abb. 127 CD 61682, DMA, KE 014

Abb. 128/129 CD 85432 und CD 85433, DMA, MD 02786, Fotos: Hans-Joachim Becker

Abb. 130 CD 85454, DMA, PT 01210/03, Fotograf: Jean Lacroix

Abb. 131 CD 85455, DMA, PT 01210/01

Abb. 132/133 CD 85434 und 85435, DMA, MD 01090, Fotos: Hans-Joachim Becker

Abb. 134 CD 85439, DMA, MD 01091, Foto: Hans-Joachim Becker

Abb. 135 CD 85626, DMA, PT 03101/3, Foto: Friedrich Müller

Abb. 136 CD 85445, DMA, NL 240/0352, Foto: Hans-Joachim Becker

Abb. 137 CD 69507, DMA, NL 240/0976, Fotograf unbekannt

Abb. 138 CD 85618, DMA, AV 00372, Foto: Hans-Joachim Becker

Abb. 139 CD 85364, DMA, AV-S 001, Foto: Hans-Joachim Becker

Abb. 140/141 CD 85564 und CD 85563, DMA, Exlibris-Sammlung

Abb. 142 CD 85576, DMA, VA 6149

Abb. 143 CD 85575, DMA, Reklamemarken (Zugangs-Nr.: 1993-5008/42b)

Abb. 144/145 CD 85574 und CD 85572, DMA, Reklamemarken (Zugangs-Nr.: 1993-5008/42b)

Abb. 146/147 CD 85568 und CD 85567, DMA, Reklamemarken (Zugangs-Nr.: 2004-5067)

Abb. 148 CD 85571, DMA, Reklamemarken (Zugangs-Nr. 1993-5069)

Abb. 149 CD 85557, DMA, Briefmarkensammlung Lufthansa, Foto: Hans-Joachim Becker

Abb. 150 CD 85553, DMA, Siegelmarken-Sammlung, Foto: Hans-Joachim Becker

Abb. 151 CD 85622, DMA, CIOS XXIX-21, Foto: Hans-Joachim Becker

Literatur

– Internationale Ausstellung des Deutschen Werkbunds Film und Foto. Stuttgart 1929.

– Graebe-Feier. Cassel, 20. September 1903. Genf 1903.

– Offizieller Katalog der Allgemeinen Deutschen Sport-Ausstellung München 1899. Veranstaltet vom Allgemeinen Gewerbe-Verein München unter Mitwirkung verschiedener Sport- und sonstiger Vereine. München 1899.

– Katalog der Schwedischen Portraits-Sammlung des Museums Christian Hammer in Stockholm. Versteigerung zu Köln, den 16. bis 18. October 1893 durch J. M. Heberle. Köln 1893.

– Dr. G. Krause's Arbeiten. Eine Übersicht über die literarische Tätigkeit von Hofrat Professor Dr. G. Krause. Seinen Freunden und Bekannten gewidmet (30. September 1913). Mit einem Anhang: Zusammenstellung von Dr. G. Krause's Stiftungen und Spenden für allgemeine Zwecke. [Mit einem Nachtrag vom 1. April 1922]. Köthen 1913 bzw. 1922.

– Dr. G. Krause. Biographie. o. O. o. J. [1906].

– Deutsches Museum von Meisterwerken der Naturwissenschaft und Technik: Führer durch die Sammlungen der Abteilung I. München 1907.

– Deutsches Museum von Meisterwerken der Naturwissenschaft und Technik: Amtlicher Führer durch die Sammlungen. München 1925.

– Deutsches Museum von Meisterwerken der Naturwissenschaft und Technik: Amtlicher Führer durch die Sammlungen. München ²1928.

– Deutsche Not – Deutsche Hoffnung. Sechs Rundfunkreden an die Deutsche Nation. Oskar von Miller, Tortilowicz Adolf von Batocki, Hugo Eckener, Eduard Spranger, Theodor Leipart, Georg Heim. Berlin 1932.

– English Patents of Inventions Specifications, Nr. 569-620. London 1860.

Aeppli, Hermann: Der Riehener Medailleur Hans Frei. In: Jahrbuch z'Rieche 1966, https://www.zrieche.ch/jahrbuch/der-riehener-medailleur-hans-frei/ (22.5.2022).

Alberts, Klaus: Der Traum vom Nord-Ostsee-Kanal. Nationalsymbol des Deutschen Kaiserreiches. Eine Geschichts-Reportage. Heide 2014.

Angermair, Elisabeth; Löffelmeier, Anton; Schwab, Ingo (Hrsg.): Die Rosenthals. Der Aufstieg einer jüdischen Antiquarsfamilie zu Weltruhm. Wien 2002.

Aretin, Johann Christoph Freiherr von: Literärisches Handbuch für die baierische Geschichte und alle ihre Zweige, Teil 1. München 1810.

Beer, Günther; Remane, Horst (Hrsg.): Otto Wallach (1847–1931). Chemiker und Nobelpreisträger. Lebenserinnerungen: Potsdam, Berlin, Bonn, Göttingen. Berlin 2000 (Studien und Quellen zur Geschichte der Chemie 12).

Braun, Rainer: Übungsflüge und Übungsluftaufnahmen über Bayern 1912–1918. Die bayerischen Flieger-Beobachter, ihre Ausbildung in Schleißheim und ihr Bildbestand. In: Oberbayerisches Archiv 117/118 (1993/94), S. 131–154.

Broelmann, Jobst: Das Unterseeboot. Auftauchende Technologien. Objekte und Archivalien aus dem Deutschen Museum. München 2012.

Bruhns, Carl: Johann Franz Encke. Königl. Astronom und Director der Sternwarte in Berlin. Sein Leben und Wirken bearbeitet nach dem schriftlichen Nachlass. Leipzig 1869.

Bry, Johann Theodor de: Sonderbahre und bißher verborgen-gewesene Geheime Künste. Frankfurt am Main, Leipzig 1722.

Casser, Anja: Künstlerische und technische Propaganda in der Weimarer Republik. Das Atelier der Brüder Botho und Hans von Römer. In: Nikolow, Sybilla; Schirrmacher, Arne (Hrsg.): Wissenschaft und Öffentlichkeit als Ressourcen füreinander. Studien zur Wissenschaftsgeschichte im 20. Jahrhundert. Frankfurt am Main, New York 2007, S. 113–136.

Cornwall, James E.: Wiederentdeckte Schätze. In: Kultur & Technik 2 (1978), H. 4, S. 20–27.

Dienel, Hans-Liudger: Technische Tips aus der Schublade der Geschichte: Die Plansammlung des Deutschen Museums. In: Deutsches Museum. Wissenschaftliches Jahrbuch 1990. München 1991, S. 20–32.

Döbereiner, Manfred: Der neue Flammofen in Bergen bei Traunstein (1840). In: ARCHIV-info 10 (2009), H. 1, S. 18–19.

Dost, Wilhelm; Stenger, Erich: Die Daguerreotypie in Berlin 1839–1860. Berlin 1922.

Dufhues, Stefanie: Fotografie konstruierter Sichtbarkeit. Bildpraxis der Mikrofotografie von den ersten Versuchen bis ins frühe 20. Jahrhundert. Paderborn 2020.

–: Zwischen Hilfsmittel und Universalmethode. Die Fotografie und ihre Stellung in der Mikroskopie in der 2. Hälfte des 19. Jahrhunderts. In: dies.; Füßl, Wilhelm: Fotografie im Dienst der Wissenschaft. Aspekte der Visual History. Ilmtal 2021, S. 39–61.

Duvigneau, Volker; Götz, Norbert (Hrsg.): Ludwig Hohlwein 1874–1949. Kunstgewerbe und Reklamekunst. München 1996.

Dyck, Walther von: Georg von Reichenbach. München 1912 (Deutsches Museum. Lebensbeschreibungen und Urkunden).

Eschner, Max: Erläuterungen zu des Verfassers Technologischen Tafeln, H. 2. Leipzig ⁵1930.

Euringer, Richard: Fliegerschule 4. Buch der Mannschaft. München 1933.

Fehlhammer, Wolf Peter: Editorial. In: ARCHIV-info 1 (2000), H. 1, S. 1.

Finckh, Georg Philipp (d. J.): S. Rom. Imperii Circuli Et Electoratus Bavariae Geographica Descriptio. Augsburg 1684.

Frenzel, Hermann Karl: Ludwig Hohlwein. Berlin 1926.

Frisch, Otto Robert: Woran ich mich erinnere. Physik und Physiker meiner Zeit. München 1981 (Große Naturforscher 43).

Füßl, Wilhelm: Konstruktion technischer Kultur: Sammlungspolitik des Deutschen Museums in den Aufbaujahren 1903–1909. In: Hashagen, Ulf; Blumtritt, Oskar; Trischler, Helmuth (Hrsg.): Circa 1903: Artefakte in der Gründungszeit des Deutschen Museums. München 2003 (Deutsches Museum. Abhandlungen und Berichte, Neue Folge 19), S. 31–53.

–: Oskar von Miller 1855–1934. Eine Biographie. München 2005.

–: Audiovisuelle Medien I: Das Schallarchiv. In: ARCHIV-info 7 (2006), H. 1, S. 4–5.

–: Schätze heben … Wilhelm Bauers unglückliche Bergungsversuche. In: ARCHIV-info 10 (2009), H. 1, S. 2–3.

–: Sammeln im Verbund – eine Strategie für die Zukunft. In: Brogiato, Heinz Peter; Kiedel, Klaus-Peter (Hrsg.): Forschen | Reisen | Entdecken. Lebenswelten in den Archiven der Leibniz-Gemeinschaft. Halle (Saale) 2011, S. 11–18.

–: Sammeln im Verbund. Eine nationale Herausforderung. In: Blecher, Jens; Happ, Sabine (Hrsg.): Archive im Verbund: Netzwerke und Kooperationen. Frühjahrstagung der Fachgruppe 8 im Verband deutscher Archivarinnen und Archivare e. V., 13.–15. März 2013 an der Karls-Universität Prag (Wissenschaftsarchive 3). Leipzig 2014, S. 113–122.

–: 25 Jahre Webseiten des Archivs. In: ARCHIV-info 16 (2015), H. 2, S. 7.

–; Hagmann, Johannes-Geert (Hrsg.): Licht und Schatten. Ernst Mach | Ludwig Mach. München 2017.

–; Hilz, Helmut; Trischler, Helmuth: Forschung, Bibliothek und Archiv. Der Wissenschaftsstandort Deutsches Museum. In: Füßl, Wilhelm; Trischler, Helmuth (Hrsg.): Geschichte des Deutschen Museums. Akteure, Artefakte, Ausstellungen. München u. a. 2003, S. 323–361.

–; Prussat, Margrit (Bearb.): Der wissenschaftliche Nachlass von Ernst Mach (1838–1916). München 2001 (Veröffentlichungen aus dem Archiv des Deutschen Museums 4).

Füsslin, Georg u. a.: Der Guckkasten. Einblick – Durchblick – Ausblick. Stuttgart 1995.

Gernsheim, Helmut; Gernsheim, Alison: L. J. M. Daguerre (1787–1851). The World's First Photographer. Cleveland, New York 1956.

Gundler, Bettina: Die Kraftfahrzeughalle des Deutschen Museums (1935–1939): Planung, Bau und Ausstellung. In: Vaupel, Elisabeth; Wolff, Stefan L. (Hrsg.): Das Deutsche Museum in der Zeit des Nationalsozialismus. Eine Bestandsaufnahme. Göttingen 2010, S. 368–411 (Deutsches Museum. Abhandlungen und Berichte, Neue Folge 27).

Gurra, Richard: Die Flugarchive in den Sondersammlungen. In: Deutsches Museum 1974, Nr. 2, S. 17–20.

Hahn, Otto: Mein Leben. München 1968.

Heinrich, Rudolf: Die Sondersammlungen und Archive des Deutschen Museums. In: Archiv und Wirtschaft 21 (1988), H. 2, S. 47–55.

–: Die Geburtsstunde der Kernspaltung. In: Kultur & Technik 13 (1989), H. 1, S. 34–37.

Heinzerling, Werner; Trischler, Helmuth (Hrsg.): Otto Lilienthal. Flugpionier – Ingenieur – Unternehmer. München 1991.

Hennig, Jochen: Bildpraxis. Visuelle Strategien in der frühen Nanotechnologie. Bielefeld 2011.

Hilz, Helmut: Die Bibliothek des Deutschen Museums. Geschichte – Sammlung – Bücherschätze. München 2017.

Hofmann, Friedrich: Die unterseeischen Kameele (mit Abbildungen) III: Schiffshebung mittels der Tauchkammer und Hebekameele. In: Die Gartenlaube 1862, H. 4, S. 57–62.

Hoffmann, Rudolf; Kaiser, Eduard (Bearb.): Gallerie ausgezeichneter Naturforscher. Wien 1856–1862.

Huguenin, Fabienne: Porträtgemälde zwischen Wissenschaft und Technik. Die Sammlung des Deutschen Museums. München 2018.

Kalkschmidt, Eugen: Oskar von Miller. Ein Führer der deutschen Technik. München 1924.

Kamm, Wunibald: Die Entwicklung des Kraftfahrzeugs. In: Deutsches Museum. Abhandlungen und Berichte 9 (1937), S. 57–74.

Karlsch, Rainer: Hitlers Bombe. Die geheime Geschichte der deutschen Kernwaffenversuche. München 2005.

Kempf, Michael: Fotografie als Kriegswissenschaft. Die Anleitungsliteratur für die Luftaufklärung im Ersten Weltkrieg. In: Fotogeschichte 38 (2018), H. 150, S. 47–58.

Kirch, Lisa: The Changing Face of Science and Technology in the Ehrensaal of the Deutsches Museum 1903–1955. München 2017 (Deutsches Museum. Preprint 13).

Kohlhans, Johann Christoph: Neu-erfundene Mathematische und Optische Curiositäten. Leipzig 1677.

Kraus, Elisabeth: Repräsentation – Renommee – Rekrutierung. Mäzenatentum für das Deutsche Museum. München 2013 (Deutsches Museum. Preprint 9).

Krieg, Max: Alexander Mitscherlich. Ein Lebensbild. Freiburg 1918.

Kroll, Werner: Der Gasgenerator. Fach- und Schulungsbuch über Einbau, Wirkungsweise, Inbetriebsetzung und Wartung von Fahrzeuggeneratoranlagen für Kraftfahrzeugtechniker und -handwerker, Halter und Fahrer von Generatorfahrzeugen, für Einbau-, Reparatur- und Autoelektrikwerkstätten. Nossen 1943.

Kropeit, Richard: Die Reklame-Schule. Leitfaden zum Selbstunterricht im kaufmännischen Reklame-Inseraten-Plakat-Agitations-Ausstellungs- und Offertenwesen. Fünfzig Lektionen. 2 Bde. Hamburg 1906.

Kudorfer, Dieter: Das Exlibris als privates Sammlungsgut und die Exlibris-Sammlung der Bayerischen Staatsbibliothek. In: Bibliotheksforum Bayern 11 (1983), S. 64–76.

Kühn, Hermann: Was von Mainz nach München kam. In: Deutsches Museum 1975, Nr. 1, S. 50–58.

Kühn, Klaus; Kleine, Karl (Hrsg.): Dennert & Pape ARISTO 1872–1978. Rechenschieber und mathematisch-geodätische Instrumente. München 2004.

Kuhfuss-Wickenheiser, Swantje: Die Zeppelinplakate von Jupp Wiertz im Kontext seines graphischen Œvres der Jahre 1919–1937. In: Wissenschaftliches Jahrbuch Zeppelin Museum 2007, S. 8–29.

Kupčík, Ivan: Mappae Bavariae. Thematische Karten von Bayern bis zum Jahr 1900. Sonderausstellung des Deutschen Museums München. Weißenhorn 1995 (Veröffentlichungen aus dem Archiv des Deutschen Museums 2).

La Bédollière, Émile de: Les industriels métiers et professions en France. Paris 1842.

La Chapelle, Jean Baptiste de: Traité de la construction théorique et pratique du scaphandre ou du bateau de l'homme. Paris 1775.

Leng, Rainer: Ars belli. Deutsche taktische und kriegstechnische Bilderhandschriften im 15. und 16. Jahrhundert. 2 Bde. Wiesbaden 2002.

Lessing, Hans-Erhard: Wie Drais das Fahrrad erfand. Eine kleine Geschichte. Karlsruhe 2017.

Liebmann, Louis; Wahl, Gustav: Katalog der historischen Abteilung der Ersten Internationalen Luftschiffahrts-Ausstellung (ILA) zu Frankfurt am Main 1909. Frankfurt am Main 1911 (Reprint: Staten Island 1997).

Lilienthal, Otto: Der Vogelflug als Grundlage der Fliegekunst. Ein Beitrag zur Systematik der Flugtechnik. Berlin 1889.

Lochner, Wolfgang: Das Archiv Hans und Botho von Römer im Deutschen Museum. Ein Rückblick auf siebzig Jahre Dokumentation und Illustration der Geschichte der Luftfahrt. In: Kultur & Technik 5 (1981), H. 1, S. 11–18.

Lorenz, Dieter: Fotografie und Raum. Beiträge zur Geschichte der Stereoskopie. Münster, München 2012.

Maier, Lotte (Hrsg.): Aufbruch zum Himmel. Alte Flugmarken. Dortmund 1982.

–: Reklame-Schau. Plakatkunst en miniature. Ausstellungs-, Reklame- und Propagandamarken von 1896 bis 1939 aus der Sammlung Hans König. Dortmund 1984.

–: Weiter – höher – schneller. Verkehrsgeschichte auf Marken und Medaillen. München 1987.

–: Weiter – höher – schneller. Die Geschichte einer ungewöhnlichen Ausstellung im Deutschen Museum in München. In: Jahrbuch für Eisenbahngeschichte 25 (1993), S. 37–47.

Matschoß, Conrad (Bearb.): Das Deutsche Museum. Geschichte – Aufgaben – Ziele. Berlin, München 1925.

Matthes, Olaf; Prange, Carsten (Hrsg.): Hamburg und die HAPAG. Seefahrt im Plakat. Hamburg 2000.

Mayring, Eva A.: Plansammlung. In: ARCHIV-info 1 (2000), H. 1, S. 4–5.

–: Papierhistorische Bestände und Sammlungen des Archivs des Deutschen Museums. In: Paper History 11 (2001), H. 2/3, S. 17–19.

–: Kartensammlung. In: ARCHIV-info 5 (2004), H. 1, S. 2–3.

–: Wissenschaftliche Berichte. In: ARCHIV-info 5 (2004), H. 2, S. 2–4.

–: Medaillen und Denkmünzen. In: ARCHIV-info 8 (2007), H. 1, S. 4–5.

– (Hrsg.): Bilder der Technik, Industrie und Wissenschaft. Ein Bestandskatalog des Deutschen Museums. München 2008.

Mielke, Heinz-Peter: Vom Bilderbuch des kleinen Mannes. Über Sammlermarken, Sammelbilder und Sammelalben. Köln 1982 (Schriften des Museumsvereins Dorenburg e. V. 36).

Miller, Oskar von: Artikel »Koch, Albert«. In: Deutsches Biographisches Jahrbuch 1 (1929), S. 158–159.

Mitscherlich, Alexander: Erinnerung an Eilhard Mitscherlich 1794–1863. Berlin 1894.

Müske, Johannes: Der »Archiv-Phonograph« im Deutschen Museum. Technik, ethnografische Forschungspraxis und die Materialisierung des Ephemeren – eine Objektbiografie. In: Bayerisches Jahrbuch für Volkskunde 2018, S. 35–46.

Neidhardt-Jensen, Elske; Berninger, Ernst H. (Bearb.): Katalog der ballonhistorischen Sammlung Oberst von Brug in der Bibliothek des Deutschen Museums. München 1985.

Neumeier, Gerhard: Bürgerliches Mäzenatentum in München vor dem Ersten Weltkrieg – Das Beispiel des Deutschen Museums. In: Kocka, Jürgen; Frey, Manuel (Hrsg.): Bürgerkultur und Mäzenatentum im 19. Jahrhundert. Berlin 1998 (Bürgerlichkeit, Wertewandel, Mäzenatentum 2), S. 144–163.

Oellers, Adam C.; Rappmann, Roland: Die Femme fatale im Tempo der Großstadt. Der Meister-Designer Jupp Wiertz (1888–1939). Aachen 2003.

Peters, Karl: Eilhard Mitscherlich und sein Geschlecht. Mit einem Beitrag von Rudolf Winderlich. Jever 1951.

Petzold, Hartmut; Füßl, Wilhelm: Der Bestand der »ARISTO-Werke Dennert & Pape« im Deutschen Museum. In: Kühn, Klaus; Kleine, Karl (Hrsg.): Dennert & Pape ARISTO 1872–1978. Rechenschieber und mathematisch-geodätische Instrumente. München 2004, S. 227–230.

Potthoff, Jürgen; Schmid, Ingobert C.: Wunibald I. E. Kamm. Wegbereiter der modernen Kraftfahrtechnik. Berlin 2012.

Reichwein, Adolf: Transartreihe der RfdU. In: Film und Bild in Wissenschaft, Erziehung und Volksbildung. Zeitschrift der Reichsstelle für den Unterrichtsfilm 4 (1938), Nr. 1, S. 9–12 (abgedruckt in: Adolf Reichwein. Pädagogische Schriften. Kommentierte Werkausgabe in fünf Bänden. Herausgegeben und bearbeitet von Karl C. Lingelbach und Ullrich Amlung, Bd. 4. Bad Heilbrunn 2011, S. 403–408).

Reininghaus, Wilfried: »... eine Art von Monopol in ferreteria«. Export und Musterbücher des Handelshauses Kissing & Möllmann in Iserlohn. In: »Mein Feld ist die Welt«. Musterbücher und Kataloge 1784–1914. Eine Ausstellung der Stiftung Westfälisches Wirtschaftsarchiv Dortmund. Dortmund 1984, S. 101–106.

Renger-Patzsch, Albert: Eisen und Stahl. 97 Fotos. Berlin 1931.

Richter, Hans: Deutscher Flug-Almanach für Gleit- und Motorflugsport. Neue Ausgabe. Berlin 1925.

Rinck, Julia: Die Buntpapiersammlung Hübel. In: Wochenblatt für Papierfabrikation 140 (2012), S. 478–480.

Röschner, Matthias: Buntpapiersammlung Hübel erschlossen. In: ARCHIV-info 11 (2010), H. 1, S. 3–4.

–: Sammlungen von Exlibris, Reklame- und Briefmarken. In: ARCHIV-info 11 (2010), H. 1, S. 2–3.

–: Firmenschriften der Forschungsstelle Papiergeschichte. In: ARCHIV-info 14 (2013), H. 1, S. 4.

–: Von Achatmarmor bis Zebraleder. In: Kultur & Technik 38 (2014), H. 3, S. 30–31.

Roth, Eugen: Unser Deutsches Museum. München 1953.

Sachse, Louis Friedrich: Zur Geschichte der Daguerreotypie in Deutschland. In: Photographische Mittheilungen 26 (1889/90), S. 150–152, 165–166 und 181–184.

Salewski, Michael: Die militärische Bedeutung des Nord-Ostsee-Kanals. In: Lagoni, Rainer: Nord-Ostsee-Kanal 1895–1995. Festschrift. Neumünster 1995, S. 341–364.

Schütt, Hans Werner: Eilhard Mitscherlich. Baumeister am Fundament der Chemie. München 1992 (Deutsches Museum. Abhandlungen und Berichte, Neue Folge 8).

Spilker, Rolf (Hrsg.): unbedingt modern sein. elektrizität und zeitgeist um 1900. Bramsche 2001.

Starl, Timm: Frauenberuf und Liebhaberei. Fotografinnen in Österreich bis zum Ersten Weltkrieg (2014), http://timm-starl.at/download/Starl_Fotografinnen.pdf (22.5.2022).

Steen, Jürgen (Hrsg.): »Eine neue Zeit ...!« Die Internationale Elektrotechnische Ausstellung 1891. Frankfurt am Main 1991.

Stetten, Paul von: Der Mensch in seinen verschiedenen Lagen und Ständen für die Jugend geschildert. Augsburg 1779.

Studtrucker, Herbert: Hans-Otto Richter-Lilienthal. In: ARCHIV-info 10 (2009), H. 1, S. 20–21.

Sudrow, Anne (Hrsg.): Geheimreport Deutsches Design. Deutsche Konsumgüter im Visier des britischen Council of Industrial Design (von Nikolaus Pevsner u. a.). Englischer Originaltext. Göttingen 2012.

Thiel, Alfred: Lehrbehelf für Photographie aus dem Flugzeuge für Beobachter-Offiziere. Wien 1916.

Thieme, Ulrich; Becker, Felix: Allgemeines Lexikon der Bildenden Künstler von der Antike bis zur Gegenwart, Bd. 1. Leipzig 1907.

Vander, Dita: »Kleindarsteller«. In: Postmagazin 1988, H. 2, S. 23 und S. 25.

Vaupel, Elisabeth: Wolken oder Lorbeerkranz. Die Geschichte einer Chemiker-Plakette aus den Sondersammlungen des Deutschen Museums. In: Kultur & Technik 10 (1986), H. 1, S. 42–53.

–; Wolff, Stefan L. (Hrsg.): Das Deutsche Museum in der Zeit des Nationalsozialismus. Eine Bestandsaufnahme. Göttingen 2010 (Deutsches Museum. Abhandlungen und Berichte, Neue Folge 29).

Walker, Mark: Die Uranmaschine. Mythos und Wirklichkeit der deutschen Atombombe. Berlin 1990.

Weber, Heike: Technik im Photoalbum: Die Bilderschau »Technik im Bild« am Deutschen Museum. In: Gall, Alexander (Hrsg.): Konstruieren, Kommunizieren, Präsentieren. Bilder von Wissenschaft und Technik. München 2007 (Deutsches Museum. Abhandlungen und Berichte, Neue Folge 23), S. 397–434.

Weigel, Christoph: Abbildung Der Gemein-Nützlichen Haupt-Stände von denen Regenten Und ihren So in Friedens- als Kriegs-Zeiten zugeordneten Bedienten an, biß auf alle Künstler und Handwercker. Regensburg 1698.

Werth-Mühl, Martina: CIOS, BIOS, FIAT, JIOA: Berichte alliierter Nachrichtendienste über den Entwicklungsstand der deutschen Industrie und Forschung (1944–1947). In: Mitteilungen aus dem Bundesarchiv 9 (2001), S. 39–44.

Willich, Lotte: Frauenspende für die Bibliothek des Deutschen Museums. Bücherverzeichnis. Stand vom 1. Mai 1932 (mit Nachträgen bis 1959). München 1932.

–: Zehn Jahre Frauenspende für die Bibliothek des Deutschen Museums, München. In: Die Frau (Beilage zu den Münchner Neuesten Nachrichten) 47 (1940), S. 333–334.

Zedler, Johann Heinrich: Grosses vollständiges Universal-Lexicon Aller Wissenschaften und Künste 36. Leipzig, Halle 1743.

Personenregister

Bei lebenden Personen wurde aus datenschutzrechtlichen Gründen auf das Geburtsjahr verzichtet. Sie sind mit * gekennzeichnet.

L

M

N

O

Körperschaftsregister

Angegeben werden die Körperschaftsnamen sowie der entsprechende Ort, sofern dieser nicht Namensbestandteil ist. Eingereiht sind diese unter dem gebräuchlichen Kurznamen. Auf die Nennung des Deutschen Museums und seiner Unterabteilungen wird verzichtet.

Zum Autor

Dr. Wilhelm Füßl ist Historiker und war nach verschiedenen beruflichen Stationen im In- und Ausland von 1992 bis 2021 Leiter des Archivs des Deutschen Museums. Sein Forschungsinteresse gilt der Geschichte technischer Sammlungen und den Wechselwirkungen von Biografien und Technik- bzw. Wissenschaftsgeschichte.

Er publizierte u. a. 2005 das Werk *Oskar von Miller (1855–1934). Eine Biographie.* Er ist Herausgeber bzw. Mitherausgeber der Bücher bzw. Ausstellungskataloge *Biographie und Technikgeschichte* (1998), *Geschichte des Deutschen Museums. Akteure, Artefakte, Ausstellungen* (2003), *100 Jahre Konrad Zuse – Einblicke in den Nachlass* (2010), *Konstruierte Wirklichkeit. Philipp Lenard (1862–1947). Biografie – Physik – Ideologie* (2012), *Wirklichkeit und Illusion. Dioramen im Deutschen Museum* (2017), *Licht und Schatten. Ernst Mach / Ludwig Mach* (2017) sowie *Fotografie im Dienst der Wissenschaft. Aspekte der Visual History* (2021).

Mehrere seiner Bücher wurden mit Preisen ausgezeichnet.

Impressum

Autor
Dr. Wilhelm Füßl

Layout
Jutta Esser

Lektorat
Toni Schmid, Puchheim

Schlusslektorat
Dr. Kathrin Mönch

Druck und Bindung
Aumüller Druck GmbH, Regensburg

Die Deutsche Nationalbibliothek verzeichnet diese Publikation in der Deutschen Nationalbibliografie; detaillierte bibliografische Daten sind im Internet über http://dnb.d-nb.de abrufbar.

1. Auflage

Printed in Germany
ISBN 978-3-948808-11-2